NEI MENG GU　YE SHENG YUAN YI ZHI WU　TU JIAN

内蒙古野生园艺植物图鉴

崔世茂　宛涛　主编

NEIMENGGU CHUBANJITUAN NEIMENGGU RENMINCHUBANSHE

内蒙古出版集团　内蒙古人民出版社

图书在版编目（CIP）数据

内蒙古野生园艺植物图鉴／崔世茂主编 .—呼和浩特：
内蒙古人民出版社，2014.12
　ISBN 978-7-204-13294-2

　Ⅰ．①内…　Ⅱ．①崔…　Ⅲ．①野生植物—园林植物—内蒙古—图集
Ⅳ．① S68-64

中国版本图书馆 CIP 数据核字 (2015) 第 005220 号

内蒙古野生园艺植物图鉴

作　　者	崔世茂　宛　涛	
责任编辑	崔泽仁　晓　峰　蔺小英	
责任校对	李向东	
责任监印	王丽燕	
封面设计	毅　鸣	
出版发行	内蒙古人民出版社	
地　　址	呼和浩特市新城区中山东路 8 号波士名人国际 B 座 5 楼	
网　　址	http://www.nmgrmcbs.com	
印　　刷	内蒙古爱信达教育印务有限责任公司	
开　　本	889mm×1194mm　1/16	
印　　张	30.5	
字　　数	500 千	
版　　次	2016 年 2 月第 1 版	
印　　次	2016 年 2 月第 1 次印刷	
印　　数	1—2000 册	
标准书号	ISBN 978-7-204-13294-2/Q・17	
定　　价	128.00 元	

如出现印装质量问题，请与我社联系。联系电话：（0471）3946120　3946173

《内蒙古野生园艺植物图鉴》编委会

主　　编：崔世茂　　宛　涛

副 主 编：蔡　萍　　孟焕文　　陈志宏　　宋　阳

编写人员：张凤兰　　白瑞琴　　张之为　　伊卫东　　叶丽红
　　　　　孙晓华　　刘杰才　　李晓静　　王红彬　　李海涛
　　　　　李志鑫　　刘晓蕊　　杨志刚　　付崇毅　　常　征
　　　　　张荷亮

【前 言】

美丽的内蒙古地处祖国北部边陲，为呈东北—西南走向的狭长形地形带，东西长 2400 余公里，南北宽 1700 余公里。地势总体呈西北高、东南低。在内蒙古的东部有延绵不断的大兴安岭，中部有巍峨的阴山山脉，西部有挺拔的贺兰山。正是由于内蒙古独特的地形、地貌，使得内蒙古气候总体趋势是冬季寒冷多风，夏季相对较为短暂，春、秋两季不是十分明显。降水量由东向西递减，蒸发量和气温则由东向西递增。水、热不同步，且分布不均匀，雨季多集中在每年的 7~9 月。受地形和气候因素影响，东部的森林、中部的草原和西部的荒漠，构成了内蒙古的三大植被类型。

在内蒙古，维管植物达 2600 余种，包括主要饲用植物 700 余种，优良牧草 70 余种，国家和自治区级保护植物近百种。其中，四合木、半日花、绵刺、胡杨等都属于国家级珍稀濒危植物，是重点保护植物。在内蒙古还分布着许多传统的野生观赏植物、野生食用植物及野生药用植物，同时还蕴藏着丰富的、尚未有效开发的野生园艺种质资源。鉴于目前内蒙古野生植物资源的保护和开发利用现状，内蒙古农业大学、锡林郭勒职业学院、全国畜牧总站等单位的学者、专家共同完成了本书的编著工作。此外，感谢国家标本平台教学标本子平台（2005DKA21403-JK）对本书出版提供的支持和帮助。

在《内蒙古野生园艺植物图鉴》一书中，共收录了内蒙古野生园艺植物 372 种，隶属 81 科228 属（包括 19 变种、5 亚种及少量的栽培种）。本书所涉及植物种按照恩格勒系统（Engler system）排列，以中文名、拉丁名、别名、蒙名等方式记录所包含的植物种类名称，并且根据相关文献资料，对每种植物的形态分类特点、花果期、分布范围、生长环境、原产地等内容进行了整理（有些种还附有染色体数量或倍性），而且对有些种的人工栽培管理措施进行了较为简明易懂的叙述。针对每一个种还配有 1~3 幅出自作者之手的精美高清图片，能够更加直观地反映出每种植物的形态特征和园艺应用价值。

希望《内蒙古野生园艺植物图鉴》一书的出版，可以作为大中专院校师生、研究院所科技人员的教学和科研工作参考书、工具书；也可为农林行业的生产实践，自然保护区的设计、建设及管理，植物检疫等工作的顺利进行提供极有价值的参考；同时可成为广大中小学生的科普读物。

由于我们的业务水平有限，编写时间仓促，书中难免会存在疏漏和错误，恳请广大读者不吝指正，以便修正和补充。

作 者
2014 年 12 月

【目 录】

一、松科

1.【青杆】

分类地位：松科 云杉属

蒙名：哈日 — 嘎楚日
别名：刺儿松、杆树松
学名：*Picea wilsonii* Mast.

形态特征：乔木，高达 20m，胸径达 50cm；树皮暗灰色，裂成不规则鳞片脱落；树冠塔形。一年生枝淡灰褐色或淡黄灰色，无毛，稀疏生短毛；二或三年生枝淡灰色或灰色；冬芽卵圆形，黄褐色或灰褐色。叶四棱状锥形，长 8~13mm，宽 1.2~1.7mm，先端尖，横断面四棱形或扁菱形，每面各有气孔线 4~6 条，微具白粉。球果卵状圆柱形或椭圆状长卵形，长 4.5~8cm，径 2~2.5cm；成熟前绿色，熟后淡黄褐色或淡褐色；种鳞上部圆形或有急尖头，或呈钝三角形，背面无明显的条纹；苞鳞匙形或条形，长约 5mm；种子倒卵形，暗褐色，长 4~5mm，连翅长 10~16mm。花期 5 月，球果成熟期 9~10 月。

生境：中生乔木。生于海拔 1400~1750m 的山地明坡或半阴坡，常成单纯林或与其他针叶树、阔叶树成混交林。见于燕山北部、阴山、贺兰山等地。

产地：产赤峰市（宁城县），锡林郭勒盟（多伦县），呼和浩特市（大青山），阿拉善盟（贺兰山）。分布于我国河北、山西、陕西、甘肃、湖北、四川、青海。

用途：木材可供建筑、家具、包装箱及木纤维工业原料等用材。可作为荒山造林或森林更新树种，亦可栽培作庭园绿化树种。

栽培管理要点：栽培地选择向阳、平坦、土壤肥沃的沙质壤土或沙壤质草甸土、微酸性土壤，待地表温度 10℃以上就可播种。种子催芽处理后进行播种，播种量一般为：3~4kg/ 亩。

苗木出土后要根据不同生育期及时做好追肥、浇水、除草、间苗、病虫害防治。青杆苗生长缓慢，1 年生苗高 2~4cm，浇水少量多次，浇水时间避开中午高温或清晨低温，切忌用新抽上来的井水。2 年生苗木留苗 600~800 株 /m²，3 年生为 400~600 株 /m²。

在初冬土壤冻结前（10 月底至 11 月初）覆土越冬。撤覆盖土时间应在春季旱风之后，过早则仍不能免除生理干旱。

2.【白杆】

分类地位：松科 云杉属

蒙名：查干 — 嘎楚日
别名：红扦
学名：*Picea meyeri* Rehd. et Wils.

形态特征：乔木，高达30m，胸径约60cm；树皮灰褐色，裂成不规则的薄片，脱落；一年生小枝淡黄褐色，密生或疏生短毛，或无毛；二或三年生枝黄褐色或淡褐色；冬芽圆锥形，淡褐色或褐色，微有树脂；芽鳞先端微向外反曲，小枝基部芽鳞宿存，先端向外反曲。叶四棱状锥形，先端微钝或钝，横断面四棱形，上面有气孔线6~9条，下面有气孔线3~5条；小枝上面的叶伸展，两侧和下面的叶向上弯伸；一年生叶淡灰绿色，二或三年生叶暗绿色。球果矩圆状圆柱形，微有树脂，幼球果紫红色，直立，成熟前绿色，下垂，成熟时褐黄色；中部种鳞倒卵形，先端圆形，楔形或钝三角形，鳞背露出部分有条纹；种子倒卵形，暗褐色。花期5月，球果成熟期9月。

生境：中生乔木。生于海拔1400~1700m的山地阴坡、半阴坡或沙地，常组成单纯林或与其他针阔叶树种成混交林。见于大兴安岭南部、燕山北部、阴山等地。

产地：产赤峰市（克什克腾旗、喀喇沁旗），锡林郭勒盟（白音锡勒牧场、多伦县），呼和浩特市（大青山、蛮汉山）。分布于我国河北、山西。

用途：木材用途同青杆。在呼和浩特、包头市、赤峰市有栽植，可作为城市庭园绿化树种。

栽培管理要点：尚无人工驯化栽培的标准方法。

3.【蒙古云杉(变种)】

分类地位：松科 云杉属

蒙名：蒙古乐 — 嘎楚日
别名：沙地云杉
学名：*Picea meyeri Rehd.et Wils var. mongolica* H.Q.Wu

形态特征：本变种与正种的区别在于：前者一年生枝淡橙黄色或黄色，有密毛，二、三年生枝淡黄色或灰黄色，冬芽淡红褐色，球果成熟前紫色，成熟后褐色；后者一年生枝淡黄褐色，有疏生短毛或密毛，或无毛，二、三年生枝黄褐色或淡褐色，冬芽黄褐色或褐色，球果成熟前绿色，成熟后褐黄色。

生境：中生乔木。生于海拔1000m沙地，常组成单纯林，偶见有少量白桦混入其间。见于大兴安岭南部。

产地：产赤峰市（克什克腾旗的白音敖包），锡林郭勒盟（白音锡勒牧场）。

用途：木材用途同白杆。

栽培管理要点：尚无人工驯化栽培的标准方法。

4.【青海云杉】

分类地位：松科　云杉属

蒙名：唐古特 — 嘎楚日
别名：扦树
学名：*Picea crassifolia* Kom.

4

形态特征： 乔木，高达23m，胸径可达60cm。一年生枝淡绿黄色，后变淡粉红色或粉红褐色；二或三年生枝粉红色或褐黄色，无毛或有疏毛，被白粉或无白粉。冬芽圆锥形，淡褐色，无树脂，小枝基部芽鳞宿存，先端向外反曲。叶四棱状锥形，长1.2~2.2cm，宽2~2.5mm，先端钝或钝尖，横断面四棱形，上面每侧有气孔线5~7条，下面每侧有气孔线4~6条；小枝上面的叶向上伸展，下面和两侧的叶向上弯伸。球果圆锥状圆柱形或矩圆状圆柱形，长7~11cm，径2~3cm；幼球果紫红色，直立，成熟前种鳞绿色，上部边缘仍呈紫红色，成熟时褐色；中部种鳞倒卵形，先端圆形，边缘呈波状或全缘；苞鳞三角状匙形；种子倒卵形，褐色，长约4mm，连翅长约14mm。花期5月，球果成熟期9月。

生境： 中生乔木。生于海拔1750~3100m的山地阴坡和半阴坡及潮湿地，常组成单纯林，或与白桦、山杨成混交林，为寒湿性暗针叶林的建群种。见于阴山、贺兰山、龙首山等地。

产地： 产呼和浩特市（大青山），阿拉善盟（贺兰山、龙首山）。分布于我国甘肃、青海、宁夏。

用途： 木材用途同青杆。为我区西部高山区重要森林更新树种和荒山造林树种。亦可作为庭园观赏树种。

栽培管理要点： 苗圃地选择平坦、光照充足、土层深厚、不含沙质的耕作农地。基肥每公顷施用腐熟农家肥45~75t，或结合农家肥施入磷肥750kg。基肥、农药均匀撒施后，进行深翻(深度为30cm)和耙地。

春季定植时间以早春土壤解冻后立即定植较为适宜，一般为4月上旬至5月初；秋季定植时间是在苗木地上部分停止生长后进行，一般为9月下旬至10月上旬。定植时采用"三埋、两踏、一提苗"的方法进行栽植。栽植后及时浇足水，过半个月再浇一次水。及时扶正、除草、施肥（薄肥勤施、少量多次）和防治病虫害。

5.【华北落叶松】

分类地位：松科 落叶松属

蒙名：奥木日阿特音 — 哈日盖
别名：雾灵落叶松
学名：*Larix Principis–rupprechtii* Mayr.

形态特征：乔木高达 30m，胸径达 1m，树皮灰褐色或棕褐色，纵裂成不规则小块片状脱落；树冠圆锥形。一年生长枝淡褐色或淡褐黄色，幼时有毛，后脱落，被白粉，径 1.5~2.5mm；二或三年生枝灰褐色或暗灰褐色，短枝灰褐色或暗灰色，径 3~4mm，顶端叶枕之间有黄褐色柔毛。叶窄条形，先端尖或钝，长 1.5~3cm，宽约 1mm，上面平，下面中肋隆起，每边有 2~4 条气孔线。球果卵圆形或矩圆状卵形，长 2~4cm，径约 2cm，成熟时淡褐色，有光泽，种鳞 26~45 枚，背面光滑无毛，中部种鳞近五角状卵形，先端楔形或微凹，边缘有不规则细齿；苞鳞暗紫色，条状矩圆形，不露出，长为种鳞的 1/2~2/3；种子斜倒卵状椭圆形，灰白色，长 3~4mm，连翅长 10~12mm。花期 4~5 月，球果成熟期 9~10 月。

生境：中生乔木。我国华北地区特有种。生于海拔 1400~1800m 山地的阴坡、阳坡及沟谷边，常组成单纯林，或与青杆、白杆、山杨、白桦成混交林。

产地：产赤峰市（喀喇沁旗），锡林郭勒盟南部格楞台。分布于我国辽宁、河北、山西。

用途：木材用途同兴安落叶松。树皮可提取树胶。本种为我国华北、西北山地主要造林树种之一。

栽培管理要点：选择地势平坦、灌排良好、土层深厚、较肥沃的中性沙质壤土。深耕、施基肥和农药后灌水，消毒和催芽后播种，出苗期不可灌水，出苗后前期喷洒水要少量多次，进入幼苗期生长旺盛，应结合灌水追施化肥，6~7 月初间苗 1~2 次。保苗 700 株 /m² 左右，10 月可出圃。起苗最好随起随种，提高造林成活率。土壤结冻前用土覆盖苗床以利苗木越冬。

适栽于中高山阴坡半阴坡、山脚、沟谷土层较深厚的土地。造林前备穴状坑、水平沟、鱼鳞坑。一般选用二年生壮苗，造林密度 166 株 / 亩。造林以秋季为主，春季造林应尽量提早进行。造林方法常采用窄缝栽植法或直壁靠边栽植法。

6.【油松】

分类地位：松科 松属

蒙名：那日苏

别名：短叶松

学名：*Pinus tabulaeformis* Carr.

形态特征： 乔木，高达 25m，胸径可达 1.8m；树皮深灰褐色或褐灰色，裂成不规则较厚的鳞状块片。一年生枝较粗，淡灰黄色或淡红褐色，无毛，幼时微被白粉；针叶 2 针一束，长 6.5~15cm，径约 1.5mm，粗硬，不扭曲，边缘有细锯齿，两面有气孔线，横断面半圆形；叶鞘淡褐色或淡黑褐色，宿存，有环纹。球果卵球形或卵圆形，长 4~9cm，成熟前绿色，成熟时淡橙褐色或灰褐色，留存树上数年不落；鳞盾多呈扁菱形或菱状多角形，横脊显著，鳞脐有刺，不脱落；种子褐色，卵圆形或长卵圆形，长 6~8mm，径 4~6mm。花期 5 月，球果成熟于次年 9~10 月。

生境： 中生乔木。我国华北地区特有树种。生于海拔 800~1500m 山地的阴坡和半阴坡，常组成单纯林或与其他针阔叶树种成混交林。见于赤峰丘陵、燕山北部、大兴安岭南部、阴山、阴南丘陵、贺兰山等地。

产地： 产赤峰市（宁城县、喀喇沁旗、翁牛特旗、克什克腾旗），鄂尔多斯市（准格尔旗），呼和浩特市（大青山），阿拉善盟（贺兰山）。分布于我国华北、西北及四川、河南。

用途： 木材可供建筑、矿山、电力等用材；树干可采集树脂；树皮可提取栲胶。为我区重要造林树种之一，亦可作为城市绿化树种。瘤状节或支枝节入药，能祛风湿、止痛。花粉入药，能燥湿收敛。松针入药，能祛风燥湿、杀虫、止痒。球果入药，能祛疲、止咳、平喘。

栽培管理要点： 土地经翻耕后筑成低床或平床。每营养钵播 7~8 粒种子，播后覆沙填缝盖面，超出杯面 1cm。经常喷水保持营养土湿润。一般在晚春播种，雨季（7~8 月）即可上山造林。

造林常用的方法有水平条整地、鱼鳞坑整地、水平沟整地、反坡梯田整地和带状整地。适当密植成混交林。油松植苗造林通常选用顶芽饱满、根系发达、叶色浓绿、高径规格符合标准、没有病虫害的 2 年生播种苗，栽植适时偏早，在土壤解冻到一定深度开始泛浆时造林最好，不晚于 7 月下旬。

7.【樟子松（变种）】
分类地位：松科 松属

蒙名：海拉尔—那日苏
别名：海拉尔松
学名：*Pinus sylvestris* L.var. *mongolica* Litv.

形态特征：乔木，高达30m，胸径可达1m；树干下部树皮黑褐色或灰褐色，深裂成不规则的鳞状块片脱落，裂缝棕褐色，上部树皮及枝皮黄色或褐黄色，薄片脱落。一年生枝淡黄绿色，无毛，二或三年生枝灰褐色；冬芽褐色或淡黄褐色，长卵圆形，有树脂。针叶2针一束，长4~9cm，径1.5~2mm，硬直，扭曲，边缘有细锯齿，两面有气孔线；横断面半圆形，叶鞘宿存，黑褐色。球果圆锥状卵形，长3~6cm，径2~3cm，成熟前绿色，成熟时淡褐色，成熟后逐渐开始脱落到翌年春季；鳞盾多呈斜方形，纵横脊显著，肥厚，隆起向后反曲或不反曲，鳞脐小，瘤状凸起，有易脱落的短刺；种子长卵圆形或倒卵圆形，微扁，黑褐色，长4~5.5mm。花期6月，球果成熟于次年9~10月。

生境：中生乔木。生于海拔400~900m山地的山脊、山顶和阳坡以及较干旱的沙地及石砾沙土地区，常组成单纯林或与白桦、落叶松成混交林。见于大兴安岭西北部。

产地：产呼伦贝尔市（鄂温克自治旗、新巴尔虎左旗、海拉尔区、额尔古纳市、根河市、牙克石市），兴安盟（科尔沁右翼前旗）。分布于黑龙江。

用途：用途同油松。亦可作为城市、庭院绿化树种。阳性树种，耐寒性、抗旱性强，适应性广，为北方干旱地区广为引种的重要造林树种之一。枝节入蒙药（蒙药名：海拉尔一那日苏），功能主治同油松。

栽培管理要点：育苗地宜选择中性或微酸性、土壤肥沃、质地疏松、排水良好、地下水位低的沙壤土。种子多采用混沙埋藏进行催芽处理。当平均地温达到7~9℃时即可播种，播种前要灌透底水，待床面稍干松时起0.5cm深的床面，即可播种，覆土厚度0.5cm，每亩播种量4~5kg。

幼苗生长初期灌水时应掌握量少次多的原则。速生期7~8月份应每隔3~5天灌一次透水，到8月中下旬后，一般不进行灌水。春季进行2年生以上苗木的移栽，栽后踩实及时灌水，培育成规格苗木。

8.【偃松】

分类地位：松科　松属

蒙名：雅布干 — 娜日苏
别名：爬松
学名：*Pinus Pumila* (Pall.) Regel

形态特征： 灌木，稀小乔木，高 3~6m，径可达 15cm，树干常伏卧状，先端斜上，生于山顶则近直立丛生状；树皮灰褐色或暗褐色，裂成片状脱落。一年生枝褐色，密被淡褐色柔毛，二或三年生枝，暗红褐色；冬芽红褐色，圆锥状卵形，先端尖，微有树脂。针叶 5 针一束，横断面近梯形，树脂道 2 个，稀 1 个，边生；叶鞘早落。球果直立，圆锥状卵形或卵球形，成熟后淡紫褐色，或红褐色，种鳞不张开或微张开；中部种鳞近宽菱形或斜方状宽倒卵形，鳞盾宽三角形，上部圆，背部厚隆起，边缘微向外反曲，下部底边近楔形，鳞脐明显，紫黑色，先端具突尖，微反曲；种子生于种鳞腹面下部的凹槽中，不脱落，暗褐色，三角状倒卵圆形，微扁，无翅。花期 6~7 月，球果成熟于翌年 9 月。

生境： 中生植物。生于海拔 1200m 以上的山顶或山脊，常组成矮林，或与西伯利亚刺柏混生，或在兴安落叶松林下形成茂密的矮林。见于大兴安岭北部。

产地： 产呼伦贝尔市 (鄂伦春自治旗、额尔古纳市、根河市)。分布于我国小兴安岭、吉林老爷岭、长白山，蒙古、朝鲜、俄罗斯、日本也有。

用途： 树干矮小弯曲，仅供器具及薪炭材用；木材及树根可提取松节油，种子可食。

栽培管理要点： 尚无人工驯化栽培的标准方法。

二、柏科

9.【侧柏】
分类地位：柏科 侧柏属

蒙名：哈布他盖 — 阿日查
别名：香柏、柏树
学名：*Platycladus orientalis* (L.) Franco

形态特征：常绿乔木，高达 20m，胸径达 3.5m，树冠圆锥形；树皮淡灰褐色，纵裂成条片；生鳞叶的小枝直展，扁平，排成一平面。叶鳞形，先端微钝，小枝中央的叶露出部分呈倒卵状菱形或斜方形，背面中间有条状腺槽，两侧的叶船形。球果近卵圆形，成熟前近肉质，蓝绿色，被白粉，熟时种鳞张开，木质，红褐色；中间两对种鳞倒卵形或椭圆形，鳞背顶端的下方有一向外弯曲的尖头，上部 1 对种鳞窄长，近柱形，顶端有向上的尖头，下部 1 对种鳞短小；种子卵圆形或近椭圆形，顶端微尖，灰褐色或紫褐色，无翅或极窄的翅；子叶 2。花期 5 月，球果成熟于 10 月。

生境：中生乔木。生于海拔 1700m 以下向阳干燥瘠薄的山坡或岩石裸露石崖缝中或黄土覆盖的石质山坡，常与油松成混交林或散生林。见于阴山、阴南丘陵等地。

产地：产乌兰察布市（大青山），巴彦淖尔市（乌拉山），鄂尔多斯市南部黄土丘陵地区，呼和浩特市，包头市。分布于我国除荒漠区、黑龙江、台湾、海南岛外的其他南北各省区，朝鲜也有。

用途：木材淡黄褐色，有香气，材质细密，坚实耐用，可供建筑、造船、桥梁、家具、雕刻、细木工、文具等用材。全国各地都有栽植，常作庭园绿化树种。种子入药（药材名：柏子仁），能滋补强壮、养心安神、润肠，主治神经衰弱、心悸、失眠、便秘。叶和果实入蒙药（蒙药名：阿日查），能清热利尿、止血、消肿、治伤、祛黄水，主治肾与膀胱热、尿闭、发症、风湿性关节炎、痛风、游痛症。枝叶入药（药材名：侧柏叶），能凉血、止血、止咳，主治咯血、衄血、吐血、咳嗽痰中带血、尿血、便血、崩漏。

栽培管理要点：尚无人工驯化栽培的标准方法。

10.【圆柏】

分类地位：柏科 圆柏属

蒙名：乌和日 — 阿日查
别名：桧柏
学名：*Sabina chinensis* (L.) Ant.

形态特征：乔木，高达 20m，胸径达 3.5m；树皮灰褐色，纵裂条片脱落；树冠塔形。叶二型，刺叶 3 叶交叉轮生，先端渐尖，基部下延，上面微凹，有两条白粉带，下面拱圆；鳞叶交叉对生或 3 叶轮生，菱状卵形，排列紧密，先端钝或微尖，下面近中部具椭圆形的腺体。雌雄异株，稀同株，雄球花黄色，椭圆形，雄蕊 5~7 对，常 3~4 花药。球果近圆球形，成熟前淡紫褐色，成熟时暗褐色，被白粉，微具光泽，有 2~4 粒种子，稀 1 粒种子；种子卵圆形，黄褐色，微具光泽，具棱脊及少数树脂槽。花期 5 月，球果成熟于翌年 10 月。

生境：中生乔木。生于海拔 1300m 以下的山坡丛林中。见于阴山、阴南丘陵等州。

产地：产呼和浩特市（大青山），巴彦淖尔市（乌拉山）及鄂尔多斯市（准格尔旗）。分布于我国华北、西北、华东、华中、华南、西南，朝鲜、日本也有。

用途：木材淡褐红色，有香气，坚韧致密，耐腐力强，可供建筑、家具、文具及工艺品等用材。树根、枝叶可提取柏木脑及柏木油，种子可提制润滑油。除东北外全国各地都有栽培，常作庭园树。枝叶入药，能祛风散寒、活血解毒，主治风寒感冒、风湿关节痛、荨麻疹、肿毒初起。叶入蒙药（蒙药名：乌和日—阿日查），功能主治同侧柏。

栽培管理要点：尚无人工驯化栽培的标准方法。

11.【兴安圆柏】

分类地位：柏科 圆柏属

蒙名：兴安—阿日查
学名：*Sabina davurica* (Pall.) Ant.

形态特征： 匍匐灌木；枝皮紫褐色，裂成薄片剥落。叶二型，刺叶常出现在壮龄及老龄植株上，壮龄植株上的刺叶多于鳞叶，交叉对生，排列疏松，窄披针形或条状披针形，先端渐尖，上面凹陷，有宽白粉带，下面拱圆，有钝脊，近基部有腺体。鳞叶交叉对生，排列紧密，菱状卵形或斜方形，先端急尖、渐尖或钝，叶背中部有椭圆形或矩圆形腺体。雄球花卵圆形或近矩圆形，雄蕊 6~9 对。雌球花与球果着生于向下弯曲的小枝顶端，球果常呈不规则球形，较宽，成熟时暗褐色至蓝紫色，被白粉，内有 1~4 粒种子；种子卵圆形，扁，顶端急尖，有不明显的棱脊。花期 6 月，球果成熟于翌年 8 月。

生境： 中生植物。生于海拔 400~1400m 的多石山地或山峰岩缝中或生于沙丘，常和偃松、岳桦伴生。见于大兴安岭北部及南部等地。

产地： 产呼伦贝尔市（鄂伦春自治旗、牙克石市、额尔古纳市、根河市），兴安盟（科尔沁右翼前旗），赤峰市（克什克腾旗），锡林郭勒盟（锡林浩特市）。分布于我国吉林，朝鲜、蒙古、俄罗斯也有。

用途： 为保土固沙树种，也栽培供观赏。叶入蒙药（蒙药名：杭根—乌和日—阿日查），功能主治同侧柏。

栽培管理要点： 尚无人工驯化栽培的标准方法。

12.【叉子圆柏】

分类地位：柏科 圆柏属

蒙名：好宁 — 阿日查
别名：沙地柏、臭柏
学名：*Sabina vulgaris* Ant.

形态特征：匍匐灌木，稀直立灌木或小乔木，高不足 1m；树皮灰褐色，裂成不规则薄片脱落。叶二型，刺叶仅出现在幼龄植株上，交互对生或 3 叶轮生，披针形，先端刺尖，上面凹，下面拱圆，叶背中部有长椭圆形或条状腺体；壮龄树上多为鳞叶，交互对生，斜方形或菱状卵形，先端微钝或急尖，叶背中部有椭圆形或卵形腺体。雌雄异株，稀同株；雄球花椭圆形或矩圆形，雄蕊 5~7 对，各具 2~4 花药；雌球花和球果着生于向下弯曲的小枝顶端，球果倒三角状球形或叉状球形，成熟前蓝绿色，成熟时褐色、紫蓝色或黑色，多少被白粉；内有种子 1~5，微扁，卵圆形，顶端钝或微尖，有纵脊和树脂槽。花期 5 月，球果成熟于翌年 10 月。

生境：旱中生植物。生于海拔 1100~2800m 的多石山坡上，或针叶林或针阔叶混交林下，或固定沙丘上。见于呼锡高原、阴山、鄂尔多斯、贺兰山、龙首山等地。

产地：产锡林郭勒盟（锡林浩特市、苏尼特左旗），巴彦淖尔市（乌拉山），鄂尔多斯市（伊金霍洛旗、乌审旗、达拉特旗），阿拉善盟（贺兰山、龙首山）。分布于我国新疆、甘肃、青海、陕西，欧洲南部至中亚也有。

用途：耐旱性强，可作水土保持及固沙造林树种。枝叶入药，能祛风湿，活血止痛，主治风湿性关节炎、类风湿性关节炎、布氏杆菌病、皮肤瘙痒。叶入蒙药（蒙药名：伊曼—阿日查），功能主治同侧柏。

栽培管理要点：尚无人工驯化栽培的标准方法。

13.【杜松】

分类地位：柏科 刺柏属

蒙名：乌日格苏图 — 阿日查
别名：崩松、刚桧
学名：*Juniperus rigida* Sieb. et Zucc.

形态特征：小乔木或灌木，高达 11m，树冠塔形或圆柱形；树皮褐灰色，纵裂成条片状脱落；小枝下垂或直立，幼枝三棱形，无毛。刺叶 3 叶轮生，条状刺形，质厚，挺直，顶端渐窄，先端锐尖，上面凹下成深槽，白粉带位于凹槽之中，较绿色边带为窄，下面有明显的纵脊，横断面成"V"状。雌雄异株，雄球花着生于一年生枝的叶腋，椭圆形，黄褐色；雌球花亦着生于一年生枝的叶腋，球形，绿色或褐色。球果圆球形，成熟前紫褐色，成熟时淡褐黑色或蓝黑色，被白粉。内有 2~3 粒种子，种子近卵圆形，顶端尖，有 4 条钝棱，具树脂槽。花期 5 月，球果成熟于翌年 10 月。

生境：旱中生植物。生于海拔 1400~2200m 山地的阳坡或半阳坡，干燥岩石裸露山顶或山坡的石缝中。见于大兴安岭南部、呼锡高原、赤峰丘陵、燕山北部、阴山、阴南丘陵、乌兰察布、贺兰山等地。

产地：产赤峰市（克什克腾旗、巴林右旗、喀喇沁旗），锡林郭勒盟（西乌珠穆沁旗、锡林浩特市、镶黄旗），乌兰察布市（大青山），包头市（达尔罕茂明安联合旗），鄂尔多斯市（准格尔旗、东胜区），巴彦淖尔市（乌拉特中旗、乌拉山），阿拉善盟（贺兰山）。分布于我国黑龙江、吉林、辽宁、河北、山西、陕西、甘肃及宁夏，朝鲜、日本也有。

用途：木材坚硬，纹理致密，耐腐力强，可供做工艺品、雕刻、家具、器皿、农具等用材。树姿优美，为我区著名庭园绿化树种。果实入药，能发汗、利尿、镇痛，主治风湿性关节炎、尿路感染、布氏杆菌病。叶、果实入蒙药（蒙药名：乌日格苏图—阿日查），功能主治同侧柏。

栽培管理要点：尚无人工驯化栽培的标准方法。

三、麻黄科

14.【草麻黄】

分类地位：麻黄科 麻黄属

蒙名：哲格日根讷
别名：麻黄
学名：Ephedra sinica Stapf

形态特征： 草本状灌木，高达 30cm。基部多分枝，丛生；木质茎短或成匍匐状，小枝直立或稍弯曲。叶 2 裂，鞘占全长 1/3~2/3，裂片锐三角形，先端急尖。雄球花为复穗状，具总梗，苞片常为 4 对，淡黄绿色，雄蕊 7~10，雌球花单生，顶生于当年生枝，腋生于老枝，具短梗，幼花卵圆形，苞片 4 对。雌花 2，雌球花成熟时苞片肉质，红色，矩圆状卵形或近圆球形。种子通常 2 粒，包于红色肉质苞片内，长卵形，深褐色。花期 5~6 月，种子 8~9 月成熟。

生境： 旱生植物。生于丘陵坡地、平原、沙地。见于大兴安岭、燕山北部、辽河平原、科尔沁、阴山、呼锡高原、乌兰察布、赤峰丘陵、鄂尔多斯等地。

产地： 产呼伦贝尔市，通辽市，兴安盟，赤峰市，锡林郭勒盟，乌兰察布市，巴彦淖尔市，鄂尔多斯市。分布于我国东北、河北、山西、河南、陕西等省区，蒙古也有。

用途： 茎入药（药材名：麻黄），能发汗、散寒、平喘、利尿。根入药（药材名：麻黄根），能止汗。茎也入蒙药（蒙药名：哲日根），能发汗、清肝、化痞、消肿、止血。在冬季羊和骆驼乐食其干草。亦作固沙造林的灌木树种。

栽培管理要点： 育苗移栽。选择沙壤土或轻壤土，亩施有机基肥 7~8m³，播种前亩撒磷酸二铵 20kg，硫酸亚铁 20kg，先用 0.20% 高锰酸钾溶液浸种 30 分钟左右，再按种子量的 0.2% 用绿亨一号等杀菌剂拌种。每亩播种量 10~12kg。将种子均匀撒在畦内地表，然后覆盖 1cm 细沙，小水浇灌 1 次。5 月上中旬播种为宜。播后 7~10 天出苗，30 天出全苗。出苗齐后 10~15 天灌水 1 次，封冻前灌好越冬水。幼苗高度 10cm 以上时，亩追施尿素 10kg。4 月中旬至 5 月中旬移栽至沙壤土或轻壤土上，施有机基肥 4~6m³，深翻 25cm，做畦。亩施磷酸二铵 10kg，硫酸亚铁 10kg，1~2 年生苗移栽，每亩 1 万 ~1.5 万株。根部以不露出根茎芦头为宜。7 月份结合灌水追施尿素每亩 5~10kg。苗子成活后约 25 天灌水 1 次。封冻前灌足越冬水，2 年后收获，采收季节在 9~10 月进行，刈割高度应为麻黄的根茎以上 1~2cm。

15.【木贼麻黄】

分类地位：麻黄科 麻黄属

蒙名：哈日 — 哲格日根讷
别名：山麻黄
学名：*Ephedra equisetina* Bunge

形态特征：直立灌木，高达 1m。木质茎粗长，直立或部分呈匍匐状，灰褐色，茎皮呈不规则纵裂，中部茎枝径 2.5~4mm；小枝细，径约 1mm，直立，具不甚明显的纵槽纹，稍被白粉，光滑，节间长 1.5~3cm。叶 2 裂，裂片短三角形，长 0.5mm，先端钝或稍尖，鞘长 18~20mm。雄球花穗状，1~4 集生于节上，近无梗，卵圆形，长 2.5~4mm，宽 2~2.5mm，苞片 3~4 对，基部约 1/3 合生，雄蕊 6~8，花丝合生，稍露出；雌球花常 2 个对生于节上，长卵圆形，苞片 3 对，最下一对卵状菱形，先端钝，中间一对为长卵形，最上一对为椭圆形，近 1/3 或稍高处合生，先端稍尖，边缘膜质，其余为淡褐色；雌花 1~2，珠被管长 1.5~2mm，直立，稍弯曲。雌球花成熟时苞片肉质，红色，长约 8mm，径约 5mm，近无梗。种子常为 1 粒，棕褐色，长卵状矩圆形，长 6mm，径约 3mm，顶部压扁似鸭嘴状，两面突起，基部具 4 槽纹。花期 5~6 月，种子于 8~9 月成熟。

生境：旱生植物。生于干旱与半干旱地区的山顶、山谷、沙地及石砬子上。见于呼锡高原、乌兰察布、燕山北部、东阿拉善、西阿拉善、贺兰山、龙首山等地。

产地：产赤峰市（喀喇沁旗），锡林郭勒盟（苏尼特右旗），巴彦淖尔市（乌拉特中旗），阿拉善盟（贺兰山、阿拉善左旗与右旗）。分布于我国河北、山西、陕西、甘肃、新疆；蒙古，西西伯利亚，中亚也有。

用途：茎入药，也入蒙药（蒙药名：哈日—哲日根），功能主治同草麻黄；全株可作固沙造林的灌木树种。

栽培管理要点：目前正处于人工引种驯化阶段。

16.【斑子麻黄】

分类地位：麻黄科 麻黄属

蒙名：朝呼日 — 哲格日根讷

学名：*Ephedra rhytidosperma* Pachom.

形态特征：矮小垫状灌木，高 10~20cm。木质茎明显，弯曲向上，灰褐色；小枝绿色，较短，密集于节上呈假轮生状，具粗纵槽纹，节间长 0.8~1.8cm，径 0.8~1mm。叶 2 裂，裂片为短而宽的三角形，长 0.5mm，先端微钝或钝尖，鞘长 0.5mm，几乎全为褐色，仅叶裂片边缘为白色膜质。雄球花对生于节上，长 2~3mm，无梗，具 2~3 对苞片，假花被片倒卵圆形，雄蕊 5~8，花丝全部合生，近 1/2 露出花被之外。雌球花单生，苞片 2 对，下部一对较小，深褐色，具膜质缘；上部一对矩圆形，长约 5mm，深褐色，具较宽膜质缘，上部近 1/2 裂开。雌花 2，胚珠外围的假花被粗糙，有横列碎片状细密突起，花被管长 0.6~1mm，先端斜直，稍弯曲。种子 2，较苞片长，约1/3外露，棕褐色，椭圆状卵圆形、卵圆形，长约 6mm，径约 3mm，背部中央及两侧边缘具突起的黄色纵棱，棱间及腹面均有锈黄色横列碎片状细密突起。花期5~6月，种子成熟期 7~8 月。

生境：强旱生植物。生于山麓和山前坡地。见于贺兰山。

产地：产于阿拉善盟（贺兰山）。分布于我国甘肃、宁夏。

用途：含少量麻黄素，可作药用；全株又可为半荒漠地区的造林树种。

栽培管理要点：育苗栽培，沙壤土或粘壤土，pH 值低于 7.5，每亩施入 500~5000kg 农家肥。先把种子用浓度 200PPm 育苗灵溶液浸泡两小时，后晾至能用手撒开，拌入用克菌丹拌成的药土中，每亩播 10~15kg。或用 0.5% 食用糖溶液浸泡 24 小时，混沙催芽，沙与种混合比为 2:1，催芽 2~3 天，1/3 种子发芽即可播种。地温 10℃以上，条播，宽 4~5cm，间距 10cm。覆土薄，稍镇压。4~5 天出苗，12 天左右出齐苗。保持土壤湿润，隔两天浇一次水。齐苗后结合浇水追施一次硫酸亚铁。生长期内加施一次硫酸亚铁和氮肥，进行 2~3 次松土除草。8 月份控制浇水，10月中旬浇防冻水。选择 2 年生苗栽培，以清明节前后栽植成活率最高。穴栽，每穴 1~2 株，深度以根际入土 1~2cm 为宜，株行距 20×30cm 或 30×30cm，每亩约为 6000~10000 株。及时浇水，两年后 8~9 月采收，茬口应高出地面 1cm。

17.【中麻黄】

分类地位：麻黄科 麻黄属

蒙名：查干 — 哲格日根讷

学名：*Ephedra intermedia* Schrenk ex Mey.

形态特征： 灌木，高 20~100cm。木质茎短粗，灰黄褐色，直立或匍匐斜上，基部多分枝，茎皮干裂后呈现细纵纤维；小枝直立或稍弯曲，灰绿色或灰淡绿色，具细浅纵槽纹，槽上具白色小瘤状突起。叶 3 裂及 2 裂混生，裂片钝三角形或先端具长尖头的三角形，中部淡褐色，具膜质缘。雄球花常数个密集于节上成团状，苞片 5~7 对交叉对生或 5~7 轮，雄蕊 5~8；雌球花 2~3 生于节上，由 3~5 轮或 3~5 对交叉对生的苞片组成，最上一轮或一对苞片有 2~3 雌花；雌球花成熟时苞片肉质，红色，椭圆形、卵圆形或矩圆状卵圆形。种子通常 3 粒，包于红色肉质苞片内，卵圆形或长卵圆形。花期 5~6 月，种子成熟期 7~8 月。

生境： 旱生植物。抗旱性强，生于干旱与半干旱地区的沙地、山坡及草地上。见于燕山北部、乌兰察布、呼锡高原、鄂尔多斯、东阿拉善、西阿拉善、额济纳、龙首山等地。

产地： 产呼伦贝尔市（新巴尔虎左旗、陈巴尔虎左旗），兴安盟（科尔沁右翼中旗、科尔沁右翼前旗、阿尔山），通辽市（科尔沁左翼后旗），赤峰市（翁牛特旗、喀喇沁旗），锡林郭勒盟，包头市（近郊、达尔罕茂明安联合旗），乌兰察布市（兴和县），呼和浩特市（大青山），巴彦淖尔市（乌拉特中旗），鄂尔多斯市（鄂托克旗、杭锦旗、伊金霍洛旗）。分布于我国东北，河北、山西、河南、陕西；蒙古也有。

用途： 茎和根入药，草质茎入蒙药（蒙药名：查哲日根），功能主治同草麻黄；肉质苞片可食；全株也可作为固沙造林树种。

栽培管理要点： 施农家基肥 75kg/hm²、尿素 150~225 kg/ hm²、磷肥 600~675 kg/ hm²，深耕，种子在 30℃温水中浸泡 8 小时，摊在湿纱布或湿毛巾上，置于 10℃下催芽，70%~80% 的种子发芽即可播种。每营养钵播 2 粒种子，河沙覆盖，播深 1.5~2 cm。营养土配比 1 方土加有机肥 5~6kg、磷酸二铵 500~1000kg。4 月下旬或 5 月初出现 4~6 个节后移栽大田中，定植后灌水定苗。密度 12 万 ~15 万株 / hm²。浇 1 次缓苗水，定植后 15 天左右、茎叶旺盛期进行追肥，年灌水 2 次。结合中耕锄草 3~4 次，有蚜虫为害，可用 50% 的氧化乐果乳油 1000 倍液或用菊马乳油 1000 倍液喷雾防治。第 3 年 10 月底收获，2 年轮采 1 次再生株。

四、杨柳科

18.【胡杨】

分类地位：杨柳科 杨属

蒙名：图日爱 — 奥力牙苏
别名：胡桐
学名：*Populus euphratica* Oliv.

形态特征： 乔木，高达 30m，树皮淡黄色，基部条裂；小枝淡灰褐色，无毛或有短绒毛。叶形多变化，苗期和萌条叶披针形，边缘为全缘或具 1~2 齿；成年树上的叶卵圆形或三角状卵圆形，长 2~5cm，宽 3~7cm，先端有粗齿。基部楔形至圆形或平截，有 2 腺点，两面同色，为灰蓝或灰色，有毛或无毛；叶柄长 1~3cm，稍扁，无毛或有毛，花序轴或花梗被短毛或无毛；苞片近菱形，长约 3mm，上部有疏齿，花盘杯状，干膜质，边缘有凹缺齿; 早落；雄花序长 1.5~2.5cm，雌花序长 3~5cm，柱头紫红色，果穗长 6~10cm；蒴果长椭圆形，长约 1.5cm，2 瓣裂。花期 5 月，果期 6~7 月。

生境： 潜水旱中生植物，喜生盐碱土壤，为吸盐植物。主要生于荒漠区的河流沿岸及盐碱湖，为荒漠区河岸林建群种。见于乌兰察布、东阿拉善、额济纳等地。

产地： 产乌兰察布市 (四子王旗北部)，鄂尔多斯市 (杭锦旗西部)，巴彦淖尔市，阿拉善盟。分布于我国宁夏、甘肃、青海、新疆，蒙古、俄罗斯、巴基斯坦、伊朗、阿富汗、叙利亚、伊拉克、埃及也有。

用途： 树脂 (胡桐碱) 入药，能清热解毒、治酸、止痛等。木材可做农具及家具，亦可供建房和燃料等。胡杨是我国西北荒漠、半荒漠区的主要造林绿化树种。

栽培管理要点： 选择湿润、肥沃、排水良好的细沙土或沙壤土筑床、垄床或低床均可，种子拌细沙条播或撒播。2~4 年生苗即可造林。直播造林或植苗造林均可。

胡杨育苗地应选在通风、利于灌排的地方，土壤为肥沃疏松的沙壤土或轻盐碱地。对 2 年生苗应控制灌水，全年灌水 2 次，已能满足生理需要。松土除草 4 次，特别在灌水或雨后及时松土。追肥 1~2 次，间苗 2 次，保持合理的密度。适当打掉苗下部的部分叶子，有利透光通风，降低地表温度，不给锈菌有活动的机会。胡杨的枯树也是园林景观置景的独特材料。

19.【小叶杨】
分类地位：杨柳科 杨属

蒙名：宝日 — 毛都
别名：明杨
学名：*Populus simonii* Carr.

形态特征： 乔木，高达 22m。树皮灰绿色，老时暗灰黑色，深裂。小枝和萌发枝有棱角，红褐色，后变黄褐色，无毛。冬芽细长，稍有胶质，棕褐色，光滑无毛。叶菱状卵形、菱状椭圆形或菱状倒卵形，长 4~10cm，宽 2.5~4cm，先端渐尖或突尖，基部楔形或狭楔形，长枝叶中部以上最宽，边缘有细齿，上面通常无毛，下面淡绿白色，无毛；叶柄长 0.5~4cm，上面带红色，雄花序长 4~7cm，苞片边缘齿裂，半齿半条裂，或条裂；雄蕊通常 8~9；雌花序长 3~6cm，果序长达 15cm，无毛。蒴果 2~3cm 瓣裂。花期 4 月，果熟期 5~6 月。2n=38。

产地： 通辽市、赤峰市山区有野生，呼和浩特市、包头市均有栽培。现我区南部各地多有引种栽培，分布于我国东北、华北、西北、四川及淮河流域，南京市亦有栽培。

用途： 材质比黑杨坚硬，可作民用檩梁材，春季幼嫩叶可作食用，老叶为良好饲料。性喜湿，耐瘠薄土壤，易于插条繁殖，播种繁殖成活率很高，为我国北部主要造林树种之一，树皮入蒙药（蒙药名：宝日—奥力牙苏），功能主治同山杨。

栽培管理要点： 尚无人工驯化栽培的标准方法。

20.【五蕊柳】

分类地位：杨柳科 柳属

蒙名：他本 — 道黑古日特 — 也刚嘎苏
学名：*Salix pentandra* L.

形态特征：灌木或小乔木，高可达 3m，树皮灰褐色；一年生小枝淡黄褐色或淡黄绿色，无毛，有光泽。低出叶倒卵形或卵状椭圆形，边缘有细腺齿，下面边缘或先端有长柔毛；叶片倒卵状矩圆形、矩圆形或长椭圆形，先端急尖、渐尖或长渐尖，基部钝圆或楔形，边缘具细密腺齿，两面无毛，上面亮绿色，下面苍白色；叶柄长 5~12mm；托叶早落，花序与叶同时开放，具总柄，着生在当年生小枝的先端，花序轴密被白色长毛；雄花序圆柱形，雄花有雄蕊 4~9，多为 5，花丝不等长，中下部有柔毛，花药圆球形，黄色；苞片倒卵形或卵状椭圆形，淡黄褐色，两面疏生长柔毛；腺体 2，背腹各 1，常叉裂；雌花序圆柱形；子房卵状圆锥形，具短柄，无毛，花柱短，柱头 2 裂，腹腺常 2~3 裂，蒴果光滑无毛。花期 5 月下旬至 6 月上旬，果期 7~8 月。2n =76。

生境：生于林区积水的草甸、沼泽地或林缘及较湿润的山坡。见于大兴安岭、燕山北部、呼锡高原及阴山等地。

产地：产呼伦贝尔市（根河市、额尔古纳市、鄂伦春自治旗、牙克石市），兴安盟（科尔沁右翼前旗），赤峰市（喀喇沁旗、克什克腾旗），锡林郭勒盟（东乌珠穆沁旗、正蓝旗、多伦县）及乌兰察布市（大青山、蛮汉山）等地。分布于我国小兴安岭、长白山及河北、山西、陕西、新疆，欧洲及俄罗斯、朝鲜、蒙古也有。

用途：木材可供小农具用；开花期较晚，为晚期蜜源植物；叶含蛋白质较多，可作野生动物的饲料；羊乐食其嫩枝和叶；因花药颜色鲜黄，叶面亮绿色，可栽培供观赏。

栽培管理要点：尚无人工驯化栽培的标准方法。

21.【筐 柳】

分类地位：杨柳科 柳属

蒙名：呼崩特 — 巴日嘎苏
别名：棉花柳、白箕柳、蒙古柳
学名：*Salix linearistipularis* (Franch.) Hao

形态特征：灌木，高 1.5~2.5m，老枝灰色或灰褐色，光泽无毛；一年生枝黄绿色，无毛，倒披针形、倒披针状条形或条形，最宽处多在中部以上，萌生枝叶常更大一些，先端急尖或渐尖，基部楔形，边缘具腺齿，幼时疏生毛，后变光滑；托叶条形，萌生枝的托叶可长达 2cm，边缘有腺齿。花序圆柱形，总柄短或近无总柄，基部常生有 1~3 片小形叶；苞片倒卵状椭圆形，黑褐色，两面生有长柔毛；腹腺 1，圆柱形；雄花有雄蕊 2，完全合生。花药球形，花丝光滑无毛；子房卵形，密被灰白色短毛，无柄；花柱极短，柱头 2 裂，每裂再 2 浅裂，蒴果密被短柔毛。花期 5 月，果熟期 5~6 月。

生境：中生植物，生山地、河流、沟塘边及草原地带的丘间低地。见于大兴安岭东南部、科尔沁、赤峰丘陵、呼锡高原、阴南丘陵等地。

产地：产呼伦贝尔市 (扎兰屯市)、兴安盟 (科尔沁右翼前旗)、通辽市 (科尔沁左翼后旗)、赤峰市 (翁牛特旗)、锡林郭勒盟 (多伦县) 及鄂尔多斯市 (准格尔旗)。分布于我国东北、华北及河南、陕西。

用途：枝条细长、柔软，可供编筐、篓等用。亦作固沙造林树种。

栽培管理要点：尚无人工驯化栽培的标准方法。

五、桦木科

22.【白桦】

分类地位：桦木科 桦木属

蒙名：查干 — 虎斯
别名：粉桦、桦木
学名：*Betula platyphylla* Suk.

形态特征：乔木，高 10~20m，树皮白色，成层少剥裂，内皮呈赤褐色。枝灰红褐色，光滑，密生黄色树脂状腺体，小枝红褐色，冬芽卵形或椭圆状卵形，先端尖，具 3 对芽鳞，鳞片褐色，边缘具纤毛，叶纸质，三角状卵形、长卵形、菱状卵形或宽卵形，先端渐尖，基部宽楔形或楔形，边缘具不规则的粗重锯齿，上面绿色，下面淡绿色，密生腺点，叶柄细。果序单生，圆柱形，下垂或斜展，序梗散生黄色树脂状腺体；果苞初时背面密被极短柔毛，后渐脱落，边缘具短纤毛，基部楔形或宽楔形，上部具 3 裂片，中裂片三角状卵形，侧裂片倒卵形或矩圆形，斜展、平展或下弯。小坚果宽椭圆形或椭圆形，背面疏被短柔毛，膜质翅比小坚果高 1/3 和稍宽或相等。花期 5~6 月，果期 8~9 月。2n=28。

生境：中生乔木。阳性树种。适应性强，在原始林被采伐后或火烧迹地上，常与山杨混生构成次生林的先锋树种，有时成单纯林或散生在其他针、阔叶林中，见于大兴安岭、燕山北部、科尔沁、阴山、阴南丘陵、赤峰丘陵、贺兰山等地。

产地：产呼伦贝尔市，兴安盟（科尔沁右翼前旗），赤峰市，通辽市（扎鲁特旗），乌兰察布市（卓资县、凉城县），锡林郭勒盟（锡林浩特市），巴彦淖尔市（乌拉特前旗），阿拉善盟（阿拉善左旗）。分布于我国东北、华北及河南、陕西、宁夏、甘肃、青海、四川、云南、西藏，俄罗斯（东西伯利亚）、蒙古、朝鲜、日本也有。

用途：木材黄白色，纹理直，结构细，可供做胶合板、枕木、矿柱、车辆、建筑等用材，

干叶羊乐吃，树皮入药，能清热利湿、祛痰止咳、消肿解毒，主治肺炎、痢疾、腹泻、黄疸、肾炎、尿路感染、慢性气管炎、急性扁桃腺炎、牙周炎、痒疹、烫伤。树皮还能提取桦皮油及栲胶，木材和叶可作黄色染料。树皮洁白，树姿优美，可作庭园绿化树种。

栽培管理要点：尚无人工驯化栽培的标准方法。

23.【砂生桦】

分类地位：桦木科 桦木属

蒙名：套古日格 — 宝日 — 虎斯

别名：圆叶桦

学名：*Betula gmelinil* Bunge

形态特征：灌木，高 1~3m。树皮暗灰黑色。枝直立，暗紫褐色或灰紫褐色，无毛，被较密或稀疏的树脂状腺体；小枝紫褐色或灰褐色，密被黄褐色或白色树脂状腺体，密生极短的柔毛，间有疏生的长柔毛或近无毛；冬芽长卵形，具 2 对芽鳞，稍带黏性，鳞片黄褐色，边缘被疏长毛，叶厚纸质，较硬，椭圆形、卵形、宽卵形、菱状卵形、菱形或狭菱形，先端锐尖或圆钝，基部楔形或宽楔形。边缘具不规则细而尖的锯齿，上面绿色，被伏生长柔毛或几无毛，或仅沿中脉较密，少腺点或无，下面淡绿色，仅沿脉疏生柔毛，密被锈褐色腺点，侧脉 4~6 对，叶柄初密被长柔毛和腺点，后渐脱落，果序单生，直立，矩圆形，序梗长 1~4mm，密被锈褐色短柔毛，有时散生黄褐色树脂状腺体；果苞基部楔形，上部具 3 枚裂片，中裂片三角状卵形或矩圆形，先端钝和平展，侧裂片宽卵形，斜展，稀下弯，比中裂片稍短或稍宽，小坚果倒卵形、倒卵状椭圆形，顶部疏被短柔毛，果翅膜质，两翅顶部超过柱头或与其相等。花期 5~6 月，果期 8~9 月。

生境：中生植物，喜生于沙地，见于大兴安岭南部、呼锡高原、赤峰丘陵、科尔沁、辽河平原等地。

产地：产锡林郭勒盟（锡林浩特市、西乌珠穆沁旗、正蓝旗），赤峰市（翁牛特旗、克什克腾旗），通辽市（库伦旗、科尔沁左翼后旗）。分布于我国辽宁、黑龙江，俄罗斯（东西伯利亚）、蒙古也有。

用途：为固定沙丘，防止沙化的优良灌木树种，在春季骆驼喜食，而马在饲草缺乏时也食其嫩枝。

栽培管理要点：尚无人工驯化栽培的标准方法。

24.【榛】

分类地位：桦木科 榛属

蒙名：西得
别名：榛子、平榛
学名：*Corylus heterophylla* Fisch. ex Trautv.

形态特征：灌木或小乔木，高 1~2m，长丛生，多分枝。树皮灰褐色，具光泽。枝暗灰褐色，光滑，具细裂纹，小枝黄褐色，密被短柔毛，间有疏生长柔毛；冬芽卵球形，两侧稍扁，鳞片黄褐色，边缘具纤毛。叶圆卵形或倒卵形，先端平截或凹缺，中央具三角状骤尖或短尾状尖裂片，基部心形或宽楔形，在中部以上尤其在先端常有小浅裂；上面深绿色，下面淡绿色，被短柔毛，沿脉较密；叶柄较细，疏被柔毛。雌雄同株，先叶开放；菜荑花序 2~3 个生于叶腋，圆柱形，下垂，雄蕊 8，花药黄色；雌花无柄，着生枝顶，鲜红色，花柱 2，外露。果单生或 2~3（5）枚簇生或头状；果苞钟状，外面具突起细条棱，密被短柔毛，间有柔毛及红褐色刺毛状腺体，上部浅裂，具 6~9 三角形裂片，边缘全缘，稀具锯齿，两面被密短柔毛及刺毛状腺体；序梗密被短柔毛，间有散生红褐色刺毛状腺体，坚果近球形，仅顶端密被极短柔毛或几无毛。花期 4~5 月，果期 9 月。2n =22, 28。

生境：中生植物，喜光灌木。生于向阳山地和多石的沟谷两岸及林缘，采伐迹地，出于其萌芽力较强，故常成灌丛，俗称"榛材颗"。见于大兴安岭北部及南部、辽河平原、燕山北部、阴山等地。

产地：产呼伦贝尔市（鄂伦春自治旗、牙克石市），通辽市（大青沟），赤峰市（喀喇沁旗），兴安盟（扎赉特旗、科尔沁右翼前旗），乌兰察布市（大青山），呼和浩特市。分布于我国黑龙江、吉林、辽宁、河北、山西、陕西，日本、朝鲜、俄罗斯（东西伯利亚）、蒙古也有。

用途：种子含淀粉 15%，可加工成粉制糕点，也供食用，含油量 51.6%，榨出的汁可供食用，又可供熬榛子乳、榛子粉、榛子脂等价值高的营养药品。种仁入药，能调中、开胃、明目，树皮、叶和果苞均含鞣质，可提取栲胶，叶可作柞蚕饲料，嫩叶晒干贮藏；可为冬季猪饲料，并为水土保持的优良树种，也是很好的护田灌木。木材可做手杖、伞柄或作薪炭等用。

栽培管理要点：尚无人工驯化栽培的标准方法。

25.【虎榛子】

分类地位：桦木科 虎榛子属

蒙名：西仍黑
别名：棱榆
学名：*Ostryopsis davidiana* Decne.

形态特征：灌木，高 1~2 (5)m，基部多分枝，树皮淡灰色，稀剥裂，枝暗灰褐色，无毛，具细裂纹，黄褐色皮孔明显，小枝黄褐色，密被黄色极短柔毛，间有疏生长柔毛，近基部散生红褐色嗣毛状腺体，具黄褐色皮孔，圆形，突起，纵裂；冬芽卵球形，红褐色，膜质，成覆瓦状排列，背面被黄色短柔毛，边缘尤密。叶宽卵形、椭圆状卵形，稀卵圆形，先端渐尖或锐尖，基部心形，边缘具粗重锯齿，中部以上有浅裂；上面绿色，各脉下陷，被短柔毛，沿脉尤密，下面淡绿色，各脉突起，密被黄褐色腺点，疏被短柔毛，沿脉尤密，脉腋间具簇生的髯毛，叶脉 7~9 对，叶柄密被短柔毛。雌雄同株；雄柔荑花序单生叶腋，下垂，矩圆状圆柱形；花序梗极短；苞鳞宽卵形，外面疏被短柔毛，每苞片具 4~6 雄蕊。果序总状，下垂，由 4~10 多枝果组成，着生于小枝顶端；果梗极短，密被短柔毛；果苞厚纸质，外具紫红色细条棱，密被短柔毛，上半部延伸呈管状，先端 4 浅裂，裂片披针形。边缘密被柔毛，下半部紧包果，成熟后一侧开裂，小坚果卵圆形或近球形，栗褐色，光亮，疏被短柔毛，具细条纹。花期 4~5 月，果期 7~8 月。2n= 16。

生境：中生植物。喜光灌木，稍耐干旱，常形成虎榛子灌丛，在荒山坡或林缘常见，黄土高原丘陵地区有广泛分布。见于大兴安岭南部、科尔沁、呼锡高原、阴山、乌兰察布、贺兰山等地。

产地：产兴安盟 (扎赉特旗)，通辽市 (扎鲁特旗)，赤峰市 (克什克腾旗)，锡林郭勒盟 (太仆寺旗、西乌珠穆沁旗、正蓝旗)，呼和浩特市 (武川县、大青山、蛮汉山)，巴彦淖尔市 (乌拉山)，阿拉善盟 (贺兰山)，包头市。分布于我国河北、山西、陕西、甘肃和四川等省。

用途：种子蒸炒可食，亦可榨油，含油量 10 % 左右，供食用和制肥皂。树皮含鞣质 5.95 %，叶含鞣质 14.88%，可提制栲胶。枝条可编织农具。又为山坡或黄土沟岸的水土保持树种。

栽培管理要点：尚无人工驯化栽培的标准方法。

六、壳斗科

26.【蒙古栎】

分类地位：壳斗科 栎属

蒙名：查日苏
别名：柞树
学名：*Quercus mongolica* Fisch. ex Turcz.

形态特征： 落叶乔木，高达30m。树皮暗灰色，深纵裂。当年生枝褐色，光滑，二年生枝灰紫褐色，无毛，皮孔凸起；冬芽矩圆形或长卵形，栗褐色。叶革质，倒卵状椭圆形或倒卵形，叶柄长2~8cm，雄花为柔荑花序，下垂，雄蕊8，黄色；雌花具6裂花被，坚果长卵圆形或椭圆形，单生或2~3枚集生，壳斗浅碗状，包围果实1/2~1/3。花期6月，果期10月。2n=24。

生境： 中生植物，阳性树种。耐寒、耐干瘠，喜生于土壤深厚、排水良好的坡地，常与杨、桦混生，为东北夏绿阔叶林的重要建群种之一。见于大兴安岭、辽河平原、科尔沁、燕山北部等地。

产地： 产呼伦贝尔市（鄂伦春自治旗、阿荣旗、扎兰屯市），兴安盟（扎赉特旗），赤峰市（巴林右旗、翁牛特旗、宁城县），锡林郭勒盟（多伦县）。分布于我国东北及河南、山东、河北、山西等省，俄罗斯、朝鲜及日本也有。

用途： 木材坚硬，供建筑、器具、胶合板用；树皮入药，能清热、解毒、利湿，果实入蒙药（蒙药名：查日苏），可止泻、止血、祛黄水。橡实含淀粉可酿酒，树皮、壳斗、叶均可提制栲胶，叶可喂蚕，种子油供制肥皂及其他工业用，亦可作为庭院绿化树种。

栽培管理要点： 播种繁殖，选择在地势平坦、排水良好、土质肥沃、pH值5.5~7的沙壤土和壤土。种子催芽后采用垄播，播种量为150g/m，畦高20cm，畦面宽1.1m，步道40cm。秋播种子消毒处理后即可直接播种，春播种子在冷室内混沙（种沙比为1:3）催芽，每周翻动一次，播种前一周将种子筛出，在阳光下翻晒，种子裂嘴达30%以上可播种。播种后覆土应厚，出土前不必浇水。切根播种后15~20天出苗，当4片真叶时，切断并留主根长6cm，切根后应将土压实并浇水。留苗密度60~80株/m²。除草结合松土，松土深度2~8cm。当年有3次生长的习性，采用两次追肥，即第一次封顶后进行追肥，硝酸铵每亩3kg；第二次追肥在苗木第二次封顶后进行，硝酸铵每亩4.5kg。秋季起苗，进行控沟越冬假植；春季起苗，可原垄越冬，不必另加防寒措施。

27.【辽东栎（变种）】

分类地位：壳斗科 栎属

蒙名：沙嘎日格 — 查日苏
别名：橡子树、柴忽拉
学名：*Qliercus mongolica* Fisch. ex Turcz.
var.*liaotungensis* (Koidz). Nakai

形态特征：本变种与正种的区别在于：叶缘具 5~7 对波状裂片，壳斗鳞片扁平。

生境：中生乔木。阳性树种。喜生于干燥山坡。抗寒、抗旱，常与油松、白桦、蒙椴等树种混生，稀为纯林，为华北夏绿落叶阔叶林的建群植物之一。见于大兴安岭南部、阴山、乌兰察布、贺兰山等地。

产地：产赤峰市（克什克腾旗），乌兰察布市（卓资县、蛮汉山），巴彦淖尔市（乌拉山），阿拉善盟（贺兰山），呼和浩特市（大青山），包头市（九峰山）。分布于我国东北及河北、甘肃、河南、山东、四川等省，朝鲜也有。

用途：叶产量高且质好，含鞣质 15.26%，粗脂肪较多占干物质的 4.3% 左右，可喂蚕，种子含淀粉 62.4%，壳斗含鞣质 7.33%。果实入药，能健胃止泻、收敛止血，主治脾虚腹泻、痔疮出血、脱肛，也入蒙药（蒙药名：辽东—查日苏），功能主治同蒙古栎；材质坚硬，耐朽，但易裂；全株可供庭园绿化树种。

栽培管理要点：目前尚未由人工引种栽培。

七、榆科

28.【大果榆】

分类地位：榆科 榆属

蒙名：得力图
别名：黄榆、蒙古黄榆
学名：*Ulmus macrocarpa* Hance

形态特征：落叶乔木或灌木，高可达 10 余米，树皮灰色或灰褐色，浅纵裂；一二年生枝黄褐色或灰褐色。叶厚革质，粗糙，倒卵状圆形，先端短尾状尖或凸尖，基部圆形、楔形或微心形，边缘具短而钝的重锯齿，少为单齿；叶柄长 3~10mm，被柔毛。花 5~9 朵簇生于去年枝上或生于当年枝基部，花被钟状。翅果倒卵形、近圆形或宽椭圆形，果核位于翅果中部。花期 4 月，果熟期 5~6 月。2n= 28。

生境：旱中生植物。喜光，耐寒冷、干旱，生于海拔 700~1800m 的山地、沟谷及固定沙地，见于大兴安岭、燕山北部、辽河平原、科尔沁、呼锡高原、乌兰察布、赤峰丘陵、阴山、阴南丘陵等地。

产地：除阿拉善盟外，产全区。分布于我国东北、华北、西北及华东，蒙古、俄罗斯及朝鲜也有。

用途：果实可食用。木材坚硬，组织致密，可制车辆及各种用具；种子含油量较高，油的脂肪酸主要以癸酸占优势，癸酸为医药和轻化工工业中制作药剂和塑料增塑剂等不可缺少的原料；果实可制成中药材"芜荑"，能杀虫、消积，主治虫积腹痛、小儿疳泻、冷痢、疥癣、恶疮，亦为固沟固坡的水土保持树种。

栽培管理要点：播种地选择沙壤土或壤土，整地作长 10m、宽 1.2m 的苗床，于 10 月下旬至 11 月中旬，先灌水，待水分全部渗入土中，条播，播幅宽 5~10cm。播后覆土 0.5~1cm，稍加镇压，每亩用种 2.5~3kg，待幼苗长出 2~3 片真叶时，可间苗，苗高 5~6cm 时定苗，每亩留苗 3万株左右，间苗后适当灌水，除草、松土。6~7 月追肥，每亩施人粪尿 100kg 或硫铵 4kg，每隔半月追 1 次肥，8 月初停止追肥，以利幼苗木质化。

春季在苗木萌发前，秋季在土壤封冻前，采用 1 年生苗木，穴直径为 30~40cm，深 30cm 左右，行距 2m，株距 1.5~2m。栽植后 2~3 年内进行松土，除草和培土。及时修剪整枝，掌握"轻修枝，重留冠"的原则，根据培育材种不同，确定树干的高度，达到定干高度后，不再修枝，使树冠扩大。

29.【家榆】

分类地位：榆科 榆属

蒙名：海拉苏
别名：白榆、榆树
学名：Ulmus pumila L.

形态特征：乔木，高可达 20m，胸径可达 1m，树冠圆形。树皮暗灰色，不规则纵裂，粗糙；小枝黄褐色、灰褐色，光滑或具柔毛。叶矩圆状卵形或矩圆状披针形，长 2~7cm，宽 1.2~3cm，先端渐尖或尖，基部近对称或稍偏斜，圆形、微心形或宽楔形，上面光滑，下面幼时有柔毛，后脱落或仅在脉腋簇生柔毛，边缘具不规则的重锯齿或为单锯齿；叶柄长 2~8mm，花先叶开放，两性，簇生于去年枝上；花萼 4 裂，紫红色，宿存；雄蕊 4，花药紫色。翅果近圆形或卵圆形，长 1~1.5cm，除顶端缺口处被毛外，其余处无毛，果核位于翅果的中部或微偏上，与翅果颜色相同，为黄白色；果柄长 1~2mm。花期 4 月，果熟期 5 月。2n = 28，30。

生境：旱中生植物。吸光，耐旱、耐寒，对烟及有毒气体的抗性较强。常见于森林草原及草原地带的山地，沟谷及固定沙地，为北方地区"四旁"绿化及营造防护林、用材林的主要树种。

产地：产全区各地，见全区各地。分布于我国东北、华北、西北、华东、华中及西南，俄罗斯、蒙古、朝鲜也有。

用途：果实可食用。材质坚硬，花纹美观，可用于建筑及制作家具，种子含油，树皮入药，能利水、通淋、消肿，主治小便不通、水肿等。羊和骆驼善食其叶。亦可作为防风林带树种。

栽培管理要点：选择有水源、排水良好、土层较厚的沙壤土，采用畦播或垄播。播前整地要细，亩施有机肥 4000 ～ 5000kg，浅翻后灌足底水。亩播种 3~5kg，浅播，覆土 0.5~1cm。稍加镇压。土壤干旱时不可浇蒙头大水，只可喷淋地表。6~10 天出芽，10 余天后幼苗出土，小苗长到 2~3 片真叶时开始间苗，苗高 5~6cm 时定苗，亩留苗 3 万 ~4 万株。间苗时及时浇水，幼苗期加强中耕除草，7~8 月上旬可追施复合肥 10kg，每半月一次，追施 2 次，也可施用新型叶面肥。8 月中旬以后不可再施氨态氮肥，并要控制土壤水分，以利苗木木质化。

30.【旱榆】

分类地位：榆科 榆属

蒙名：柴布日 — 海拉苏
别名：灰榆、山榆
学名：*Ulmus glaucescens* Franch.

形态特征： 乔木或灌木，当年生枝通常为紫褐色或紫色，少为黄褐色，具疏毛，后渐光滑；二年生枝深灰色或灰褐色。叶卵形或菱状卵形，长 2~5cm，宽 1~2.5cm，先端渐尖或骤尖，基部圆形或宽楔形，近于对称或偏斜，两面光滑无毛，稀下面有短柔毛及上面较粗糙，边缘具钝面整齐的单锯齿；叶柄长 4~7mm，被柔毛。花出自混合芽或花芽，散生于当年枝基部或 5~9 花簇生于去年枝上；花萼钟形，先端 4 浅裂，宿存。翅果宽椭圆形、椭圆形或近圆形，果核多位于翅果的中上部，上端接近缺口，缺口处具柔毛，其余光滑，翅近于革质；果梗与宿存花被近等长，被柔毛。花期 4 月，果熟期 5 月。2n=28。

生境： 旱生植物。生于海拔 1000~2600m 的向阳山坡、山麓及沟谷等地。见于阴山、东阿拉善、贺兰山、龙首山等地。

产地： 产呼和浩特市（大青山），巴彦淖尔市（狼山），乌兰察布市（卓资山）及阿拉善盟（贺兰山、龙首山）等山地。分布于我国河北、山西、山东、宁夏、陕西、甘肃、青海。

用途： 可作西北地区荒山造林树种，果实可食用。木材坚硬耐用，可作农具、家具等用，羊食其叶与果实，也可喂猪。

栽培管理要点： 可直播或植苗，春秋两季均可进行，春季应在土壤解冻后苗木展开前，秋季应在苗木落叶后，土壤封冻前。直播造林，在种子成熟后，随采随播，以保证有较高的出苗率。要提前整地，采取条播、水平沟播、带状播、点播、鱼鳞坑播、穴播等。覆土以 1~2cm 为宜。植苗造林：选土层深厚、肥沃的地块做畦，播种量 25kg/ 亩。播种期以 5~6 月为宜。苗期及时间苗、锄草。营造饲用林或防护林：于前一年进行细致的整地，选用 1~2 年生的苗木进行穴植，穴的直径为 40cm，深度为 40~50cm。一般采用行距 2~3m，株距 1.5~2m，亩栽 200~300 株为宜。幼林期应进行松土、锄草、培土，营造饲用林应在株高 1m 时，自 50cm 处剪掉主干，待其侧枝长高后再剪掉顶部，以促进分枝，增加枝叶，利于家畜采食。

八、荨麻科

31.【麻叶荨麻】

分类地位：荨麻科 荨麻属

蒙名：哈拉盖
别名：燌麻
学名：Urtica cannabina L.

形态特征： 多年生草本，全株被柔毛和螫毛，具匍匐根茎。茎直立，高 100~200cm，丛生，通常不分枝，具纵棱和槽。叶片轮廓五角形，掌状 3 深裂或 3 全裂，裂片再成缺刻状羽状深裂或羽状缺刻，最下部的小裂片外侧边缘具 1 枚长尖齿，各裂片顶端小裂片条状披针形，叶片上面深绿色，密生小颗粒状钟乳体，下面淡绿色，被短伏毛和疏生螫毛；托叶披针形或宽条形，花单性，雌雄同株或异株，同株者雄花序生于下方；穗状聚伞花序丛生于茎上部叶腋间，分枝，具密生花簇；苞膜质，卵圆形；雄蕊 4，长于花被裂片，花药黄色，雌花花被 4 中裂，裂片椭圆形，瘦果宽椭圆状卵形或宽卵形。花期 7~8 月，果期 8~9 月。2n= 52。

生境： 中生杂草。生于人和畜经常活动的干燥山坡、丘陵坡地、沙丘坡地、山野路旁、居民点附近。见于大兴安岭、辽河平原、科尔沁、呼锡高原、乌兰察布、赤峰丘陵、燕山北部、阴山、阴南丘陵、鄂尔多斯、贺兰山等地。

产地： 产呼伦贝尔市（海拉尔、牙克石市、新巴尔虎右旗、鄂伦春自治旗、扎兰屯市），兴安盟（科尔沁右翼中旗与前旗、扎赉特旗），通辽市（科尔沁左翼后旗、扎鲁特旗），赤峰市（克什克腾旗、宁城县），锡林郭勒盟（锡林浩特市、东乌珠穆沁旗、西乌珠穆沁旗、正蓝旗、正镶白旗、太仆寺旗），乌兰察布市（大青山），包头市（达尔罕茂明安联合旗），呼和浩特市（土默特左旗），巴彦淖尔市（乌拉特前旗），鄂尔多斯市（乌审旗），阿拉善盟（阿拉善左旗）。分布于我国东北、华北、西北及四川；蒙古、俄罗斯、欧洲也有。

用途： 嫩茎叶可作蔬菜食用。全草入药（蒙药名：哈拉盖—敖嘎），能祛风、化痞、解毒、温胃，主治风湿、腰腿及关节疼痛、胃寒、糖尿病、痞症、产后抽风、小儿惊风、荨麻疹，也能解虫蛇咬伤之毒等，茎皮纤维可作纺织和制绳索的原料。青鲜时羊和骆驼喜采食，牛乐吃。

栽培管理要点： 种子繁殖，春季或夏季播种，温度一般在 23℃以上。土壤深耕、整细，施足基肥，将种子拌以细土，进行撒播，可不覆土。为提早出苗，最好采取苗床育苗。移栽或定植时，应戴上帆布或胶皮手套，脚穿胶鞋，避免皮肤外露。在老株周围长出新芽后，需要进行分株。分株时间，可在冬春进行，整株挖起，剪下芽苗，随后按 20cm 的株距栽植于田园四周。

九、蓼科

32.【华北大黄】
分类地位：蓼科 大黄属

蒙名：给西古纳
别名：山大黄、土大黄、子黄、峪黄
学名：*Rheum franzenbachii* Munt.

形态特征：植株高 30~85cm，根肥厚。茎粗壮，直立，具细纵沟纹，无毛，通常不分枝。基生叶大，半圆柱形，紫红色，被短柔毛；叶片心状卵形，先端钝，基部近心形，边缘具皱纹，上面无毛，下面稍有短毛，叶脉 3~5 条，由基部射出，并于下面凸起，紫红色；茎生叶较小，有短柄或近无柄，托叶鞘长卵形，暗褐色，下部抱茎，不脱落。圆锥花序直立顶生；苞小，肉质，通常破裂而不完全，内含 3~5 朵花；花梗纤细，中下部有关节；花白色，较小，花被片 6，卵形或近圆形，排成 2 轮，外轮 3 片较厚而小，花后向背面反曲；雄蕊 9；子房呈三棱形；花柱 3，向下弯曲，极短。瘦果宽椭圆形，具 3 棱，沿棱生翅，顶端略凹陷，基部心形，具宿存花被。花期 6~7 月，果期 8~9 月。2n=22，44。

生境：旱中生草本，多散生于阔叶林区和山地森林草原地区的石质山坡和砾石坡地，为山地石生草原群落的稀见种，数量较少，但景观上比较醒目。见于大兴安岭、呼锡高原、科尔沁、赤峰丘陵、燕山北部、乌兰察布、阴山、阴南丘陵等地。

产地：产呼伦贝尔市（额尔古纳市、陈巴尔虎旗、鄂温克自治旗、新巴尔虎左旗、海拉尔区），赤峰市（克什克腾旗、红山区、敖汉旗、喀喇沁旗），锡林郭勒盟（西乌珠穆沁旗、锡林浩特市、苏尼特左旗），乌兰察布市（凉城县），呼和浩特市（大青山）。分布于我国河北、山西、河南。

用途：叶可作蔬菜食用。根入药，能清热解毒、止血、祛瘀、通便、杀虫，主治便秘、疖腮、痈疔肿毒、跌打损伤、烫火伤、瘀血、肿痛、吐血、衄血等症。多作兽药用。根又可作工业染料的原料及提制栲胶。根入蒙药（蒙药名：奥木日特音—西古纳），能清热、解毒、缓泻、消食、收敛，主治腑热、"协日热"、便秘、闭经、消化不良、疮疡、疖肿。

栽培管理要点：目前尚未由人工引种栽培。

33.【阿拉善沙拐枣】

分类地位：蓼科 沙拐枣属

蒙名：阿拉善 — 淘日乐鲁
别名：焋麻
学名：*Calligonum alaschanicum* A. Los.

形态特征：植株高 1~3m。老枝暗灰色，当年枝黄褐色，嫩枝绿色，节间长 1~3.5cm。叶长 2~4mm。花淡红色，通常 2~3 朵簇生于叶腋，花梗细弱，下部具关节；花被片卵形或近圆形，雄蕊约 15，与花被片近等长；子房椭圆形，瘦果宽卵形或球形，长 20~25mm，向右或向左扭曲，具明显的棱和沟槽，每棱肋具刺毛 2~3 排，刺毛长于瘦果的宽度，呈叉状二至三回分枝，顶叉交织，基部微扁，分离或微结合，不易断落。花果期 6~8 月。

生境：沙生强旱生灌木，生长于典型荒漠带流动、半流动沙丘和覆沙戈壁上。多散生在沙质荒漠群落中，为伴生种，见于鄂尔多斯、东阿拉善等地。

产地：鄂尔多斯市（库布齐沙漠），阿拉善盟（腾格里沙漠）。分布于甘肃西。

用途：可作固沙植物。为优等饲用植物，夏秋季骆驼喜食其枝叶，冬春采食较差，绵羊、山羊夏秋季乐意采食其嫩枝及果实，根及果全株入药，治小便混浊、皮肤皲裂。

栽培管理要点：种子处理：播前需对野生种子进行技术处理，称为"高温催芽"。将经过脱芒磨光加工后的种子（初加工亦可）浸泡于 40~50℃ 的碱水中 3 天，再将浸泡后的种子混于细沙中以温水 (50~60℃) 拌匀（沙与种子的体积比为 1∶1)，堆积覆膜后在阳光下暴晒高温催芽 6~10 天，待胚芽微露（露白）时即行播种。

育苗移栽：将处理后的种子育苗后，翌年将种苗移栽于种植地。移栽前浇足水，结合整地施农家肥 30m³/hm²，开沟（深度 15~20cm）条栽，株行距 50cm×50cm，行间三角状栽植。作业顺序与方法：开沟→植苗→覆沙（粗沙，厚度 2~4cm)→压实→覆土（厚度 2~3cm）糖平。种子直播：将处理后的种子按需要在种植地直接播种。施农家肥（经发酵腐熟后的鸡粪土)30m³/hm²，稀土微肥 1.2t。条播，开沟深度 5cm，株距 50cm。作业顺序与方法：开沟→溜种→覆沙（细沙，厚度 2cm)→压实→覆土（厚度 1~2cm) 糖平。播种量 150kg/hm²。

田间管理：移苗、播种前浇足底水并施肥，成活（出苗）后于苗期浇 1 次水，以后不再浇水、施肥，注意清除田间杂草。

NEIMENGGU YESHENG YUANYI ZHIWU TUJIAN

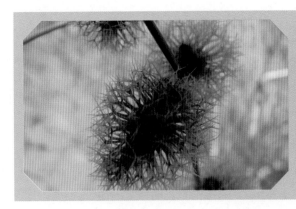

34.【沙拐枣】
分类地位：蓼科 沙拐枣属

蒙名：淘存 — 淘日乐格
别名：蒙古沙拐枣
学名：*Calligonum mongolicum* Turcz.

形态特征：植株高 30~150cm。分枝呈"之"形弯曲，老枝灰白色，当年枝绿色，节间长 1~3cm，具纵沟纹，叶细鳞片状，长 2~4mm，花淡红色，通常 2~3 朵簇生于叶腋；花梗细弱，下部具关节；花被片卵形或近圆形，果期开展或反折；雄蕊 12~16，瘦果椭圆形，直或稍扭曲，两端锐尖，刺毛较细，易断落。花期 5~7 月，果期 8 月。2n=18。

生境：沙生强旱生灌木。广泛生长于荒漠地带和荒漠草原地带的流动、半流动沙地，覆沙戈壁、沙质或沙砾质坡地和河床上。为沙质荒漠的重要建群种，也经常散生或群生于蒿类群落和梭梭荒漠中，为常见伴生种。见于呼锡高原、乌兰察布、鄂尔多斯、阿拉善等地。

产地：产锡林郭勒盟(苏尼特左旗、二连浩特市)，鄂尔多斯市(鄂托克旗)，巴彦淖尔市(乌拉特后旗、磴口县)，乌海市，阿拉善盟。分布于我国甘肃西部及新疆东部，蒙古也有。

用途：同阿拉善沙拐枣。

栽培管理要点：选择沙土或沙质壤土，冬季(或秋末)和早春播种，也可夏季随采种随播种。早春播种要进行种子催芽：播前半个月左右用凉水浸泡种子 3 昼夜，然后用 3 倍于种子的湿沙混合堆积在向阳处，待少数种子露白时即播种。最好采用条播，行距 30cm，覆土 3~5cm，每米落种 50~60 粒，大粒种每亩约 10kg，小粒种每亩 5kg。头状拐枣、乔木状拐枣和红皮拐枣可采用扦插育苗，插穗易生根，育苗成活率达 80% 以上。育苗用的插穗，宜选一二年生枝条，长 20cm，粗 1cm 左右。冬春种苗和扦插苗宜在生长的前 2~3 个月内每隔 20~30 天浇水一次，冬春播种苗在播种时灌足底水后，以后不再浇水。夏播育苗，半个月内每隔 2~3 天浇水一次，以后半个月或一个月灌水一次。每次水量宜少。

35.【沙木蓼】

分类地位：蓼科 木蓼属

蒙名：额木根 — 希力毕
学名：*Atrphaxis bracteata* A.Los.

形态特征： 植株高 1~2m，直立或开展；嫩枝淡褐色或灰黄色，老枝灰褐色，外皮条状剥裂。叶互生，革质，具短柄，圆形、卵形、长倒卵形、宽卵形或宽椭圆形，有明显的网状脉，无毛；托叶鞘膜质，白色，基部褐色。花少数，生于一年生枝上部，每 2~3 朵花生于 1 苞腋内，成总状花序；花被 5 片，2 轮，粉红色，内轮花被片圆形或心形，长宽相等或长小于宽；外轮花被片宽卵形，水平开展，边缘波状；雄蕊 8。瘦果卵形，具 3 棱，暗褐色，有光泽。花果期 6~9 月。

生境： 沙生旱生灌木，生于流动、半流动沙丘中下部。见于呼锡高原、乌兰察布、阴南丘陵、鄂尔多斯、阿拉善等地。为亚洲中部沙地（沙漠）特有种。

产地： 产锡林郭勒盟（苏尼特右旗），包头市（达尔罕茂明安联合旗），巴彦淖尔市（乌拉特中旗、后旗与前旗），鄂尔多斯市（乌审旗、鄂托克旗），阿拉善盟（阿拉善左旗与右旗）。分布于我国宁夏、甘肃西部、陕西北部、青海。

用途： 可作固沙植物。为良等饲用植物，夏、秋季山羊、绵羊乐食其嫩枝叶，骆驼于春、夏季喜食，秋、冬乐食。

栽培管理要点： 播前用清水浸种 1~2 天。捞出拌上少量干沙，即可播种。播种每亩施基肥 4000~5000kg，深翻 20cm 以上，做成平床。采取条播的方式，条距 30cm，亩播量 0.75kg，覆土 1~1.5cm。适当镇压，播后或播前灌水，但覆土厚度要求 2~4cm，待种子发芽后再将上部浮土去掉一些，这样既保墒表土又不板结。苗高 5cm 后，要及时松土锄草，灌水时亩追肥 12.5kg。当年苗高可达 70cm 以上，可出圃造林。扦插繁殖：粗 0.4~1.5cm、1~2 年生的通直枝条均可，最好是 1 年生枝条。将选好的枝条截成长 20cm 的插穗，浸水 1~2 天，在备好的育苗地按 15cm×30cm 的株行距垂直插入，插穗上端与地表持平，插后立即灌水。当年采条一般在 3 月下旬至 4 月上旬为宜。插穗生根前，保持床面湿润，发根后延长灌水间隔期，插后 70 天侧根生出，苗高 35 cm 以上，这时要抓紧松土锄草，亩追化肥 12.5 kg。当年苗高可达 80 cm 以上，地径 0.4cm 左右，秋季或来年春季即可出圃造林。

36.【叉分蓼】

分类地位：蓼科 蓼属

蒙名：希没乐得格
别名：酸不溜
学名：*Polygonum divancatum* L.

形态特征：多年生草本，高 70~150cm。茎直立或斜生，有细沟纹，中空，节部通常膨胀，多分枝，常呈叉状，外观构成圆球形的株丛。叶片披针形、椭圆形以至矩圆状条形，先端锐尖、渐尖或微钝，基部渐狭，全缘或略呈波状，边缘常具缘毛或无毛；托叶鞘褐色，脉纹明显，常破裂面脱落。花序顶生，大型，为疏松开展的圆锥花序；苞卵形，膜质，褐色，内含 2~3 朵花；花梗无毛，上端有关节；花被白色或淡黄色，5 深裂，裂片椭圆形，开展；雄蕊 7~8，比花被短；花柱 3。瘦果卵状菱形或椭圆形，具 3 锐棱，比花被长约 1 倍，黄褐色，有光泽。花期 6~7 月，果期 8~9 月。2n= 100。

生境：高大的旱中生草本植物。生于森林草原、山地草原的草甸和坡地，以及草原区的固定沙地。见于大兴安岭、科尔沁、辽河平原、呼锡高原、燕山北部、赤峰丘陵、阴山、阴南丘陵、鄂尔多斯等地。

产地：产呼伦贝尔市，兴安盟（乌兰浩特市），通辽市（科尔沁左翼后旗），赤峰市，锡林郭勒盟（东乌珠穆沁旗、锡林浩特市、阿巴嘎旗、正蓝旗），乌兰察布市（卓资县），呼和浩特市（大青山），鄂尔多斯市（全市）。分布于我国东北、华北，蒙古、俄罗斯、朝鲜也有。

用途：嫩叶可食，为中等饲用植物，青鲜的或干后的茎叶，绵羊、山羊乐食，马、骆驼有时也采食一些。根含鞣质，可提取栲胶。全草及根入药：全草能清热消积、散瘿、止泻，主治大小肠积热、瘿瘤、热泻腹痛；根能祛寒温肾，主治寒疝、阴囊出汗。根及全草入蒙药（蒙药名：希没乐得格），能止泻、清热，主治肠刺痛、热性泄泻、肠热、口渴、便带脓血。

栽培管理要点：细致整地，保持土壤水分。施入适量厩肥。春季播种或雨季播种。温水浸种处理，浸种时间 2~2.5 小时。每亩播种量 1.5~2kg，播种深度 2~3cm，条播、撒播均可。茎易生不定根，及时中耕培土。在现蕾开花和刈割后及时灌水，种子成熟后抓紧采收。每亩可收种子 50kg 左右。

十、藜科

37.【梭梭】

分类地位：藜科 梭梭属

蒙名：札格
别名：琐琐、梭梭柴
学名：*Haloxylon ammodendron* (C. A. Mey.) Bunge

形态特征： 矮小的半乔木，有时呈灌木状，高 1~4m。树皮灰黄色，二年生枝灰褐色，有环状裂缝；当年生枝细长，蓝色。叶退化成鳞片状宽三角形，腋间有绵毛。花单生于叶腋；小苞片宽卵形，边缘膜质；花被片 5，矩圆形，果时自背部横生膜质翅，翅半圆形，有黑褐色纵脉纹，全缘或稍有缺刻，基部心形，全部翅直径 8~10mm，花被片翅以上部分稍内曲，胞果半圆球形，顶部稍凹，果皮黄褐色，肉质；种子扁圆形。花期 7 月，果期 9 月。2n=18。

生境： 强旱生、盐生植物。生于荒漠区的湖盆低地外缘固定、半固定沙丘沙砾质、碎石沙地，砾石戈壁以及干河床。在阿拉善地区多与地下潜水相联系，形成高大的 3~4m 的植丛，为盐湿荒漠的重要建群种；在额济纳以西的中央戈壁，分布在平坦的碎石戈壁滩上，形成地带性的群落，植株矮小，仅 1m 左右。也以伴生成分进入其他荒漠群落，见于阿拉善等地。

产地： 产鄂尔多斯市（库布齐沙漠西段），巴彦淖尔市（乌拉特后旗、磴口县），阿拉善左旗与右旗、额济纳旗）。分布于我国甘肃、青海、新疆，蒙古、俄罗斯也有。

用途： 为固沙的优良树种。是荒漠地区的优等饲用植物，骆驼在冬、春、秋季均喜食，春末和夏季因贪食嫩枝，有肚胀腹泻现象；羊也拣食落在地上的嫩枝和果实，其他家畜常不食。木材可做建筑、燃料等用，且为肉苁蓉的寄主。

　　栽培管理要点： 选择沙土和轻壤土，以秋播为宜。播前可用 0.1%~0.3% 的高锰酸钾或硫酸铜水溶液浸种 20~30 分钟（防止根腐病和白粉病）后捞出晾干拌沙播种。一般每亩下种量 2 kg 左右为宜。开沟条播，覆土 1 cm。播后浅耙。行距 25~30 cm，沟深 1~1.5 cm。播后引水缓灌。出苗后及时松土、除草。通常在 3 月下旬或 10 月上中旬用 1 年生苗移栽，保持根系完整。以株高 20~50cm 左右，主根 30cm 以上，根幅 50 cm 以上的壮苗为好。按行距 3 m，株距 1 m，深度 40~50 cm 左右，将苗栽入穴中，技术关键是将梭梭苗根颈埋入土中。

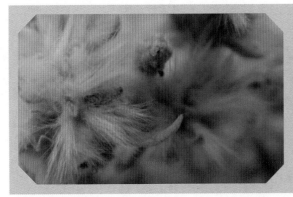

38.【驼绒藜】

分类地位：藜科 驼绒藜属

蒙名：特斯格

别名：优若藜

学名：*Ceratoides latens* (J. F. Gmel.) Reveal et Holmgren

形态特征：植株高 30~100cm，分枝多集中于下部。叶较小，叶片条形、条状披针形，长 1~2cm，宽 2~5mm，先端锐尖或钝，基部渐狭，楔形或圆形，全缘，具 1 脉。有时近基部有 2 条不甚显著的侧脉，两面均有星状毛。雄花序较紧密且较短，长 4cm；雌花管椭圆形，长 3~4mm，密被星状毛，花管裂片角状，其长为管长的 1/3，开叉，先端锐尖，果时管外密被 4 束长毛。胞果卵圆形或倒卵圆形，被毛。花果期 6~9 月。2n=36。

生境：强旱生半灌木。生于草原区西部和荒漠区沙质、沙砾质土壤。常见于大兴安岭西部、呼锡高原、乌兰察布、阴南丘陵、鄂尔多斯、阿拉善、龙首山等地。

产地：产锡林郭勒盟（东乌珠穆沁旗、正蓝旗、镶黄旗、苏尼特右旗），包头市（达尔罕茂明安联合旗），鄂尔多斯市（伊金霍洛旗、杭锦旗、鄂托克旗），巴彦淖尔市（乌拉特中旗与后旗），阿拉善盟。

用途：旱区防风固沙植物。优等饲用植物，家畜均喜食，尤其在秋冬季节为最喜食。在干旱地区具有引种驯化价值。

栽培管理要点：驼绒藜对土壤适应性很强，除低湿的盐碱地和流动沙丘不宜生长外，其他各类土壤均可生长，最适宜的土壤是棕色的沙壤土和壤质沙土。驼绒藜种子细小、轻便，覆土不宜过深。因此，土地要求平整、细碎，有一定的墒情。准备播种驼绒藜的土地应在头一年秋季灭茬翻耕，并进行精细耙磨整地，第二年播种前亦应耙磨几次。驼绒藜胞果密生白色绒毛，籽粒之间常黏结在一起，不易分开，给播种带来困难，所以在播种前应进行晒种，再用碌子轻轻碾压，使种子分离，与稍湿润的沙土拌匀，然后播种。

驼绒藜播种方法有两种：一种是直播，条播行距 30~45cm。这种方法适于条件较好的地方，墒情较差的干旱地区不宜采用；另一种方法是育苗移植，宜早播，在育苗前，先做好畦，灌足水，开沟播种，当年育好苗，第二年春将苗子移入大田。驼绒藜播量一般为每亩 0.25~0.5kg。直播播量稍多，育苗稍少；土壤墒情好时播量宜少，干旱时宜多。覆土净度一般不超过 2cm。根据驼绒藜具有基部分枝、根茎粗壮的特点，田间管理要特别注意中耕培土，以促进整个株丛生长旺盛，达到高产的目的。驼绒藜从开花到种子成熟经历时间较长，种子成熟不一，应注意适宜的采种期。一般在大部分成熟时刈割，晒干打种，不宜过早。

39.【内蒙驼绒藜】

分类地位：藜科 驼绒藜属

蒙名：蒙古乐 — 特斯格

学名：*Ceratoides innermongolica* H. C. Fu, J. Y. Yang et S. Y. Zhao

形态特征：植株高 30~100cm，全体密被星状毛。茎直立，多分枝，小枝斜伸或平展，叶具短柄，叶片条形或条状披针形，长 1~3cm，宽 2~5mm，先端锐尖或稍钝，基部近圆形，具 1 脉。雄花序甚短，长 0.5~1cm，紧密；雌花管卵圆形或菱状卵圆形，长 4~7mm，宽 3~5mm，花管裂片角状，其长为管长的 1/3~1/2，果时管外密被 4 束长柔毛。胞果直立，卵圆形或倒卵圆形，密被毛。花果期 7~9 月。2n=52。

生境：强旱生半灌木。生于荒漠草原的沙质地及砾质坡地。见于乌兰察布、东阿拉善等地。

产地：产巴彦淖尔市（乌拉特中旗）。

用途：生态及饲用价值同驼绒藜，在干旱地区颇有引种栽培前途。

栽培管理要点：同驼绒藜。

40.【华北驼绒藜】

分类地位：藜科 驼绒藜属

蒙名：冒日音 — 特斯格
别名：驼绒蒿
学名：*Ceratoides arborescens* (Losinsk.) Tsien et C.G.Ma

形态特征：植株高 1~2m，分枝多集中于上部，较长。叶较大，具短柄，叶片披针形或矩圆状披针形，先端锐尖或钝，基部楔形至圆形，全缘，通常具明显的羽状叶脉，两面均有星状毛，雄花序细长而柔软，长可达 8cm；雌花管倒卵形，长约 3mm，花管裂片粗短，其长为管长的 1/5~1/4，先端钝，略向后弯，果时管外两侧的中上部具 4 束长毛，下部则有短毛。胞果椭圆形或倒卵形，被毛。花果期 7~9 月。2n= 18。

生境：旱生半灌木。散生于草原区和森林草原区的干燥山坡、固定沙地、旱谷和干河床内，为山地草原和沙地植被的伴生成分和亚优势成分。见于大兴安岭南部、科尔沁、赤峰丘陵、呼锡高原、乌兰察布、阴山、阴南丘陵、鄂尔多斯等地。

产地：产赤峰市（阿鲁科尔沁旗、巴林右旗、林西县、克什克腾旗、敖汉旗），锡林郭勒盟（锡林浩特市、阿巴嘎旗、正蓝旗、镶黄旗、太仆寺旗），包头市（固阳县、达尔罕茂明安联合旗），乌兰察布市（察哈尔右翼中旗与前旗、凉城县），鄂尔多斯市（伊金霍洛旗、杭锦旗）。分布于我国吉林、辽宁、河北、山西、陕西、甘肃和四川。

用途：生态及饲用价值同驼绒藜，在干旱地区颇有引种栽培前途。

栽培管理要点：播种前首先应去杂。种子小，覆土不宜过深，以 1cm 为宜。发芽时要求较高的土壤湿度，不论育苗或进行旱直播都要抓住土壤墒情这一关键。种子发芽快，播后两三天即可发芽、出苗，出苗的关键是覆土深度及土壤湿度，在苗高 15~20cm 时，应进行锄草，播种方法可因地制宜。植苗移栽：一年生苗高可达 60~70cm，于第二年即可移栽定植。育苗要选择壤土或沙壤土，做畦，撒播、条播均可，行距 30~35cm，每亩播量 1.5~2kg。春季在 4 月初移栽，秋季在 10 月中下旬移栽。土壤墒情差采用截干育苗法，即将地上枝剪掉，留茬 7~10cm，以减少水分蒸腾，利于成活。土壤墒情良好、有灌溉条件的地块，可用不截干育苗。一般在土壤含水量达 8% 时，即能保证移植成功。

41.【碱蓬】

分类地位：藜科 碱蓬属

蒙名：和日斯
别名：猪尾巴草、灰绿碱蓬
学名：*Suaeda glauca* (Bunge) Bunge

形态特征： 一年生草本，高 30~60cm，茎直立，圆柱形，浅绿色，具条纹，上部多分枝，分枝细长，斜生或开展，叶条形，半圆柱状或扁平，灰绿色，先端钝或稍尖，光滑或被粉粒，通常稍向上弯曲；茎上部叶渐变短。花两性，单生或 2~5 朵簇生于叶腋的短柄上，或呈团伞状，通常与叶具共同之柄；小苞片卵形，锐尖；花被片 5，矩圆形，向内包卷。果时花被增厚，具隆脊，呈五角星状。胞果有 2 型，其一扁平，圆形，紧包于五角星形的花被内；另一呈球形，上端稍裸露，花被为五角星形。种子近圆形，横生或直立，有颗粒状点纹，直径约 2mm，黑色。花期 7~8 月，果期 9 月。

生境： 盐生植物。生于盐渍化和盐碱湿润的土壤上。群集或零星分布，能形成群落或层片。见于大兴安岭西部、呼锡高原、科尔沁、乌兰察布、阴南丘陵、鄂尔多斯、阿拉善、龙首山等地。

产地： 产呼伦贝尔市（鄂温克族自治旗、新巴尔虎左旗与右旗），赤峰市（阿鲁科尔沁旗），包头市（达尔罕茂明安联合旗），鄂尔多斯市（乌审旗、鄂托克旗），呼和浩特市，巴彦淖尔市，阿拉善盟。分布于我国东北、华北及西北，朝鲜、日本、俄罗斯、蒙古也有。

用途： 全株含有丰富的碳酸钾，在印染工业上、玻璃工业上、化学工业上可作多种化学制品的原料。为中等饲用植物，骆驼采食，山羊、绵羊采食较少。碱蓬是一种良好的油料植物，种子油可做肥皂和油漆等。

栽培管理要点：沙土或沙壤土，播前半个月扣棚增加地温，每公顷施腐熟有机肥 3000 kg。做宽 1~1.5m、长 6~8m 的栽培畦，四季均可播种，播种量 15~20 kg/hm²，条播，用锄尖开 1~2cm 深的浅沟，行距 5cm，用细沙或细土拌种进行撒播，用扫帚轻扫即可，浇一遍透水，再覆地膜。3~4 天幼苗出土即撤去地膜。有 5~6 片真叶时进行疏苗，株距 3~4cm，除杂草；保持土壤表层两指深内见湿；生长期白天适宜温度控制在 18~30℃，夜间以 5~12℃ 为宜。

42.【沙蓬】

分类地位：藜科 沙蓬属

蒙名：楚力给日

别名：沙米、登相子

学名：*Agriophyllum pungens* (Vahl) Link ex A.Dietr.

形态特征：植株高15~50cm,茎坚硬,浅绿色,具不明显条棱,幼时全株密被分枝状毛,后脱落;多分枝,最下部枝条通常对生或轮生,平卧,上部枝条互生,斜展,叶无柄,披针形至条形,先端渐尖有小刺尖,基部渐狭,有3~9条纵行的脉,幼时下面密被分枝状毛,后脱落,花序穗状,紧密,宽卵形或椭圆状,无梗,通常1(3)个着生于叶腋;苞片宽卵形,先端急缩具短刺尖,后期反折;花被片1~3,膜质;雄蕊2~3,花丝扁平,锥形,花药宽卵形;子房扁卵形,被毛,柱头2。胞果圆形或椭圆形,两面扁平或背面稍凸,除基部外周围有翅,顶部具果喙,果喙深裂成2个条状扁平的小喙,在小喙先端外侧各有1小齿;种子近圆形,扁平,光滑。花果期8~10月。

生境：一年生沙生先锋植物。生于流动、半流动沙地和沙丘。在草原区沙地和沙漠中分布极为广泛,往往可以形成大面积的先锋植物群聚,除大兴安岭东北部外,见于全区各地。

产地：除呼伦贝尔市林区和农区外,几乎产全区。分布于我国东北、华北、西北及河南和西藏,蒙古、俄罗斯也有。

用途：为良等饲用植物,骆驼终年喜食,山羊、绵羊仅乐食其幼嫩的茎叶,牛、马采食较差。开花后即迅速粗老而多刺,家畜多不食。种子可作精料补饲家畜,或磨粉后,煮熬成糊,喂缺奶羔羊,作幼畜的代乳品。此外,农牧民常采收其种子为米而食用。种子萌发力甚强且快,在流动沙丘上遇雨便萌发,具有特殊的先期固沙性能,故在荒漠地带是一种先锋固沙植物。种子作蒙药用（蒙药名：曲里赫勒）,能发表解热,主治感冒发烧、肾炎。

栽培管理要点：目前尚未由人工引种栽培。

十一、苋科

43.【反枝苋】

分类地位：苋科 苋属

蒙名：阿日白 — 诺高
别名：西风古、野千穗谷、野苋菜
学名：*Amaranthus retroflexus* L.

形态特征：一年生草本，高 20~60cm，茎直立，粗壮，分枝或不分枝，被短柔毛，淡绿色，有时具淡紫色条纹，略有纯棱，叶片椭圆状卵形或菱状卵形，长 5~10cm，宽 3~6cm，先端锐尖或微缺，具小凸尖，基部楔形，全缘或波状缘，两面及边缘被柔毛，下面毛较密，叶脉隆起；柄长 3~5cm，有柔毛。圆锥花序顶生及腋生，直立，由多数穗状序组成，顶生花穗较侧生者长；苞片及小苞片锥状，长 4~6mm，远较花被为长；顶端针芒状，背部具隆脊，边缘透明膜质；花被片 5，矩圆形或倒披针形，长约 2mm，先端锐尖或微凹，具芒尖，透明膜质，有绿色隆起的中肋；雄蕊 5，超出花被；柱头 3，长刺锥状。胞果扁卵形，环状横裂，包于宿存的花被内，种子近球形，直径约 1mm，黑色或黑褐色，边缘钝。花期 7~8 月，果期 8~9 月。2n=34。

生境：中生杂草，多生于田间、路旁、住宅附近。见于全区各地。

产地：几乎产全区各地。分布于我国东北、华北及西北。原产热带美洲，广布于世界各地。

用途：嫩茎叶可食，为良好的养猪养鸡饲料，植株可作绿肥。全草入药，能清热解毒、利尿止痛、止痢，主治痈肿疮毒、便秘、下痢。

栽培管理要点：目前尚未由人工引种栽培。

44.【千穗谷】

分类地位：苋科 苋属

蒙名：查干 — 萨日伯乐吉

别名：玉谷

学名：*Amaranthus hypochondriacus* L.

形态特征：一年生草本，高 30~100cm，茎绿色或紫色，分枝，无毛或上部微被柔毛。叶片菱状卵形或矩圆状披针形，先端锐尖或渐尖，基部楔形；圆锥花序顶生，直立，圆柱状，由多数穗状花序组成；苞片及小苞片卵状钻形，绿色或紫红色；花被片矩圆形，绿色或紫红色，有 1 深色中脉，成长凸尖。胞果近菱状卵形，环状横裂，绿色，上部带紫色，超出宿存花被；种子近球形，直径约 1mm，白色，具锐环边。花期 7~8 月，果期 8~9 月。2n=34。

生境：中生杂草，多生于田间、路旁、住宅附近。

产地：内蒙古西部有少量栽培。原产北美，我国河北、四川、云南等地有栽培。

用途：种子经加工拌糖供食用，庭园栽培可供观赏。

栽培管理要点：春播或夏秋播，土温 14℃ 以上，春播一般在 4 月下旬播种，行株距 33cm×10cm，亩保苗 1.5 万 ~2 万株。播前精细整地，施足底肥。条播覆土 1~2cm。用脚轻轻镇压，生长期追施尿素和磷肥各 10kg，开花期追磷钾肥可提高种子产量。开花初期刈割，留茬 30cm，35d 割一次。育苗移栽法要比直播提早 15~20 天，即 5 月上旬进行温床育苗。苗高 15cm，可移栽。温床育苗通过酿热物的发酵放热，保证秧苗所需的温度或采用电热线育苗新技术。选择暖和无风的晴天进行播种，床土要疏松、细碎、平整，浇底水要适当，一般 9cm 的床土，浇水湿透 8cm 为宜。撒一层薄薄的营养土。播量要适宜。播后苗床管理是培育壮苗的关键。土温在 18℃ 左右，待苗出土 70% 时立即通风降温。幼苗出土以后床温是白天 20~25℃ 左右，夜间 12~18℃ 左右。定植前 7~10 天应开始对秧苗进行低温锻炼。床温高、光照强时，湿度可稍大些；苗床浇水要在高温的晴天上午进行。在整个育苗过程中多照阳光，除出苗前和移苗后缓苗前这两个时期不通风外，其他时间都要进行适当通风。移栽的头天晚间要浇透水，第二天即可起苗向露地移栽，施足底肥，浇透水，把秧苗移栽到埯中，培土掩实，秧苗四周略成凹形。当苗高 8~10cm 时进行间苗，中耕时培土预防倒伏。对以收籽实为目的的千穗谷田，最好打掉植株侧枝，籽粒 80% 成熟就可全部采收。

十二、石竹科

45.【孩儿参】

分类地位：石竹科 孩儿参属

蒙名：毕其乐 — 奥日好代
别名：太子参、异叶假繁缕
学名：*Pseudostellaria heterophylla* (Miq.) Pax

形态特征：多年生草本，高 15~20cm。块根纺锤形，具须根，淡灰黄色，茎纤细，直立，通常单生，有 2 行纵向短柔毛。叶形多变化，茎中下部的叶条状倒披针形，茎顶端常 4 叶相集，花期披针形，花后渐增大成卵形或宽卵形，成轮状平展，全缘，两面无毛。花二型，普通花顶生或腋生单花，花梗纤细，被柔毛；萼片 5，狭披针形；花瓣 5，狭矩圆形或倒披针形，基部渐狭，成短爪；雄蕊 10；子房卵形，花柱 3 条；闭锁花生茎下部叶腋，花梗纤细，弯曲，萼片 4，无花瓣。蒴果近球形，含几个种子；种子肾形，黑褐色。花期 6~7 月，果期 7~8 月。

生境：耐阴中生植物，生于海拔 2300~2500m 的山坡草甸、林下阴湿处。见于燕山北部、贺兰山等地。

产地：产乌兰察布市（兴和县苏木山），阿拉善盟（贺兰山）。分布于我国东北、华北、西北、华中、华东，朝鲜、日本也有。

用途：块根入药（药材名：太子参），能益气生津、健脾，主治肺虚咳嗽、心悸、口渴、脾虚泄泻、食欲不振、肝炎、神经衰弱、小儿病后体弱无力、自汗、盗汗。本种可作为野生观赏资源引种推广。

栽培管理要点：应选择疏松肥沃略带倾斜的向北山坡旱地种植，尤以生荒地最佳。为降低病源、减轻病害，每二三年应实行一次轮作，前茬忌茄科烟草、蔬菜等作物，禾本科作物地块尚可。种植地深耕 20cm，开成宽 85cm、高 15cm 畦，沟宽 40cm，畦面呈龟背形，土层疏松。选择健壮、无损伤、无病害的种根或采用种子播种繁育方法生产出不带病源的种根作生产用种，在霜降前后种植，用种量 40kg/ 亩。种植前 15 天用 50% 辛硫磷乳油 0.5kg 配成 800 倍液喷畦面后将表土翻入土层，预防地下害虫。施足基肥，合理密植。施足基肥和掌握适宜种植密度是高产的关键措施，以重施基肥为主。在畦面每亩用生物有机肥 100kg、过磷酸钙 25kg、钾肥 10kg 撒施于畦面并与土混匀，然后按株行距约为 5cm×5cm 或 6cm×6cm 排施孩儿参种苗，覆土厚约 6~10cm。

46.【繁缕】
分类地位：石竹科 繁缕属

蒙名：阿吉干纳
学名：*Stellaria media* (L.) Cyrllus

形态特征：一年生或二年生草本，高 10~20cm，全株鲜绿色。茎纤弱，多分枝，直立或斜生，被 1 行纵向的短柔毛，下部节上生不定根。叶卵形或宽卵形，长 1~2cm，宽 8~15mm，先端锐尖，基部近圆形或近心形，全缘，两面无毛；下部和中部叶有长柄，上部叶具短柄或无柄。顶生二歧聚伞花序；花梗纤细，长 5~20mm，被 1 行短柔毛；萼片 5，披针形，长约 4mm，先端钝，边缘宽膜质，背面被腺毛，花瓣 5，白色，比萼片短，2 深裂，裂片近条形；雄蕊 5，比花瓣短；花柱 3 条，蒴果宽卵形，比萼片稍长，6 瓣裂，包在宿存花萼内，具多数种子，种子近球形，直径约 1mm，稍扁，褐色，表面具瘤状突起，边缘突起半球形。花果期 7~9 月。2n= 36，40，42。

生境：中生植物。生于村舍附近杂草地、农田中，见于大兴安岭北部。

产地：产呼伦贝尔市（鄂伦春自治旗、额尔古纳市），兴安盟（科尔沁右翼前旗阿尔山、白狼、伊尔施），锡林郭勒盟（东乌珠穆沁旗宝格达山）。分布于全国各地，亚洲、欧洲、北非、大洋洲、北美洲、南美洲也有。

用途：茎叶和种子供药用，能凉血、消炎，主治积年恶疮、分娩后子宫收缩痛、盲肠炎，又能促进乳汁的分泌，嫩苗可蔬食，也可作饲料。

栽培管理要点：目前尚未由人工引种栽培。

47.【银柴胡（变种）】

分类地位：石竹科 繁缕属

蒙名：那林—那布其特—特门—章给拉嘎
别名：披针叶叉繁缕、狭叶歧繁缕
学名：*Stellaria dichotoma* L.var.*lanceolata* Bunge

形态特征：本变种与正种不同点在于：叶披针形、条状披针形、短圆状披针形，长5~25mm，宽1.5~5mm，先端渐尖；蒴果常含1种子。2n=28。

生境：旱生植物。生于固定或半固定沙丘、向阳石质山坡、山顶石缝间、草原。见于大兴安岭、呼锡高原、赤峰丘陵、乌兰察布、鄂尔多斯、阴山等地。

产地：产呼伦贝尔市（额尔古纳市、牙克石市、鄂温克族自治旗、鄂伦春自治旗、陈巴尔虎左旗和右旗、满洲里市），兴安盟（科尔沁右翼前旗），通辽市（奈曼旗青龙山），赤峰市（翁牛特旗、红山区、巴林右旗、克什克腾旗），乌兰察布市（凉城县），包头市（达尔罕茂明安联合旗），鄂尔多斯市（鄂托克旗、棋盘井、杭锦旗），锡林郭勒盟（乌珠穆沁旗、锡林浩特市、苏尼特左旗和右旗、二连浩特市）。分布于我国陕西、甘肃、宁夏，蒙古、俄罗斯（西伯利亚）也有。

用途：根供药用，能清热凉血，主治阴虚潮热、久疟、小儿疳热。

栽培管理要点：选择地势高、土层深厚、透水良好的松沙土或沙壤土种植，秋后深翻30cm以上，浇足冬水次年播种前施足底肥，沙生草原地区应在播种前施足底肥灌足水，保持土壤湿润、深耙、糖平。黄河灌区播种宜于4月上中旬，当年可收种子。土壤干旱时，可于5月上旬田间淌水后播种，开沟条播。播前用水（常温）浸种2~4小时左右（土壤干旱时不宜浸种），沥干水分，即可播种，按行距35cm左右开沟，将种子拌以适量细沙，均匀播入沟内，覆土1~1.5cm为宜，稍踩压，每亩用种子0.5~1kg。沙生草原区，每年8月上中旬为最佳播期，能安全越冬，次年春季幼苗见青时间较春播提前30~40天。当株高7~8cm时，按株距4~5cm进行间苗；当株高10~12cm时，按株距10~12cm进行定苗。地上植株封垄前，及时中耕除草。每年5月至植株封垄前，追施尿素或氮、磷、钾复合肥1~2次，每次10~20kg/亩，施后立即灌水。

48.【旱麦瓶草】

分类地位：石竹科 麦瓶草属

蒙名：额乐存 — 舍日楛纳
别名：麦瓶草、山蚂蚱
学名：*Silene jenisseensis* Willd.

形态特征： 多年生草本，高 20~50cm。直根粗长，直径6~12mm，黄褐色或黑褐色，顶部具多头。茎几个至十余个丛生，直立或斜生，无毛或基部疏被短糙毛，基部常包被枯黄色残叶。基生叶簇生，多数，具长柄，柄长 1~3cm，叶片披针状条形，长 3~5cm，宽 1~3mm，先端长渐尖，基部渐狭，全缘或有微齿状突起，两面无毛或稍被疏短毛，茎生叶 3~5 对，与基生叶相似但较小。聚伞状圆锥花序顶生或腋生，具花 10 余朵；苞片卵形，先端长尾状，边缘宽膜质，具睫毛，基部合生；花梗长 3~6mm，果期延长；化萼筒状，长 8~9mm，无毛，具 10 纵脉，先端脉网结，脉间白色膜质，果期膨大呈管状钟形，萼齿三角状卵形，边缘宽膜质，具短睫毛；花瓣白色，长约12mm，瓣片 4~5mm，开展，2 中裂，裂片矩圆形，倒披针形，瓣片与爪间有 2 小鳞片；雄蕊 5 长，5 短；子房矩圆状圆柱形，花柱 3 条；雌雄蕊柄长约 3mm，被短柔毛；蒴果宽卵形，长约 6mm，包藏在花萼内，6 齿裂。种子圆肾形，长约 1mm，黄褐色，被条状细微突起。花期 6~8 月，果期 7~8 月。2n=24。

生境： 旱生植物。生于砾石质山地、草原及固定沙地。见于大兴安岭、呼锡高原、科尔沁、燕山北部、阴山、阴南丘陵、乌兰察布等地。

产地： 产呼伦贝尔市（根河市、鄂伦春自治旗、牙克石市、海拉尔区、陈巴尔虎旗、鄂温克族自治旗、新巴尔虎左旗和右旗），兴安盟（科尔沁右翼前旗），通辽市（扎鲁特旗），赤峰市（克什克腾旗、喀喇沁旗、宁城县、翁牛特旗），锡林郭勒盟（东与西乌珠穆沁旗、锡林浩特市、正蓝旗、多伦县），乌兰察布市（兴和县、卓资县、凉城县），巴彦淖尔市（乌拉特中旗巴音哈太山、乌拉山），鄂尔多斯市（准格尔旗），呼和浩特市（大青山、清水河县），包头市（白云鄂博）。分布于朝鲜、蒙古、俄罗斯也有。

用途： 是可开发的野生绿化资源。根入药，能清热凉血。

栽培管理要点： 目前尚未由人工引种栽培。

49.【头花丝石竹】
分类地位：石竹科 丝石竹属

蒙名：图如 一 台日
别名：准格尔丝石竹、头状石头花
学名：*Gypsophila capituliflora* Rupr.

形态特征：多年生草本，植株低矮呈垫状，基部具致密的叶丛，全株光滑无毛，高10~30cm。直根，粗壮。茎多数，不分枝、少分枝至多分枝，叶近三棱状条形，宽 0.5~1mm，长 l~3cm，具 1 条中脉且于背面突起，先端尖。花多数，密集成紧密的头状聚伞花序；苞片膜质，卵状披针形，先端渐尖；花梗长 1~3mm；花萼钟形，长 3~3.5mm，5 浅裂，至中裂，裂片卵状三角形，长 1~1.5mm，先端尖，边缘宽膜质；花瓣淡紫色或淡粉色，长约 7mm，倒披针形，先端圆形，基部楔形；雄蕊稍短于花瓣；花柱 2 条。蒴果矩圆形，与花萼近等长。花期 7~9 月，果期 9 月。

生境：旱生植物。生于石质山坡、山顶石缝，见于阴山、乌兰察布、贺兰山、龙首山、额济纳等地。

产地：产乌兰察布市（四子王旗），包头市（达尔罕茂明安联合旗、固阳县、白云鄂博），呼和浩特市（大青山），巴彦淖尔市（乌拉特前旗乌拉山、乌拉特中旗狼山），阿拉善盟（阿拉善左旗贺兰山、阿拉善右旗龙首山、额济纳旗马鬃山）。分布于我国新疆、宁夏，俄罗斯、阿富汗、蒙古也有。

用途：可作为荒漠区城镇街道、庭院绿化植物。

栽培管理要点：目前尚未由人工引种栽培。

50.【草原丝石竹】

分类地位：石竹科 丝石竹属

蒙名：达古日 — 台日
别名：草原石头花、北丝石竹
学名：*Gypsophila davurica* Turcz.ex Fenzl

形态特征：多年生草本，高 30~70cm，全株无毛。主根粗长，圆柱形，灰黄褐色；根茎分枝，灰黄褐色，木质化，有多数不定芽。茎多数丛生，直立或稍斜生，二歧式分枝。叶条状披针形，长 2.5~5cm，宽 2.5~8mm，先端锐尖,基部渐狭，全缘，灰绿色，中脉在下面明显凸起。聚伞状圆锥花序顶生或腋生，其多数小花；苞片卵状披针形，长 2~4mm，膜质，有时带紫色，先端尾尖；花梗长 2~4mm；花萼管状钟形，果期呈钟形，长 2.5~3.5mm，具 5 条纵脉，脉有时带紫绿色，脉间白膜质，先端具 5 萼齿，齿卵状三角形，先端锐尖，边缘膜质；花瓣白色或粉红色，倒卵状披针形，长 6~7mm，先端微凹；雄蕊比花瓣稍短；子房椭圆形，花柱 2 条。蒴果卵状球形，长约 4mm，4 瓣裂；种子圆肾形，两侧压扁，直径约 1.2mm，黑褐色，两侧被矩圆状小突起，背部被小瘤状突起。花期 7~8 月，果期 8~9 月。

生境：旱生植物。生于典型草原、山地草原。见于大兴安岭、科尔沁、呼锡高原等地。

产地：产呼伦贝尔市（额尔古纳市、陈巴尔虎旗、满洲里市、新巴尔虎右旗、海拉尔区、扎兰屯市），兴安盟（扎赉特旗、科尔沁右翼前旗和中旗），通辽市（扎鲁特旗），赤峰市（翁牛特旗），锡林郭勒盟（锡林浩特市、多伦县、太仆寺旗）。分布于我国东北及河北北部，蒙古、俄罗斯也有。

用途：可作为野生观赏资源。根含皂甙，用于纺织、染料、香料、食品等工业。根入药，能逐水、利尿，主治水肿胀满、胸胁满闷、小便不利。此外根可作肥皂代用品，可洗濯羊毛和毛织品。

栽培管理要点：目前尚未由人工引种栽培。

51.【瞿麦】
分类地位：石竹科 石竹属

蒙名：高要 — 巴希卡
别名：洛阳花
学名：*Dianthus superbus* L.

形态特征： 多年生草本，高 30~50cm。根茎横走。茎丛生，直立，无毛，上部稍分枝。叶条状披针形或条形，先端渐尖，基部成短鞘状围抱节上，全缘。聚伞花序顶生，有时成圆锥状，稀单生，苞片 4~6，倒卵形，先端骤凸；萼筒圆筒形，常带紫色，具多数纵脉，萼齿 5，直立，披针形；花瓣 5，淡紫红色，稀白色，长 4~5cm，瓣片边缘细裂成流苏状，基部有须毛。蒴果狭圆筒形，孢子宿存萼内；种子扇宽卵形，边缘具翅。花果期 7~9 月。2n=30、60。

生境： 中生植物。生于林缘、疏林下、草甸、沟谷溪边。见于大兴安岭、科尔沁、呼锡高原、燕山北部、阴山、贺兰山等地。

产地： 产呼伦贝尔市(鄂温克族自治旗、新巴尔虎左旗、扎兰屯市)，兴安盟(科尔沁右翼前旗)，通辽市（扎鲁特旗），赤峰市，锡林郭勒盟（东与西乌珠穆沁旗、锡林浩特市），乌兰察布市（兴和县、凉城县），呼和浩特市（大青山），包头市（九峰山），阿拉善盟（阿拉善左旗贺兰山）。分布于我国东北、华北、西北、华东及四川，日本、朝鲜、蒙古、俄罗斯及欧洲也有。

用途： 可作观赏植物。地上部分入药（药材名：瞿麦），能清湿热、利小便、活血通经，主治膀胱炎、尿道炎、泌尿系统结石、妇女经闭、外阴糜烂、皮肤湿疮。地上部分亦入蒙药（蒙药名：高要—巴沙嘎），主治血热、血刺痛、肝热、疹症、产褥热。

栽培管理要点： 土壤以肥沃的沙质土壤为好。种子繁殖在春、夏、秋都能进行，春季种植最好。播种时施足底肥，翻入地内做畦。畦长 1.5m，宽 1m，顺畦按行距 20cm，划 1cm 的小沟，将种子均匀地撒在沟内，每亩约用种子 12kg，覆土脚踩一遍，用铁耙搂平，浇水 7~8 天即可出苗。出苗后不间苗。在生长期适时松土锄草浇水，苗高 10cm 时施饼肥 35kg。开花前适当增加浇水次数，追施硫酸铵或尿素。春季播种一年能收割三次，收割前浇水一次，收割后二三天内不要浇水。每次收割后苗高 10cm 时进行追肥。上冻时盖一些厩肥。

52.【石 竹】
分类地位：石竹科 石竹属

别名：洛阳花、中国石竹
学名：*Dianthus chinensis* L.

形态特征：全年生草本，高 20~40cm，全株带粉绿色，茎常自基部簇生，直立，无毛，上部分枝，叶披针状条形或条形，长 3~7cm，宽 3~6mm，先端渐尖，基部渐狭合生抱茎，全缘，两面平滑无毛，粉绿色，下面中脉明显凸起，花顶生，单一或 2~3 朵成聚伞花序；花下有苞片 2~3 对，苞片卵形，长约为萼的一半，先端微尖，边缘膜质，有睫毛，花萼圆筒形，长 15~18mm，直径 4~5mm，具多数纵脉，萼齿披针形，长约 5mm，先端锐尖，边缘膜质，具细睫毛；花瓣瓣片平展，卵状三角形 5 个，长 13~18mm，边缘有缘，有不整齐齿裂，通常红紫色、粉红色或白色，具长爪 16~18mm，瓣片与爪间有斑纹与须毛；雄蕊 10，子房矩圆形，花柱 2 条；蒴果矩圆状圆筒形；与萼近等长，4 齿裂，种子宽卵形，稍扁，灰黑色，边缘有狭翅；表面有短条状细突起。花果期 6~9 月。2n=30，60。

生境：旱中生植物。生于山地草甸及草甸草原，见于大兴安岭、燕山北部、阴山、阴南丘陵等地。

产地：产呼伦贝尔市，兴安盟(科尔沁右翼前旗)，赤峰市(宁城县、红山区)，乌兰察布市(兴和县苏木山)，呼和浩特市，包头市(五当召)，鄂尔多斯市(准格尔旗)。分布于我国东北、华北、西北和长江流域各省，朝鲜、俄罗斯也有。

用途：与瞿麦同。

栽培管理要点：播种繁殖，一般于 9 月中旬进行，气温为 21℃左右。播前先将栽培基质浇透水，然后均匀撒种，盖上 5mm 左右的基质后再浇水。播后 5 天出芽，7~10 天即出苗。生长期也可进行扦插繁殖，扦插多于 10 月至翌年 3 月进行，剪取老熟枝条，截成 6cm 长的插穗，插于沙床或露地苗床，插后即灌溉遮光，长根后定植。秋季或早春还可进行分株繁殖。苗期生长的适温为 5~20℃，一般保持基质湿润。露地育苗一般在 4~5 片真叶时分苗定植，生长期每隔 3 周追肥一次，以骨粉、麻油渣、腐熟饼肥为宜。苗长至 15cm 高摘除顶芽，促其分枝，随后适当摘除腋芽。花期要增施磷肥、钾肥，减少氮肥。浇水要在根基部浇水。

53.【王不留行】
分类地位：石竹科 王不留行属

蒙名：阿拉坦—谁没给力格—其其格
别名：麦蓝菜
学名：*Vaccaria segetalis* (Neck.) Garcke

形态特征：一年生草本，高 25~50cm，全株平滑无毛，稍被白粉，灰绿色。茎直立，圆筒形，中空，上部 2 叉状分枝。叶卵状披针形或披针形，先端锐尖，基部圆形或近心形，稍拖茎，全缘，中脉在下面明显凸起；无叶柄。聚伞花序顶生，呈伞房状，具多数花；苞片叶状；萼筒卵状圆筒形，具 5 条翅状突起的脉棱，棱间绿白色，膜质花后萼筒中下部膨大而先端狭，呈卵球形，萼齿 5，三角形；花瓣淡红色，瓣片倒卵形，顶端有不整齐牙齿，下部渐狭成长爪；雄蕊 10，隐于萼筒内；子房椭圆形，花柱 2 条。蒴果卵形，顶端 4 裂，包藏在宿存花萼内。种子球形，黑色，表面密被小瘤状突起。花期 6~7 月，果期 7~8 月。2n=30。

生境：原产欧洲，内蒙古有少量栽培，野生于田边或混生于麦田间。见于大兴安岭、科尔沁、阴山、西阿拉善等地。

产地：产呼伦贝尔市（鄂伦春自治旗大杨树），兴安盟（扎赉特旗），通辽市，赤峰市（郊区），呼和浩特市，阿拉善盟（阿拉善右旗雅布赖山）。

用途：种子含淀粉，可酿酒和制醋。此外，种子可榨油，作机器润滑油。种子亦入药（药材名：王不留行），能活血通经、消肿止痛、催生下乳，主治月经不调、乳汁缺乏、难产、痈肿疗毒等；又可作兽药，能利尿、消炎、止血。

栽培管理要点：宜选山地缓坡和排水良好的平地种植，土质以沙壤土和黏壤土均可。结合冬耕，每亩施 3000kg 农家肥作基肥，同时配施 30~40kg 过磷酸钙。整细耙平，做成 1.2m 宽的畦。种子繁殖，冬播或春播。冬播在封冻前，春播在解冻后，在畦上按行距 30cm 进行条播。覆土 1cm，稍加镇压、浇水，一般 15 天左右即可出苗，每亩用种 1kg。苗高 5cm 左右具 4~6 片真叶时，按株距 5~6cm 间苗；到 2 月中旬幼苗长至 6~8 片真叶时，按株距 10~12cm 定苗。追肥主要在 4 月上旬植株开始现蕾时进行，肥以磷、钾肥为主。每亩可施饼肥 30~40kg，施后要立即浇水；也可用 0.3% 磷酸二氢钾溶液叶面喷施，间隔 10 天左右连续 3~4 次。在孕蕾前进行中耕除草为好。雨季注意排水。

十三、睡莲科

54.【睡莲】

分类地位：睡莲科 睡莲属

蒙名：朱乐格力格 — 其其格
学名：*Nymphaea tetragona* Georgi.

形态特征：多年生水生草本；根状茎短，肥厚，横卧或直立，生多数须根，须根绳索状，细长。叶浮于水面，叶片卵圆形或肾圆形，近似马蹄状，长5~14cm，宽4~11cm，先端圆钝，全缘，基部具深弯缺，约占叶片全长的1/3或1/2，裂片急尖，分离或彼此稍遮盖，上面绿色，有光泽，下面通常带紫色，两面皆无毛；叶柄细长，圆柱形；花梗基生，细长，顶生1花，花径3~6cm，漂浮水面；萼片4，绿色，革质，长卵形或卵状披针形，长2~3.5cm，宿存，花托四方形；花瓣8~12，白色或淡黄色，矩圆形、宽披针形或长卵形，先端钝，比萼片稍短，内轮花瓣不变成雄蕊；雄蕊多数，3~4层，花丝扁平，外层花丝宽披针形，内层渐狭；子房短圆锥状，柱头盘状，具5~8辐射线。浆果球形，包于宿存萼片内；种子椭圆形，黑色。花期7~8月，果期9月。2n=112，120。

生境：水生植物。生于池沼及河湾内。见于大兴安岭北部和南部、辽河平原等地。

产地：产呼伦贝尔市（鄂伦春自治旗），兴安盟（科尔沁右翼前旗、扎赉特旗），通辽市（科尔沁左翼后旗）。全国广泛分布，俄罗斯、朝鲜、日本、印度、越南及欧洲、北美也有。

用途：花可供观赏，根状茎含淀粉，亦可供食用或酿酒。全草可作绿肥。花入药，能消暑、解酲、祛风，主治中暑、酒醉、烦渴、小儿惊风。

栽培管理要点：采用无性繁殖，4月中旬左右进行根部繁殖体种植。缸栽：栽植时选用无底孔花缸，填营养土，深度在30~40cm。将生长良好的繁殖体埋入花缸中心位置，顶芽稍露出土壤。加水至土层以上2~3cm。盆栽沉水：选用无孔营养钵，填土高度在25cm左右，栽种完成后沉入水池，水位控制在刚刚淹没营养钵为宜，顶芽保持在冰层以下即可越冬。池塘栽培：选择土壤肥沃的池塘，池底至少有30cm深泥土，繁殖体直接栽入泥土中，根茎在冰层以下即可越冬。追肥时间一般在盛花期前15天，以后每隔15天追肥1次，可用有韧性、吸水性好的扎有小孔的纸将肥料包好，施入距中心15~20cm、10cm以下的位置。

十四、毛茛科

55.【金莲花】
分类地位：毛茛科 金莲花属

蒙名：阿拉坦花
学名：*Trollius chinensis* Bunge

形态特征： 多年生草本，高 40~70cm。茎直立，单一或上部稍分枝，有纵棱。基生叶具长柄；叶片轮廓近五角形，3 全裂；茎生叶似基生叶；花 1~2 朵，生于茎顶或分枝顶端，金黄色，干时不变绿色；花瓣与萼片近等长，狭条形；雄蕊多数。蓇葖果，果喙短。花期 6~7 月，果期 8~9 月。2n=16。

生境： 生于山地林下、林缘草甸、沟谷草甸及其他低湿地草甸、沼泽草甸中，为常见的草甸湿中生伴生植物。见于大兴安岭南部和北部、呼锡高原、赤峰丘陵、燕山北部、阴山等地。

产地： 产赤峰市（克什克腾旗、阿鲁科尔沁旗、巴林右旗、翁牛特旗、喀喇沁旗、红山区），锡林郭勒盟（东乌珠穆沁旗宝格达山、锡林浩特市），乌兰察布市（兴和县苏木山、凉城县蛮汉山、卓资县梁山），呼和浩特市（大青山），包头市（乌拉山），分布于我国山西、河北、辽宁西部、河南西北部。

用途： 花大而鲜艳，可供观赏。花亦入药，能清热解毒，主治上呼吸道感染，急、慢性扁桃体炎，肠炎，痢疾，疮疖脓肿，外伤感染，急性中耳炎，急性鼓膜炎，急性结膜炎，急性淋巴管炎；也作蒙药用（蒙药名：阿拉坦花—其其格），能止血消炎、愈创解毒，主治疮疖痈疽及外伤等。

栽培管理要点： 3 月播种，7~8 月开花；6 月播种，国庆节开花；9 月播种，春节开花；12 月播种，翌年 5 月开花。播种先用 40~45℃ 温水浸泡一夜后，将其点播在装有素沙的浅盆中，上覆细沙厚约 1cm，播后放在向阳处保持湿润，10 天左右出苗，幼苗 2 片真叶时分栽上盆。扦插在春季室温 13~16℃ 时进行，剪取有 3~4 片叶的茎蔓，长 10cm，留顶端叶片，插入沙中，保持湿润，10 天开始发根，20 天后便可上盆。茎蔓生，必须立支架，当幼苗长到 3~4 片真叶时进行摘心，多发侧枝，当茎蔓生长达 30~40cm 时，可用 100mg/l 多效唑叶面喷施，促使矮化。开花后剪去老枝，待新枝开花。选用富含有机质的沙壤土，pH 值 5~6。生长期每隔 3~4 周施 1 次 10% 至 15% 饼肥水，开花前半月施 1~2 次鸡粪液肥或 1% 磷酸二氢钾，开花后施 25% 饼肥水，秋末施 1 次 30% 全元素复合肥。

56.【兴安升麻】
分类地位：毛茛科 升麻属

蒙名：布力叶 — 额布斯兴安乃 — 扎白
别名：升麻、窟窿牙根
学名：*Cimicifuga dahurica* (Turcz.) Maxim.

形态特征: 多年生草本，高 1~2m。根状茎粗大，黑褐色，有数个明显的筒状茎痕及多数须根。茎直立，单一，粗壮，无毛或疏被柔毛，叶为二至三回三出或三出羽状复叶，小叶宽菱形或狭卵形。中央小叶有柄，两侧小叶通常无柄，顶生小叶较大，3 浅裂至深裂。基部近楔形、圆形、宽楔形或微心形，先端渐尖，边缘具不规则的锯齿，上面深绿色，无毛，下面灰绿色，沿脉疏被短柔毛，雌雄异株，复总状花序，多分枝，雄花序长达 30cm，雌花序稍短；花序轴和花梗密生短柔毛和腺毛；苞片狭条形，渐尖；萼片 5，花瓣状，宽椭圆形或宽倒卵形，长约 3mm，早落；退化雄蕊 2~4，上部 2 叉状中裂至深裂，先端各具 1 枚圆形乳白色空花药；雄蕊多数，通常比花的其他部分长；心皮 3~7，被短柔毛或近无毛，无柄或具短柄。蓇葖果卵状椭圆形或椭圆形，长 7~10mm，宽 3~5mm，被短柔毛或无毛，具短柄；种子棕褐色，椭圆形，长约 3mm，宽约 2mm，周围具膜质鳞片，两侧宽而长。花期 7~8 月，果期 8~9 月。2n=16。

生境: 中生植物，生于山地林下、灌丛或草甸中。见于大兴安岭、燕山北部、阴山等地。

产地: 产呼伦贝尔市 (根河市、鄂伦春自治旗、牙克石市)，兴安盟 (科尔沁右翼前旗和中旗、扎赉特旗)，通辽市 (罕山)，赤峰市 (阿鲁科尔沁旗、巴林右旗、克什克腾旗、喀喇沁旗、敖汉旗、宁城县)，锡林郭勒盟 (东乌珠穆沁旗宝格达山、西乌珠穆沁旗地安庙)，乌兰察布市 (兴和县、卓资县、凉城县蛮汉山)，呼和浩特市 (大青山)，包头市 (九峰山)。分布于东北、华北，蒙古、俄罗斯也有。

用途: 可作为野生观赏资源。根状茎入药 (药材名：升麻)，能散风清热、升阳透疹，主治风热头痛、麻疹、斑疹不透、胃火牙痛、火泻脱肛、胃下垂、子宫脱垂；也入蒙药 (蒙药名：兴安乃—扎白)，能解表、解毒，主治胃热、咽喉肿痛、口腔炎、扁桃腺炎。

栽培管理要点: 目前尚未由人工引种栽培。

57.【耧斗菜】

分类地位：毛茛科 耧斗菜属

蒙名：乌日乐其 — 额布斯
别名：血见愁
学名：*Aguilegia viridiflora* Pall.

形态特征：多年生草本，高 20~40cm。直根粗大，黑褐色。茎直立，上部稍分枝。基生叶多数，二回三出复叶；中央小叶楔状倒卵形，侧生小叶歪倒卵形；茎生。单枝聚伞花序，花黄绿色；萼片卵形至卵状披针形；花瓣先端圆状楔形，两面无毛，距细长；雄蕊多数，比花瓣长，花药黄色；花柱细丝状，显著超出花的其他部分。蓇葖果直立，被毛，相互靠近；种子狭卵形，黑色，有光泽。三棱状，其中有 1 棱较宽，种皮密布点状皱纹。花期 5~6 月，果期 7 月。2n=14。

生境：旱中生植物，生于石质山坡的灌丛间与基岩露头上及沟谷中。常见于大兴安岭南部和北部、呼锡高原、赤峰丘陵、阴山、阴南丘陵、贺兰山、龙首山等地。

产地：产呼伦贝尔市、兴安盟（科尔沁右翼前旗、扎赉特旗）、赤峰市、锡林郭勒盟（西乌珠穆沁旗、镶黄旗）、乌兰察布市（卓资县）、呼和浩特市（大青山）、阿拉善盟（贺兰山、龙首山）、包头市（乌拉山）、巴彦淖尔市（狼山）。分布于我国东北、华北、西北及山东，俄罗斯、蒙古也有。

用途：可作为待开发的野生观赏资源。全草入药，主治月经不调、功能性子宫出血、痢疾、腹痛；也作蒙药用（蒙药名：乌日乐其—额布斯），主治阴道疾病、死胎、胎衣不下、金伤、骨折。

栽培管理要点：秋播为好。在素烧盆中撒播，覆土盖住种子即可；播后浸水，待水渗到土表后取出，将透明塑料袋套在素烧盆上，置于 15~20℃环境中。春播 3~4 月进行，秋播 9~10 月进行。30 天左右出苗，白天 9 点之前揭去塑料袋，保证幼苗有 2~3 小时光照。9 点后套上塑料袋保湿。出苗率达 90% 时，揭去塑料袋，及时喷水。在幼苗有 2~3 片真叶时进行分苗，苗高 8~10cm 时定植，株行距 30~40 cm。分栽时尽量带土坨，土表不要没过子叶基部，栽后浇透水，置阴凉处缓苗 7 天。喜富含腐殖质又排水良好的沙质土壤。生长期每月施复合肥 1 次，栽种前需施足基肥，花前增施磷钾肥 1 次，入冬以后施足基肥，每月浇水 4~5 次，忌积水，待苗长到约 40 cm，及时摘心，控制株高，在半阴处生长及开花最好。分株繁殖：栽植 3 年以后植物及时进行分株，应在春季萌芽前或秋季落叶后进行。

58.【华北耧斗菜】

分类地位：毛茛科 耧斗菜属

蒙名：奥木日阿特音—乌日乐其—额布斯
别名：紫霞耧斗菜
学名：*Aquilegia yabeana* Kitag.

形态特征：多年生草本，高达 60cm。根粗壮，暗褐色。茎直立，具肋棱，下部疏被柔毛，上部被柔毛和腺毛，基部有枯叶柄纤维。基生叶具长柄，为一至二回三出复叶，叶基部加宽呈鞘状；小叶菱状倒卵形或宽卵形，长 2~5cm，宽 1.4~4cm，先端 3 裂，最终裂片具圆齿，上面绿色，近无毛，下面灰白绿色，被短柔毛；茎生叶与基生叶相似，基生叶具长柄，茎生叶近无柄，三出复叶或单叶 3 裂。花数朵，下垂，构成聚伞花序；花梗长，密被腺毛；萼片紫堇色或紫色，卵状披针形，长约 2cm，宽约 7mm，先端渐尖，外面和边缘稍被毛，里面无毛；花瓣与萼片同色，

比萼片短，长约 1.2cm，顶端圆状楔形，外面和边缘稍被毛，里面无毛，距末端变狭，向内钩状弯曲，长约 1.5cm；雄蕊多数，不超出花瓣，花丝基部渐加宽，花药黄色，椭圆形，退化雄蕊白色，膜质，长约 5mm，边缘皱波状；心皮 5，与雄蕊近等长，密被短腺毛。蓇葖果长约 1.7cm，被柔毛，有明显脉纹，具宿存花柱；种子小，狭卵球形，长约 2mm，黑色，有光泽，种皮上具点状皱纹。花期 6~7 月，果期 7~9 月。

生境：中生植物。生于山地灌丛和草甸、林缘。见于赤峰丘陵、燕山北部。

产地：产赤峰市（宁城县、喀喇沁旗、翁牛特旗），乌兰察布市（兴和县）。分布于我国辽宁西部、山东、河北、山西、河南、陕西、四川，为我国华北特有种。

用途：花美丽，可供观赏。

栽培管理要点：种植地最好是有半阴的地块，可在高大乔木下或灌丛旁种植，同时还要考虑便于浇水和排水，在缓坡地段栽种则更为理想。越冬植株应于 3 月中旬进行，未长出新芽之前将去年的残株清理干净，于 3 月下旬浇水，促萌新芽，4 月中旬结合浇水进行施肥，可用发酵的细碎肥料开沟施在植株周围，然后浇水。生长季节还应松土保墒。由于栽培条件和种类的差异，果实成熟不尽一致，蓇葖果黄熟后会自行开裂，要及时采收。雨季之前注意排涝。早春天旱，有时有蚜虫为害嫩叶及幼芽，夏季偶有金龟子咬食花朵，可用 40% 乐果乳剂 1000 倍喷射。

59.【瓣蕊唐松草】

分类地位：毛茛科 唐松草属

蒙名：查存 — 其其格
别名：肾叶唐松草、花唐松草、马尾黄连
学名：*Thalictrum petaloideum* L.

形态特征：多年生草本，高 20~60cm。根茎细直，暗褐色。茎直立，具纵细沟。基生叶通常 2~4，有柄，三至四回三出羽状复叶，小叶近圆形、宽倒卵形或肾状圆形，先端 2~3 圆齿状浅裂或 3 中裂至深裂，不裂小叶为卵形或倒卵形；茎生叶通常 2~4，叶柄两侧加宽成翼状鞘。花多数，较密集，生于茎顶部，呈伞房状聚伞花序；萼片 4，白色，卵形；无花瓣；雄蕊多数，花药黄色。瘦果无梗，卵状椭圆形，具 8 条纵肋棱。花期 6~7 月，果期 8 月。2n=14。

生境：旱中生杂类草。生于草甸、草甸草原及山地沟谷中。见于大兴安岭、辽河平原、科尔沁、呼锡高原、阴山等地。

产地：产呼伦贝尔市，兴安盟（科尔沁右翼前旗），赤峰，锡林郭勒盟，乌兰察布市（凉城县、卓资县），巴彦淖尔市（乌拉特中旗巴音哈太山），呼和浩特市（大青山），包头市（九峰山、乌拉山）。分布于我国东北、华北、西北、华中及山东、四川，朝鲜、蒙古、俄罗斯（西伯利亚）也有。

用途：可作为待开发的野生观赏资源。根入药，能清热燥湿、泻火解毒，主治肠炎、痢疾、黄疸、目赤肿痛；种子入蒙药（蒙药名：查存—其其格），能消食、开胃，主治肺热咳嗽、咯血、失眠、肺脓肿、消化不良、恶心。

栽培管理要点：沙壤至中壤地块做床。深翻，施肥。做宽 1.2m，高 10~15cm，长 10~20m 南北向床。4 月中旬至 5 月初播种。顺床向或横床向每隔 25cm 开一条 5cm 宽、2cm 深的沟。将干种子拌 3~5 倍细沙及少量 50% 多菌灵撒入沟内。覆土 0.5~0.8cm。覆盖透光度 40% 的草帘，撒辛拌磷杀虫剂每亩 1kg。喷水浸湿 15cm 深，7~10 天后再喷 1 次水，当种子发芽达到 2cm 高度时，在傍晚揭帘。归圃育苗：4 月上中旬将挖出的植株按 10cm×10cm 的株行植栽苗床上。选轻、中壤土，郁闭度以小于 0.6，做宽、高、长为 0.6~1m×0.05~0.1m×10~30m 的床。施农家肥。10 月下旬或 4 月上中旬移栽。开 6~8cm 深沟，沟距 20~25cm，在沟内按 10~15cm 株距栽苗。每处栽苗 1~3 株。浇足水，除杂草。

60.【展枝唐松草】

分类地位：毛茛科 唐松草属

蒙名：莎格莎嘎日 — 查存 — 其其格、
汉腾、铁木尔 — 额布斯

别名：叉枝唐松草、歧序唐松草、坚唐松草

学名：*Thalictrum squarrosum* Steph. ex Willd.

形态特征：多年生草本，高达 1m，须根发达，灰褐色。茎呈"之"字形曲折，常自中部二叉状分枝，分枝多，通常无毛。叶集生于茎下部和中部，近向上直展，具短柄，为三至四回三出羽状复叶，小叶具短柄或近无柄，顶生小叶柄较长，小叶卵形、倒卵形或宽倒卵形，基部圆形或楔形，脉在下面稍隆起。圆锥花序近二叉状分枝，呈伞房状，基部具披针形小苞；花直径 5~7mm；萼片 4，淡黄绿色，稍带紫色，狭卵形；无花瓣；雄蕊 7~10，花丝细，花药条形；柱头三角形，有翼，瘦果新月形或纺锤形，一面直，另一面呈弓形弯曲，长 5~8mm，宽 1.2~2mm，两面稍扁，具 8~12 条突起的弓形纵肋，果喙微弯，长约 1.5mm。花期 7~8 月，果期 8~9 月。2n=42。

生境：生于典型草原、沙质草原群落中。为常见的草原中旱生伴生植物。见于大兴安岭、科尔沁、呼锡高原、燕山北部、乌兰察布、鄂尔多斯、阴山、东阿拉善等地。

产地：产呼伦贝尔市（牙克石市、海拉尔区、满洲里市、陈巴尔虎旗、新巴尔虎左旗），兴安盟（科尔沁右翼前旗），赤峰市（克什克腾旗、阿鲁科尔沁旗、巴林右旗、喀喇沁旗、敖汉旗），锡林郭勒盟（东乌珠穆沁旗、锡林浩特市、正蓝旗、多伦县、太仆寺旗、镶黄旗），乌兰察布市（和林县、凉城县），呼和浩特市（大青山），鄂尔多斯市（伊金霍洛旗、乌审旗、鄂托克旗），乌海市（桌子山），包头市（达尔罕茂明安联合旗）。分布于我国黑龙江、吉林、辽宁、河北、山西、陕西，蒙古、俄罗斯也有。

用途：可作为待开发的野生观赏资源。全草入药，有毒，能清热解毒、健胃、止酸、发汗，主治夏季头痛头晕、吐酸水、胃灼热；也作蒙药用。种子含油，供工业用。叶含鞣质，可提制栲胶。秋季山羊、绵羊稍采食。

栽培管理要点：同瓣蕊唐松草。

61.【大花银莲花】

分类地位：毛茛科 银莲花属

蒙名：奥依音 — 保根 — 查干 — 其其格
别名：林生银莲花
学名：*Anemone silvestris* L.

形态特征： 多年生草本，高 20~60cm。根状茎横走或直生，生多数须根，暗褐色，基生叶 2~5，叶柄长 3~10cm，被长柔毛；叶片轮廓近五角形，3 全裂，中央全裂片菱形或倒卵状菱形，又 3 中裂。总苞片 3，具柄，被柔毛，与叶同形；花单生于顶端，被柔毛；花大形；萼片 5，椭圆形或倒卵形，里面白色，无毛，外面白色微带紫色；无花瓣；雄蕊多数，花药近球形。聚合果直径约 1cm，密集呈棉团状；瘦果，密被白色长棉毛。花期 6~7 月，果期 7~8 月。2n=16。

生境： 中生植物。生于山地林下、林缘、灌丛及沟谷草甸。见于大兴安岭、呼锡高原、燕山北部、阴山等地。

产地： 产呼伦贝尔市（额尔古纳市、牙克石市、陈巴尔虎旗、海拉尔区），兴安盟（科尔沁右翼前旗），赤峰市（宁城县黑里河、喀喇沁旗、克什克腾旗），锡林郭勒盟（正镶白旗、正蓝旗），呼和浩特市（大青山），包头市（乌拉山）。分布于我国辽宁、吉林、黑龙江、河北、新疆，蒙古、俄罗斯及欧洲也有。

用途： 可作为庭院观赏植物。

栽培管理要点： 种球用清水浸泡 6~24 小时，筛选出的优质种球在百菌清或多菌灵药液中浸泡 20~30 分钟，消毒后清水冲洗 2~3 次。新采收的种子在 3~5℃ 低温下处理，原产地可在上冻以后用种子 1 份，雪 3~5 份，将种子拌匀，放入种子坑内进行冷冻保存以打破休眠，种子处理时间在播种前 60 天。在 15~18℃ 进行催芽，8~10 天后可萌芽整齐。一般在 4 月中旬播种，4 月底开始出苗，出苗期间需经常浇水保持畦面湿润。当苗出现 1~2 片真叶时逐渐揭去覆盖的稻草炼苗，还需常浇水保湿。种球生根、萌芽 1~2cm 时开始定植，种植深度以发芽部位能适当盖土为宜，株行距为 30cm×30cm，并浇透水。定植后忌移栽，除草松土。7 月植株基本封垄。植株长有 5~6 片真叶时可进行第 1 次施肥，每公顷施尿素 150kg 或人畜粪尿 500~800kg。5~6 月追施磷酸铵颗粒肥，每公顷 450~600kg，冬季地冻前应施有机肥，每公顷施 22500~30000kg。开沟施入，施后盖土。低海拔地区引种特别要注意遮阴，荫蔽度控制在 60%~80%。

62.【小花草玉梅（变种）】

分类地位：毛茛科 银莲花属

蒙名：那木格音—保根—查干—其其格
学名：*Anemone rivularis* Buch.Ham. ex DC. var. *floreminore* Maxim.

形态特征: 多年生草本, 高 20~80cm。直根, 粗壮, 暗褐色。茎直立, 无毛, 基部具枯叶柄纤维, 基生叶 3~5, 具长柄, 柄长 5~24cm, 基部和上部被长柔毛, 中部无毛; 叶片轮廓肾状五角形, 长 2~7cm, 宽 3.5~11cm, 基部心形, 3 全裂, 中央全裂片菱形, 基部楔形, 上部 3 浅裂至中裂, 具小裂片或牙齿, 两侧全裂片较宽, 歪倒卵形, 不等 2 深裂, 裂片再 2~3 深裂或浅裂, 时两面被柔毛。聚伞花序 1~3 回分枝, 花梗长 5~20cm, 疏被长柔毛; 苞叶通常 3, 具鞘状柄, 宽菱形, 长 4~8cm, 3 深裂, 深裂片披针形, 通常不分裂或 2~3 浅裂至中裂, 两面被柔毛; 花径约 1.5cm; 萼片通常 5, 矩圆形或倒卵状矩圆形, 长 6~8mm, 宽 2~3mm, 里面白色无毛, 外面带紫且沿中部及顶部密被柔毛, 先端钝圆; 无花瓣; 雄蕊多数, 花丝丝形; 心皮多数 (30~60), 顶端具拳卷的花柱。聚合果近球形, 直径约 1.8cm; 瘦果狭卵球形, 长约 8mm, 宽约 2mm, 无毛, 宿存花柱钩状弯曲, 背腹稍扁。花期 6~7 月, 果期 7~8 月。2n=16。

生境: 中生植物。生于山地林缘和沟谷草甸。见于大兴安岭南部、燕山北部、赤峰丘陵、阴山等地。

产地: 产赤峰市 (宁城县、克什克腾旗、喀喇沁旗), 乌兰察布市 (卓资县、兴和县、凉城县), 呼和浩特市 (大青山), 包头市 (乌拉山)。分布于我国河北、山西、河南、陕西、宁夏、甘肃、四川、青海、新疆。

用途: 可作为待开发的野生观赏资源。根入药, 治肝炎、筋骨疼痛等症。

栽培管理要点: 目前尚未由人工引种栽培。

63.【细叶白头翁】

分类地位：毛茛科 白头翁属

蒙名：古拉盖 — 花儿、那林 — 高乐贵
别名：毛姑朵花
学名：*Pulsatilla turczaninovii* Kryl. et Serg.

形态特征：多年生草本，高 10~40cm，植株基部密包被纤维状干枯叶柄残余。根粗大，垂直，暗褐色。基生叶多数，通常与花同时长出，叶柄长达 14cm，被白色柔毛；叶片轮廓卵形，长 4~14cm，宽 2~7cm，二至三回羽状分裂，第一回羽片通常对生或近对生，中下部的裂片具柄，顶部的裂片无柄，裂片羽状深裂，第二回裂片再羽状分裂，最终裂片条形或披针状条形，宽 1~2mm，全缘或具 2~3 个牙齿，成长叶两面无毛或沿叶脉稍被长柔毛。总苞叶掌状深裂，裂片条形状条形，全缘或 2~3 分裂，里面无毛，外面被长柔毛，基部联合呈管状，管长 3~4mm；花萼疏或密被白色柔毛；花向上开展；萼片 6，蓝紫色或蓝紫红色，长椭圆形或椭圆状披针形，长 2.5~4cm，宽达 3~6cm，弯曲，密被柔毛。花果期 5~6 月。2n=16。

生境：生于典型草原及森林草原带的草原与草甸草原群落中，可在群落下层形成早春开花的山地灌丛。为中旱生植物。见于大兴安岭、呼锡高原、赤峰丘陵、燕山北部、阴山、贺兰山等地。

产地：产呼伦贝尔市（额尔古纳市、牙克石市、海拉尔区、满洲里市、陈巴尔虎旗、鄂温克族自治旗、扎兰屯市、新巴尔虎左旗），兴安盟（科尔沁右翼前旗、扎赉特旗），通辽市（扎鲁特旗），赤峰市（宁城县），锡林郭勒盟（东和西乌珠穆沁旗、锡林浩特市、阿巴嘎旗、正蓝旗、镶黄旗、多伦县），乌兰察布市（卓资县），呼和浩特市（大青山），包头市（乌拉山），阿拉善盟（贺兰山）。分布于我国东北及河北、宁夏，蒙古、俄罗斯也有。

用途：可作为待开发的野生观赏资源。根入药（药材名：白头翁），能清热解毒、凉血止痢、消炎退肿，主治细菌性痢疾、阿米巴痢疾、鼻衄、痔疮出血、湿热带下、淋巴结核、疮疡；也作蒙药用(蒙药名：伊日贵)。早春为山羊、绵羊乐食。

栽培管理要点：目前尚未由人工引种栽培。

64.【毛茛】

分类地位：毛茛科 毛茛属

蒙名：好乐得存 — 其其格
学名：*Ranunculus japonicus* Thunb.

形态特征：多年生草本，高 15~60cm。根茎短缩，须根发达成束状；茎直立，常在上部多分枝；基生叶丛生，具长柄；叶片轮廓五角形，基部心形，3 深裂至全裂；叶两面被伏毛，有时背面毛较密；茎生叶少数，似基生叶，上部叶 3 全裂；苞叶条状披针形，全缘，有毛，聚伞花序，多花；花梗细长，密被伏毛；萼片 5，卵状椭圆形；花瓣 5，鲜黄色，里面具蜜槽；花托小，聚合果球形；瘦果倒卵形，两面扁或微凸，无毛，边缘有狭边，果喙短。花果期 6~9 月。2n=14，16。

生境：湿中生植物。生于山地林缘草甸、沟谷草甸、沿泽草甸中。见于大兴安岭、呼锡高原、辽河平原、科尔沁、燕山北部、赤峰丘陵、阴山、阴南丘陵等地。

产地：产呼伦贝尔市（根河市、鄂伦春自治旗、牙克石市、鄂温克族自治旗、新巴尔虎右旗、阿荣旗、扎兰屯市），兴安盟（科尔沁右翼前旗、扎赉特旗），通辽市（扎鲁特旗、科尔沁左翼后旗），赤峰市（阿鲁科尔沁旗、巴林左旗、克什克腾旗、喀喇沁旗、宁城县、敖汉旗、翁牛特旗），锡林郭勒盟（东乌珠穆沁旗、锡林浩特市、正蓝旗），乌兰察布市（卓资县、凉城县），呼和浩特市（大青山），包头市（乌拉山）。广泛分布于我国各地，朝鲜、日本、蒙古、俄罗斯也有。

用途：全草入药，有毒，能利湿、消肿、止痛、退翳、截疟，外用治胃痛、黄疸、疟疾、淋巴结核、角膜薄翳；也作蒙药用。家畜采食后，能引起肠胃炎、肾脏炎，发生疝痛、下痢、尿血，最后痉挛至死。可作为待开发的野生观赏资源。

栽培管理要点：7~10 月果实成熟，用育苗移栽或直播法。9 月上旬进行育苗，播后覆盖少许草皮灰及薄层稻草，浇透床土，一般 1~2 星期后出苗，揭去稻草。待苗高 6~8cm 时，进行移植。按行株距 20cm×15cm 定植。定植后每月除草和松土 1 次，4~5 月间生长旺盛时，追施 1~2 次人粪尿，遇干旱天气适当灌水。喜温暖湿润气候，日温在 25℃生长最好。喜生于田野、湿地、河岸、沟边及阴湿的草丛中。生长期间需要适当的光照，忌土壤干旱，不宜在重黏性土中栽培。

65.【灌木铁线莲】
分类地位：毛茛科 铁线莲属

蒙名：额日乐吉
学名：*Clematis fruticosa* Turcz.

形态特征：直立小灌木，高达 1m。茎枝具棱，紫褐色，疏被毛。单叶对生，具短柄，柄长 0.5~1cm；叶片薄革质，狭三角形或披针形，长 2~3.5cm，宽 0.8~1.4cm，边缘疏生牙齿，下部常羽状深裂或全裂，两面近无毛或微有柔毛，绿色，下面叶脉隆起。聚伞花序顶生或腋生，长 2~4cm，具 1~3 花；花梗长 1~2.5cm，被短毛，近中部有 1 对苞片，披针形；花萼宽钟形，黄色，萼片 4，卵形或狭卵形，长 1.3~22cm，宽 5~10mm，顶端渐尖，边缘密生白色短柔毛；无花瓣；雄蕊多数，长 0.7~1.3cm，无毛，花丝披针形，花药黄色，稍短于花丝或近等长；心皮多数，密被长柔毛，花柱弯曲，圆柱状。瘦果近卵形，扁，长约 4mm，宽约 3mm，紫褐色，密生柔毛，羽毛状花柱长约 2.5cm。花期 7~8 月，果期 9 月。

生境：旱生植物，生于荒漠草原带及荒漠区的石质山坡、沟谷、干河床中，也可见于山地灌丛中，多零星散生，见于呼锡高原（南部）、乌兰察布、阴山、阴南丘陵、鄂尔多斯、阿拉善、贺兰山等地。

产地：产锡林郭勒盟西部，乌兰察布市（察哈尔右翼后旗、卓资县），呼和浩特市（大青山），包头市（九峰山、固阳县、达尔罕茂明安联合旗），巴彦淖尔市（乌拉特后旗和中旗、狼山），鄂尔多斯市（准格尔旗），阿拉善盟（阿拉善左旗和右旗）。分布于华北、西北，蒙古也有。

用途：骆驼乐食，其他家畜不吃。花美丽，可供观赏。

栽培管理要点：选择全光照、肥沃、排水好的栽植地。深耕耙平。春季以 3 月下旬至 4 月上旬为宜，秋季以 9 月下旬至 10 月下旬为宜。株行距按 60cm×80cm 定点刨穴，施入腐熟基肥（鸡粪），栽植深度 25~35cm 左右，以根茎与土面平齐为宜。施肥 3 次：第一次在春天（约 4 月下旬）集中穴施，以有机肥为主；第二次开花前期（约 6 月下旬至 7 月上旬），追施薄肥，以速效性复合肥为主；最后一次开花后期（约 9 月上旬至中旬），可结合土壤施肥和根外追肥两种方法。新苗栽种后需浇一次透水，冬季土壤封冻前浇一次防冻水。采用深锄和浅锄相结合的方式锄地 5~6 次。

66.【灰叶铁线莲】
分类地位：毛茛科 铁线莲属

蒙名：呼和 — 额日乐吉

学名：*Clematis canescens* (Turcz.) W.T. Wang et M.C. Chang

形态特征：直立小灌木，高达 lm。茎枝具棱，被密细柔毛，后渐无毛。单叶对生或数叶簇生；叶片狭披针形至披针形，长 1~4cm，宽 2~8mm，革质，两面被细柔毛，呈灰绿色，先端锐尖，基部楔形，全缘，极少基部具 1~2 个牙齿或小裂片；叶柄极短或近无柄。聚伞花序具 1~3 花，顶生或腋生；花梗长 5~20mm；萼片 4，向上斜展呈宽钟状，黄色狭卵形或卵形，长 1~2cm，顶端渐尖，外面边缘密生绒毛，其余被细柔毛，里面无毛或近无毛；雄蕊多数，无毛，花丝狭披针形，长于花药。瘦果密被白色长柔毛。花期 7~8 月，果期 9 月。

生境：强旱生植物。生于荒漠及荒漠草原地带的石质残丘、山地、沙地及沙丘低洼地。见于鄂尔多斯、乌兰察布、阿拉善、龙首山等地。

产地：产乌兰察布市(四子王旗)，包头市(达尔罕茂明安联合旗)，巴彦淖尔市(乌拉特后旗)，鄂尔多斯市 (乌审旗、鄂托克旗)，阿拉善盟 (阿拉善左旗和右旗、额济纳旗)。分布于甘肃北部、宁夏。

用途：花美丽，可作为干旱地区的观赏花卉。

栽培管理要点：同灌木铁线莲。

67.【棉团铁线莲】

分类地位：毛茛科 铁线莲属

蒙名：依日绘、哈得衣日音—查干—额布斯
别名：山蓼、山棉花
学名：*Clematis hexapetala* Pull.

形态特征：多年生草本，高 40~100cm。根茎粗壮，黑褐色。茎直立，圆柱形，有纵纹。叶对生，近革质，为一至二回羽状全裂；具柄；裂片矩圆状披针形至条状披针形，聚伞花序腋生或顶生，通常 3 朵花；苞叶条状披针形；花梗被柔毛；萼片 6，白色，狭倒卵形，顶端圆形，里面无毛，外面密被白色绵毡毛，花蕾时棉毛更密；无花瓣；雄蕊多数，黄色。瘦果多数，倒卵形，扁平，被紧贴的柔毛，羽毛状宿存花柱长达 2.2cm，羽毛污白色。花期 6~8 月，果期 7~9 月。2n=16。

生境：中旱生植物。生于典型草原、森林草原及山地草原带的草原及灌丛群落中，是草原杂类草层片的常见种，亦生长于固定沙丘或山坡林缘、林下。见于大兴安岭、呼锡高原、科尔沁、赤峰丘陵、辽河平原、燕山北部、阴山、阴南丘陵等地。

产地：产呼伦贝尔市，兴安盟（科尔沁右翼前旗），通辽市，赤峰市，锡林郭勒盟，乌兰察布市（察哈尔右翼后旗、卓资县、凉城县），呼和浩特市（大青山）。分布于我国东北、华北及甘肃，朝鲜、蒙古、俄罗斯也有。

用途：可作为待开发的野生庭院绿化资源。根入药（药材名：威灵仙），能祛风湿、通经络、止痛。主治风湿性关节痛、手足麻木、偏头痛、鱼骨哽喉；也作蒙药用（蒙药名：依日绘），效用同芹叶铁线莲。亦可作农药，对马铃薯疫病和红蜘蛛有良好的防治作用。在青鲜状态时牛与骆驼乐食，马与羊通常不采食。

栽培管理要点：选背阳、日照时间较短、土壤较深厚的地块，深耕细耙，做畦。春天用撒播法育苗，覆土不超过 1cm，然后用稻草盖畦面，约半个月出苗。出苗后 50~60 天移栽定植。或采取根芽移栽，即春天根芽未萌动前用刀切取根芽，然后直接移栽至大田。株行距为 30cm×40cm，挖穴种植。种前穴内放足基肥。育苗期间，幼苗出土后及时揭去所盖之稻草，当苗高 3~5cm 时中耕除草 1 次，定植于大田后每年中耕除草 2~3 次。结合中耕除草施淡而少的人粪尿或其他氮肥，定植后施 2 次含磷的肥料或复合肥。为促进根系发展，适当剪去过密藤条。

68.【短尾铁线莲】

分类地位：毛茛科 铁线莲属

蒙名：绍褥给日 — 奥日牙木格

别名：林地铁线莲

学名：*Clematis brevicaudata* DC.

形态特征：藤本。枝条暗褐色，疏生短毛，具明显的细棱。叶对生，为一至二回三出或羽状复叶，长达 18cm；叶柄长 3~6cm，被柔毛；小叶卵形至披针形，长 1.5~6cm，先端渐尖成尾状，基部圆形，边缘具缺刻状牙齿，有时 3 裂，叶两面散生短毛或近无毛。复聚伞花序腋生或顶生，腋生花序长 4~11cm，较叶短；总花梗长 1.5~4.5cm，被短毛，小花梗长 1~2cm，被短毛，中下部有一对小苞片，苞片披针形，被短毛；花直径 1~1.5cm；萼片 4，展开，白色或带淡黄色，狭倒卵形，长约 6mm，宽约 3mm，两面均有短绢状柔毛，毛在里面较稀疏，外面沿边缘密生短毛；无毛瓣；雄蕊多数，比萼片短，无毛，花丝扁平，花药黄色，比花丝短；心皮多数，花柱被长柔毛。瘦果宽卵形，长约 2mm，宽约 1.5mm，微扁，微带浅褐色，被短柔毛，羽毛状宿存花柱长达 2.8cm，末端具加粗稍弯曲的柱头。花期 8~9 月，果期 9~10 月。2n=16。

生境：中生植物，生于山地林下、林缘及灌丛中。见于大兴安岭、呼锡高原 (东部)、科尔沁、辽河平原、赤峰丘陵、燕山北部、阴山、贺兰山、龙首山、东阿拉善 (桌子山) 等地。

产地：产呼伦贝尔市 (鄂伦春自治旗、鄂温克族自治旗)，兴安盟 (科尔沁右翼前旗和中旗、扎赉特旗)，通辽市 (科尔沁左翼后旗大青沟)，赤峰市 (阿鲁科尔沁旗、克什克腾旗、喀喇沁旗、林西县、巴林右旗、翁牛特旗、敖汉旗)，锡林郭勒盟 (多伦县、

太仆寺旗)，乌兰察布市 (卓资县)，呼和浩特市 (大青山)，包头市 (九峰山、乌拉山)，阿拉善盟 (贺兰山、龙首山)。分布于我国东北、华北、西北、华东、西南，朝鲜、蒙古、俄罗斯、日本也有。

用途：可作为待开发的野生庭院绿化资源。根及茎入药，有小毒，能利尿消肿，主治浮肿、小便不利、尿血；也作为药用 (蒙药名：奥日牙木格)。

栽培管理要点：目前尚未由人工引种栽培。

69.【翠雀】

分类地位：毛茛科 翠雀花属

蒙名：伯日 — 其其格
别名：大花飞燕草、鸽子花、摇咀咀花
学名：*Delphinium grandiflorum* L.

形态特征：多年生草本，高 20~65cm。直根，暗褐色。茎直立，单一或分枝，全株被反曲的短柔毛。基生叶与茎下部叶具长柄，中上部叶柄较短，最上部叶近无柄；叶片轮廓圆肾形，掌状，3 全裂。总状花序具花 3~15 朵，花梗上部具 2 枚条形或钻形小苞片；萼片 5，蓝色、紫蓝色或粉紫色，椭圆形或卵形，上萼片向后伸长成中空的距，距长 1.7~2.3cm，钻形，末端稍向下弯曲，外面密被白色短毛；花瓣 2，白色，基部有距，伸入萼距中；退化雄蕊 2，瓣片蓝色，宽倒卵形；雄蕊多数，花丝下部加宽，花药深蓝色及紫黑色。蓇葖果 3，密被短毛；种子多数，四面体形，具膜质翅。花期 7~8 月，果期 8~9 月。2n=16，32。

生境：旱中生植物，生于森林草原、山地草原及典型草原带的草甸草原、沙质草原及灌丛中，也可生于山地草甸及河谷草甸中，是草甸草原的常见杂类草。见于大兴安岭、呼锡高原、科尔沁、辽河平原、赤峰丘陵、燕山北部、阴山、阴南丘陵等地。

产地：产呼伦贝尔市，兴安盟，通辽市（扎鲁特旗、科尔沁区、科尔沁左翼后旗大青沟），赤峰市，锡林郭勒盟，乌兰察布市，呼和浩特市（大青山），包头市（九峰山、乌拉山），鄂尔多斯市（准格尔旗）。分布于我国东北、华北、西南，蒙古、俄罗斯（西伯利亚）也有。

用途：花大而鲜艳，可供观赏。全草入药，有毒，能泻火止痛、杀虫，外用治牙痛、关节疼痛、疮痈溃疡、灭虱；作蒙药用（蒙药名：扎杠）治肠炎、腹泻。家畜一般不采食，采食偶有中毒，呼吸困难，血循环障碍，心脏、神经、肌肉麻痹、痉挛。

栽培管理要点：春、秋季可进行分株。春季新芽长至 15~18cm 时扦插，生根后移栽，也可于花后取基部的新枝扦插。3~4 月或 9 月播种，发芽适温 15℃左右。秋播在 8 月下旬至 9 月上旬进行，先播入露地苗床，入冬前进入冷床或冷室越冬，春暖定植。于 4 月中旬定植，2~4 片真叶时移植，4~7 片真叶时进行定植。雨天注意排水。栽前施足基肥，追肥以氮肥为主。

70.【 贺兰山翠雀花（变种） 】

分类地位：毛茛科 翠雀花属

蒙名：阿拉善 — 伯日 — 其其格
学名：*Delphinium albocoeruleum* Maxim. var. *paewalskii* (Huth) W.T.Wang

形态特征：本变种与正种的区别在于，茎和花序除了被反曲的白色短柔毛外还有开展的白色柔毛或淡黄色的腺毛；距钻形，伸直或稍下弯。

生境：中生植物。生于海拔 2500~2800m 的云杉林下及林缘草甸。见于贺兰山。

产地：产阿拉善盟（贺兰山）。为贺兰山特有变种。

用途：花大而鲜艳，可供观赏。全草水煮可杀死跳蚤和虱子。

栽培管理要点：目前尚未由人工引种栽培。

71.【西伯利亚乌头（变种）】

分类地位：毛茛科 乌头属

蒙名：西伯日 — 好日苏
别名：牛扁、黄花乌头、黑大艽、瓣子艽
学名：*Aconitum barbatum* Pers.var.*hispidum* (DC.) DC.

形态特征：本变种与正种的区别是叶的全裂片分裂程度小，较宽而端钝，来回裂片披针形或狭卵形。

生境：中生植物。生于山地林下、林缘及中生灌丛。见于大兴安岭南部、燕山北部、阴山等地。

产地：产赤峰市（喀喇沁旗），锡林郭勒盟东南部，乌兰察布市（兴和县、凉城县），呼和浩特市（大青山），包头市（九峰山）。分布于我国新疆、甘肃、宁夏、陕西、河南、吉林、黑龙江，俄罗斯（西伯利亚）也有。

用途：花大而鲜艳，可供观赏。根入药，有毒，能祛风湿、镇痛、攻毒杀虫，主治腰腿痛、关节肿痛、瘰疬、疥癣；也作蒙药用（蒙药名：西伯日—泵阿），能杀"粘"、止痛、燥"协日乌素"，主治瘟疫、肠刺痛、陈刺痛、丹毒、痧症、结喉、发症、痛风、游癌症、中风、牙痛。

栽培管理要点：目前尚未由人工引种栽培。

72.【草乌头】

分类地位：毛茛科 乌头属

蒙名：曼钦、哈日 — 好日苏
别名：北乌头、草乌、断肠草
学名：*Aconitum kusnezoffii* Reichb.

形态特征：多年生草本，高60~150cm，块根通常2~3个连生在一起，倒圆锥形或纺锤状圆锥形，外皮暗褐色。茎直立，粗壮，无毛，光滑。叶互生，茎下部叶具长柄，向上柄渐短；茎中部叶的叶片轮廓五角形，3全裂，中央裂片菱形，渐尖，近羽状深裂，小裂片披针形，具尖牙齿，侧裂片不等2深裂，内侧裂片与中央裂片略同形，外侧裂片歪菱形或披针形，稍小，上面疏被短曲毛，下面无毛，近革质。总状花序顶生，常分枝，花多而密，长达40cm；花序轴与花梗无毛；小苞片条形，着生在花梗中下部；萼片蓝紫色，外面几无毛，上萼片盔形或高盔形，侧萼片宽歪倒卵形，里面疏被长毛，下萼片不等长，矩圆形；花瓣无毛，瓣片矩钩状，稍向上卷曲；雄蕊无毛，花丝下部加宽，全缘或有2小齿，上部细丝状，花药椭圆形，黑色。蓇葖果长1~2cm；种子扁椭圆球形，沿棱具狭翅，只一面生横膜翅。花期7~9月，果期9月。2n=32。

生境：中生植物。生于阔叶林下、林缘草甸及沟谷草甸。见于大兴安岭、辽河平原、燕山北部、阴山等地。

产地：产呼伦贝尔市（鄂温克自治旗、扎兰屯市、牙克石市、根河市、新巴尔虎左旗），兴安盟（科尔沁右翼前旗伊尔施），通辽市（科尔沁左翼后旗），赤峰市（喀喇沁旗旺业甸、克什克腾旗、宁城县），锡林郭勒盟（宝格达山、锡林浩特市、正蓝旗），呼和浩特市（大青山），乌兰察布市（蛮汉山），包头市（乌拉山）。分布于我国东北及山西、河北，朝鲜、蒙古、俄罗斯也有。

用途：花鲜艳，可供观赏。块根和叶入药，块根（药材名：草乌）有大毒，能祛风散寒、除湿止痛，主治风湿性关节疼痛、半身不遂、手足痉挛、心腹冷痛，也作蒙药用（蒙药名：奔瓦）；叶作蒙药用（蒙药名：奔瓦音—拿布其），能清热、止痛，主治肠炎、痢疾、头痛、牙痛、白喉等。

栽培管理要点：目前尚未由人工引种栽培。

73.【芍药】

分类地位：毛茛科 芍药属

蒙名：查那 — 其其格
学名：*Paeonia lactiflora* Pall.

形态特征：多年生草本，高 50~70cm，稀达 1m。根圆柱形，长达 50cm，粗达 3cm，外皮紫褐色或棕褐色，茎圆柱形，上部分枝，淡绿色；常略带红色，无毛。茎下部的叶为二回三出复叶；小叶狭卵形、椭圆状披针形或狭椭圆形，基部楔形，边缘密生乳白色的骨质小齿，以手触之，有粗糙感；上面绿色，下面灰绿色；花顶生或腋生；苞片 3~5，披针形，绿色；萼片 3~4，宽卵形，绿色，边缘带红色；花瓣 9~13，倒卵形，白色、粉红色或紫红色；雄蕊多数，花药黄色。蓇葖果卵状圆锥形，先端变狭而成喙状；种子近球形，紫黑色或暗褐色，有光泽。花期 5~7 月，果期 7~8 月。2n=10，20。

生境：生于山地和石质丘陵的灌丛、林缘、山地草甸及草甸草原群落中，为旱中生植物。见于大兴安岭、呼锡高原、科尔沁、辽河平原、赤峰丘陵、燕山北部、阴山等地。

产地：产呼伦贝尔市，兴安盟（科尔沁右翼前旗、扎赉特旗），通辽市（科尔沁左翼后旗大青沟），赤峰市，锡林郭勒盟，乌兰察布市（兴和县、卓资县、凉城县），呼和浩特市（大青山），包头市（乌拉山、大青山）。分布于东北、华北及陕西、甘肃，朝鲜、日本、蒙古、俄罗斯也有。

用途：花大而美，可供观赏。根和叶含鞣质，可提制栲胶。根入药（药材名：赤芍），主治血热吐衄、肝火目赤、血瘀痛经、月经闭止、疮疡肿毒、跌打损伤；也作蒙药用（蒙药名：乌兰—查那），能活血、凉血、散瘀，主治血热、血瘀痛经。

栽培管理要点：选择地势较高、灌排便利、土层深厚、背风向阳地块。整地时均匀撒施有机肥 3~4t/ 亩、三元复合肥 50~60kg/ 亩作基肥，深翻 40cm，耙平。9 月下旬至 10 月上旬结合分株繁殖进行栽植。株行距一般 70 cm×100cm。栽植前用草木灰硫磺粉涂抹肉质根伤口，置于阴凉通风处晾干再栽。深度以芽上覆土 2~3cm 为宜，顶部可覆 5cm 马粪。栽后暂不浇水。栽后第 2 年起，每年需追肥 3~4 次。第 1 次在早春出芽前，施人畜粪 1.5~2t/ 亩；第 2 次、第 3 次分别在 5 月展叶现蕾后和 7 月花后孕芽期，每次施人畜粪 1.5t/ 亩、饼肥 25~30kg/ 亩，或三元复合肥 40~60kg/ 亩；第 4 次在霜降后，结合封土施 1 次冬肥。一般不需浇水，仅需在严重干旱时灌一次透水。多雨季节必须清沟排水，否则淹水超过 6 小时会导致烂根而全株枯死。早春土壤解冻后及时去除培土并松土保墒，以利出苗。幼苗出土后的 2 年内，每年应中耕除草 3~4 次，以后每年在植株萌芽至封垄前除草 4~6 次。夏季干旱时中耕保墒，冬季结合中耕进行全面清园，以减轻病虫害。剥蕾、支撑、剪残花。芍药花蕾集中于茎顶端及上部叶腋，有发育较好、体积较大的顶蕾和相对发育较差、体积较小的 2~3 个侧蕾，为使顶蕾花大色艳，可摘除侧蕾。有些品

种花秆软，开花时花头下垂，易倒伏，可在花蕾显色时设支柱。支柱形式有两种：一是圈套式，将松散的植株用圈围起来，圈的大小要适当，围起来后使花茎相互依附而挺立。制作圈的材料很多，可用塑料绳、8 号铁丝、竹篾等，最好把做成的圈刷上绿漆，使之和芍药植株浑然一色，增加观赏效果。二是单杆式，对于大花品种，为防止花头折断，把刷过绿漆的撑竿贴近花茎插入栽培介质，用绿色柔质线绳分 3 道呈八字形绑扎，撑杆高度低于花茎 2~3cm 比较合适。此外，为保证新芽发育质量，在盛花后应及时将残花剪除。

74.【卵叶芍药】

分类地位：毛茛科 芍药属

蒙名：查干 — 查那 — 其其格
别名：草芍药
学名：*Paeonia obovata* Maxim.

形态特征： 多年生草本，高 40~60cm，根圆柱形，多分枝，下部较细，长达 15cm，粗达 1cm，外皮棕褐色，茎圆柱形，淡绿色或带紫色，无毛，基部生数枚鞘状鳞片，叶 2~3，最下部的为二回三出复叶，长达 25cm，具长柄，上部为三出复叶或单叶；顶生小叶倒卵形或宽椭圆形，长 11~18cm，宽 6~10cm，先端急尖，基部楔形渐狭成短柄，全缘，上面深绿色，下面淡绿色，常沿脉疏生柔毛，有时无毛，侧生小叶略小，具短柄或几无柄，通常宽椭圆形；叶柄长 7~13cm，圆柱形，中间小叶的小叶柄长 2~4cm，侧生的小叶柄长 3~5mm。花单生于茎顶，直径 5~9cm；萼片 3~5，淡绿色，宽卵形或狭卵形，长 1.2~1.5cm，宽 6~9mm，顶端圆形，稀尾状渐尖，花谢后稍增大；花瓣 6，紫红色、白色或淡红色，倒卵形，长 2.5~4cm，宽 2~2.5cm，顶端圆形；雄蕊多数，长达 1.5cm，花药黄色；心皮 2~4，无毛。蓇葖果宽卵形，长 2~3cm，宽约 1cm，顶部变狭，柱头拳卷，具宿存花萼，成熟时腹缝裂开，心皮反卷，内果皮鲜紫红色；种子倒卵形或近球形，长 5~7mm，蓝紫色，干后变黑色，有红色假种皮。花期 5~6 月，果期 7~9 月。2n=10，20。

生境： 中生植物，生于山地林缘草甸及林下。见于大兴安岭南部、燕山北部、阴山等地。

产地： 产赤峰市（克什克腾旗、喀喇沁旗、宁城县），锡林郭勒盟（西乌珠穆沁旗东部），乌兰察布市（兴和县），呼和浩特市（大青山）。分布于我国东北、华北、西南、华中、西北，朝鲜、日本、俄罗斯也有。

用途： 花大而美，可供观赏。根入药，功能与主治同芍药。

栽培管理要点： 同芍药。

十五、小檗科

75.【黄芦木】

分类地位：小檗科 小檗属

蒙名：陶木 — 希日 — 毛都

别名：三颗针、狗奶子、阿穆尔小檗、山黄柏

学名：*Berberis amurensis* Rupr.

形态特征：落叶灌木，高 1~3m。幼枝灰黄色，具浅槽，老枝灰色，圆柱形，表面具纵条棱，叶刺 3 分叉。叶纸质，叶片常 5~7 枚簇生于刺腋，长椭圆形至倒卵状矩圆形，或卵形至椭圆形，边缘密生不规则的刺毛状细锯齿，上面深绿色，下面浅绿色，有时被白粉，网脉明显隆起。总状花序下垂，有花 10~25 朵；花淡黄色；小苞片 2，三角形；萼片 6，外轮萼片卵形，内轮萼片倒卵形；花瓣 6，长卵形；雄蕊 6。浆果椭圆形，鲜红色，常被白粉，内含种子 2 粒。花期 5~6 月，果期 8~9 月。2n=28。

生境：中生灌木。在阔叶林区及森林草原的山地灌丛中为较常见的伴生种，有时稀疏生于林缘或山地沟谷。见于大兴安岭南部、呼锡高原、辽河平原、燕山北部、阴山、阴南丘陵、东阿拉善等地。

产地：产通辽市（大青沟），赤峰市（克什克腾旗、喀喇沁旗、宁城县），锡林郭勒盟（正镶白旗），乌兰察布市（卓资县、凉城县），呼和浩特市（大青山），乌海市。分布于我国东北、华北及山东、陕西、甘肃等省区，朝鲜、日本、俄罗斯（西伯利亚）也有。

用途：观赏及绿篱兼用。根皮和茎皮含小檗碱，供药用，能清热燥湿、泻火解毒，主治痢疾、黄疸、白带、关节肿痛、阴虚发热、骨蒸盗汗、痈肿疮疡、口疮、目疾、黄水疮等症。可作黄连代用品。根皮和茎皮也入蒙药（蒙药名：陶木—希日—毛都）。

栽培管理要点：可采用播种法和扦插法。播种一般于 4 月中下旬进行。3 月中旬处理种子。将种子放在 35℃的温水中浸泡 48 小时后捞出，与经过消毒处理的湿沙进行混合，比例为 1：4，然后堆放于背风向阳处，上面覆盖草帘，每 10 天翻倒一次。播前土壤深翻，除杂，做床，用五氯硝基苯进行消毒。做垄，高 20cm，宽 30cm，间距为 40cm。垄上开沟，沟深 5cm，均匀播种，播后覆土，轻踏，灌一次透水。15 天左右可出苗，待苗长至 10cm 高时，可选择阴天进行间苗，使株距保持在 10cm 左右。管护中还应及时除草，可每月施用一次氮磷钾复合肥，灌溉，使土壤保持在大半墒状态。栽植时可施入适量的农家肥作基肥，初夏可施用一次尿素，秋末浅施一次农家肥；第二年初夏施用一次氮磷钾复合肥，秋末施用一次农家肥；从第三年起只需每年于早春施用一次农家肥即可。

要浇好头三水，以后每月浇一次透水。浇水后应及时松土保墒，夏季雨天要及时排除树穴内的积水，防治水大烂根，秋末要浇好封冻水。翌年早春要及时浇解冻水，其余时间仍每月浇一次透水，秋末按头年方法浇好封冻水。从第三年起，可视土壤墒情和降水情况浇水，特别干旱的天气也应浇水。

76.【匙叶小檗】

分类地位：小檗科 小檗属

蒙名：哈拉巴干 — 希日 — 毛都
学名：*Berberis vernae* Schneid.

形态特征: 落叶灌木, 高 0.5~1.5m。老枝暗灰色, 表面具纵条裂, 散生黑色皮孔, 幼枝灰黄色, 后期变紫红色, 无毛, 具条棱; 叶刺坚硬, 单一, 黄色, 长 1~3cm。叶 3~8 片簇生于刺腋, 常为匙形或匙状倒披针形, 长 1~5cm, 宽 3~10mm, 先端钝, 稀锐尖, 具小尖头, 基部渐狭成柄, 常全缘, 稀具少数细锯齿, 无毛, 总状花序长 2~4cm, 有花 15~35 朵; 花黄色, 直径 3~4mm, 花梗长 1.5~4mm; 苞片矩圆形, 稍短或等长于花梗; 小苞片常红色, 长约 1mm; 萼片倒卵形或卵形, 先端钝, 外轮的长约 1.5mm, 内轮的长约 2.5mm; 花瓣椭圆状倒卵形, 与内轮萼片近等长, 先端稍锐尖; 雄蕊长约 1.5mm, 浆果卵球形, 浅红色, 长 4~5mm; 柱头宿存。花期 5~6 月, 果期 8~9 月。2n=28。

生境: 旱中生植物。疏生于草原带的河滩沙质地或山坡灌丛中。见于阴南丘陵、鄂尔多斯、东阿拉善、龙首山等地。

产地: 产鄂尔多斯市 (准格尔旗、乌审旗、鄂托克旗), 阿拉善盟 (龙首山)。分布于我国陕西、甘肃、青海。

用途: 观赏及绿篱兼用。根皮和根可作黄色染料, 也可入药, 根皮和茎皮入蒙药 (蒙药名: 哈拉巴干—希日—毛都)。功能主治同黄芦木。

栽培管理要点: 目前尚未由人工引种栽培。

77.【细叶小檗】

分类地位：小檗科 小檗属

蒙名：希日 — 毛都古音 — 苏
别名：针雀、泡小檗、波氏小檗
学名：*Berberis poiretii* Schneid.

形态特征：落叶灌木，高 1~2m。老枝灰黄色，表面密生黑色细小疣点，幼枝紫褐色，有黑色疣点；枝条开展，纤细，显具条棱。叶刺小，通常单一，有时具 3~5 叉，长 4~9mm。叶簇生于刺腋，叶片纸质，倒披针形至狭倒披针形，或披针状匙形，长 1.5~4cm，宽 5~10mm，先端锐尖，具小凸尖，基部渐狭成短柄，全缘或中上部边缘有齿，上面深绿色，下面淡绿色或灰绿色。网脉明显。总状花序下垂，具 8~15 朵花，长 3~6cm；花鲜黄色，直径约 6mm；花梗长 3~6mm；苞片条形，长约为花梗的一半；小苞片 2，披针形，长 1.2~2mm；萼片 6，轮萼片矩圆形或倒卵形，内轮萼片矩圆形或宽倒卵形；花瓣 6，倒卵形，较萼片稍短，顶端具极浅缺刻，近基部具 1 对矩圆形的腺体；雄蕊 6，较花瓣短；子房圆柱形，花柱无，柱头头状扁平，中央微凹。浆果矩圆形，鲜红色，长约 9mm，直径约 4mm，柱头宿存，内含种子 1~2 粒。花期 5~6 月，果期 8~9 月。2n=28。

生境：旱中生落叶灌木，森林草原带的山地灌丛和山麓砾质地上较为常见，进入荒漠草原带的固定沙地或覆沙梁地只能稀疏生长，零星分布到草原化荒漠的剥蚀残丘及山地。见于呼锡高原、大兴安岭西部、燕山北部、阴山、鄂尔多斯、东阿拉善等地。

产地：产赤峰市（克什克腾旗、喀喇沁旗、宁城县），锡林郭勒盟（西乌珠穆沁旗、锡林浩特市、正蓝旗、浑善达克沙地），乌兰察布市（兴和县），鄂尔多斯市（毛乌素沙地、鄂托克旗、桌子山），巴彦淖尔市（乌拉山），包头市。分布于我国东北及河北、山西，朝鲜、蒙古、俄罗斯也有。

用途：观赏及绿篱兼用。根和茎入药，功能主治同黄芦木。

栽培管理要点：目前尚未由人工引种栽培。

十六、木兰科

78.【五味子】

分类地位：木兰科 五味子属

蒙名：乌拉勒吉嘎纳
别名：北五味子、辽五味子、山花椒秧
学名：*Schisandra chinensis* (Turcz.) Baill.

形态特征：落叶木质藤本，长达8m，全株近无毛。小枝细长，红褐色，具明显皮孔，稍有棱。叶稍膜质，卵形、倒卵形或宽椭圆形，顶端锐尖或渐尖，基部楔形或宽楔形，边缘疏生有暗红腺体的细齿，上面深绿色，无毛，下面浅绿色，脉上嫩时有短柔毛。花单性，雌雄异株，单生或簇生于叶腋，乳白色或带粉红色，芳香；花被片6~9，两轮，矩圆形或长椭圆形，基部有短爪；雄花有雄蕊5，花丝肉质；雌花心皮多数。浆果球形，内含种子1~2粒，成熟时深红色，多数形成下垂长穗状，长3~10cm。花期6~7月，果期8~9月。2n=28。

生境：耐阴中生植物。生于阴湿的山沟、灌丛或林下，见于大兴安岭东南部、科尔沁、辽河平原、赤峰丘陵、燕山北部、阴山等地。

产地：产呼伦贝尔市（鄂伦春自治旗），兴安盟（科尔沁右翼前旗、扎赉特旗、突泉县），通辽市（大青沟），赤峰市（宁城县、喀喇沁旗、巴林右旗、敖汉旗），呼和浩特市（大青山），巴彦淖尔市（乌拉山）。分布于我国东北、华北、华中、西南，日本、朝鲜、俄罗斯也有。

用途：具一定的观赏价值。果实入药，能敛肺、滋肾、止汗、涩精，主治肺虚喘咳、自汗、盗汗、遗精、久泻、神经衰弱、心肌乏力、过劳嗜睡等症，并有兴奋子宫、促进子宫收缩的作用。果实也入蒙药（蒙药名：乌拉乐吉甘），能止泻、止呕、平喘、开欲，主治寒下呕吐、久泻不止、胃寒、嗳气、肠刺痛、久咳气喘。

栽培管理要点：露地直播可春播（5月上旬）和秋播（土壤结冻前）。扦插繁殖可采用硬枝扦插、绿枝扦插或者横走茎扦插。选择地下水位低的平地或背阴坡地，篱架栽培，株行距：0.75m×2m。定植前按确定的行距挖深50~70cm、宽80~100cm的栽植沟。分层施入腐热或半腐热有机肥（3~5m³/亩），分2~3次踏实。栽植带高出地面10cm左右，架高2m，设三道线，间距60cm。植株幼龄期要及时把选留的主蔓引缚到竹竿上促进其向上生长，中耕除草一年5次以上，深度10cm左右，一二年生园，行间可种植矮裸作物。三年生以上园保持清耕休闲；秋施肥，每亩施农家肥3~5m³，在架的两侧隔年进行，头两年靠近栽植沟壁，第三年后在行间开深30~40cm的沟，填粪后马上覆上。每年追肥两次，第一次在萌芽（5月初），追速效性氮钾肥；第二次在植株生长中期（7月上旬），追施速效磷钾肥。随着树体的扩大，肥料用量逐年增加，硝铵25~100g/株，过磷酸钙200~400g/株，硫酸钾10~25g/株。

十七、罂粟科

79.【白屈菜】

分类地位：罂粟科 白屈菜属

蒙名：希古得日格纳希日 — 好日
别名：山黄连
学名：*Chelidonium majus* L.

形态特征： 多年生草本，高 30~50cm。主根粗壮，长圆锥形，暗褐色，具多数侧根，茎直立，多分枝，具纵沟棱，被细短柔毛。叶轮廓为椭圆形或卵形，单数羽状全裂，侧裂片 1~6 对，裂片卵形、倒卵形或披针形，上面绿色，无毛，下面粉白色，被短柔毛。伞形花序顶生和腋生；萼片 2，椭圆形，疏生柔毛，早落；花瓣 4，黄色，倒卵形；雄蕊多数；蒴果条状圆柱形，无毛。种子多数，宽卵形，黑褐色，表面有光泽和网纹。花期 6~7 月，果期 8 月。2n=12。

生境： 中生植物。生于山地林缘、林下、沟谷溪边。见于大兴安岭、辽河平原、阴山等地。

产地： 产呼伦贝尔市（牙克石市、根河市），兴安盟（科尔沁右翼前旗、扎赉特旗），通辽市（大青沟），赤峰市（克什克腾旗），乌兰察布市（大青山、蛮汉山），呼和浩特市，包头市。分布于我国东北、华北、华东及河南、陕西、江西、四川、新疆，蒙古、俄罗斯、朝鲜、日本也有。

用途： 为待开发的野生绿化资源。全草入药，有毒，能清热解毒、止痛、止咳，主治胃炎、胃溃疡、腹痛、肠炎、痢疾、黄疸、慢性支气管炎、百日咳，外用治皮炎、毒虫咬伤。全草也入蒙药（蒙药名：希古得日格纳），能清热、解毒、燥脓、治伤，主治瘟疫热、结喉、发症、麻疹、肠刺痛、金伤、火眼。

栽培管理要点： 对土壤要求不严格，干旱、黏重的土壤不适宜种植。种子小，播前要细致整地，以秋季深翻为好。翌年早春耙地，做成 60cm 大垄。若土地瘠薄，可结合整地施农家肥 1.5t/ 亩。选一年生种子，以春季播种最佳。可条播，穴播。条播在大垄上开 10cm 宽，2~3cm 深的沟，踩底格子，均匀撒种，种子间距 1cm 左右，覆土 1cm 左右厚，及时踩好顶格子。穴播在备好的大垄上刨埯播种。穴距 6cm 左右，每穴播 7~10 粒种子，覆土 1cm 左右。20 天左右出齐苗，幼苗期要及时松土、除草。天旱浇水，浇后松土。由于白屈菜是全草入药，不需要间苗、定苗，只是在株高 10cm 左右时拔出过密的植株来保证产量。

80.【野罂粟】

分类地位：罂粟科 罂粟属

蒙名：哲日利格 — 阿木 — 其其格

别名：野大烟、山大烟

学名：*Papaver nudicaule* L.

形态特征：多年生草本。主根圆柱形，木质化，黑褐色。叶全部基生，叶片轮廓矩圆形、狭卵形或卵形，羽状深裂或近二回羽状深裂，一回深裂片卵形或披针形，再羽状深裂，最终小裂片狭矩圆形、披针形或狭长三角形，先端钝，全缘，两面被刚毛或长硬毛，多少被白粉；叶柄两侧具狭翅，被刚毛或长硬毛。花葶一至多条，被剐毛状硬毛；花蕾卵形或卵状球形，常下垂；花黄色、橙黄色、淡黄色，稀白色；萼片2，卵形，被硬毛；花瓣倒卵形，边缘具细圆齿；蒴果矩圆形或倒卵状球形，被刚毛，稀无毛。种子多数肾形，褐色。花期5~7月，果期7~8月。2n=14，28。

生境：旱中生植物。生于山地林缘、草甸、草原、固定沙丘，见于大兴安岭、科尔沁、赤峰丘陵、呼锡高原、燕山北部、阴南丘陵、阴山等地。

产地：产呼伦贝尔市（全境），兴安盟（科尔沁右翼前旗），赤峰市，锡林郭勒盟（锡林浩特市、阿巴嘎旗、西乌珠穆沁旗、多伦县），乌兰察布市（察哈尔右翼后旗、兴和县、凉城县），呼和浩特市，包头市。分布于我国东北及河北、山西，蒙古、俄罗斯也有。

用途：花大且美丽，可供观赏。药用果实（药材名：山米壳），止咳、涩肠、止泻，主治久咳、久泻、脱肛、胃痛、神经性头痛。花入蒙药（蒙药名：哲日利格—阿木—其其格），能止痛。

　　栽培管理要点： 温室育苗，温度在 20℃ 左右，14 天可出苗。当长出真叶后移入 50 孔的穴盘中管理，保证土壤水分，穴盘土壤配比，园土、肥土、沙比例为为 2：2：2，21 天后，将生长在穴盘中的野罂粟苗移栽至营养钵 (9cm×9cm)，每钵一株，在凉棚炼苗，10 天之后，室外温度－5℃ 以上时露地移植，7 天后夜间可去掉塑料布。秋播苗在翌年 4 月份温度－5℃ 以上可在排水良好的苗床露地定植，株距 20cm，行距 25cm，定植后浇透水，天气晴朗情况下，10 天后要进行中耕除草并且浇缓苗水，以后除非苗床特别干旱否则不宜浇水。移栽后 1 个月，视生长状况，进行施 0.1% 尿素肥，每隔 10 天施 1 次，共施肥 3 次。

81.【角茴香】

分类地位：罂粟科 角茴香属

蒙名：嘎伦 — 塔巴格
学名：*Hypecoum crectum* L.

形态特征：一年生低矮草本，高 10~30cm，全株被白粉。基生叶呈莲座状，轮廓椭圆形或倒披针形，二至三回羽状全裂，一回全裂片 2~6 对，二回全裂片 1~4 对，最终小裂片细条形或丝形，先端尖。花葶一至多条，直立或斜生，聚伞花序，具少数或多数分枝；苞片叶状细裂；花淡黄色；萼片 2，卵状披针形，边缘膜质；花瓣 4，外面 2 瓣倒三角形，顶端有圆裂片，内面 2 瓣倒卵状楔形，上部 3 裂，中裂片长矩圆形；雄蕊 4；雌蕊 1。蒴果条形，种子间有横隔，2瓣开裂。种子黑色，有明显的十字形突起。2n=16。

生境：中生植物，生于草原与荒漠草原地带的砾石质坡地、沙质地、盐化草甸等，多为零星散生。见于呼锡高原、乌兰察布、阴南丘陵、鄂尔多斯、东阿拉善等地。

产地：产呼伦贝尔市（满洲里市、海拉尔区、新巴尔虎左旗与右旗、鄂伦春自治旗），锡林郭勒盟（苏尼特右旗），乌兰察布市（四子王旗、凉城县），呼和浩特市，包头市（达尔罕茂明安联合旗），鄂尔多斯市（伊金霍洛旗、鄂托克旗），巴彦淖尔市（乌拉特中旗），阿拉善盟（巴彦浩特）。分布于我国东北、华北、西北及河南、湖北，蒙古、俄罗斯（西伯利亚）也有。

用途：为待开发的野生绿化资源。根及全草入药，能泻火解热、镇咳，主治气管炎、咳嗽、感冒发烧、菌痢。全草入蒙药（蒙药名：嘎伦—塔巴格），能杀"粘"、清热、解毒，主治流感、瘟疫、黄疸、陈刺痛、结喉、发症、转筋瘸、麻疹、炽热、劳热、毒热等。

栽培管理要点：种子繁殖。选二十年生以上植株，结实多，含油量高，无病虫害的留种树。9~10 月采收成熟果实，随采随播，或用湿沙层积贮藏至第 2 年 1~2 月播种。条播，行距15~20cm 开沟，沟深 4cm，株距 3~4cm 播种子 1 粒，用草灰拌细土覆盖，厚度约 3cm，再用稻草覆盖。幼苗出土前，经常淋水，出苗后撤去覆盖物，立即插树枝或搭棚遮阴，至 11 月拆去。苗床经常松土除草，施肥，早期以氮肥为主，后期以磷、钾肥为主。移苗造林在 2 月新芽未萌动前进行。实用林用 2 年生苗，行株距各为 5m 左右，每 1hm² 390 株；叶用林用 3 年生苗，行株距各为 1.33m 左右，每 1hm² 5625 株。定植后 3 年内宜有天然荫蔽树遮阴，可与农作物间作，3 年后要求全光照。每年在 1~2 月、7~8 月中耕除草 2 次。追肥 2 次，在采果后可施绿肥、厩肥及过磷酸钙等肥料。每隔 3~5 年复施肥 1次，要及时截干打顶、整形。

82.【紫堇】

分类地位：罂粟科 紫堇属

蒙名：萨巴乐千纳哈达存 — 额布斯好如海—其其格

别名：地丁草、紫花地丁

学名：*Corydalis bungeana* Turcz.

形态特征：一年生或二年生草本，全株被白粉，呈灰绿色，无毛；直根细长，褐黄色，茎1~10余条，直立或斜生，有分枝。基生叶和茎下部叶具长柄，叶片轮廓卵形，三回羽状全裂，一回全裂片3~5，轮廓宽卵形，二回裂片轮廓倒卵形或倒披针形，最终小裂片狭卵形或披针状条形。总状花序生枝顶，果时延长；苞片叶状，二回羽状深裂；花梗纤细；萼片小，三角状卵形；花瓣淡紫红色，外轮上面1片连距，背部有龙骨状突起，距圆筒形，下面1片矩圆形，背部有龙骨状突起，具长爪，内轮2片先端深紫色，顶端合生。蒴果狭椭圆形，扁平，先端渐尖。种子肾状球形，黑色，有光泽。花果期5~7月。

生境：中生植物。生于农田、渠道边、沟谷草甸、疏林下。见于阴山、阴南丘陵等地。

产地：产呼和浩特市。分布于我国辽宁、河北、山东、山西、陕西、甘肃。

用途：为待开发的野生绿化资源。全草入药（药材名：苦地丁），能清热解毒、活血消肿，主治疔疮肿毒、上呼吸道感染、支气管炎、急性肾炎、黄疸、肠炎、淋巴结核、眼结膜炎、角膜溃疡。全草也入蒙药（蒙药名：好如海—其其格），能清热、治伤、消肿，主治"粘"热、流感、伤热、隐热、烫伤。

栽培管理要点：喜温暖、半阴、湿润的环境。要求土壤肥沃、疏松、富含有机质。生长期充分浇水。播种、分株繁殖，一般于春季进行。进行合理的轮作和间作，无论对病虫害的防治或土壤肥力的充分利用都是十分重要的。此外，合理选择轮作也至关重要，一般同科属植物或同为某些严重病、虫寄主的植物不能选为下茬作物；间作物的选择原则应与轮作物的选择基本相同。深耕是重要的栽培措施，它不仅能促进植物根系的发育，增强植物的抗病能力，还能破坏蛰伏在土内休眠的害虫巢穴和病菌越冬的场所，直接消灭病原生物和害虫；除草、清洁田园和结合修剪将病虫残体和枯枝落叶烧毁或深埋处理，可以大大减轻翌年病虫危害的程度。

十八、十字花科

83.【宽翅沙芥】

分类地位：十字花科 沙芥属

蒙名：乌日格 — 额乐孙萝帮
别名：绵羊沙芥、斧形沙芥、斧翅沙芥
学名：*Pugionium dolabratum* Maxim.

形态特征：一年生草本，植株具强烈的芥菜辣味，全株呈球形，高 60~100cm，植丛的直径 50~100cm。直根圆柱状，稍两侧扁，深入地下，直径 1~1.5cm，淡灰黄色或淡褐黄色。茎直立，圆柱形，近基部直径 6~12mm，淡绿色，无毛，有光泽；分枝极多，开展。叶肉质，基生叶与茎下部叶轮廓为矩圆形或椭圆形，长 7~12cm，宽 3~6cm，不规则二回羽状深裂至全裂，最终裂片条形至披针形，先端锐尖；基生叶具长叶柄，茎下部叶柄较短，在柄基部膨大成叶鞘；茎中部叶长 5~12cm，通常一回羽状全裂，具 5~7 裂片，裂片长 1~4cm，宽 1~3mm，边缘稍内卷，顶端尖，基生叶和茎下部与中部叶在开花时已枯落；茎上部叶丝形，长 3~5cm，宽约 1mm，边缘稍内卷。总状花序生小枝顶端，几个花序组成圆锥状花序；花梗长 3~5mm；外萼片矩圆形，长约 6mm，宽约 1.8mm，内萼片倒披针形，较外萼片小些，边缘膜质；花瓣淡紫色，直立但上部内弯，条形或条状倒披针形，长约 15mm，宽 1.5~2mm；短雄蕊 2，长 5.5~6mm，基部具哑铃形侧蜜腺 2；长雄蕊 4，长 6.5~7mm；雌蕊极短，子房扁，无柄，无花柱，柱头具多数乳头状突起。短角果两侧的宽翅多数矩圆形，长 15~20mm，宽 6~10mm，顶端多数楔形而啮蚀状，少数钝圆，极少渐尖，近平展；果核扁椭圆形，长 6~8mm，宽 8~10mm，其表面有齿状、

刺状或扇状三角形突起，长短不一。花果期 6~8 月。

生境：沙生植物。生于草原、荒漠草原及草原化荒漠地带的半固定沙地。见于鄂尔多斯、阴南丘陵、东阿拉善等地。

产地：产巴彦淖尔市（磴口县），鄂尔多斯市（鄂托克旗、乌审旗），呼和浩特市（和林格尔县）。分布于我国宁夏、甘肃、陕西，蒙古也有。

用途：嫩叶作野生蔬菜或作饲料。全草及根入药，全草能行气、止痛、消食、解毒，主治消化不良、胸胁胀满、食物中毒；根能止咳、清肺热，主治气管炎。固沙植物。根入蒙药（蒙药名：额乐森—萝帮），能解毒消食，主治头痛、关节炎、上吐下泻、胃脘胀痛、心烦意乱、视力不清、肉食中毒。

栽培管理要点：目前尚未由人工引种栽培。

84.【沙芥】

分类地位：十字花科 沙芥属

蒙名：额乐孙萝帮
别名：山羊沙芥
学名：*Pugionium cornutum* (L.) Gaertn.

形态特征： 二年生草本，高 70~150cm。根圆柱形，肉质。主茎直立，分枝极多。基生叶莲座状，肉质，具长柄，轮廓条状矩圆形，羽状全裂，具 3~6 对裂片，裂片卵形、矩圆形或披针形，不规则 2~3 裂或顶端具 1~3 齿；茎生叶羽状全裂，裂片较少，裂片常条状披针形，全缘；茎上部叶条状披针形或条形。总状花序顶生或腋生，组成圆锥状花序；外萼片倒披针形，内萼片狭矩圆形，顶端常具微齿；花瓣白色或淡玫瑰色，条形或倒披针状条形，短角果带翅宽，翅短剑状，上举；果核扁椭圆形，表面有刺状突起。花期 6~7 月，果期 8~9 月。

生境： 沙生植物。生于草原区的半固定与流动沙地上。见于科尔沁、呼锡高原、赤峰丘陵、鄂尔多斯、阴南丘陵、东阿拉善等地。

产地： 产通辽市（科尔沁沙地），赤峰市（克什克腾旗、翁牛特旗），锡林郭勒盟（浑善达克沙地），鄂尔多斯市（毛乌素与库布齐沙地）。分布于我国宁夏、陕西。

用途： 同宽翅沙芥。

栽培管理要点： 平畦播种，畦宽 1~1.5m，长 5~10m。也可地膜覆盖栽培，施足基肥后，畦宽 60~80cm，畦高 15cm

左右，畦沟宽 30~40cm，灌水，覆 80cm 或 90cm 宽地膜。每亩播种量约为 7~7.5kg（角果），地温 10℃左右（4 月下旬至 5 月初）播种，小面积栽培用种子，浸种时间 6 小时，大面积栽培用果实，温水浸种 12 小时左右，或用 0.1% 的高锰酸钾或 10% 的磷酸钠处理 20 分钟后清水洗掉，再浸泡 1 小时左右后播种，也可干籽播种，条播或穴播。地膜覆盖用穴播，穴深 5cm。穴中放果实 5~6 粒，播后覆湿细沙，厚 4~5cm。栽培田行距 25~30cm，株距 15~20cm，每亩 11000 多穴，每穴 2~3 株，每亩约 2 万 ~3 万株，7~8 天出苗。第一次间苗，每穴留 2~3 株；当幼苗具有 2~3 片真叶时第二次间苗，结合间苗除草。4~6 片叶定苗，每穴留 1 株，6~7 片叶时顺畦沟灌一次水。10~12 片真叶第一次采叶后，每亩顺畦沟追施磷酸二铵 15~20kg、尿素 15kg，以后每采收一次，追肥灌水一次，追肥量与第一次相同。植株长至 10~12 片叶时，开始第一次采收，每株采叶 2~3 片，以后每 12~15 天采收 1 次，可采收 3~5 次，每亩可采叶 750~1000kg。霜冻前可挖出地下部肉质根单独加工食用。

85.【距果沙芥】

分类地位：十字花科 沙芥属

蒙名：达日伯其特 — 额乐孙萝帮

别名：距沙芥、距花沙芥

学名：*Pugionium calcaratum* Kom.

形态特征：一年生草本，全株呈球状，高 70~100cm。茎直立，极多分枝，无毛，有光泽。叶羽状全裂，裂片细条形。花蕾矩圆形，淡红色，长约 8mm；萼片近矩圆形，长约 7mm，先端圆形，边缘膜质；花瓣蔷薇红色，条形，长约 15mm，宽 0.8~2mm，先端渐尖或锐尖，基部成爪，爪长 5mm，宽 0.5mm；蜜腺球状，包围短雄蕊基部。短角果黄色，具双翅、单翅或无翅，翅近镰刀形，长 2.5~3.5cm，宽 6~8mm，膜质，先端锐尖或钝，具约 5 条平行的脉纹；果体椭圆形，高 8~10mm，宽 12~16mm，表面具齿状、刺状或扁长三角形突起，长短不一。花果期 6~8 月。

生境：沙生植物。生于荒漠或半荒漠地带的流动或半流动沙丘。见于阿拉善等地。

产地：产阿拉善盟（阿拉善左旗和右旗）。分布于我国宁夏、甘肃。

用途：同宽翅沙芥。

栽培管理要点：目前尚未由人工引种栽培。

86.【葶苈】

分类地位：十字花科 葶苈属

蒙名：哈木比乐

别名：山羊沙芥

学名：*Draba nemorosa* L.

形态特征：一年生草本，高 10~30cm。茎直立，不分枝或分枝，下半部被单毛、二或三叉状分枝毛和星状毛，上半部近无毛，基生叶莲座状，矩圆状倒卵形、矩圆形，先端稍钝，边缘具疏齿或近全缘，茎生叶较基生叶小，矩圆形或披针形，先端尖或稍钝，基部楔形，无柄，边缘具疏齿或近全缘，两面被单毛、分枝毛和星状毛。总状花序在开花时伞房状，结果时极延长，直立开展；萼片近矩圆形，背面多少被长柔毛；花瓣黄色，近矩圆形，顶端微凹。短角果矩圆形或椭圆形，密被短柔毛，果瓣具网状脉纹；果梗纤细，直立开展。种子细小，椭圆形，长约 0.6mm，淡棕褐色，表面有颗粒状花纹。花果期 6~8 月。2n=16。

生境：中生植物。生于山坡草甸、林缘、沟谷溪边。见于阴山。

产地：产乌兰察布市（大青山），巴彦淖尔市（乌拉山）。分布于我国东北、华北、西北、华东及四川，亚洲、欧洲、美洲也有。

用途：种子含油量约 26%，油供工业用。种子入药，能清热祛痰、定喘、利尿。

栽培管理要点：播种前深耕 20~25 cm，耙细整平，做 1m 宽的平畦。种子繁殖。

一般宜在秋分前后播种。不能迟过寒露，选当年收获、无病害、籽粒饱满的种子，播种前用 15% 的食盐水浸泡 20 分钟。种子细小，有黏性，浸种后，多黏结成团，应用少量干燥的细沙或草木灰，进行拌或揉搓，使种子分开，才能播种均匀。每亩用种 250~300g，加草木灰 200kg，反复拌匀，加入人畜粪尿 500kg 拌湿，成为种子灰。播种时，按株距 20~25cm，行株 3~6cm，穴深 3~5cm，然后将种子均匀撒入一把，不必覆土。当年苗高 6~8cm 时间苗，每穴留壮苗 4~5 株。第二年 3 月上中旬，中耕除草，每亩施人畜粪尿 1000kg，中耕不宜过深，以免损伤根系。在 5 月中旬前后收获，当果实成黄绿色时，即可收获。过迟，果实成熟，自行开裂，种子落地，使产量降低；过早果实幼嫩，产量不高，不能留种子。收获时，割下全草，晒干，将种子打下，簸去杂质，取净子。

87.【垂果大蒜芥】

分类地位：十字花科 大蒜芥属

蒙名：文吉格日 — 哈木白
别名：垂果蒜芥
学名：*Sisymbrium heteromallum* C.A.Mey.

形态特征：一年生或二年生草本。茎直立，无毛或基部稍具硬单毛，不分枝或上部分枝，高30~80cm，基生叶和茎下部叶的叶片轮廓为矩圆形或矩圆状披针形，长5~15cm，宽2~4cm，大头羽状深裂，顶生裂片较宽大，侧生裂片2~5对，裂片披针形，矩圆形或条形，先端锐尖，全缘或具疏齿，两面无毛；叶柄长1~2.5cm；茎上部叶羽状浅裂或不裂，披针形或条形。总状花序开花时伞房状，果时延长；花梗纤细，长5~10mm，上举；萼片近直立，披针状条形，长约3mm；花瓣淡黄色，矩圆状倒披针形，长约4mm，先端圆形，具爪。长角果纤细，细长圆柱形，长5~7cm，宽0.8mm，无毛，稍弯曲，宿存花柱极短，柱头扁头状；果瓣膜质，具3脉；果梗纤细，长5~15mm。种子1行，多数，矩圆状椭圆形，长约1mm，宽约0.5mm，棕色，具颗粒状纹。花果期6~9月。

生境：中生植物。生于森林草原及草原带的山地林缘、草甸及沟谷溪边。见于大兴安岭西南部、科尔沁、呼锡高原、乌兰察布、阴南丘陵、阴山、贺兰山、龙首山等地。

产地：产赤峰市（阿鲁科尔沁旗、克什克腾旗、翁牛特旗），锡林郭勒盟（锡林浩特市、东与西乌珠穆沁旗），乌兰察布市（四子王旗、凉城县、卓资县、兴和县），巴彦淖尔市（乌拉特中旗与前旗），鄂尔多斯市（准格尔旗），阿拉善盟（贺兰山、龙首山），呼和浩特市（大青山），包头市（达尔罕茂明安联合旗）。分布于我国辽宁、山西、陕西、甘肃、青海、新疆、四川、云南，蒙古、俄罗斯（西伯利亚）也有。

用途：种子可做辛辣调味品（代芥末用）。

栽培管理要点：目前尚未由人工引种栽培。

88.【播娘蒿】

分类地位：十字花科 播娘蒿属

蒙名：希热乐金 — 哈木白
别名：野芥菜
学名：*Descurainia sophia* (L.) Webb. ex Prantl

形态特征：一年生或二年生草本，高 20~80cm，全株呈灰白色。茎直立，上部分枝，具纵棱槽，密被分枝状短柔毛。叶轮廓为矩圆形或矩圆状披针形，长 3~5(7)cm，宽 1~2(4)cm，二至三回羽状全裂或深裂，最终裂片条形或条状矩圆形，长 2~5mm，宽 1~1.5mm，先端钝，全缘，两面被分枝短柔毛；茎下部叶有叶柄，向上叶柄逐渐缩短或近于无柄。总状花序顶生，具多数花；花梗纤细，长 4~7mm；萼片条状矩圆形，先端钝，长约 2mm，边缘膜质，背面有分枝细柔毛；花瓣黄色，匙形，与萼片近等长；雄蕊比花瓣长。长角果狭条形，长 2~3cm，宽约 1mm，直立或稍弯曲，淡黄绿色，无毛，顶端无花柱，柱头扁头状，种子 1 行，黄棕色，矩圆形，长约 1mm，宽约 0.5mm，稍扁，表面有细网纹，潮湿后有胶粘物质；子叶背倚。花果期 6~9 月。2n=28。

生境：中生杂草。生于山地草甸、沟谷、树旁、田边。见于大兴安岭、呼锡高原、燕山北部、科尔沁、赤峰丘陵、阴山等地。

产地：产呼伦贝尔市，兴安盟北部，锡林郭勒盟东部和南部，乌兰察布市 (大青山、蛮汉山)，赤峰市 (全境)。分布于我国东北、华北、华东、西北、西南、亚洲、欧洲、非洲北部、北美洲也有。

用途：种子含油约 40%，可供制肥皂和油漆用，也可食用。种子入药 (药材名：葶苈子)，能行气、利尿消肿、止咳平喘、祛痰，主治喘咳痰多、胸胁满闷、水肿、小便不利。全草可制农药，对于棉蚜、菜青虫等有杀死效用。种子也入蒙药 (蒙药名：汉毕勒)，祛痰定喘，强心利尿。

栽培管理要点：目前尚未由人工引种栽培。

89.【糖芥】
分类地位：十字花科 糖芥属

蒙名：乌兰 — 高恩淘格
学名：*Erysimum bungei* (Kitag.) Kitag.

形态特征：多年生草本，较少为一年生或二年生草本，全株伏生二叉状丁字毛。茎直立，通常不分枝，高 20~50cm。叶条状披针形或条形，长 3~10cm，宽 5~8mm，先端渐尖，基部渐狭，全缘或疏生微牙齿，中脉于下面明显隆起。总状花序顶生；外萼片披针形，基部囊状，内萼片条形，顶部兜状，长 8~10mm，背面伏生丁字毛；花瓣橙黄色，稀黄色，长 12~18mm，宽 4~6mm，瓣片倒卵形或近圆形，瓣爪细长，比萼片稍长些。长角果长 20cm，宽 1~2mm，略呈四棱形，果瓣中央有 1 突起的中肋，内有种子 1 行，顶端宿存花柱长 1~2mm，柱头 2 裂，种子矩圆形，侧扁，长约 2.5mm，黄褐色；子叶背倚。花果期 6~9 月。

生境：旱中生植物。生于山坡林缘、草甸、沟谷。见于赤峰丘陵、呼锡高原、燕山北部、阴山等地。

产地：产赤峰市 (翁牛特旗、克什克腾旗)，锡林郭勒盟 (多伦县、镶黄旗)，乌兰察布市 (卓资县、兴和县、凉城县)，巴彦淖尔市 (乌拉山)，呼和浩特市 (大青山)，包头市 (固阳县、达尔罕茂明安联合旗)。分布于我国东北、华北及陕西、江苏、四川，蒙古、朝鲜、俄罗斯 (西伯利亚) 也有。

用途：为待开发的野生观赏资源。全草入药，能强心利尿、健脾和胃、消食，主治心悸、浮肿、消化不良。种子入蒙药 (蒙药名：乌兰—高恩淘格)，能清热、解毒、止咳、化痰、平喘，主治毒热、咳嗽气喘、血热。

栽培管理要点：目前尚未由人工引种栽培。

十九、景天科

90.【华北八宝】

分类地位：景天科 八宝属

蒙名：奥木日特音 — 矛钙 — 伊得
别名：华北景天
学名：*Hylotelephium tatarinowii* (Maxim.) H.Ohba

形态特征：多年生草本。根块状，其上常生小型胡萝卜状的根。茎多数，较细，直立或倾斜，高7~15cm，不分枝。叶互生，条状倒披针形至倒披针形，长1~3cm，宽8~7mm，先端渐尖或稍钝，基部渐狭，边缘有疏锯齿。伞房状聚伞花序顶生，花密生，宽8~5cm；花梗长2~3.5mm；萼片5，卵状披针形，长1~2mm，先端稍尖；花瓣5，浅红色，卵状披针形，长4~6mm，开展；雄蕊10，与花瓣近等长，花药紫色；鳞片5，近正方形，长0.5mm，先端有微缺；心皮5，直立，卵状披针形，长约4mm，花柱稍外弯。花期7~8月，果期9~10月。2n=20。

生境：旱中生植物。生长于山地石缝中。见于大兴安岭南部、科尔沁、燕山北部、呼锡高原、阴山等地。

产地：产兴安盟（科尔沁右翼前旗），赤峰市（巴林右旗、克什克腾旗、喀喇沁旗），锡林郭勒盟（太仆寺旗），呼和浩特市，包头市（大青山）。分布于我国河北、山西。

用途：为待开发的野生观赏资源。全草入药，能清热解毒、止血，主治肝热目赤、丹毒、吐血等症。

栽培管理要点：采用分株法和扦插法繁殖，也可播种繁殖。分株繁殖在早春萌芽前将植株连根挖出，根据植株大小分成若干小植株，分栽入事先准备好的、施有底肥的种植穴中，保持土壤湿润即可成活。扦插繁殖可于4~8月选取枝梢部分做插穗，插穗长5~10cm，保留2~3枚叶片，切口平剪、光滑，插穗采集后置于庇荫处，待切口干燥1天后，扦插至经过消毒处理后的基质中，株行距6cm×10cm，保持基质湿润，即可成活，第二年可进行移栽。栽植第一年，浇水以土壤湿润而不积水为原则，一般从4月份起每月浇1次透水，夏季雨天应该及时排除积水。入秋后可适当控水。秋末应浇足、浇透防冻水，翌年早春及时浇解冻水，以后的管理可视土壤墒情确定浇水量，使土壤保持在大半墒状态为宜。栽植时要施入适量农家肥做基肥。栽植当年秋末地上部分割刈后，满施1次牛马粪，厚度为5cm左右。从第二年起，可于初夏施用1次氮、磷、钾复合肥。生长过程中长势过快，生长过高，可进行适当摘心和控水。入冬前可将地上部分全部剪掉。

91.【小丛红景天】

分类地位：景天科 红景天属

蒙名：宝他 — 刚那古日 — 额布苏
别名：凤尾七、凤凰草、香景天
学名：*Rhodiola dumulosa* (Franch.) S.H.Fu

形态特征：多年生草本，高 5~15cm，全体无毛。主轴粗壮，多分枝，地上部分常有残存的老枝。一年生花枝簇生于主轴顶端，直立或斜生，基部常为褐色鳞片状叶所包被。叶互生，条形，全缘，无柄，绿色。花序顶生，聚伞状，着生 4~7 花。花具短梗；萼片 5，条状披针形；花瓣 5，白色或淡红色，披针形，近直立；上部向外弯曲，先端具长突尖头；边缘折皱；雄蕊 10，2 轮，花药褐色。蓇葖果直立或上部稍开展；种子少数，狭倒卵形，褐色。花期 7~8 月，果期 9~10 月。

生境：旱中生肉质草本。生长于山地阳坡及山脊的岩石裂缝中。见于大兴安岭南部、阴山、贺兰山、龙首山等地。

产地：产兴安盟（科尔沁右翼前旗），呼和浩特市（大青山），阿拉善盟（贺兰山、龙首山）。分布于我国吉林、河北、山西、陕西、甘肃、四川、青海、湖北。

用途： 为待开发的野生观赏资源。全草入药，能养心安神、滋阴补肾、清热明目，主治虚损、劳伤、干血痨及妇女月经不调等。根入蒙药（蒙药名：乌兰—矛钙—伊得），能清热、滋补、润肺，主治肺热、咳嗽、气喘、感冒发烧。

栽培管理要点： 选地后深翻 30~40cm，清杂，顺坡向做畦，宽 100~120cm、高 20~25cm，作业道宽 50~70cm，结合耕地，每公顷施入厩肥或猪圈粪 3~5kg，复合肥 20~30kg，山坡地和山坡非耕地只耕翻耙细，不打垄不做畦，但要挖排水沟。生产中主要用种子繁殖，第 1 年集中育苗，第 2 年移栽，生长 4~5 年后采收。育苗：春季或秋季播种，春播 3 月下旬至 4 月上旬，秋播在 9 月中旬至结冻之前。秋播种子不需要处理。春播种子要进行水浸处理。将种子放入干净布袋内，常温水中浸泡 40~50 小时，每天换水 2~4 次，浸完的种子晾在阴凉通风处，待种子能自然散开时立即播种。播种时先用木板将育苗床表面土刮平，按行距 8~10cm 横畦开沟，沟深 3~5mm，将种子均匀撒在沟内，每平方米播种 1.5~2g，盖筛过的细土 2~3mm，用手或木板将其压实，然后在床面上盖一层稻草或松枝保湿。移栽：幼苗生长 1 年后移栽，时间在当年秋季地上部分枯萎之后或第 2 年春季返青之前。以春季移栽效果较好，一般在 3 月下旬至 4 月上旬幼苗尚未萌发时进行，先将幼苗全部挖出，按种栽大小分等移栽，栽植行距 20 cm，株距 10~12cm，横畦开沟，沟深 10~12cm，将顶芽向上栽入沟内，盖土厚度以盖过顶芽 2~3cm 为宜，栽后稍加镇压，土壤过于干旱时栽后要浇水，每平方米栽大苗 50 株左右，小苗可栽 60 株。根茎繁殖：用根茎进行繁殖，生长 2~3 年后采收。采集野生根茎或者在采收时将大的根茎剪下作种栽，先将根茎剪成 3~4cm 长的根茎段，在阴凉处晾 4~6 小时，使种栽伤口表面愈合。栽植时，先开 4~5cm 深的沟，将种栽按行距 20~25cm，株距 5~10cm，将根茎段的顶芽朝上斜放在沟内，覆土 5~6cm，栽后适当镇压，成活率一般在 95% 以上。

92. 【费菜】

分类地位：景天科 景天属

蒙名：矛钙—伊得
别名：土三七、景天三七、见血散
学名：*Sedum aizoon* L.

形态特征： 多年生草本，全体无毛。根状茎短而粗。茎高20~50cm，具1~3条茎，少数茎丛生，直立。叶互生，椭圆状披针形至倒披针形，几无柄。聚伞花序顶生，分枝平展，多花，下托以苞叶，花近无梗，萼片5，条形，肉质，不等长；花瓣5，黄色，矩圆形至椭圆状披针形，雄蕊10，较花瓣短；鳞片5，近正方形。蓇葖呈星芒状排列，有直喙；种子椭圆形。花期6~8月，果期8~10月。2n=48，56，80，120。

生境： 旱中生植物。生于石质山地疏林、灌丛、林间草甸及草甸草原，偶见伴生植物。见于大兴安岭、辽河平原、科尔沁、燕山北部、呼锡高原、阴南丘陵等地。

产地： 产呼伦贝尔市（额尔古纳市、根河市、牙克石市、扎兰屯市、陈巴尔虎旗），兴安盟（科尔沁右翼前旗），通辽市（科尔沁左翼后旗），赤峰市（喀喇沁旗），锡林郭勒盟（东乌珠穆沁旗、锡林浩特市），乌兰察布市（凉城县）。分布于我国东北、华北、西北至长江流域，朝鲜、日本、蒙古、俄罗斯也有。

用途： 为待开发的野生观赏资源。根含鞣质，可提制栲胶。根及全草入药，能散瘀止血、安神镇痛，主治血小板减少性紫癜、吐血、咯血、便血、齿龈出血、子宫出血、心悸、烦躁、失眠；外用治跌打损伤、外伤出血、烧烫伤、疮疖痈肿等症。

栽培管理要点： 可采用种子繁殖、分株繁殖和扦插繁殖。种子繁殖：育苗盆中播种，在1~2月均匀撒播，轻压，稍覆土，塑料薄膜覆盖，出苗最佳温度25~28℃，15~20天出齐苗，120天左右可移栽定植。分株繁殖：在早春发芽初期或秋季进行，将植株挖起进行分株，2~3个芽为一丛进行栽植，栽后浇透水。扦插繁殖：嫩枝扦插，插穗长8~10cm，留上端2~3片叶。扦插深度为插穗的1/4~1/3。基质选用透气性好、保水排水性皆佳的材料，如珍珠岩、炉渣、沙子。插后注意浇水，使基质与插穗充分接触，用全光照喷雾，空气湿度90%，温度25℃，7~10天可生根，生根率达98%以上，20天可移栽上钵，或可直接定植于疏松土壤中。在整个生长期均可扦插，1株成型费菜1年可繁殖近千株，且成苗时间短。对土壤要求不严，一般土地均可种植，以肥沃和排水良好的沙壤土最佳。株行距40cm为宜。萌芽率高，分枝力较差，多打头，促进株形饱满、紧凑，提高观赏价值。一般3年生苗，冠幅可达50~60cm，呈球状，生长季节需中耕和施复合肥，促进植株生长旺盛，叶色浓绿。

二十、虎耳草科

93.【梅花草】

分类地位：虎耳草科 梅花草属

蒙名：孟根 — 地格达
别名：苍耳七
学名：*Parnassia palustris* L.

形态特征： 多年生草本，高 20~40cm，全株无毛。根状茎近球形，肥厚，从根状茎上生出多数须根。基生叶，丛生，有长柄；叶片心形或宽卵形，长 1~8cm，宽 1~2.5cm，先端钝圆或锐尖，基部心形，全缘；茎生叶 1 片，无柄，基部抱茎，生于花茎中部以下或以上。花白色或淡黄色，直径 1.5~2.5cm，外形如梅花，因此称"梅花草"；花单生于花茎顶端；萼片 5，卵状椭圆形，长 6~8mm；花瓣 5，平展，宽卵形，长 10~13mm；雄蕊 5；退化雄蕊 5，上半部有多数条裂，条裂先端有头状腺体；子房上位，近球形，柱头 4 裂，无花柱。蒴果，上部 4 裂；种子多数。花期 7~8 月，果期 9~10 月。2n=18。

生境： 湿中生植物。多在林区及草原带山地的沼泽化草甸中零星生长。见于大兴安岭、辽河平原、呼锡高原、燕山北部、阴山、鄂尔多斯等地。

产地： 产呼伦贝尔市（根河市、额尔古纳市、鄂温克族自治旗、鄂伦春自治旗、牙克石市），兴安盟（科尔沁右翼前旗），通辽市（大青沟），赤峰市（阿鲁科尔沁旗、巴林右旗、巴林左旗、克什克腾

旗、敖汉旗、翁牛特旗、宁城县），锡林郭勒盟（锡林浩特市、东乌珠穆沁旗、正蓝旗），乌兰察布市（苏木山、大青山、蛮汉山），鄂尔多斯市（伊金霍洛旗），呼和浩特市，包头市。分布于我国东北、华北、西北，北半球温带及亚寒带也有。

用途： 可作为野生观赏资源。全草入药，能清热解毒、止咳化痰，主治细菌性痢疾、咽喉肿痛、百日咳、咳嗽多痰等。又可作蜜源植物及观赏植物。全草也入蒙药（蒙药名：孟根—地格达），能破痞、清热，主治间热痞、内热痞、脉痞、脏腑"协日"病。

栽培管理要点： 尚无人工驯化栽培的标准方法。

94.【刺梨】

分类地位：虎耳草科 茶藨属

蒙名：乌日格斯图 — 乌混 — 少布特日
别名：刺果茶藨子、刺李
学名：*Ribes burejense* Fr.Schmidt

形态特征：灌木，高约 1m。老枝灰褐色，剥裂，小枝灰黄色，密生长短不等的细刺，在叶基部集生 3~7 个刺。叶近圆形，8~5 裂，基部心形或楔形，裂片先端锐尖，边缘有圆状牙齿，两面和边缘有短柔毛。花 1~2 朵，腋生，蔷薇色；萼片矩圆形，宿存；花瓣 5，菱形。浆果球形，绿色，有黄褐色长刺。花期 6 月，果期 7~8 月。

生境：中生植物。生于山地杂木林中、山溪边。见于燕山北部。

产地：产赤峰市（喀喇沁旗旺业甸）。分布于我国东北、华北，朝鲜、俄罗斯也有。

用途：果实可食用。

栽培管理要点：定植在落叶以后，在植株休眠期内，早栽比晚栽有利于翌年的生长和结果。株行距 1.5~2m×2~3m，111~222 株/亩。普通品种和土壤条件优良时，适当稀植；披散型品种和土壤条件差时，适当密植。选择土层深厚、光照良好，有灌溉条件的地带作为园地。定植时施足底肥。一般亩施入有机底肥 6000kg 以上。定植穴深、口径宽度不低于 50cm。用熟土与农家肥充分和匀，填入坑底，踩实。周围表土填坑；根部覆土后，轻提树苗稍稍抖动，以利根部舒展。覆土让根部成馒头状，踩实。定植后充分灌水。栽植密度较大时，最好采用挖壕沟栽植。选择山地或丘陵地作为园地时，应整水平梯带，以免水土流失。要求较好的肥水条件，硝态氮肥和氨态氮肥配合施用，能够显著促进刺梨的生长发育，增加刺梨的花芽数量；施氮时配合硝态氮肥，能够促进刺梨根系的生长；刺梨园每年冬季施基肥 1 次，追肥 2 次。基肥早施，一般 11 月施基肥，有利于刺梨吸收补充养分和恢复树势，对刺梨翌年春季的花芽分化有显著的促进作用。基肥选用腐熟的有机肥，施用量 1000kg/亩，适当配加一定量的速效氮肥效果更好。在 2 月份抽梢前追施 1 次以氨态氮为主的氮肥；在 6 月初和 7 月初，各追施 1 次氮磷钾复合肥。新建的刺梨园，应间作覆盖。盛果期刺梨园，勤除杂草。

95.【楔叶茶藨】

分类地位：虎耳草科 茶藨属

蒙名：乌混 — 少布特日

学名：*Ribes diacanthum* Pall.

形态特征：灌木，高 1~2m。当年生小枝红褐色，有纵棱，平滑；老枝灰褐色，稍剥裂，节上有皮刺 1 对，刺长 2~8mm。叶倒卵形，稍革质，长 1~3cm，宽 6~16mm，上半部 3 圆裂，裂片边缘有几个粗锯齿，基部楔形，掌状三出脉，叶柄长 1~2cm，花单性，雌雄异株，总状花序生于短枝上，雄花序长 2~8cm，多花，常下垂，雌花序较短，长 1~2cm，苞片条形，长 2~8mm，花梗长约 8mm；花淡绿黄色，萼筒浅碟状，萼片 5，卵形或椭圆状，长约 1.5mm；花瓣 5，鳞片状，长约 0.5mm，雄蕊 5，与萼片对生，花丝极短，与花药等长，下弯；子房下位，近球形，径约 1mm。浆果红色，球形，直径 5~8mm。花期 5~8 月，果期 8~9 月。

生境：中生灌木。生于沙丘、沙地、河岸及石质山地，可成为沙地灌丛的优势植物。见于大兴安岭、呼锡高原等地。

产地：产呼伦贝尔市（额尔古纳市、鄂伦春自治旗、鄂温克族自治旗、扎兰屯市、海拉尔区、新巴尔虎左旗），兴安盟（科尔沁右翼前旗），赤峰市（克什克腾旗），锡林郭勒盟（西乌珠穆沁旗、锡林浩特市、正蓝旗）。分布于朝鲜、蒙古、俄罗斯。

用途：观赏灌木；水土保持植物；果实可食；种子含油脂。

栽培管理要点：尚无人工驯化栽培的标准方法。

96.【小叶茶藨】

分类地位：虎耳草科 茶藨属

蒙名：高雅 — 乌混 — 少布特日
别名：美丽茶藨、酸麻子、碟花茶藨子
学名：*Ribes pulchellum* Turcz.

形态特征：灌木，高 1~2m。当年生小枝红褐色，密生短柔毛，老枝灰褐色，稍纵向剥裂，节上常有皮刺 1 对。叶宽卵形，掌状 3 深裂，少 5 深裂，先端尖，边缘有粗锯齿，基部近楔形，两面有短柔毛，掌状三至五出脉，叶柄有短柔毛。花单性，雌雄异株，总状花序生于短枝上，总花梗、花梗和苞片有短柔毛与腺毛；花淡绿黄色或淡红色；萼筒浅碟形；萼片 5，宽卵形；花瓣 5，鳞片状，雄蕊 5，与萼片对生。浆果红色，近球形。花期 5~6 月，果期 8~9 月。

生境：中生灌木。山地灌丛的伴生植物，生于石质山坡与沟谷。见于大兴安岭南部、科尔沁、辽河平原、呼锡高原、阴山、阴南丘陵、贺兰山等地。

产地：产兴安盟（科尔沁右翼中旗、扎赉特旗），赤峰市（巴林左旗、巴林右旗、克什克腾旗），通辽市（大青沟），锡林郭勒盟（锡林浩特市、正蓝旗、正镶白旗、太仆寺旗），乌兰察布市（大青山、蛮汉山），巴彦淖尔市（乌拉山），鄂尔多斯市（准格尔旗），阿拉善盟（贺兰山），呼和浩特市、包头市。分布于我国东北、华北、西北，蒙古东部和俄罗斯（西伯利亚）也有。

用途：观赏灌木；浆果可食；木质坚硬，可制手杖等。

栽培管理要点：小叶茶藨的栽植应在初春萌芽前或秋末落叶后进行，萌芽后移栽成活率不高。大规格或分枝较多的苗子移栽时应带土球。栽植前应对植株进行修剪，根据园林观赏需要对一些过密枝条进行疏剪，对影响株型的枝条进行短截，使植株保持通风透光的良好状态。

小叶茶藨在栽植的头两年要加强浇水，这样有利于植株成活并迅速恢复树势。春季种植的苗子在浇三水后，可每 20 天浇一次水，每次浇水后适时（以土不沾铁锹为宜）进行松土保墒。夏季雨天要及时将树盘内的积水排除，防止水大烂根。入秋后减少浇水，保持树叶不萎蔫为宜，秋末浇足浇透封冻水。

97.【糖茶藨】

分类地位：虎耳草科 茶藨属

蒙名：哈达
别名：埃牟茶藨子
学名：*Ribes emodense* Rehd.

形态特征: 灌木，高 1~2m。当年生枝淡黄褐色或棕褐色，近无毛；1 至 3 年生枝灰褐色，稍剥裂。芽卵形，有几片密被柔毛的鳞片，叶宽卵形，长与宽均为 3~7cm；掌状 3 浅裂至中裂，稀 5 裂；裂片卵状三角形，先端锐尖，边缘有不整齐的重锯齿，基部心形；上面绿色，有腺毛，嫩叶极明显，有时混生疏柔毛，下面灰绿色，疏生柔毛或密生柔毛，沿叶脉有腺毛；掌状三至五出脉，叶柄长 1~6cm，有腺毛和疏或密的柔毛。总状花序长 3~6cm，总花梗密生长柔毛，有花 10 余朵；苞片三角状卵形；长约 1mm，花梗与苞片近相等；花两性，淡紫红色，长 5~6mm，径 2~3mm；萼筒钟状管形，萼片 5，直立，近矩圆形，长 2.5mm，顶端有睫毛；花瓣比萼裂片短一半，雄蕊长约 2mm；子房下位，椭圆形，长约 2mm，花柱长 2.5mm，柱头 2 裂。浆果红色，球形，径 6~9mm。花期 5~6 月，果期 8~9 月。

生境: 中生灌木。生于山地林缘及沟谷。见于大兴安岭西南部、科尔沁、燕山北部、阴山、贺兰山等地。

产地: 产兴安盟（科尔沁右翼中旗），赤峰市（阿鲁科尔沁旗、翁牛特旗、克什克腾旗、喀喇沁旗），锡林郭勒盟（西乌珠穆沁旗），乌兰察布市（大青山、蛮汉山），阿拉善盟（贺兰山），呼和浩特市（大青山）。分布于我国陕西、青海、湖北、四川、云南、西藏。

用途: 观赏灌木。浆果可食。

栽培管理要点: 尚无人工驯化栽培的标准方法。

98.【东陵八仙花】

分类地位：虎耳草科 八仙花属

蒙名：额木根 — 舍格日
别名：东陵绣球
学名：*Hydrangea bretschneideri* Dipp.

形态特征：灌木，高 1~8m。当年生小枝红褐色或棕褐色。有纵棱，二或三年生枝栗褐色，皮开裂，长片状剥落，叶长卵形、椭圆状卵形或长椭圆形，长 6~16cm，宽 8~7cm，先端渐尖或尾尖，基部宽楔形或近圆形，边缘有锯齿，上面绿色，近无毛，沿脉疏生柔毛，下面灰绿色，密生长柔毛，右对毛较稀疏；叶柄长 1~8cm，有长柔毛。伞房花序直径 9~14cm，花多数，总花梗与花梗均有长柔毛；有孕花，有大型萼片 4，卵圆形，长 10~25mm，白色，有时变淡紫色、紫色或淡黄色；两性花较小，五基数，直径 5mm，白色，萼片三角形，长 1mm，宿存；花瓣披针状椭圆形，长 2.5mm，早落；雄蕊两轮，5 长，5 短；子房半下位，花柱 8，圆柱状。蒴果近卵形，长 2~8mm，3 室，自顶端开裂，含多数种子。花期 6~7 月，果期 8~10 月。2n=36。

生境：喜暖的中生灌木。在山地林缘、灌丛中零星生长。见于大兴安岭南部、燕山北部、阴山等地。

产地：产赤峰市（克什克腾旗、喀喇沁旗、宁城县），乌兰察布市（大青山、蛮汉山），巴彦淖尔市（乌拉山），呼和浩特市，包头市。分布于华北及陕西、甘肃、青海、湖北、四川等地。

用途：观赏树种；木材色白而微黄，质致密而坚硬，可作农具及细工用材。

栽培管理要点：尚无人工驯化栽培的标准方法。

99.【堇叶山梅花】

分类地位：虎耳草科 山梅花属

蒙名：折日力格 — 恩和力格 — 其其格
别名：太平花
学名：*Philadelphus tenuifolius* Rupr.et Maxim.

形态特征：灌木，高 1~2m。当年生枝紫褐色，光滑，老枝灰褐色，剥裂。叶卵形、披针状卵形或披针形，先端渐尖，基部宽楔形或圆形，边缘疏生小牙齿，上面绿色，被柔毛或近无毛，下面灰绿色，被柔毛，近无毛或稀脉腋被簇毛，掌状三出脉。总状花序有花 5~9 朵；花序梗与花梗被柔毛或无毛；花乳白色，微芳香；萼裂片卵状三角形，里面有短柔毛；花瓣卵圆形；雄蕊多数。蒴果倒圆锥形，褐色，4 瓣裂；种子细纺锤形，淡褐色。花果期 6~8 月。

生境：中生植物。生于坡林缘、灌木林中。见于燕山北部、阴山等地。

产地：产赤峰市（喀喇沁旗、宁城县、敖汉旗），乌兰察布市（蛮汉山、大青山），呼和浩特市（大青山）。分布于我国东北及河北、河南、陕西、甘肃、江苏、浙江、四川，朝鲜也有。

用途：本种花乳白色，微芳香，较美丽，可栽培供庭园观赏与绿化。

栽培管理要点：春季播种。前一年入冬后，水冲洗 2~3 次种子，用 0.5% 高锰酸钾溶液浸种消毒 30 分钟后捞出，清水浸泡 24 小时，取出沥干，混雪放于冷藏箱中，种子与雪的比例为 1：3。选择平坦、土厚、排水良好地块。前一年秋季翻地，深度 25cm 左右，每亩施有机肥 2000~3000kg，将 2kg 甲拌磷与 20~25kg 细土混合均匀撒施土面。5 月中上旬做床，宽 1.2m，高 25cm，长 20m。耕耙，去杂，浇足底水，稍干播种。播前 10 天左右，将种子温室催芽：冷水浸泡 1 天，捞出后按 1：2 种沙比例混合，适时喷水保持 60% 湿度，1/3 种子萌动露白即可细沙拌种播种。撒播和条播，条播间距 15cm，播种量为 1g/m^2，覆土以看不见种子为准。播后保持床面湿润。20 天左右发芽，苗出齐后，将草帘移除。苗期浇水 3~4 次，每次浇水湿土 2cm 左右。苗高 2cm 以上除草和间苗，间苗后追施尿素 2~3 次，每亩 10~15kg，也可追施农家肥，每亩 150~200kg。在 8 月下旬追施 1 次钾肥，每亩 10kg 左右。9 月份，苗木进入生长后期，每隔 1 周喷 1 次 0.5% 的 KH$_2$PO$_4$ 溶液以促使苗木木质化。

二十一、蔷薇科

100.【柳叶绣线菊】

分类地位：蔷薇科 绣线菊属

蒙名：塔比勒干纳
别名：绣线菊、空心柳
学名：*Spiraea salicifolia* L.

形态特征: 灌木，高 1~2m。小枝黄褐色，幼时被短柔毛，逐渐变无毛；芽宽卵形，外有数鳞片。叶片矩圆状披针形或披针形，先端渐尖或急尖，基部楔形，边缘具锐锯齿或重锯齿，上面绿色，下面淡绿色，两面无毛；圆锥花序，花多密集，总花梗被柔毛；花梗被短柔毛，苞片条状披针形或披针形，全缘或有锯齿，被柔毛；萼片三角形，里面边缘被短柔毛；花瓣宽卵形，长与宽近相等，粉红色，雄蕊多数，花丝长短不等，长者约长于花瓣 2 倍，花盘环状，裂片呈细圆锯齿状，子房仅腹缝线有短柔毛，花柱短于雄蕊。蓇葖果直立，沿腹缝线有短柔毛，花萼宿存。花期 7~8 月，果期 8~9 月。2n=36。

生境: 湿中生灌木。为沼泽化灌丛建群种，也常见于沼泽化河滩草甸，并零星生于兴安落叶松林下。见于大兴安岭、燕山北部等地。

产地: 产呼伦贝尔市（鄂伦春自治旗、根河市、额尔古纳市、牙克石市），兴安盟（科尔沁右翼前旗、扎赉特旗），赤峰市（克什克腾旗、喀喇沁旗），锡林郭勒盟（东乌珠穆沁旗宝格达山）。分布于我国东北及河北，日本、朝鲜、蒙古、俄罗斯（西伯利亚）及欧洲东南部也有。

用途: 可栽培供观赏用。

栽培管理要点: 开沟深 1cm 左右，覆土要薄，以不露种子为宜。上盖薄薄一层稻草，以不露床面表土为限，要保持床面湿润，5~30 天即可生根，发芽出土。分两次撤除覆草。苗高 3~4cm 时追施速效化肥(硫酸铵)，每亩 1kg。翌春大垄单行移植培育，加强水肥和松土锄草等大苗抚育管理，与一般绿化大苗相同。3~4 年出圃绿化栽植。分株繁殖育苗简单易行，但数量较少，头一年做好分株准备，早春开始多施肥，以促进分株率，夏季结合除草进行培土，第 2 年春季进行分株。一般以 3~4 年生植株作为分株母株。扦插繁殖育苗应于 6 月份进行，选取半木质化枝条，上端留 2~3 片叶，插入沙床中 5~6cm，充分浇水，搭棚遮阴，保持湿润。约 1 个月左右可生根。秋季或第 2 年春移植培育。

101.【三裂绣线菊】

分类地位：蔷薇科 绣线菊属

蒙名：哈日 — 塔比勒干纳、
哈日干 — 柴

别名：三桠绣线菊、三裂叶绣线菊

学名：*Spiraea trilobata* L.

形态特征：灌木，高 1~1.5m，枝黄褐色，暗灰色，无毛。芽卵形，有数鳞片，褐色，无毛。叶近圆形或倒卵形，先端常 3 裂，或中部以上有钝圆锯齿，基部楔形、宽楔形或圆形，两面无毛，基部有 8~5 脉；叶柄长 1~5mm。伞房花序有总花梗，花 10~20；花梗无毛；萼片三角形，里面被柔毛；花瓣宽倒卵形或圆形，先端微凹，长与宽近相等；雄蕊约 20，比花瓣短；花盘环状呈 10 深裂；子房沿腹缝线被柔毛，花柱顶生，短于雄蕊。蓇葖果沿开裂的腹缝线稍有毛，萼片直立，宿存。花期 5~7 月，果期 7~9 月。2n=18。

生境：中生灌木。多生于石质山坡，为山地灌丛的建群种。见于大兴安岭南部、燕山北部、呼锡高原、阴山、东阿拉善等地。

产地：产赤峰市（克什克腾旗、巴林右旗、敖汉旗），锡林郭勒盟（锡林浩特市、正蓝旗），乌兰察布市（卓资县、大青山），鄂尔多斯市（桌子山），巴彦淖尔市（乌拉特前旗及中旗），呼和浩特市，包头市。分布于我国黑龙江、辽宁、山东、山西、河北、河南、甘肃、陕西、安徽，俄罗斯（西伯利亚）也有。

用途：可栽培供观赏用。

栽培管理要点：春秋两季均可进行栽植。一般以地栽观赏为主。应选在阳光充足、通风良好之处，挖穴蘸浆栽植成活率较高。光照充足及 20~25℃温度条件下生长发育良好。冬季低于 -25℃时会发生冻害。栽植前施足基肥，一般施腐熟的粪肥，深翻树穴，将肥料与土壤拌均匀。栽植后浇透水。平时保持土壤湿润即可。生长盛期每月施 3~4 次腐熟的饼肥水，花期施 2~3 次磷、钾肥（磷酸二氢钾），秋末施 1 次越冬肥，以腐熟的粪肥或厩肥为好，冬季停止施肥，减少浇水量。

102.【土庄绣线菊】

分类地位：蔷薇科 绣线菊属

蒙名：乌斯图 — 塔比勒干纳 、哈丹 — 柴
别名：柔毛绣线菊、土庄花
学名：*Spiraea pubescens* Turcz.

形态特征：灌木，高 1~2m。老枝灰色、暗灰色、紫褐色；幼枝淡褐色，被柔毛；芽宽卵形，褐色，被毛。叶菱状卵形或椭圆形，先端锐尖，基部楔形、宽楔形，边缘中下部以上有锯齿，有时 3 裂，上面绿色，幼时被柔毛，老时渐脱落，下面淡绿色，密被柔毛。伞形花序具总花梗，有花 15~20 朵；萼片近三角形，先端锐尖，外面无毛，里面被短柔毛；花瓣近圆形，长与宽近相等，白色；雄蕊 25~30，与花瓣等长或稍超出花瓣；花盘环状，10 深裂，裂片大小不等。蓇葖果沿腹缝线被柔毛，萼片直立，宿存。花期 5~6 月，果期 7~8 月。2n=18。

生境：中生灌木。多生于山地林缘及灌丛，也见于草原带的沙地，有时可成为优势种，一般零星生长。见于大兴安岭南部和北部、呼锡高原、辽河平原、燕山北部、阴山、阴南丘陵等地。

产地: 产呼伦贝尔市(鄂伦春自治旗),兴安盟(扎赉特旗、科尔沁右翼前旗、科尔沁右翼中旗、突泉县),通辽市(扎鲁特旗、科尔沁左翼后旗大青沟),赤峰市(阿鲁科尔沁旗、巴林右旗、克什克腾旗、敖汉旗、喀喇沁旗、宁城县),锡林郭勒盟(西乌珠穆沁旗、锡林浩特市、阿巴嘎旗、正蓝旗),乌兰察布市(卓资县、凉城县、大青山、蛮汉山),鄂尔多斯市(准格尔旗),巴彦淖尔市(乌拉特前旗乌拉山),呼和浩特市,包头市。分布于我国东北、河北、河南、山西、甘肃、陕西、山东、安徽、湖北,朝鲜、蒙古、俄罗斯也有。

用途: 可栽培供观赏用。

栽培管理要点: 扦插繁殖:硬枝扦插在早春萌动前,选择生长健壮、芽眼饱满、经过沙藏的枝条,剪成 12~16 cm 的插穗,在插床内随剪随插。覆地膜保温保湿,生根率可达 95% 以上。绿枝扦插一般在 6~7 月进行,若有温室和现成枝条,也可提早进行。选取半木质化的枝条,剪成 5~8 cm 的插穗,带上 2~3 片小叶,扦插于全光弥雾育苗盘或温室棚内,不宜插得过深,约 2 周后即可生根。分蘖繁殖,宜在春季萌芽前进行,将绣线菊周围的根蘖苗起出用于造林绿化。播种繁殖:春季条播,播种量 2.5~3.5 kg/ 亩,行距 40~50cm,育苗畦床随地势而定,苗床长和宽以 2m×6~8m 为宜,播种以南北向为宜,其上覆土 2~3cm,一般 5~30 天生根、发芽。苗期及时松土、除草、间苗。苗高 3~4cm 时,追施尿素等速效肥。年灌水 8~10 次,适时松土除草,夏季剪除枯枝,保持冠形,花期 5~6 月,花粉红色,四面密集,观赏性好,可做庭院及风景绿化材料;宜丛植,可做造型、绿篱,冬季入冬前灌 1 次冬水,注意防止鼠害发生。

103.【珍珠梅】

分类地位：蔷薇科 珍珠梅属

蒙名：苏布得力格 — 其其格
别名：东北珍珠梅、华楸珍珠梅
学名：*Sorbaria sorbifolia* (L.) A. Br.

形态特征：灌木，高达 2m。枝条开展，嫩枝绿色，老枝红褐色或黄褐色，无毛，芽宽卵形；有数鳞片，先端有毛，紫褐色。单数羽状复叶，有小叶 9~17；小时无柄，卵状披针形或长椭圆状披针形，先端长渐尖，基部圆形，边缘有重锯齿，两面均无毛；托叶卵状披针形或倒卵形，早落。大型圆锥花序，顶生，花梗被短柔毛，有时混生腺毛；苞片卵状披针形至条状披针形，全缘，边缘有柔毛及腺毛；萼筒杯状，外面稍被毛，萼片卵形或近三角形；花瓣宽卵形或近圆形，白色；雄蕊 30~40，长于花瓣。骨葖果矩圆形，密被白柔毛，花柱宿存、反折或直立。花期 7~8 月，果期 8~9 月。2n=36。

生境：中生灌木。散生于山地林缘，有时也可形成群落片段，也少量见于林下、路旁、沟边及林缘草甸。见于大兴安岭、科尔沁等地。

产地：产呼伦贝尔市（鄂伦春自治旗、牙克石市、额尔古纳市、根河市），兴安盟（科尔沁右翼前旗、突泉县），锡林郭勒盟（东乌珠穆沁旗宝格达山）。分布于我国东北，朝鲜、蒙古、俄罗斯、日本也有。

用途：可栽培供观赏用；茎皮、枝条和果穗入药，能活血散瘀、消肿止痛，主治骨折、跌打损伤、风湿性关节炎。

栽培管理要点：扦插繁殖，成活率高，生长很快。大量繁殖苗木时用播种法。种子干藏，翌年春播。需进行盆播。分株繁殖一般在春季萌动前或秋季落叶后进行，将植株根部丛生的萌蘖苗带根挖出，以 3~5 株为一丛，别行栽植即可。栽培定植在春秋季或雨季均可。定植后，立即浇透水，以后每 5~7 天浇一次，连续 4~5 次。新植时要施足基肥。春季发芽时要浇水，冬季封冻前浇一次封冻水，夏季雨多不需浇水，但干旱时要视情况浇水。注意修剪。花谢后及时剪除残存花枝。冬天落叶后剪去病枝、细弱枝、老枝等。对多年生老树可 4~5 年分栽更新一次。生长期间常有刺蛾、大蓑蛾为害，要注意防治，可用 50% 杀螟松乳剂 500~800 倍液，或喷施 90% 晶体敌百虫 2000~3000 倍液防治。

104.【黑果栒子】

分类地位：蔷薇科 栒子属

蒙名：哈日 — 牙日钙
别名：黑果栒子木、黑果灰栒子
学名：*Cotoneaster melanocarpus* Lodd.

形态特征：灌木，高达 2m。枝紫褐色、褐色或棕褐色，嫩枝密被柔毛，逐渐脱落至无毛。叶片卵形、宽卵形或椭圆形，先端锐尖，圆钝，稀微凹，基部圆形或宽楔形，全缘，上面被稀疏短柔毛，下面密被灰白色绒毛；叶柄长 2~5mm，密被柔毛，托叶披针形，紫褐色，被毛。聚伞花序，有花 (2)4~6 朵；总花梗和花梗有毛，下垂；苞片条状披针形，被毛，花直径 6~7mm；萼片卵状三角形，无毛或先端边缘稍被毛；花瓣近圆形，直立，粉红色，长与宽近相等，各为 3mm；雄蕊约 20，与花瓣近等长或稍短；花柱 3，比雄蕊短，子房顶端被柔毛。果实近球形，直径 7~9mm，蓝黑色或黑色，被蜡粉，有 2~8 小核。花期 7~8 月，果期 8~9 月。2n=68。

生境：中生灌木。常在山地和丘陵坡地上成为灌丛的优势植物，也常数生于灌丛和林缘，并可进入疏林中。见于大兴安岭南部和北部、呼锡高原、阴山、阴南丘陵、贺兰山等地。

产地：产呼伦贝尔市（根河市、额尔古纳市、牙克石市），赤峰市（阿鲁科尔沁旗、巴林右旗、克什克腾旗、敖汉旗），兴安盟（科尔沁右翼前旗），锡林郭勒盟（锡林浩特市、太仆寺旗），乌兰察布市（大青山、卓资县），鄂尔多斯市（准格尔旗），阿拉善盟（贺兰山、桃花山）。分布于我国黑龙江、吉林、河北、甘肃、新疆，蒙古、俄罗斯（西伯利亚）及亚洲西部、欧洲东部也有。

用途：可栽培供观赏用。

栽培管理要点：尚无人工驯化栽培的标准方法。

105.【灰栒子】

分类地位：蔷薇科 栒子属

蒙名：牙日钙
别名：尖叶栒子
学名：*Cotoneaster acutifolius* Turcz.

形态特征：灌木，高 1.5~2m，枝褐色或紫褐色，老枝灰黑色，嫩枝被长柔毛，以后脱落无毛。叶片卵形，先端锐尖、渐尖，稀钝，基部宽楔形或圆形，上面绿色，被稀疏长柔毛，下面淡绿色，被长柔毛，幼时较密；叶柄被柔毛；托叶披针形，紫色，被毛。聚伞花序，有花 2~5 朵；花梗被柔毛；萼筒外面被柔毛，萼片近三角形，花瓣直立，近圆形，粉红色，基部有短爪，雄蕊 18~20，花丝下部加宽成披针形，与花瓣近等长或稍短；花柱 2(3)。果实倒卵形或椭圆形，暗紫黑色，被稀疏柔毛，有 2 小核。花期 6~7 月，果期 8~9 月。2n=34，51，68。

生境：旱中生灌木。散生于山地石质坡地及沟谷，常见于林缘及一些杂木林中，也生于固定沙地。见于呼锡高原、阴山、阴南丘陵、贺兰山等地。

产地：产赤峰市（克什克腾旗大局子林场），锡林郭勒盟（锡林浩特市、阿巴嘎旗、正蓝旗、太仆寺旗），乌兰察布市（凉城县、兴和县），巴彦淖尔市（乌拉特前旗乌拉山），阿拉善盟（贺兰山），鄂尔多斯市（准格尔旗），呼和浩特市（武川县）。分布于我国河北、山西、甘肃、青海、陕西、河南、湖北、西藏，蒙古也有。

用途：庭院绿化资源。果实入蒙药（蒙药名：牙日钙），能燥"黄水"，主治关节积"黄水"。

栽培管理要点：播种前用 0.5%~1% 硫酸铜溶液浸种 6~8 小时，后清水冲洗阴干表面，播种。春播，用湿润细沙与消毒过湿种子 2∶1 的比例混合，露天阴暗处挖深 0.8~1m，长宽根据地形和种子数量而定的坑，坑底铺 10cm 厚的湿润净沙，放一层 10cm 厚种子，上面盖 15cm 厚的净沙，这样放 2~3 层后上面盖 30~40cm 厚土即可，种子较多，坑较大时要放通气

孔，翌年春天个别种子露白即可播种。条播，条距 20cm。播种量 40~60kg/ 亩。锯末、细土、细沙按 1∶2∶1 的比例覆盖 1~1.5cm。秋播在 10 月中下旬进行，播后漫灌，翌年解冻时盖一层树枝，幼苗出土 70% 以上时揭去树枝，喷雾湿透。萌生 3~4 片真叶时，于阴天或早晚进行根外追施氮肥，一般 6kg/ 亩，追肥间隔 10~15 天，8 月中旬停止追肥进行炼苗，3~5 片真叶时，间苗，保持 60~70 株 /m²，6~7 片真叶时定苗，保持在 50 株 /m² 左右。

106.【山楂】

分类地位：蔷薇科 山楂属

蒙名：道老纳
别名：山里红、裂叶山楂
学名：*Crataegus pinnatifida* Bunge

形态特征： 乔木，高达6m。树皮暗灰色，小枝淡褐色，枝刺长1~2cm；芽宽卵形。叶宽卵形、三角状卵形或菱状卵形，先端锐尖或渐尖，基部宽楔形或楔形，边缘有4~8对羽状深裂，有不规则锯齿，上面暗绿色，有光泽，下面淡绿色，沿叶脉疏生长柔毛；托叶大，镰状，边缘有锯齿。伞房花序，有多花；花梗及总花梗均被毛；花直径8~12mm；萼片披针形，花瓣倒卵形或近圆形，白色；雄蕊20，花药粉红色；花柱3~5。果实近球形或宽卵形，深红色，表面有灰白色斑点，内有3~5小核，果梗被毛。花期6月，果熟期9~10月。

生境： 中生落叶阔叶乔木。稀见于森林区或森林草原区的山地沟谷。见于大兴安岭北部及南部、呼锡高原、燕山北部、辽河平原、阴山等地。

产地： 产呼伦贝尔市（根河市、海拉尔区），兴安盟（扎赉特旗、科尔沁右翼前旗），通辽市（科尔沁左翼后旗大青沟），赤峰市（阿鲁科尔沁旗、巴林左旗、敖汉旗、喀喇沁旗、宁城县），锡林郭勒盟东部及南部山地（多伦县五道沟），乌兰察布市（大青山），呼和浩特市（大青山）。分布于我国东北及河北、河南、山西、陕西、山东、江苏、朝鲜、俄罗斯也有。

用途： 栽培供观赏，幼苗可作嫁接山里红及苹果等砧木。果可食或作果酱，也可入药。

栽培管理要点： 种子，经破壳后用0.01%浓度的赤霉素处理，然后沙藏，每1000m²播种量，小粒种子18kg，大粒种子37~45kg。此外，繁殖少量砧木时可利用自然根蘖，或利用0.5~1cm粗的山楂根段剪成15cm左右，在春季进行根插育苗，或在根段上枝接品种，接穗后扦插育苗。春季栽植最佳。株距多采用4m×3~4m，南北行向，挖50~70cm见方穴坑。2~3个品种分行混栽，加强田间管理，夏季要及时锄草松土，干旱时要及时补水。上冻前树体涂白、捆草绳或培土，定植后春、夏、秋季中耕除草1次，在栽培上，根据山楂枝条的生长特性，可采用疏散分层形、多主枝自然圆头形或自然开心形的树形进行整形。

107.【辽宁山楂】

分类地位：蔷薇科 山楂属

蒙名：花—道老纳
别名：红果山楂、面果果、白楂子（内蒙古土名）
学名：*Crataegus sanguinea* Pall.

形态特征：小乔木，高 2~4m。枝刺锥形，长 1~2(3)cm；小枝紫褐色、褐色或灰褐色，有光泽；老枝及树皮灰白色；芽宽卵形，紫褐色，无毛。叶宽卵形、菱状卵形，稀近圆形，先端锐尖或渐尖，基部楔形、宽楔形，边缘有 2~8 对羽状浅裂，有时基部一对裂片较浅，稀深裂，有重锯齿或锯齿，裂片卵形，上面绿色，疏生短柔毛，下面淡绿色，沿叶脉疏生短柔毛，脉腋较密，稀近无毛；托叶卵状披针形或半圆形，褐色，边缘有腺齿；伞房花序，有花 4~13 朵，花梗长 4~14mm，疏生柔毛或近无毛，苞片条形或倒披针形，有腺齿，褐色，早落，花直径约 9mm；萼片狭三角形，先端渐尖或尾尖，有时 3 裂，里面被毛；花瓣近圆形，长与宽近相等，白色；雄蕊 20，花丝长短不齐，长者与花瓣近等长；花柱 2~5。果实近球形或宽卵形，直径 1~1.3(1.5)cm，血红色或橘红色；果梗无毛，萼片宿存，反折；有核 3，稀 4 或 5。花期 5~6 月，果期 7~9 月，果熟期 9~10 月。2n=34，51，68。

生境：中生落叶阔叶小乔木。见于森林区和草原区山地，多生于山地阴坡、半阴坡或河谷，为杂木林的伴生种。见于大兴安岭、呼锡高原、燕山北部、阴山等地。

产地：产呼伦贝尔市（额尔古纳市、根河市、鄂伦春自治旗、海拉尔区），兴安盟（科尔沁右翼前旗白狼及阿尔山），赤峰市（阿鲁科尔沁旗、克什克腾旗），锡林郭勒盟（东与西乌珠穆沁旗、锡林浩特市、正蓝旗、多伦县），乌兰察布市（卓资县、凉城县），呼和浩特市（大青山、武川县），巴彦淖尔市（乌拉特前旗乌拉山）。分布于我国东北及河北、新疆，蒙古、俄罗斯也有。

用途：栽培供观赏，果可食。
栽培管理要点：目前尚未由人工引种栽培。

108.【花楸树】

分类地位：蔷薇科 花楸属

蒙名：好日图 — 保日 — 特斯
别名：山槐子、百华花楸、马加木
学名：*Sorbus pohuashsnensis* (Hance) Hedl.

形态特征：乔木，高达 8m。小枝紫褐色或灰褐色，有灰白色皮孔，树皮灰色；芽长卵形，有数片红褐色鳞片，密被灰白色绒毛。单数羽状复叶，小叶通常 9~13，长椭圆形或椭圆状披针形，先端锐尖，顶端小叶基部常宽楔形，侧生小叶基部近圆形，稍偏斜，边缘在 1/4~1/3 以上有锯齿，上面深绿色。下面淡绿色，被稀疏柔毛，沿叶脉稍密；托叶宽卵形，有不规则锯齿。顶生大型聚伞圆锥花序，呈伞房状，花多密集；萼筒钟状，萼片近三角形；花瓣宽卵形或近圆形，白色，里面基部稍被柔毛，雄蕊 20，与化瓣等长或稍超出；花柱通常 4 或 8。果实宽卵形或球形，橘红色，萼片宿存。花期 6 月，果熟期 9~10 月。

生境：中生落叶阔叶乔木。喜湿润土壤，生于山地阴坡、溪间或疏林中。见于大兴安岭、科尔沁、燕山北部、阴山等地。

产地：产呼伦贝尔市（牙克石市），兴安盟（科尔沁右翼前旗、突泉县），锡林郭勒盟（西乌珠穆沁旗），赤峰市（克什克腾旗、巴林左旗、巴林右旗、喀喇沁旗、阿鲁科尔沁旗），乌兰察布市（凉城县），呼和浩特市（武川县、大青山）。分布于我国东北及河北、山西、甘肃、山东。

用途：可栽培供观赏用。木材可做家具。果实、茎、皮入药，能清热止咳、补脾生津，主治肺结核、哮喘、咳嗽、胃痛等症。

栽培管理要点：播种繁殖，种子采后须先沙藏层积，春天播种。种子处理于播种前 4 个月进行。方法是将种子用 40℃温水浸泡 24 小时，再用 0.5% 的高锰酸钾水溶液消毒 3 小时后，捞出种子用清水冲洗数次，按种沙比例 1：3 混合后置于 0~5℃条件下，种沙湿度为饱和持水量的 80%，70 天后种子陆续发芽，70~100 天种子发芽率达到高峰。播种前一周取出种子，放入室内阴凉处，整地前每公顷地用硫酸亚铁粉末 110kg、克百威 75kg 与腐熟农家肥 7000kg 混匀后，均匀撒在圃地上，然后进行翻耕做床，床高 500px，床宽 2750px，步道宽 50~1500px。4 月末至 5 月初，进行床面条播或撒播，条播开沟 5~200px 宽，行距 500px，播种量 5g/m 左右，覆土厚度 0.125px 左右，播后镇压，并保持土壤湿润。秋播 10 月上旬播种，播前将种子放入 0.5% 的高锰酸钾水溶液消毒 3 小时，或 0.4% 的硫酸铜水溶液中消毒催芽处理，浸泡 4 小时后捞出，控干水分，在床面上开沟条播，开沟深 125px，行距 500px，理论播种量 5g/m 左右，播后覆土 50px，然后进行镇压，灌足冬水。翌年 4 月下旬还不下雨，要进行浇水，出齐苗后应及时松土、除草。苗木进入速生期，及时清除杂草。适当间苗，在生长期内可追肥 2~3 次，每次每亩追施尿素或磷酸二铵 25kg，选择雨后或灌水后进行追施。进入 8 月，应喷施 0.2% 的磷酸二氢钾溶液，10 天 1 次，喷 2 次，促使苗木尽快木质化。

109.【秋子梨】

分类地位：蔷薇科 梨属

蒙名：阿格力格 — 阿力玛
别名：花盖梨、山梨、野梨
学名：*Pyrus ussuriensis* Maxim.

形态特征： 乔木，高 10~15m。树皮粗糙，暗灰色，枝黄灰色或褐色，常有刺，无毛；芽宽卵形，有数片褐色鳞片。叶片近圆形、宽卵形或卵形，先端长尾状渐尖，或锐尖，基部圆形或近心形，边缘具刺芒的尖锐锯齿，托叶条状披针形。早落。伞房花序有花 5~7 朵；萼片三角状披针形，外面无毛，里面密被绒毛；花瓣倒卵形，基部有短爪，白色；雄蕊 20，短于花瓣，花药紫色，花柱 5(4)，果实近球形，黄色或绿黄色，有褐色斑点，果肉含多数石细胞，味酸甜，经后熟果肉变软，有香气；果梗粗短，花萼宿存。花期 5 月，果熟期 9~10 月。2n=34。

生境： 中生落叶阔叶乔木，喜生于潮湿、肥沃、深厚的土壤中。生于山地及溪沟杂木林中。见于大兴安岭、辽河平原、燕山北部、赤峰丘陵、阴山等地。

产地： 产呼伦贝尔市（鄂伦春自治旗），通辽市（科尔沁左翼后旗大青沟），赤峰市（巴林右旗、敖汉旗、喀喇沁旗、宁城县），锡林郭勒盟东南部山地，呼和浩特市（武川县、大青山）。分布于我国东北及山东、河北、山西、陕西、甘肃，亚洲东部广泛分布。

用途： 我国东北、西北、华北各地均有栽培，品种多。内蒙古栽培的品种有南果梨、大香水、小香水、小尖把等，是发展梨树比较好的品种。 抗寒性强，可作嫁接梨树的砧木。木质坚细，可做各种精细的家具。果味酸甜，经后熟可食用或酿酒。又可入药，能燥湿健脾、和胃止呕、止泻，主治消化不良、呕吐、热泻等症；制成秋梨膏能化痰止咳。果实也入蒙药（蒙药名：阿格力格—阿力玛），能清"巴达干"热、止泻，主治"巴达干宝日"病、耳病、胃灼热、泛酸。

栽培管理要点： 播前 60~80 天用 50~70℃ 温水浸种一昼夜，清水投洗。再用凉水浸种一昼夜，控干，混湿河沙 3~4 倍，放入室内、窖中或室外开沟沙藏。保持 2~5℃ 低温及 60% 的湿度和良好通气条件，防虫防鼠。每 10~15 天用清水浇一次，播前 7 天提高种沙温度至 15~20℃，保持温润，等露白种子占 1/3 时即可播种。选择坡土或沙壤土为育苗地。结合秋翻地每公顷施有机肥 7 万 kg。深翻 20~30cm。耙平后打南北垄或做东西床。垄宽 60cm，床宽 100cm。5 月上旬播种，撒播或双行点播，种子距离 3~6cm，撒细土 2~3cm，适度镇压。亩播 2.5~3.5kg 即可达到亩保苗 1 万 ~1.5 万株。当幼苗出土，要及时将地膜撤掉。出苗后视土壤墒情适当灌水，嫁接前一周灌透水，便于开皮。幼苗高 10cm 和 30cm 左右时，分别追一次草木灰和速效氮肥。2~3 片真叶时，间苗。4~5 片真叶时，定苗。7 月上中旬摘心除萌，苗高 30~40cm 时摘心，促进加粗生长。

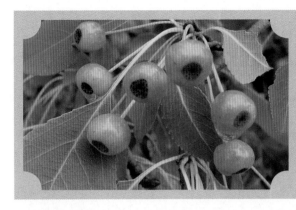

110.【山荆子】

分类地位：蔷薇科 苹果属

蒙名：乌日勒
别名：山定子、林荆子
学名：*Malus baccala* (L.) Borkh.

形态特征： 乔木，高达 10m。树皮灰褐色，枝红褐色或暗褐色，无毛；芽卵形，鳞片边缘微被毛，红褐色。叶片椭圆形、卵形、少卵状披针形或倒卵形，先端渐尖或尾状渐尖，基部楔形或圆形，边缘有细锯齿；托叶披针形，早落。伞形花序或伞房花序，有花 4~8 朵；萼片披针形，外面无毛，里面被毛；花瓣卵形、倒卵形或椭圆形，基部有短爪，白色；雄蕊 15~20；花柱 5 (4)，果实近球形，红色或黄色，花萼早落。花期 5 月，果期 9 月。2n=34。

生境： 中生落叶阔叶小乔木或乔木，喜肥沃、潮湿的土壤，常见于落叶林区的河流两岸谷地，为河岸杂木林的优势种；见于山地林缘及森林草原带的沙地。见于大兴安岭、呼锡高原、辽河平原、赤峰丘陵、燕山北部、阴山等地。

产地： 产呼伦贝尔市 (鄂伦春自治旗、牙克石市、额尔古纳市、海拉尔区、鄂温克族自治旗)、兴安盟 (科尔沁右翼前旗、突泉县)，通辽市 (科尔沁左翼后旗、大青沟)，赤峰市 (阿鲁科尔沁旗、巴林右旗、巴林左旗、克什克腾旗、敖汉旗、宁城县、喀喇沁旗)，锡林郭勒盟 (东与西乌珠穆沁旗、锡林浩特市、阿巴嘎旗、正蓝旗)，乌兰察布市 (大青山、蛮汉山)，巴彦淖尔市 (乌拉特前旗乌拉山)，呼和浩特市。分布于我国东北及山东、山西、河北、陕西、甘肃，蒙古、朝鲜东部、俄罗斯也有。

用途： 果实可酿酒，出酒率 10%。嫩叶可代茶叶用。叶含有鞣质，可提取栲胶。本种抗寒力强，易于繁殖，在东北为优良砧木，但在内蒙古黄化现象严重，不适宜栽培作砧木，通常栽培供观赏用。

栽培管理要点： 当年种子，在 11 月末至 1 月末进行种子层积，先清水浸泡 24 小时，与细沙按 1：5 的比例混拌均匀，水分达到手握成团不散即可，装入编织袋中。平放至室外阴凉处 50cm 深的坑中，埋土。3 月下旬至 4 月上旬播种，播种前先做育苗床，深翻耙平，做成 1m×10m 畦，畦高 10cm。灌足水，用 40% 的五氯硝基苯粉剂和 65% 的代森锌粉剂按 1：1 混合，进行床面消毒，按 8g/m² 用药量加细土 4kg 拌匀，撒于床面。种子连沙子一起均匀撒在床面上，然后用 1：1 的细土和细沙子覆在种子上面，覆土 0.5cm，播种量为 100g/m²。最后用槐树条支拱，上覆盖 1.2m 宽的普通地膜。7 天左右出苗，3~6 片叶时即可移栽，选沙质壤土或轻黏壤土地段，深翻，施有机肥 3000~5000kg/ 亩，做行距 60cm 的垄。开沟 15cm 深，灌水，把幼苗栽于沟两侧，形成大垄双行，株距 6~7cm，苗栽后随即培土封垄，每隔 4 天左右灌水一次。移栽 10 天后，及时喷 1 次 50% 的多菌灵 1000 倍液与吡虫啉 1000 倍混合液，防治病虫害。及时除草、松土。

111.【西府海棠】

分类地位：蔷薇科 苹果属

蒙名：西府 — 海棠
别名：红林檎、黄林檎、七匣子
学名：*Malus micromalus* Makino

形态特征： 小乔木或乔木，植株高 3~10m。嫩枝被短柔毛，老时脱落，枝褐色或暗褐色；芽卵形，鳞片边缘被毛，紫褐色。叶片卵形、长椭圆形或椭圆形，先端渐尖或锐尖，基部楔形或圆形，边缘具细锯齿，嫩叶被柔毛或卷曲柔毛，下面较密，老时两面无毛；托叶披针形，黄褐色，被毛，早落。伞形花序或伞房花序，有花 4~7 朵，生于小枝顶端；被绒毛；萼筒外密被白色绒毛，萼片条状披针形，里面密被白色绒毛，外面较少或无毛；花瓣椭圆形、卵形或倒卵形，基部有短爪，粉红色；雄蕊约 20；花柱 5(4)。果实近球形或椭圆状球形，通常红色，稀黄色，萼常脱落，稀宿存，萼洼和梗洼均下陷。花期 5 月，果期 9 月。2n=34。

生境： 中生落叶阔叶小乔木或乔木。生于山地。

产地： 在内蒙古常用于果园栽培及作砧木用。分布于我国辽宁、河北、山西、陕西、甘肃等省。

用途： 果味酸甜，可生食或加工用。

栽培管理要点： 早春萌芽前或初冬落叶后进行多行地栽。出圃时保持苗木完整的根系是成活的关键。一般大苗要带土坨，小苗要根据情况留宿土。苗木栽植后要加强抚育管理，经常保持疏松肥沃。在落叶后至早春萌芽前进行一次修剪，保持树冠疏散，通风透光。结果枝、侧枝则不必修剪。在生长期间，如能及时进行摘心，早期限制营养生长，则效果更为显著。桩景盆栽，取材于野生苍老的树桩，在春季萌芽前采掘，带好宿土，护根保湿。经过 1~2 年的养护，待树桩初步成型后，可在清明前上盆。初栽时根部要多壅一些泥土，以后再逐步提根，配以拳石，便成具有山林野趣的海棠桩景。新上盆的桩景，要遮阴一个时期后，才可转入正常管理。为使桩景花繁果多，应加强水肥管理。花前要追施 1~2 次磷氮混合肥，后每隔半个月追施 1 次稀薄磷钾肥。还可在隆冬采用加温催花的方法，将盆栽海棠桩景移入温室向阳处，浇水，加施液肥，以后每天在植株枝干上适当喷水，保持室温在 20~25℃，经过 30~40 天后，即可开花供元旦或春节摆设观赏。

112.【花叶海棠】

分类地位：蔷薇科 苹果属

蒙名：哲日力格 — 海棠
别名：花叶杜梨、马杜梨、涩枣子
学名：*Malus transitoria* (Batal.) Schneld.

形态特征：灌木或小乔木，高 1~5m。嫩枝被绒毛，老枝紫褐色或暗紫色，无毛。芽卵形，先端钝，有几个鳞片，被绒毛。叶片卵形或宽卵形，先端锐尖，有时钝，基部圆形或宽楔形，边缘有不整齐锯齿，通常有 1~3 深裂，裂片 3~5，披针状卵形或矩圆状椭圆形，上面被绒毛或近无毛，下面密或疏被绒毛；托叶卵状披针形，先端锐尖，被绒毛。花序近于伞形，有花 6~8 朵，花梗长 13~18mm，被绒毛；苞片条状披针形，早落；花直径 1~1.5cm；花萼密被绒毛，萼筒钟形，萼片三角状卵形，先端钝或稍尖，两面均密被绒毛，花瓣白色，近圆形，先端圆形，基部有短爪；雄蕊 20~25，长短不齐，比花瓣短，花柱 3~5，无毛。梨果近球形，或倒卵形，红色。萼洼下陷，萼片脱落，果梗细长，疏被绒毛，果熟后近无毛。花期 6 月，果期 9 月。2n=34，51，68。

生境：生于山坡、山沟丛林中或黄土丘陵。见于阴南丘陵、贺兰山等地。

产地：产鄂尔多斯市(准格尔旗石窑庙)，阿拉善盟（贺兰山）。分布于我国宁夏、甘肃、陕西、青海、四川。

用途：可作观赏树。

栽培管理要点：剪取 8~10cm 的一段枝条即可扦插于河沙中，环境温度在 25~28℃之间时，约 7~10 天即可生根，15 天左右即可分盆另植，或者直接扦插在培养土中，但不如河沙中生根快，且成活率高。扦插后的枝条要保持较高的空气湿度，每天向叶面或周围的环境中喷清水，以增加空气湿度，避免枝条出现脱水的现象。先期（前 3 天）每天喷 3~4 次为宜，以后喷 1 次即可，7 天后不要喷水。扦插时浇透水后，河沙不干不浇。需要注意的是枝条的下部剪口以海棠的茎节下端 1cm 处为最佳，易生根，且不易腐烂。

113.【玫瑰】

分类地位：蔷薇科 蔷薇属

蒙名：萨日钙 — 其其格
学名：*Rosa rugosa* Thunb.

形态特征： 直立灌木，高 1~2m。老梗灰褐色或棕褐色，密生皮刺和刺毛，小枝淡灰棕色，密生绒毛和成对的皮刺，皮刺淡黄色，密生长柔毛。羽状复叶。小叶 5~9，叶片椭圆形或椭圆状倒卵形，先端锐尖，基部近圆形，边缘有锯齿，上面绿色，多皱纹，无毛，下面灰绿色，被柔毛和腺毛；小叶柄和叶柄密生绒毛，有稀疏小皮刺；托叶下部合生于叶柄上，先端分离扇卵状三角形的裂片；边缘有腺锯齿。花单生或几朵簇生，直径 5~7cm；花梗长 1~2cm，有绒毛和腺毛；萼片近披针形，先端长尾尖。外面有柔毛和腺毛，里面有绒毛，花瓣紫红色，宽倒卵形，单瓣或重瓣，芳香。蔷薇果扁球形，直径 2~2.5cm，红色，平滑无毛，顶端有宿存萼片。花期 6~8 月，果期 8~9 月。2n=14，28。

用途： 在内蒙古的公园、果园和庭园中常作观赏植物栽培。花瓣可作糖果糕点的调味品，可提取芳香油，并用于熏茶、酿酒等。花入药，能理气活血，主治肝胃痛、胸腹胀满、月经不调。花也入蒙药（蒙药名：扎木日—其其格），能清"协日"、镇"赫依"，主治消化不良、胃炎。种子含油约 14%。此外，玫瑰含丰富的维生素 C。

栽培管理要点： 主要采用剪枝法和压枝法。定植前深翻土壤，并用化苦进行土壤消毒，使土肥完全混合。做畦宽 12cm，沟宽 40cm，畦长 5.5~6m。温室南面留 50cm 左右。最佳时间为春秋两季。定植时每畦栽 2 行，行距 40cm，株距 10~12cm，栽培床的两边间隔 40cm，平均 7~8 株 /m²，保苗 4200 株 / 亩左右。不同品种的栽植密度有所差别。定植缓苗后及时中耕松土，并防治红蜘蛛、蚜虫、白粉病。当植株长到 25cm 左右时，开始压枝，压枝时间在晴天中午进行，否则易折断。玫瑰定植后一般需要 5 年时间，因此施肥要多、重，一般施有机肥 4t / 亩左右，磷酸二铵 50kg / 亩，过磷酸钙 150kg/ 亩，有机肥要充分腐熟。栽苗前 7 天左右浇水，保护床土湿润。定植后及时浇透水，定植水一定要浇足浇透，每天洒水 1~2 次，保持床面湿润。浇水追肥要根据土壤条件、气候条件和枝叶的生长状态进行。在玫瑰的栽培过程中，如果土壤水分不足，就会引起植株正叶脱落。地表见干时应及时浇水，保持地面湿润。

114.【黄刺玫】

分类地位：蔷薇科 蔷薇属

蒙名：格日音 — 希日扎木尔
别名：重瓣黄刺玫
学名：*Rosa xanthina* Lindl.

形态特征： 直立灌木，高 1~2m。树皮深褐色，小枝紫褐色，分枝周密，有多数皮刺，皮刺直伸，坚硬，基部扩大，无毛。单数羽状复叶，有小叶 7~13，小叶片近圆形、椭圆形或倒卵形，先端圆形，基部圆形或宽楔形，边缘有钝锯齿，上面绿色，无毛，下面淡绿色，沿脉有柔毛，后脱落，主脉明显隆起；小叶柄与叶柄有稀疏小皮刺；托叶小。下部和叶柄合生，先端有披针形裂片，边缘有腺毛；花单生，黄色，直径 3~5cm；萼片矩圆状披针形，先端渐尖，全缘，花后反折；花瓣多数，宽倒卵形，先端微凹。蔷薇果红黄色，近球形，直径约 1cm，先端有宿存反折萼片。花期 5~6 月，果期 7~8 月。2n=14，28。

用途： 在内蒙古的公园、学校、庭园有栽培，作为观赏灌木。花、果入药，功能主治同美蔷薇。

栽培管理要点： 植于光照充足处，也可植于林缘。选择高燥处，不宜在低洼积水处、池塘边、沟渠边种植。黄刺玫对土壤要求不严，但以在疏松肥沃、排水良好的沙壤土中生长最好。耐轻度盐碱，在含盐量 0.25%，pH 值为 8 的盐碱地中种植，生长旺盛，未见不良反应。新栽黄刺玫苗除浇好三水外，还应于 4 月、5 月、6 月、9 月各浇 1 次透水，以保证其成活并正常生长。7~8 月雨水丰沛，除天气特别干旱外，应不浇水，大雨后还应及时排除积水，以防水大烂根而致植株死亡。12 月中下旬应及时浇 1 次防冻水。第二年初春应及时浇解冻水，要浇透，此后的水分管理应视天气及土壤墒情来进行，但每年初春和初冬的解冻水和防冻水必须要浇，而且，黄刺玫虽耐旱，但适当的水分是其花繁叶茂的重要保障。总之，保持栽培土湿润而不积水最利于黄刺玫生长。黄刺玫喜肥，栽植时应施足底肥，以腐熟发酵的牛马粪为宜，用量为每株 10kg，施入时应与底土充分拌匀，防止烧根。除施足底肥外，还应于每年秋末结合浇防冻水再施一些基肥，基肥以腐叶肥、腐熟鸡粪、芝麻酱渣为宜，用量为每株 8~10kg。在黄刺玫花落进行 1 次追肥，使植株生长旺盛，枝叶繁茂，抗病力增强，这次肥可施用氮磷钾复合肥。

115.【美蔷薇】

分类地位：蔷薇科 蔷薇属

蒙名：高要 — 蔷会
别名：油瓶瓶
学名：*Rosa bella* Rehd. et Wils.

形态特征： 灌木，直立，高 1~8m。小枝常带紫色，平滑无毛，脊生稀疏直伸的皮刺。单数羽状复叶，有小叶 7~9，稀 5；小叶片椭圆形或卵形。先端稍锐尖或稍钝，基部近圆形，边缘有圆齿状锯齿，齿尖有短小尖头，上面绿色，疏被短柔毛，下面淡绿色，被短柔毛或沿主脉被短柔毛；叶柄与小叶柄被短柔毛和疏生小皮刺。花单生或 2~3 朵簇生，花梗、萼筒与萼片密被腺毛；萼片披针形，先端长尾尖，并稍宽大呈叶状，全缘；花瓣鲜红色或紫红色，宽倒卵形，长与宽约 2cm，先端微凹，芳香。蔷薇果椭圆形或矩圆形，鲜红色，先端收缩成颈部，并有直立的宿存萼片，密被腺状刚毛。花期 6~7 月，果期 8~9 月。2n=28。

生境： 暖中生灌木。生于山地林缘、沟谷及黄土丘陵的沟头、沟谷陡崖上，为建群种，可形成以美蔷薇为主的灌丛。见于阴山、阴南丘陵等地。

产地： 产乌兰察布市（凉城县马头山、蛮汉山、兴和县）。分布于我国吉林、河北、山西、河南等省。

用途： 花可提取芳香油，做玫瑰酱和调味品。观赏植物。花、果入药，花能理气、活血、调经、健脾，主治消化不良、气滞腹痛、月经不调；果能养血活血，主治脉管炎、高血压、头晕。

栽培管理要点： 栽植株距不应小于 2m。从早春萌芽开始至开花期间可根据天气情况酌情浇水 3~4 次，保持土壤湿润。如果此时受旱会使开花数量大大减少，夏季干旱时需再浇水 2~3 次。雨季要注意及时排水防涝。蔷薇怕水涝，水涝容易烂根。秋季再酌情浇 2~3 次水。全年浇水都要注意勿使植株根部积水。孕蕾期施 1~2 次稀薄饼肥水，则花色好，花期持久。植株蔓生愈长，开花愈多，需要的养分亦多，每年冬季需培土施肥 1 次，保持嫩枝及花芽繁茂，景色艳丽。培育作盆花，要注意修枝整形。因产花量大，产花季每周需施肥 1~2 次，并应注意培育采花母枝，剪去弱枝上的花蕾。

116.【地榆】

分类地位：蔷薇科 地榆属

蒙名：苏都 — 额布斯
别名：蒙古枣、黄瓜香
学名：*Sanguisorba officinalis* L.

形态特征：多年生草本，高 30~80cm，全株光滑无毛。根粗壮，圆柱形或纺锤形。茎直立，上部有分枝，有纵细棱和浅沟。单数羽状复叶，基生叶和茎下部叶有小叶 9~15；小叶片卵形、椭圆形、矩圆状卵形或条状披针形，先端圆钝或稍尖，基部心形或楔形，边缘具尖圆牙齿，上面绿色，下面淡绿色。穗状花序顶生，多花密集，卵形、椭圆形、近球形或圆柱形；花由顶端向下逐渐开放；每花有苞片 2，披针形，被短柔毛；萼筒暗紫色，萼片紫色，椭圆形，先端有短尖头；雄蕊与萼片近等长，花药黑紫色。花丝红色；瘦果宽卵形或椭圆形，有 4 纵脊棱，被短柔毛，包于宿存的萼筒内。花期 7~8 月，果期 8~9 月。2n=28，56。

生境：中生植物。为林缘草甸的优势种和建群种，是森林草原地带起重要作用的杂类草，在落叶阔叶林中可生于林下，在草原区则见于河滩草甸及草甸草原中，但分布最多的是森林草原地带。见于大兴安岭、燕山北部、辽河平原、科尔沁、呼锡高原、赤峰丘陵、乌兰察布、阴山、阴南丘陵等地。

产地：产呼伦贝尔市，兴安盟，通辽市，赤峰市，锡林郭勒盟，乌兰察布市。分布于我国各省区；遍及欧亚大陆及北美，为泛北极成分。

用途：野生观赏资源。嫩枝叶可食或代替香菜作为调味料。根入药，能凉血止血、消肿止痛，并有降压作用，主治便血、血痢、尿血、崩漏、疮疡肿毒及烫火伤等症。全株含鞣质，可提制栲胶。根含淀粉，可供酿酒。种子油可供制肥皂和工业用。此外全草可作农药，其水浸液对防治蚜虫、红蜘蛛和小麦秆锈病有效。

栽培管理要点：秋播在 8 月中下旬，春播在 3~4 月。条播，行距 45cm，开浅沟，覆土 1cm 左右，1 公顷播种量 15~22.5kg。土壤干旱需浇水，约 2 周出苗。在早春干旱地区，采用育苗移栽方法。分根繁殖：早春母株萌芽前，将上年的根全部挖出，然后分成 3~4 株，栽植。每穴 1 株，株距 35~45cm，行距 60cm。直播苗高 10cm 左右，间苗 1 次，株距 35~45cm，注意松土除草，抽茎期追施氮肥和磷肥，施用人粪尿、豆饼、过磷酸钙、草木灰等。抽花茎时要及时摘除。

117.【东方草莓】

分类地位：蔷薇科 草莓属

蒙名：道日纳音 — 古哲勒哲根纳
别名：野草莓、高丽果
学名：*Fragaria orientalis* Losinsk.

形态特征： 多年生草本，高 10~20cm。根状茎横走，黑褐色，具多数须根；匍匐茎细长。掌状三出复叶，基生；叶柄密被开展的长柔毛；小叶近无柄，宽卵形或菱状卵形，先端稍钝，基部宽楔形或歪宽楔形，边缘自 1/4~1/2 以上有粗圆齿状锯齿，上面绿色，疏生伏柔毛，下面灰绿色，被绢毛；托叶膜质，条状披针形，被长柔毛。聚伞花序生花葶顶部，花少数；总花梗与花梗均被开展的长柔毛；花白色，花萼被长柔毛；萼片卵状披针形；花瓣近圆形；雄蕊、雌蕊均多数。瘦果宽卵形，多数聚生于肉质花托上。花期 6 月，果期 8 月。2n=28。

生境： 森林草甸中生植物。一般生林下，也进入林缘灌丛、林间草甸及河滩草甸。大兴安岭等地。

产地： 产呼伦贝尔市（额尔古纳市、鄂伦春自治旗、鄂温克族自治旗、牙克石市），兴安盟（科尔沁右翼前旗），赤峰市（克什克腾旗），锡林郭勒盟（宝格达山、西乌珠穆沁旗）。分布于我国东北、华北、西北，朝鲜、蒙古、俄罗斯也有。

用途： 果实可食，并可制酒及果酱。

栽培管理要点： 9 月上旬移栽草莓苗，随起苗，随移栽，每畦栽 2 行，行距 27cm，穴距 20cm，亩栽 12000 株。同一行植株的花序朝同一方向，苗心露出畦面，根系平展埋入疏松土层，及时浇定植水。11 月至 12 月浅中耕 3 次。初花期与坐果初期各追肥 1 次。亩施尿素 10kg，磷肥 20kg，氯化钾 10kg，或三元复合肥 35kg。加盖遮阳网。网离地面 1.2m。保持 5~6 片叶。通过揭与盖草苫，人工造成短日照的条件及较低温度，促进顶花序和腋花序分化。开花与浆果生长初期，分别沟灌水 1 次至沟高 2/3 处为好。秋季多雨时应及时排水。土壤湿度应在 70%~80%，棚内空气湿度以 60%~70% 为好。气温超过 30℃，应通风。11 月至 12 月应于上午 10 时至下午 3 时揭开大棚及中棚两头塑膜通风。棚内湿度超过 70% 也应通风。花期棚内放养蜜蜂，一般亩产草莓 1500kg。

118.【金露梅】

分类地位：蔷薇科 委陵菜属

蒙名：乌日阿拉格

别名：金老梅、金蜡梅、老鸦爪

学名：*Potentilla fruticosa* L.

形态特征：灌木，高50~130cm，多分枝。树皮灰褐色片状剥落，小枝淡红褐色或浅灰褐色，幼枝被绢状长柔毛。单数羽状复叶，小叶5，少8，通常矩圆形，先端微凸，基部楔形，全缘，边缘反卷，上面被绢毛，叶柄被柔毛；托叶膜质，卵状披针形。花单生叶腋或数朵成伞状花序；花梗与花萼均被绢毛；副萼片条状披针形，萼片披针状卵形；花瓣黄色，宽倒卵形至圆形；花托扁球形。瘦果近卵形，密被绢毛，褐棕色。花期6~8月，果期8~10月。2n=14，28，42。

生境：较耐寒的中生灌木。为山地河谷沼泽灌丛的建群种或伴生种，也常散生于落叶松林及云杉林下的灌木层中。见于大兴安岭北部及南部、科尔沁、燕山北部、呼锡高原、阴山、贺兰山等地。

产地：产呼伦贝尔市（根河市、额尔古纳市、鄂伦春自治旗、牙克石市），兴安盟（科尔沁右翼前旗），赤峰市（阿鲁科尔沁旗、克什克腾旗、翁牛特旗），锡林郭勒盟（东与西乌珠穆沁旗、锡林浩特市、正蓝旗），乌兰察布市（大青山、蛮汉山），巴彦淖尔市（乌拉山），阿拉善盟（贺兰山）。分布于我国东北、华北、黄土高原及西南地区；欧洲，俄罗斯及北美也有。

用途：庭院观赏灌木。叶与果含鞣质，可提制栲胶。嫩叶可代茶叶用。花、叶入药，能健脾化湿、清暑、调经，主治消化不良、中暑、月经不调。花入蒙药（蒙药名：乌日阿拉格），可润肺、消食、消肿，主治乳腺炎、消化不良、咳嗽。中等饲用植物。春季山羊乐食其嫩枝，骆驼喜食。秋冬季羊与骆驼乐食其嫩枝。

栽培管理要点：整地前浇透水1次，进行旋耕，深度为20~25cm，表层10cm的土壤过孔径为1cm的网筛。在苗床上撒施呋喃丹消毒，用量为45g/m²，浅耕1次。播前10天，苗床上喷施1%高锰酸钾水溶液杀菌消毒。配制营养土，培养土用于播种沟的下垫土和种子覆盖土，按河沙、泥炭、田园土15：40：45的比例配制营养土，高温105℃干燥消毒4小时。培养土pH值为6.37。种子催芽用始温50℃清水浸种，用水量为种子体积的3倍，自然冷却到室温，浸种24小时。捞取种子转至恒温培养箱，恒温25℃催芽至20%~80%以上种子露白。采用落水条播的播种方法，播种期为4月中旬。在播种沟内灌足底水，待水下渗后，下垫1~2cm培养土。将种子与湿沙按1：2混合，播于播种沟内，覆盖培养土，厚度约0.2cm，播种床面覆盖农用地膜。

119.【小叶金露梅】
分类地位：蔷薇科 委陵菜属

蒙名：吉吉格 — 乌日阿拉格
别名：小叶金老梅
学名：*Potentilla parvifolia* Fisch.

形态特征：灌木，高 20~80cm，多分枝。树皮灰褐色，条状剥裂；小枝棕褐色，被绢状柔毛。单数羽状复叶，小叶 5~7，近革质，下部 2 对常密集似掌状或轮状排列，小叶片条状披针形或条形，先端渐尖，基部楔形，全缘，边缘强烈反卷，两面密被绢毛，银灰绿色，托叶膜质，淡棕色，披针形，基部与叶枕合生并抱茎，花单生叶腋或数朵成伞房状花序，花萼与花梗均被绢毛；副萼片条状披针形，萼片近卵形，花瓣黄色，宽倒卵形；子房近卵形；花柱侧生。瘦果近卵形，被绢毛，褐棕色。花期 6~8 月，果期 8~10 月。2n=14。

生境：旱中生小灌木。多生于草原带的山地与丘陵砾石质坡地，也见于荒漠区的山地。见于呼锡高原、乌兰察布、东阿拉善、贺兰山、龙首山等地。

产地：产锡林郭勒盟（西乌珠穆沁旗、阿巴嘎旗、太仆寺旗），巴彦淖尔市（乌拉特中旗与后旗），鄂尔多斯市（鄂托克旗），阿拉善盟（贺兰山、龙首山）。分布于我国黑龙江、甘肃、青海、四川、西藏，蒙古、俄罗斯也有。

用途：同金露梅。

栽培管理要点：播种时间为 4 月下旬，播种量为 0.5~1kg/ 亩 , 因为种子千粒重太小，把种子与过筛的森林腐殖土，按 1 : 6 的比例混匀后，进行条播，然后覆上 0.3~0.5cm 的细沙，用直径为 20cm 的小木滚稍许镇压即可。播后采用遮阴网覆盖遮阴，若遇天气干旱时，需每天傍晚用喷壶喷浇一次水，若天气湿润时，可 2 天喷一次，目的是保持床面湿润，有利于小叶金露梅种子萌发。5 月中旬出苗可陆续顶出土，当部分幼苗出现真叶时，在阴天或早晚时间，太阳下山后，拆除遮阴网，喷水次数可相应减少。6 月中旬苗木进入速生期，喷施抗旱喷施保 0.5% 浓度，用药量 1.5 支 / 亩，间隔期 15 天，一般连续喷 2 次即可。对杂草的处理应除早、除小、除了。入冬后，应进行 1 次冬灌，以便幼苗安全越冬。

120.【银露梅】

分类地位：蔷薇科 委陵菜属

蒙名：萌根 — 乌日阿拉格
别名：银老梅、白花棍儿茶
学名：*Potentilla glabra* Lodd.

形态特征：灌木，高 30~100cm，多分枝，树皮纵向条状剥裂。小枝棕褐色，被疏柔毛或无毛。单数羽状复叶，上面一对小叶，基部常下延与叶轴汇合，小叶近革质，椭圆形、矩圆形或倒披针形，先端圆钝，具短尖头，基部楔形或近圆形，全缘，边缘向下反卷，上面绿色，无毛，下面淡绿色，中脉明显隆起，侧脉不明显；托叶膜质，淡黄棕色，披针形，先端渐尖，基部与叶枕合生，抱茎。花常单生叶腋或数朵成伞房花序状，花梗纤细，疏生柔毛，萼筒钟状，外疏生柔毛，副萼片条状披针形；萼片卵形，外面疏生长柔毛，里面密被短柔毛，花瓣白色，宽倒卵形，全缘；花柱侧生。花期 6~8 月，果期 8~10 月。

生境：耐寒的中生灌木。多生于海拔较高的山地灌丛中。见于大兴安岭北部及南部、燕山北部、阴山等地。

产地：产呼伦贝尔市（根河市），兴安盟（扎赉特旗、科尔沁右翼前旗），锡林郭勒盟（西乌珠穆沁旗），乌兰察布市（卓资县）。分布于我国河北、山西、陕西、甘肃、青海、安徽、湖北、四川、云南，朝鲜、俄罗斯也有。

用途：可栽培供观赏。花、叶入药，功能主治同金露梅。花也入蒙药（蒙药名：萌根—乌日阿拉格），功能主治同金露梅。

栽培管理要点：最好选山坡地或草荒地，应整地、消毒。春季 3 月下旬或 4 月初进行播种，最好播后 2~3 天无大雨或暴雨天气。条播或撒播，宜密播，微量覆土，每平方米需 5g 种子，播后盖草保墒，播后 10 天出苗，20 天左右出齐苗，及时揭草。每平方米产苗量达 200~500 株。苗高 3~4cm 时可分次间苗，最好在雨后进行。苗期除拔草、松土外，5~6 月施追肥 2~3 次；盛夏盖草防旱。1 年生苗高 30~60cm 可出圃。速效氮肥根外施肥，用 0.3%~0.5%尿素水溶液在生长期喷 2~3 次。早春施腐熟人粪尿的基肥，每株施 5~10kg；晚春和夏季，可追肥，用 0.3%~0.5%尿素水溶液在生长期喷 3~5 次；秋季可施钾肥，根外施肥，喷 0.3%~0.5%磷酸二氢钾水溶液 2~3 次。冬季或早春进行修剪，形成完整树冠。

121.【西北沼委陵菜】
分类地位：蔷薇科　沼委陵菜属

蒙名：乌日勒格 — 哲德格乐吉
学名：*Comarum salesoviannum* (Steph.) Asch.et Gr.

形态特征：半灌木，高 50~150cm。幼茎、叶下面、总花梗、花梗及花萼都有粉质蜡层和柔毛。茎直立，有分枝。单数羽状复叶，小叶片 7~11，矩圆状披针形或倒披针形，先端锐尖；基部宽楔形，边缘有尖锐锯齿，上面绿色，下面银灰色；托叶膜质，大都与叶柄合生。聚伞花序顶生或腋生，有花 2~10 朵；苞片条状披针形；萼片三角状卵形；副萼片条状披针形；花瓣白色或淡红色，倒卵形，先端圆形，基部有短爪；雄蕊淡黄色，比花瓣短。瘦果多数，矩圆状卵形，有长柔毛，埋藏在花托的长柔毛内。花期 7~8 月，果期 8~9 月。2n=28。

生境：中生植物。生于海拔 2100~4000m 山坡、沟谷、河岸。见于贺兰山等地。

产地：产阿拉善盟（贺兰山）。分布于我国甘肃、青海、新疆、西藏，蒙古、俄罗斯、印度也有。

用途：可作为绿化树种。

栽培管理要点：土壤以农田土为主，掺入 10%~20% 的水洗河沙，以增加土壤的通透性。土壤用 50% 多菌灵可湿性粉剂 500 倍喷洒床面进行消毒，每平方米施入 1.5kg 农家肥和 0.05kg 复合肥，深翻并耙平，播种前苗床灌足底水，细致整地，耙平。3 月上中旬播种，在温室大棚内进行。播种方式采用低床条播或撒播，床宽 1.2m，长 5~7m。将种子与细土混合后均匀撒在条播沟及床面上，覆土厚度 0.5~0.8cm，播后轻微镇压，喷壶洒水，用遮阴网覆盖，保持苗床土壤湿润。播种量为 150kg/m²。播种后，育苗地搭遮阳网，根据温度与地墒每 1~2 天喷洒 1 次水，保持地表湿润不板结。播后 35~40 天出苗，待幼苗全部出齐后，可第 1 次漫灌浇水，根据降水及墒情每 8~15 天灌水 1 次。幼苗出齐后，每隔 10 天要喷洒 1 次磷酸二氢钾叶面肥，每 15 天喷洒一次 2% 的硫酸亚铁溶液。在 6~7 月间追施 1~2 次尿素，10kg/ 亩，初秋季节可追施肥 1 次。生长期及时清除杂草，松土，防治土壤板结。进入苗木速生期后，撤去遮阳网，清理苗床，进行全光培育。生长中期，适当进行间苗，苗量可控制在 8~10 万株 / 亩。8 月中下旬停止浇水和施肥，促进苗木的木质化，11 月初灌足冬水越冬，次年即可移栽。

122.【山桃】

分类地位：蔷薇科 李属

蒙名：哲日勒格 — 陶古日
别名：野桃、山毛桃、普通桃
学名：*Prunus davidiana* (Carr.) Franch.

138

形态特征：乔木，高 4~6m。树皮光滑，暗红紫色，有光泽，嫩枝红紫色，无毛，腋芽 3 个并生。单叶，互生，叶片披针形或椭圆状披针形，先端长渐尖，基部宽楔形，边缘有细锐锯齿，两面平滑无毛；叶柄纤细，无毛，稀具腺；托叶条形，先端渐尖，早落。花单生。先叶开放，花梗极短，无毛；花萼无毛，萼筒钟形，暗紫红色；萼片矩圆状卵形，先端钝或稍尖，外面无毛；花瓣淡红色或白色，倒卵形或近圆形，先端圆钝或微凹，基部有短爪；雄蕊多数长短不等。核果球形，直径 2~2.5cm，先端有小尖头，密被短柔毛；果肉薄，干燥；果核矩圆状椭圆形，先端圆形，有弯曲沟槽。花期 4~5 月，果期 7 月。

生境：生于向阳山坡。在内蒙古有栽培。分布于我国华北、西北、西南。

用途：山桃仁可榨油，供制肥皂、润滑油，也可掺和桐油作油漆用。种仁入药，能破血行瘀、润燥滑肠，主治跌打损伤、血瘀疼痛、大便燥结等症。树干能分泌桃胶，可作黏结剂。也可栽培供观赏。

栽培管理要点：播前进行破壳和催芽，促进发芽生根，将山桃种子直接点播于定植穴中，其苗木主根可深入土中。播种深度是影响直播造林成败的重要因素之一。播山桃时要掌握适宜的深度，秋季播种不易过浅，一般深度在 10cm 以内，7~8cm 为好。春季播种不宜过深，5~6cm 为好，播种量为 2kg/ 亩，每穴 2~3 粒。也可植苗造林，植苗造林需要经过育苗和移植过程。苗圃育苗播种时先在畦内按一定的行距开沟，沟深 7~8cm。开沟后浇足水，水渗下后将种子点在沟内，覆土 4~5cm。一般每亩播种 5000 粒左右。春季幼苗出土后要及时追肥、浇水、中耕和锄草。春季移植应在早春树液尚未流动前进行，不宜太晚。移植后要及时灌水，3~5 天后再灌水 1 次，使苗根舒展，与土壤紧密接触，保持土壤湿润，提高成活率。山桃直播造林或植苗造林后都要严加管护，对林地要专人管护，防治病虫、鼠害、兽害、自然灾害等，保证种子正常出芽，使苗木正常生长，确保直播造林或植苗造林成活率和保存率。

123.【西伯利亚杏】

分类地位：蔷薇科 李属

蒙名：西伯日 — 归勒斯
别名：山杏
学名：*Prunus sibirica* L.

形态特征：小乔木或灌木，高 1~2(4)m。小枝灰褐色或淡红褐色，无毛或被疏柔毛。单叶互生，叶片宽卵形或近圆形，长 7~8cm，宽 5~8cm，先端尾尖，尾部长达 2.5cm，基部圆形或近心形，边缘有细钝锯齿，两面无毛或下面脉腋间有短柔毛。叶柄长 2~3cm，有或无小腺体。花单生，近无梗，直径 1.5~2cm；萼筒钟状，萼片矩圆状椭圆形，先端钝，被短柔毛或无毛，花后反折；花瓣白色或粉红色，宽倒卵形或近圆形，先端圆形，基部有短爪；雄蕊多数，长短不一，比花瓣短；子房椭圆形，被短柔毛；花柱顶生，与雄蕊近等长，下部有时被短柔毛。核果近球形，直径约 2.5cm，两侧稍扁，黄色面带红晕，被短柔毛，果梗极短，果肉较薄而干燥，离核，成熟时开裂；核扁球形，直径约 2cm，厚约 1cm，表面平滑，腹棱增厚有纵沟，沟的边缘形成 2 条平行的锐棱，背棱翅状突出，边缘极锐利如刀刃状。花期 5 月，果期 7~8 月。

生境：耐旱落叶灌木。多见于森林草原地带及其邻近的落叶阔叶林地带边缘。在陡峻的石质间、阴山坡，常成为建群植物，形成山地灌丛；在大兴安岭南麓森林草原地带，为灌丛草原的优势种和景观植物，也散见于草原地带的沙地。见于大兴安岭、辽河平原、燕山北部、阴山等地。

产地：产呼伦贝尔市（牙克石市、额尔古纳市、鄂温克族自治旗、海拉尔区），兴安盟（科尔沁右翼前旗），通辽市（大青沟），赤峰市（克什克腾旗、巴林右旗），锡林郭勒盟（东乌珠穆沁旗、锡林浩特市），乌兰察布市（大青山、蛮汉山）。分布于我国东北、华北，蒙古、俄罗斯也有。

用途：可栽培供观赏。山杏仁入药，功能主治同杏。山杏仁油用途同杏。

栽培管理要点：目前尚未由人工引种栽培。

124.【山杏】

分类地位：蔷薇科 李属

蒙名：合格仁 — 归勒斯
别名：野杏
学名：*Prunus ansu* Kom.

形态特征：小乔木，高 1.5~5m；树冠开展。树皮暗灰色，纵裂；小枝暗紫红色，被短柔毛或近无毛，有光泽，单叶，互生，宽卵形至近圆形，先端渐尖或短骤尖，基部楔形，近心形，稀宽楔形，边缘有钝浅锯齿，上面有短柔毛，或近无毛；托叶膜质，极微小，条状披针形。花单生，近无柄，萼筒钟状，萼片矩圆状椭圆形；花瓣粉红色，宽倒卵形，雄蕊多数；果近球形，稍扁，密被柔毛，顶端尖；果肉薄，干燥，离核；果核扁球形，平滑，腹棱与背棱相似，腹棱增厚有纵沟，边缘有 2 平行的锐棱，背棱增厚有锐棱。花期 5 月，果期 7~8 月。

生境：中生乔木。多散生于向阳石质山坡，栽培或野生。主要见于阴山等地。

产地：产锡林郭勒盟南部、乌兰察布市南部、鄂尔多斯市东部、大青山、乌拉山、蛮汉山。分布于我国东北（南部）、华北、西北。

用途：同西伯利亚杏。

栽培管理要点：选择沙壤土或壤土。播前深翻整地，每公顷施农家肥 30~45m³ 或相应数量的厩肥做成南北畦，畦宽 2m，长 10m，埂宽 0.4m。春播时种子要提前沙藏 3 个月左右。12 月中旬，将筛选好的杏核用冷水浸种 1~2 天，坑藏或堆藏。一般封冻前取体积为种子量 3 倍的沙子用清水拌湿，以手握可成团而不滴水，一碰即散为准。将浸泡好的种子与湿沙分层堆积在背阴且排水良好的坑内。坑的中间插入秫秸，播前半个月取出，堆放在背风向阳处催芽。经常上下翻动，夜间用麻袋或草帘盖上，待种子 70% 露白即可播种。幼苗长到 10~15cm 时，留优去劣。注意蹲苗，苗长到 25cm 时每亩施尿素 20kg，施肥后浇水，松土 起苗时间为秋季苗木落叶后至土壤封冻前，或春季土壤解冻后至苗木发芽前。起苗前一周浇水 1 次，起苗深度为 25cm，做到随起、随分级、随假植，按株行距要求，先挖好定植穴，表土埋根，提苗踩实，浇水，每株覆盖 1m² 地膜一块。秋季造林 修好树盘。树盘大小与树冠相同，坡度大的地方外沿高，里面低，随着管理逐年加强，树盘之间要连通，修成梯田。树上管理主要包括整形修剪和病虫害防治。

125.【榆叶梅】

分类地位：蔷薇科 李属

蒙名：额勒伯特 — 其其格

学名：*Prunus triloba* Lindl.

形态特征： 灌木，稀小乔木，高 2~5m。枝紫褐色或褐色，幼时无毛或微有细毛。叶片宽椭圆形或倒卵形，先端渐尖，常 3 裂，基部宽楔形，边缘具粗重锯齿，上面被疏柔毛或近无毛，下面被短柔毛；叶柄被短柔毛。花 1~2 朵，腋生，先于叶开放，花梗短或几无梗；萼筒钟状；萼片卵形或卵状三角形，具细锯齿；花瓣粉红色，宽倒卵形或近圆形；雄蕊约 30，短于花瓣；核果近球形，红色，具沟，有毛，果肉薄，成熟时开裂；核具厚硬壳，表面有皱纹。花期 5 月，果期 6~7 月。2n=64。

产地：在内蒙古的公园、庭院有栽培。分布于我国黑龙江、河北、山西、山东、浙江、江苏。

用途：为观赏植物。

栽培管理要点：榆叶梅的繁殖采取嫁接、播种、压条等方法，以嫁接效果最好，方法主要有切接和芽接，可选用山桃、榆叶梅实生苗和杏做砧木，砧木一般要培养两年以上，基径应在1.5cm左右，嫁接前要事先截断，需保留地表面上5~7cm的树桩。忌黏性土、重黏土和盐碱地。播种前深耕整地，以30~50cm为宜，结合翻耕用5%辛硫磷颗粒剂或溶液与基肥混拌施入土中，一般每1000kg肥料可混入0.25kg的药剂，也可将硫酸亚铁粉碎后直接撒于土中，每公顷用量150kg左右，可消灭有害病虫。应做畦。栽种于光照充足的地方，栽植时应浇好三水，即早春的返青水，仲春的生长水，初冬的封冻水。移栽的头一年还应特别注意水分的管理，在夏季要及时供给植株充足的水分，早春的返青水对开花质量和一年的生长影响至关重要，一般应在3月初进行。定植时可施用几锹腐熟的牛马粪做底肥，从第二年每年春季花落后，夏季花芽分化期，入冬前各施一次肥。早春进行追肥，可使植株生长旺盛，枝繁叶茂；夏秋的6~9月，适量施入磷钾肥，不仅有利于花芽分化，而且有助于当年新生枝条充分木质化；入冬前结合浇冻水再施一些厩肥，可有效提高地温，增强土壤的通透性，而且能在翌年初春及时供给植株需要的养分，这次肥宜浅不宜深，施肥后应注意及时浇水。

126.【毛樱桃】

分类地位：蔷薇科 李属

蒙名：哲日勒格 — 应陶日
别名：山樱桃、山豆子
学名：*Prunus tomentosa* Thunb.

形态特征：灌木，高 1.5~3m。树皮片状剥裂，嫩枝密被短柔毛，腋芽常 3 个并生，中间是叶芽，两侧是花芽。单叶互生或簇生于短枝上，叶片倒卵形至椭圆形，长 3~5cm，宽 1.5~2.5cm，先端锐尖或渐尖。基部宽楔形，边缘有不整齐锯齿，上面有皱纹，被短柔毛，下面被毡毛，叶柄长 2~4mm，被短柔毛；托叶条状披针形，长 2~4mm，条状分裂，边缘有腺锯齿。花单生或 2 朵并生，直径 1.5~2cm，与叶同时开放。花梗甚短，被短柔毛；花萼被短柔毛；萼筒钟状管形，长 4~5mm；萼片卵状三角形，长 2~8mm，边缘有细锯齿；花瓣白色或粉红色，宽倒卵形，长 6~9mm，先端圆形或微凹，基部有爪，雄蕊长 6~7mm；子房密被短柔毛。核果近球形，直径约 1cm，红色，稀白色；核近球形，稍扁，长约 7mm，直径约 5mm，顶端有小尖头，表面平滑。花期 5 月，果期 7~8 月。2n=16。

生境：中生灌木。生于山地灌丛间。见于呼锡高原、燕山北部、贺兰山等地。

产地：产赤峰市（喀喇沁旗、宁城县），锡林郭勒盟（正镶白旗），阿拉善盟（贺兰山）。分布于我国东北、华北及陕西、甘肃、江苏等省，朝鲜、日本也有。

用途：为观赏植物。果实味酸甜，可食用。种仁油可制肥皂与润滑油。种仁可作"郁李仁"入药。

栽培管理要点：目前尚未由人工引种栽培。

127.【欧 李】
分类地位：蔷薇科 李属

蒙名：乌拉嘎纳
别名：山杏
学名：*prunus humilis* Bunge

形态特征：小灌木，高 20~40cm。树皮灰褐色，小枝被短柔毛，腋芽 8 个并生，中间是叶芽，两侧是花芽。单叶互生，叶片矩圆状披针形至条状椭圆形，先端锐尖，基部楔形，边缘有细锯齿，两面均光滑无毛；叶柄短，托叶条形，边缘有腺齿。花单生或 2 朵簇生，与叶同时开放；花萼无毛或被疏柔毛，萼筒钟状，萼片卵形三角形；花瓣白色或粉红色，倒卵形或椭圆形，雄蕊多数，比花瓣短，长短不一。核果近球形，鲜红色，味酸，果核近卵形，顶端有尖头，表面平滑，有 1~3 条沟纹。花期 5 月，果期 7~8 月。

生境：中生小灌木或灌木。生于山地灌丛或林缘坡地，也见于固定沙丘，广布于我国落叶阔叶林地区。见于大兴安岭南部、辽河平原、燕山北部、阴山、呼锡高原等地。

产地：产通辽市（大青沟），兴安盟，赤峰市（克什克腾旗），锡林郭勒盟（多伦县），乌兰察布市（大青山）。分布于我国东北、华北、华东北部及陕西。

用途：为观赏植物。果可食用。种仁可作"郁李仁"入药，能润燥滑肠、利尿，主治大便燥结、水肿、脚气等症。

栽培管理要点：裸根苗可在春、秋两季栽植。春栽，最好在春季芽未膨大前栽植，北方地区一般为 3 月上旬栽。营养钵装的绿体苗，在春、夏、秋三季均可栽植，秋栽最晚时间，应是能使苗子栽后还可再生长一个月，保证小苗正常越冬。平地可按 0.5m×0.5m 的密度定植。 在有条件的地方，浇水追肥还是十分必要的。一般每年追肥三次就行，分别在开花前、果实膨大期和采收后进行。根施以果树复合肥为好，并在肥料中加入 5~10kg 硫酸亚铁。一般每次每亩 60kg 左右，采取顺行沟施比撒施效果好，每次追肥应结合浇水进行。果实膨大后期还应叶面追肥二次以上，叶面喷施可选用尿素、磷酸二氢钾、有机铁肥等，以弥补果实发育对养分的急需。浇水时间及次数可视土壤缺水情况而定，春季次数宜少，每次需饱，这样有利于提高地温，花期最好不要浇水，以防潮湿烂花。土地封冻前要浇好浇足封冻水，以利根系抗冻和减轻下一年早春的干旱。

128.【蒙古扁桃】

分类地位：蔷薇科 李属

蒙名：乌兰 — 布衣勒斯
别名：山樱桃、土豆子
学名：*Prunus mongolica* Maxim.

形态特征：灌木，高 1~1.5m。多分枝，枝条成近直角方向开展，小枝顶端成长枝刺，树皮略红紫色或灰褐色，常有光泽；嫩枝常带红色，被短柔毛。单叶，小形，多簇生于短枝上或互生于长枝上，叶片近革质，倒卵形、椭圆形或近圆形，先端圆钝，有时有小尖头，基部近楔形，边缘有浅钝锯齿，两面光滑无毛，下面中脉明显隆起；叶柄无毛；托叶条状披针形，无毛，早落。花单生短枝上，花梗极短，萼筒宽钟状，无毛；萼片矩圆形，无毛；花瓣淡红色，倒卵形，雄蕊多数，长短不一。核果宽卵形，稍扁，顶端尖，被毡毛；果肉薄，干燥，离核；果核扁宽卵形，有浅沟；种子（核仁）扁宽卵形，淡褐棕色。花期 5 月，果期 8 月。2n=16。

生境：旱生灌木。生于荒漠区和荒漠草原区的低山丘陵坡麓，石质坡地及干河床，为这些地区的景观植物。见于乌兰察布、鄂尔多斯、阿拉善、贺兰山、阴山、龙首山等地。

产地：产巴彦淖尔市（乌拉特中旗和后旗、狼山），鄂尔多斯市（乌审旗），阿拉善盟（贺兰山、阿拉善右旗），包头市（九峰山）。分布于我国宁夏、甘肃，蒙古也有。

用途：野生绿化资源。种仁可代"郁李仁"入药。

栽培管理要点：秋后将果实用湿沙 5℃ 左右埋藏，第二年春季播种。或在秋季直播果核，第二年 5 月上旬幼苗出土，种植前一年整好地，最好是二犁压青。春播或秋播，方法条播、点播，以种子直播为好，春播需进行催芽，秋播可采用寄籽法，种子不进行催芽。播后第一二年进行中耕锄草，三年后开始利用。选择沙壤地育苗。做育苗床前施入 4m³/ 亩腐熟的有机肥及 10~20kg 的磷酸二铵，同时均匀施入 1kg/ 亩的多菌灵粉剂和 6% 的甲拌磷 3kg，灌足底水进行深翻。苗床宽 0.8~1m，高为 10~15cm，播种量采用大田播种形式，畦一般为 6m×6m。容器育苗基质的配制：农田土、河沙、腐熟有机肥的比例为 7：2：1。播种量 900~1200kg/ 公顷。春播在土壤解冻后，一般于 4 月进行，用催芽后种子；秋播在入秋后进行，9 月 20 日前后播种。春播前 7~10 天处理种子，包括净种、消毒、浸种、催芽、拌种等环节。用 1%~2% 高锰酸钾溶液浸种，60℃水浸种催芽，1 份种子 3 份水，而且要随倒种子随搅拌，使水温在 5 分钟以内降到 45℃ 以下。每天换 1 次水，水温保持在 20~30℃。后捞出混沙堆积，保持湿度，1/3 露嘴即可用生根粉处理，播种育苗。

129.【柄扁桃】

分类地位：蔷薇科 李属

蒙名：布衣勒斯

别名：山樱桃、山豆子

学名：*Prunus pedunculata* (Pall.) Maxim.

形态特征：灌木，高 1~1.5m。多分枝，枝开展，树皮灰褐色，稍纵向剥裂；嫩枝浅褐色，常被短柔毛；在短枝上常 8 个芽并生，中间是叶芽，两侧是花芽。单叶互生或簇生于短枝上，叶片倒卵形、椭圆形、近圆形或倒披针形，先端锐尖或圆钝，基部宽楔形，边缘有锯齿，上面绿色，被短柔毛，托叶条裂，边缘有腺体，基部与叶柄被柔毛，下面淡绿色，被短柔毛。花单生于短枝上；萼筒宽钟状，外面近无毛，里面被长柔毛；萼片三角状卵形，比萼筒稍短，先端钝，边缘有疏齿，近无毛，花后反折，花瓣粉红色，圆形，先端圆形，基部有短爪，雄蕊多数。核果近球形，稍扁，成熟时暗紫红色，顶端有小尖头。被毡毛，果肉薄、干燥、离核；核宽卵形，稍扁，直径 7~10mm，平滑或稍有皱纹，核仁（种子）近宽卵形，稍扁，棕黄色，直径 4~6mm。花期 5 月，果期 7~8 月。2n=96。

生境：中旱生灌木。主要生长于草原及荒漠草原地带，多见于丘陵地向阳石质斜坡及坡麓。见于呼锡高原、阴山、阴南丘陵等地。

产地：产锡林郭勒盟（锡林浩特市、阿巴嘎旗、苏尼特右旗、镶黄旗、正镶白旗），乌兰察布市（卓资县，凉城县），鄂尔多斯市（达拉特旗），呼和浩特市（大青山），包头市（五当召、九峰山）。分布于我国宁夏，蒙古、俄罗斯（西伯利亚）也有。

用途：野生绿化资源。种仁可代"郁李仁"入药。

栽培管理要点：播种育苗前先进行种子处理，用开水进行浸种催芽，边倒开水边搅拌种子，直到全部浸泡为止。自然冷却，用 1%~2% 高锰酸钾溶液浸种消毒 1 天，再用水浸泡 1 周，期间每天换 1 次水。经过浸种后，将种子捞出混沙堆积，适时洒水保持湿度，当种子有1/3露嘴时，即进行播种育苗。选择有灌溉条件，透气性好的沙壤地做育苗床。播种地施入 4m³/ 亩腐熟的有机肥，10~20kg 的磷酸二铵，同时均匀施入多菌灵粉剂 1kg/ 亩和 6% 的甲拌磷 3kg，灌足底水进行深翻。播种方式为条播，播种量为 100kg/ 亩，株行距 10cm×20cm，管理采用常规育苗的田间管理措施（同蒙古扁桃）。

二十二、豆科

130.【苦豆子】

分类地位：豆科 槐属

蒙名：胡兰—宝雅
别名：苦甘草、苦豆根
学名：*Sophora alopecuroides* L.

形态特征：多年生草本，高 30~80cm，全体呈灰绿色。根发达，质坚硬，外皮红褐色而有光泽。茎直立，分枝多呈帚状；枝条密生灰色平伏绢毛，单数羽状复叶，小叶 11~25；托叶小；叶轴密生灰色平伏绢毛；小叶矩圆状披针形、短圆状卵形、矩圆形或卵形，全缘，两面密生平伏绢毛。总状花序顶生；花多数，密生；苞片条形；花萼钟形或筒状钟形，密生平伏绢毛；花冠黄色，旗瓣矩圆形或倒卵形，基部渐狭成爪；翼瓣矩圆形，比旗瓣稍短，有耳和爪；龙骨瓣与翼瓣等长，雄蕊 10，离生。荚果串球状，密生短细而平伏的绢毛，有种子 3 至多颗，种子宽卵形，黄色或褐色。花期 5~8 月，果期 6~8 月。2n=36。

生境：耐盐旱生植物。在暖温草原带和荒漠区的盐化覆沙地上，可成为优势植物或建群植物。多生于湖盐低地的覆沙地上，河滩覆沙地以及平坦沙地，固定、半固定沙地。见于阴南丘陵、鄂尔多斯、乌兰察布（西部）、阿拉善、贺兰山等地。

产地：产包头市，鄂尔多斯市，巴彦淖尔市，乌海市，阿拉善盟。分布于我国河北、山西、陕西、甘肃、宁夏、新疆、河南、西藏、蒙古、俄罗斯、伊朗也有。

用途：为固沙植物。有毒，青鲜状态家畜完全不食，干枯后，绵羊、山羊及骆驼采食一些残枝和荚果。根入药，能清热解毒，主治痢疾、湿疹、牙痛、咳嗽等症。根也入蒙药（蒙药名：胡兰—宝兰），能化热、调元、燥"黄化"，主治瘟病、感冒发烧、风热、痛风、游痛症、麻疹、风湿性关节炎。枝叶可沤绿肥。

栽培管理要点：轻盐沙壤土种植。整地深翻 25 cm，尿素 80.3 kg/hm²，过磷酸钙 250 kg/hm²，硫酸钾 37 kg/hm² 作基肥，灌水 1 次，0.240 m³/m²。100g 种子用 50 ml 98% 硫酸处理 25 分钟。用水冲洗 6~7 次，晾干备用。地温 12℃左右条播，沟宽 1~2 cm，沟深 1~1.5 cm，行距 45~50 cm。覆土 1cm，播量 0.00675~0.00750 kg/m²。苗高 10 cm，株距 10cm 进行定苗，六七月中旬适量灌水 2 次，灌水量 0.150 m³/m²；10月上旬秋灌压盐，水量 0.3m³/m²。7月中旬追肥，施用尿素 80.3kg/hm²，硫酸钾 37kg/hm²。六七月中旬分别进行人工除草，或五氟磺草胺 450~750 mg /hm² 兑水喷雾防治。全草采收在 8 月下旬进行。种子采收在 11 月上旬。

131.【沙冬青】

分类地位：豆科 沙冬青属

蒙名：萌台 一 哈日、嘎纳

别名：蒙古黄花木

学名：*Ammopiptanthus mongolicus* (Maxim.) Cheng f.

形态特征：常绿灌木，高 1.5~2m，多分枝。树皮黄色。枝粗壮，灰黄色或黄绿色，幼枝密被灰白色平伏绢毛。叶为掌状三出复叶；托叶小，三角形或三角状披针形，与叶柄连合而抱茎；叶柄密被银白色绢毛；小叶菱状椭圆形或卵形，全缘，两面密被银灰色毡毛。总状花序顶生，具花 8~10 朵；苞片卵形，有白色绢毛；花萼钟状，稍革质，密被短柔毛，萼齿宽三角形，边缘有睫毛；花冠黄色，旗瓣宽倒卵形，边缘反折，基部渐狭成短爪，翼瓣及龙骨瓣比旗瓣短，翼瓣近卵形，耳短，圆形，龙骨瓣矩圆形，耳短而圆。荚果扁平，矩圆形，无毛，顶端有短尖，含种子 2~5 颗，种子球状肾形。花期 4~5 月，果期 5~6 月。2n=18。

生境：强度旱生常绿灌木。沙质及沙砾质荒漠的建群植物。在亚洲中部的旱生植物区系中它是古老的第三纪残遗种。不仅有重要的资源价值，又有很重大的科学意义，因此应切实注意保护。见于阿拉善等地。

产地：产鄂尔多斯市（库布齐沙漠），巴彦淖尔市（乌拉特后旗、磴口县），阿拉善盟（阿拉善左旗与右旗、额济纳旗）。分布于我国宁夏、甘肃，蒙古也有。

用途：可作固沙植物及干旱区绿化资源。为有毒植物，绵羊、山羊偶尔采食其花则呈醉状，采食过多可致死。枝、叶入药能祛风、活血、止痛。外用主治冻疮、慢性风湿性关节痛。

栽培管理要点：容器育苗先进行种子催芽，即用凉水浸泡种子数分钟后，改用 50 ～ 60℃的温水浸种，自然冷却后，每天换清水 2 次，浸泡 2~3 天后，将吸胀的种子捞至 0.5% 的高锰酸钾溶液中浸泡消毒 30 分钟，捞出再用清水冲洗干净，将种子放置在麻袋夹层中，进行催芽处理，每天向麻袋上部洒水 2~3 次，经常翻动，温度保持在 20~25℃的情况下，4~6 天种子即可露白达 60%~70%，此时可进行播种。容器育苗可采用高 6.5~18cm 的容器塑料袋。营养配制采用 70% 的山坡草皮熟土，加入厩肥 20%、过磷酸钙 3%、硫酸亚铁 0.5%、锯末或蛭石 6.5%。用 0.5% 高锰酸钾溶液喷洒营养土消毒，混合搅拌均匀后，用勺子挖去上部中间部分，再用 1m 粗的小木棍在凹处来回摇动，使其成为凹陷漏斗形状，将处理好的种子种在容器袋内 2~3 粒，后用蛭石覆盖 1~1.5cm，根据湿度情况，每天喷水数次，待 7~10 天后幼苗可全部出齐。露地育苗移植造林采用雨季直播造林，播种前要对种子进行浸种处理，以 50~60℃的温水浸泡一昼夜为宜，进行上述方法消毒，深整地，蓄水保墒，春季直播，多在 8~9 月份雨季后期抢播。条播造林，每米播种沟以 30~40 粒种子为宜。穴播造林，每穴以 6~10 粒种子为宜。覆土厚度 2cm 为宜。播种后用草、锯末等进行覆盖，7~10 天幼苗即可出土。松土除草，尽量采用施肥、灌水等措施。

132.【披针叶黄华】

分类地位: 豆科 黄华属（野决朗属）

蒙名：他日巴千 — 希日

别名：苦豆子、面人眼睛、绞蛆爬、牧马豆

学名：*Thermopsis lanceolata* R.Br.

形态特征： 多年生草本，高10~30cm。主根深长。茎直立，有分枝，被平伏或稍开展的白色柔毛。掌状三出复叶，其小叶3，叶柄长4~8mm；托叶2，卵状披针形，叶状，先端锐尖，基部稍连合，背面被平伏长柔毛；小叶矩圆状椭圆形或倒披针形，长30~50mm，宽5~15mm，先端通常反折，基部渐狭，上面无毛，下面疏被平伏长柔毛。总状花序长5~10m，顶生，花于花序轴每节3~7朵轮生；苞片卵形或卵状披针形；花梗长2~5mm；花萼钟状，长16~18mm，萼齿披针形，长5~10mm，被柔毛；花冠黄色，旗瓣近圆形，长26~28mm，先端凹入，基部渐狭成爪，翼瓣与龙骨瓣比旗瓣短，有耳和爪；子房被毛。荚果条形，扁平，长5~6cm，宽(6)9~10(15)mm，疏被平伏的短柔毛，沿缝线有长柔毛。花期5~7月，果期7~10月。2n=18。

生境： 耐盐中旱生植物。为草甸草原和草原带的草原化草甸、盐化草甸伴生植物，也见于荒漠草原和荒漠区的河岸盐化草甸、沙质地或石质山坡。见于全区各地。

产地： 产全区。分布于我国东北、华北和西北，蒙古和俄罗斯也有。

用途： 为干旱区待开发的野生绿化资源。羊、牛于晚秋、冬春喜食，或在干旱年份采食。全草入药，能祛痰、镇咳，主治痰喘咳嗽。牧民称其花与叶可杀蛆。

栽培管理要点： 目前尚未由人工引种栽培。

133.【紫花苜蓿】

分类地位：豆科 苜蓿属

蒙名：宝日 — 查日嘎苏
别名：紫苜蓿、苜蓿
学名：*Medicago sativa* L.

形态特征： 多年生草本；高 30~100cm。根系发达，主根粗而长，入土深度达 2m 余。茎直立或有时斜生，多分枝，无毛或疏生柔毛。羽状三出复叶，顶生小叶较大；托叶狭披针形或锥形，长渐尖，全缘或稍有齿，下部叶柄合生，小叶矩圆状倒卵形、倒卵形或倒披针形，先端钝或圆，具小刺尖，基部楔形，叶缘上部有锯齿，中下部全缘，上面无毛或近无毛，下面疏生柔毛。短总状花序腋生，具花 5~20 余朵，通常较密集，总花梗超出叶，有毛；花紫色或蓝紫色，花梗短，有毛；苞片小，条状锥形；花萼筒状钝形，有毛，萼齿锥形或狭披针形，渐尖，比萼筒长或与萼筒等长；旗瓣倒卵形，先端微凹，基部渐狭，翼瓣比旗瓣短，基部具较长的耳及爪，龙骨瓣比翼瓣稍短；子房条形，有毛或近无毛，花柱稍向内弯，柱头头状。荚果螺旋形，通常卷曲 1~2.5 圈，密生伏毛，含种子 1~10 颗；种子小，肾形，黄褐色。花期 6~7 月，果期 7~8 月。2n=16。

产地： 为栽培的优良牧草。原产于亚洲西南部的高原地区，两千四百年前已开始引种栽培，现在已成为世界上分布很广的多年生优良豆科牧草，全世界栽培面积达 3 亿亩左右。我国栽培紫花苜蓿的历史也达两千年以上，目前主要分布在黄河中下游及西北地区，东北的南部也有少量栽培。本区鄂尔多斯市东部（准格尔旗）和乌兰察布市南部栽培效果良好。阴山山脉以北虽有较广泛的试验栽培，但越冬尚有一定困难，还未能完全成功，可通过育种的途径，培育更抗寒的品种。

用途： 为蜜源植物，或用以改良土壤及作绿肥。全草入药，能开胃、利尿排石，主治黄疸、浮肿、尿路结石。各种家畜均喜食。

栽培管理要点： 紫花苜蓿喜湿、喜光，对土壤要求不严格，但要求排水良好的沙质壤土。紫花苜蓿收草田播种量为 10~15 kg/hm²，撒播增加 20% 播量。从未种过紫花苜蓿的田地应接种根瘤菌，按每千克种子拌 8~10 g 根瘤菌剂拌种。经根瘤菌拌种的种子应避免阳光直射，避免与农药、化肥等接触，已接种的种子不能与生石灰接触，接种后的种子如不马上播种，3 个月后应重新接种。紫花苜蓿种子小，幼苗顶土力弱。播种前必须将地块整平整细，使土壤颗粒细匀，孔隙度适宜。紫花苜蓿是深根型植物，适宜深翻，深翻深度为 25~30cm。一年四季均可播种，春季 4 月中旬至 5 月末，利用早春解冻时土壤中的返浆水分抢墒播种；夏季在 6~7 月播种；秋播在 8 月中旬以前进行，以使冬前紫花苜蓿株高可达 5cm 以上，具备一定的抗寒能力，使幼苗安全越冬；冬季播种在上冻之前 1 周左右进行。可以条播、撒播。条播产草田行距为 15~30cm，播带宽 3cm。撒播用人工或机械将种子均匀地撒在土壤表面，然后轻耙覆土镇压。这种方法适于人少地多、杂草不多的情况。山区坡地及果树行间可采用撒播。垄作条播产草田行距为 40~50cm，播带宽 3cm。播种深度以 1~2 cm 为宜，既要保证种子接触到潮湿土壤，又要保证子叶能破土出苗。沙质土壤宜深，黏土宜浅；土壤墒情差的宜深，墒情好的宜浅；春季宜深，夏、秋季宜浅。干旱地区可以采取深开沟、浅覆土的办法。播后及时镇压，确保种子与土壤充分接触。追肥在第一茬草收获后进行，以磷、钾肥为主，氮肥为辅，氮磷钾比例为 1: 5: 5。每年第 1 次刈割后视土壤墒情灌水 1 次。早春土壤解冻后，紫花苜蓿未萌发之前进行浅耙松土，以提高地温，促进发育，这样做有利于返青。在紫花苜蓿越冬困难的地区，可采用大垄条播，垄沟播种，秋末中耕培土，厚度 3~5cm，以减轻早春冻融变化对紫花苜蓿根茎的伤害。在霜冻前后灌水 1 次（大水漫灌），以提高紫花苜蓿越冬率。现蕾末期至初花期收割。收割前根据气象预测，须 5 天内无降雨，以避免雨淋霉烂损失。采用人工收获或专用牧草压扁收割机收获。割下的紫花苜蓿在田间晾晒使含水量降至 18% 以下方可打捆贮藏。紫花苜蓿留茬高度在 5~7 cm，秋季最后一茬留茬高度可适当高些，一般在 7~9 cm。

134.【黄花苜蓿】

分类地位：豆科 苜蓿属

蒙名：希日—查日嘎苏
别名：野苜蓿、镰荚苜蓿
学名：*Medicago falcata* L.

形态特征：多年生草本。根粗壮，木质化。茎斜生或平卧，长 30~60（100）cm。多分枝，被短柔毛。叶羽状三出复叶；托叶卵状披针形或披针形，长渐尖，下部与叶柄合生；小叶倒披针形、条状倒披针形，稀倒卵形、矩圆状卵形，先端钝圆或微凹，具小刺尖，基部楔形，边缘上部有锯齿，下部全缘，上面近无毛，下面被长柔毛。总状花序密集成头状，腋生，通常具花 5~20 朵，总花梗长，超出叶；花黄色；花梗有毛；苞片条状锥形；花萼钟状，密被柔毛；萼齿狭三角形，长渐尖，比萼筒稍长或与萼筒近等长；旗瓣倒卵形，翼瓣比旗瓣短，耳较长，龙骨瓣与翼瓣近等长，具短耳及长爪；子房宽条形，稍弯曲或近直立，有毛或近无毛，花柱向内弯曲，柱头头状。荚果稍扁，镰刀形，稀近于直，被伏毛，含种子 2~3（4）颗。花期 7~8 月，果期 8~9 月。2n=16。

生境：耐寒的旱中生植物。在森林草原及草原带的草原化草甸群落中可形成伴生种或优势种，草甸草原的亚优势成分。喜生于沙质或沙壤质土，多见于河滩、海谷等低湿生境中。见于大兴安岭、科尔沁、呼锡高原等地。

产地：产于呼伦贝尔市，赤峰市（巴林右旗、克什克腾旗），锡林郭勒盟（东乌珠穆沁旗、锡林浩特市、正镶白旗）。分布于我国东北、华北、西北，俄罗斯（西伯利亚）及欧洲也有。

用途：为蜜源植物，亦为优等饲用植物。营养丰富，适口性好，各种家畜均喜食。牧民称此草有增加产乳量之效，对幼畜则能促进发育。产草量也较高，用作放牧和打草均可。但茎多为半直立或平卧，可选择直立型的进行驯化栽培，也可作为杂交育种材料，很有引种栽培前途。全草入药，能宽中下气、健脾补虚、利尿，主治胸腹胀满、消化不良、浮肿等症。

栽培管理要点：宜选土层深厚、排水良好、肥沃、疏松的沙质壤土为好。小麦收获后旋耕、细整，结合整地一次性施过磷酸钙 750kg/hm²。一般要求 6 月中旬小麦收后抢墒播种，播前 1 天晒种，播量 12 kg/hm²。按行距 30~40cm 开沟，沟深 2~3cm。播后保持土壤墒情。气温在 20℃ 左右时播后 5~8 天出苗。以越冬前苗长 10cm、地茎 0.3cm 为宜。出苗后要及时清除杂草。越冬前要中耕、培土、施肥，耕要慎防伤根。施肥以腐熟的农家肥为宜，适当增施硫酸钾 300 kg/hm²，翌年主要是清除杂草，有条件的 3 月下旬至 4 月上旬灌溉 1 次。黄花苜蓿怕旱怕涝，8~10 月若遇连阴雨天气要及时排涝，不得积水，否则易烂根，影响下茬收获产量。药用黄花苜蓿采收部位为地上茎叶，一般 1 年采收 2 次，在播后翌年开始，每年 5 月中旬（花蕾期至初花期）收割第 1 茬，品质最佳，收割后及时灌溉，促使早发苗，有利于提高下茬产量。9 月中旬收获第 2 茬。

135.【草木樨】

分类地位：豆科 草木樨属

蒙名：呼庆黑

别名：黄花草木樨、马层子、臭苜蓿

学名：*Melilotus suaveolens* Ledeb.

形态特征：一或两年生草本，高 60~90cm，有时高达 1m 以上。茎直立，粗壮，多分枝，光滑无毛。叶为羽状三出复叶；托叶条状披针形，基部不齿裂，稀有时靠近下部叶的托叶基部具 1 或 2 齿裂；小叶倒卵形、矩圆形或倒披针形，先端钝，基部楔形或近圆形，边缘有不整齐的疏锯齿。总状花序细长，腋生，有多数花；花黄色；花萼钟状，萼齿 5，三角状披针形，近等长，稍短于萼筒；旗瓣椭圆形，先端圆或微凹，基部楔形，翼瓣比旗瓣短，与龙骨瓣略等长；子房卵状矩圆形，无柄，花柱细长。荚果小，近球形或卵形，成熟时近黑色，表面具网纹；内含种子 1 颗，近圆形或椭圆形，稍扁。花期 6~8 月，果期 7~10 月。2n=16。

生境：旱中生植物。在森林草原和草原带的草甸或轻度盐化草甸中为常见伴生种，并可进入荒漠草原的河滩低湿地，以及轻度盐化草甸。多生于河滩沟谷，湖盆洼地等低湿地生境中。见于大兴安岭、科尔沁、呼锡高原、阴山、阴南丘陵、鄂尔多斯、东阿拉善等地。

产地：产于呼伦贝尔市（根河市、鄂伦春自治旗、额尔古纳市、鄂温克族自治旗），通辽市（科尔沁左翼后旗、扎鲁特旗），赤峰市，锡林郭勒盟（东乌珠穆沁旗、锡林浩特市、苏尼特左旗），乌兰察布市（卓资县、凉城县），鄂尔多斯市（鄂托克旗），巴彦淖尔市（磴口县）。分布于我国东北、华北、西北、朝鲜、日本、蒙古、俄罗斯也有。

用途：为蜜源植物，亦为优等饲用植物。现已广泛栽培。幼嫩时为各种家畜所喜食。开花后质地粗糙，有强烈的"香豆素"气味，故家畜不乐意采食，但逐步适应后，适口性还可提高。营养价值较高，适应性强，较耐旱，可在内蒙古中西部地区推广种植作饲料、绿肥及水土保持之用。全草入药，能芳香化浊、截疟，主治暑湿胸闷、口臭、头胀、头痛、疟疾、痢疾等症。全草也入蒙药（蒙药名：呼庆黑），能清热、解毒、杀"粘"，主治毒热、陈热。

栽培管理要点：对土壤要求不严，性喜阳光，最适于在湿润肥沃的沙壤地上生长。草木樨种子小，顶土力弱，整地要求精细，地面要平整，土块要细碎，若适当施些有机肥，则可提高产量，如每亩施 20kg 的磷肥，效果会更好。春播宜在 3 月中旬到 4 月初进行，无论春播或夏播，都会受到荒草的危害，秋播时墒情好，杂草少，有利出苗和实生苗的生长。冬季寄籽播种较好，既可省去硬实处理，又不争劳力，翌年春季出土后，苗全苗齐，且与杂草的竞争力强，可保证当年的稳产高产。浅播，以 1.5~2cm 为宜。播种方法可条播、穴播和撒播。条播行距 20~30cm 为宜，穴播以株行距 26cm 为宜；条播每亩播种量为 0.75kg，穴播为 0.5kg，撒播为 1kg。为了播种均匀，可用 4~5 倍于种子的沙土与种子拌匀后播种。在苗高 13~17cm 时，结合中耕除草和追肥进行匀苗。当 70% 左右的种荚由绿变为黄褐色，即可及时收获种子。

136.【白花草木樨】

分类地位：豆科 草木樨属

蒙名：查干 — 呼庆黑
别名：白香草木樨
学名：*Melilotus albus* Desr.

形态特征：一或二年生草本，高达 1m 以上。茎直立，圆柱形，中空，全株有香味。叶为羽状三出复叶；托叶锥形或条状披针形，小叶椭圆形、矩圆形、卵状矩圆形或倒卵状矩圆形等，先端钝或圆，基部楔形，边缘具疏锯齿。总状花序腋生，花小，多数，稍密生，花萼钟状，萼齿三角形；花冠白色，旗瓣椭圆形，顶端微凹或近圆形，翼瓣比旗瓣短，比龙骨瓣稍长或近等长，子房无柄，荚果小，椭圆形或近矩圆形，初时绿色，后变黄褐色至黑褐色。表面具网纹，内含种子 1~2 颗；种子肾形，褐黄色。花果期 7~8 月。2n=16。

生境：中生植物。原产于亚洲西部，在我国东北、西部、西北以及世界各国有栽培，在内蒙古各地区有逸生。生于路边、沟旁、盐碱地及草甸等生境中。

产地：产于呼伦贝尔市（鄂伦春自治旗），兴安盟（科尔沁右翼前旗），赤峰市，锡林郭勒盟（锡林浩特市），包头市（达尔罕茂明安联合旗），呼和浩特市（大青山），鄂尔多斯市（乌审旗、鄂托克旗），阿拉善盟（额济纳旗）。

用途：同草木樨。

栽培管理要点：白花草木樨种子硬实高，尤其是新鲜种子，可高达 40%~60%（一般在 10%~40%），因此播种前必须进行种子处理。硬实处理的方法有：①擦种法：先把种子晒过，再放在碾子上，碾至种皮发毛为止；②硫酸处理法：用 10% 的稀硫酸溶液浸泡种子 0.5~1 小时；③变温处理法：先用温水浸泡种子，然后捞出，白天曝晒，夜间放在凉处，经常浇水以保持湿润，经过 2~3 天即可播种。播种期虽然一年四季均可，但以春播为最好。秋播不能太迟，否则幼苗不易越冬。也可冬播，即在土壤结冻之前播种，寄籽过冬，翌年春出苗。白花草木樨播种量，一般每亩为 1~1.5kg，在一些干旱或寒冷地区，由于保苗较困难，播量可加大到 2~2.5kg。播种方法，种子田用条播，一般饲草生产田用条播或撒播。条播行距，收种宜宽 30~60cm，收草 15~30cm。覆土深 2~3cm，湿润地区 1~2cm，干旱地区 3cm，播后应及时镇压以免跑墒。白花草木樨还可用大麦、小麦、燕麦、苏丹草等进行保护播种，以抑制杂草，增加当年的经济效益，在播种方法上宜先播种保护作物，当它们出现 2~4 片叶子时再播种白花草木樨，效果较好。

137.【野火球】

分类地位：豆科 车轴草属

蒙名：禾日因 — 好希扬古日
别名：野车轴草
学名：*Trifolium lupinaster* L.

形态特征：多年生草本，高 15~30cm，通常数茎丛生。根系发达，主根粗而长。茎直立或斜生，多分枝，略呈四棱形，疏生短柔毛或近无毛。掌状复叶，通常具小叶 5，稀为 3~7；托叶膜质鞘状，紧贴生于叶柄上，抱茎，有明显脉纹；小叶长椭圆形或倒披针形，长 1.5~5cm，宽 (3)5~12(16)mm，先端稍尖或圆。基部渐狭，边缘具细锯齿，两面密布隆起的侧脉，下面沿中脉疏生长柔毛。花序呈头状，顶生或腋生，花多数，红紫色或淡红色；花梗短，有毛；花萼钟状，萼齿锥形，长于萼筒，均有柔毛，旗瓣椭圆形，长约 14mm。顶端钝或圆，基部稍狭，翼瓣短于旗瓣，矩圆形，顶端稍宽而略圆，基部具稍向内弯曲的耳，爪细长，龙骨瓣比翼瓣稍短，耳较短，爪细长，顶端常有 1 小突起；子房条状矩圆形，有柄，通常内部边缘有毛，花柱长。上部弯曲，柱头头状。荚果条状矩圆形，含种子 1~3 颗。花期 7~8 月，果期 8~9 月。2n=32。

生境：中生植物，为森林草甸种。在森林草原地带，是林缘草甸（五花草塘）的伴生种或次优势种。也见于草甸草原、山地灌丛及沼泽化草甸，多生于肥沃的壤质黑钙土及黑土上，但也可适应砾石质、粗砾质土。见于大兴安岭、科尔沁、呼锡高原、阴山等地。

产地：产于呼伦贝尔市，兴安盟（科尔沁右翼前旗），通辽市（扎鲁特旗），赤峰市（克什克腾旗），锡林郭勒盟（东乌珠穆沁旗、锡林浩特市），乌兰察布市（察哈尔右翼前旗），呼和浩特市（大青山）。分布于我国东北、华北，朝鲜、日本、蒙古、俄罗斯也有。

用途：为蜜源植物，亦为良好的饲用植物。青嫩时为各种家畜所喜食，其中以牛为最喜食，开花后质地粗糙，适口性稍有下降，刈制成干草，各种家畜均喜食。可在水分条件较好的地区引种驯化，推广栽培，与禾本科牧草混播，建立人工打草场及放牧场。全草入药，能镇静、止咳、止血。

栽培管理要点：对土壤的要求不严，非盐渍化土壤都能种植，喜多有机质的黑土和黑土层较厚的白浆土。有很强的耐瘠性，不耐盐碱，适宜的土壤 pH 值为 5~7.5。种子细小，出苗缓慢。野火球硬实率很高，播种前应及时作硬实处理，用碾米机碾两次或用 95% 的浓硫酸浸泡 5 分钟，洗净晾干，待播。野火球种子发芽的最低温度为 10℃，理想的种子发芽温度是 25℃左右，春播、夏播均可。春播可在 4~5 月抢墒播种，夏播在 6~8 月播种，此时雨水多、温度高，出苗快。做单一商品草或种子田时，一般采用条播，条播的行距为 30~45cm 或采用 60~70cm 双条播，播种量每亩在 1~1.5 kg；在草地补播或草地改良时采用撒播，播种量每亩在 1.5~2kg；野火球适宜与羊草、无芒雀麦等混播。与禾本科混播比例要体现以野火球为主，使其保持优势地位，否则易受禾草抑制而退化。一般播深在 1.5~2cm 左右，播后镇压一次，确保墒情。播种时应同时施以磷钾肥为主的底肥或有机肥。野火球苗期生长缓慢，不耐杂草，出苗后应及时除草。土壤干旱或缺肥时，要及时追肥或灌溉，追肥以磷钾肥为主。

138.【紫穗槐】

分类地位：豆科 紫穗槐属

蒙名：宝日—特如图—槐子
别名：棉槐、椒条
学名：*Amorpha fruticosa* L.

形态特征：灌木，高 1~2m，丛生，枝叶繁密。树皮暗灰色，平滑。小枝灰褐色，有凸起的锈色皮孔，嫩枝密被短柔毛。叶互生，单数羽状复叶，具小叶 11~25，托叶条形，先端渐尖；叶柄基部稍膨大，密被短柔毛；小叶卵状矩圆形、矩圆形或椭圆形，先端钝尖、圆形或微凹，具短刺尖，基部宽楔形或圆形，全缘，上面绿色，有短柔毛或近无毛，下面淡绿色，有长柔毛，沿中脉较密，并有黑褐色腺点。花序集生于枝条上部，成密集的圆锥状总状花序，花梗纤细，有毛；花萼钟状，密被短柔毛并有腺点，萼齿三角形，顶端钝或尖，有睫毛；花冠蓝紫色，旗瓣倒心形，包住雌雄蕊，无翼瓣及龙骨瓣。荚果弯曲，棕褐色，有瘤状腺点，顶端有小尖。花期 6~7月，果期 8~9 月。2n=40。

生境：喜暖的中生灌木。分布于我国东北、华北、华东、中南、西南，内蒙古南部地区有栽培。

用途：枝条可编制筐篓，并为造纸及人造纤维原料。嫩枝叶可作饲料。果含芳香油，种子含油 10% 左右，可作油漆、甘油及润滑油。栽植供观赏，花为蜜源植物。又可栽植于河岸、沙堤、沙地、山坡及铁路两旁，做护岸、防沙、护路、防风造林等树种，并有改良土壤的效用。

栽培管理要点：可用种子繁殖及进行根萌芽无性繁殖，萌芽性强，根系发达，每丛可达 20~50 根萌条，平茬后一年生萌条高达 1~2m，2 年开花结果，种子发芽率 70%~80%。紫穗槐为丛生落叶灌木，枝条细长柔韧，通直无节，粗细均匀。生长快，植株自地表平茬后，新枝当年可高达 1.5m 左右。强壮的株丛可萌生 15~30 个萌条，可割条 10~20 年。果皮含有油脂，种子坚硬。生产上我们采用热水浸种催芽法。播种前，将种子（带荚皮）放在大盆中，然后倒入 2 份开水，1 份凉水，水温约 60℃。边倒热水边搅拌种子，使种子上下受热均匀，当水温约达 30℃时，停止搅拌种子，自然冷却后浸种 24 小时。捞出种子后用 0.5% 高锰酸钾溶液消毒 3 小时。捞出种子用清水冲洗 2~3 遍，控干种子，将 1 份种子混 3 份湿沙（即水捏成团，手松沙散），并均匀搅拌。放置在温暖向阳坡度约 5℃，背风的地方，保持种温 20℃左右，上面盖上湿草片，保持适宜湿度，含水量约 60%，催芽 3~4 天，每天用温水（约 30℃）喷洒种子，并翻动 1~2 次，使上下种子干湿均匀一致，如果遇到下雨天气，要用塑料薄膜将种子覆盖，避免种子湿度过大或积水，防止种

子受害。待种裂嘴露白时即可播种。紫穗槐经过热水浸种催芽处理的种子比不浸种干播的种子提前 7~10 天发芽出土，出苗率达 90%。对土壤条件要求不严，但在生产上为培育壮苗，育苗地我们选择地势平坦、排水良好、灌溉方便、土壤深厚、较肥沃的菜园作为播种地。播种地块前一年的秋季进行深耕 30cm，使土层充分风化，翌年 4 月上旬播种前细致整地，施足底肥，每亩施入充分腐熟的有机肥料 1500~2000kg，复合肥 15kg，浅耕整平，做成宽 1.2m、长 10m 的平畦，南北方向，畦面要平整，土质要细碎。播种前 1 天，畦面浇透底水，然后用五氯硝基苯和代森锌各 1 份，倒入喷壶中，充分搅拌，每亩 10g 喷洒床面，进行土壤消毒。第 2 天采用开沟条播，顺床开沟宽幅条播，使幼苗受光均匀。沟深 2~3cm，宽 10cm，行距 20cm。开沟后用脚将沟底趟平，均匀地将种子撒入沟中，边播种边覆盖（过筛的细土），覆土的厚度为 1~1.5cm，厚薄要均匀一致，以利出苗整齐。浇足水，及时用草帘覆盖，保持土壤湿润，待幼苗有 60% 出土后，及时撤除覆盖草帘。待幼苗高 3~5cm 时，去掉病虫害苗、细弱苗和密集一起的双株苗，去劣留优。苗高 6~8cm 时，第二次间苗，去密留稀，达到疏密适中，分布均匀，以利于通风透光，促使幼苗生长发育。一周左右开始出苗，出苗前如床土干旱，要及时适量浇水，切忌浇蒙头水。每次间苗后要及时浇水，以防苗根透风。床土不宜过湿，以免造成幼苗徒长或发生病害。幼苗生长初期，苗木地上部分和根系开始生长，形成根系，但分布比较浅，如床土水分不足，易引起幼苗死亡。此时，要使表层床土经常保持湿润，适当增加浇水量，浇水次数可相应减少。从苗木速生期一直到速生末期，苗木生长速度快，需水量多，可采取少次多量，充分满足苗木迅速生长所需要的水分。苗木生长后期，为防止苗木贪青徒长，使苗木充分木质化，应停止浇水。幼苗出土后到初生期，喷施 1~2 次大肥宝，浓度为 0.1% 为宜。在苗木速生期适当追施 1~2 次尿素，每亩施用 10kg 和适量的磷钾肥，防止苗木贪青徒长，促进苗木充分木质化。苗木生长后期，停止追肥，以促进苗木充分木质化，保证苗木安全越冬。幼苗出齐后，及时松土除草，除草时为防止伤苗尽量用手拔。苗木生长期，全年约中耕除草 3~4 次。保持土壤疏松，防止杂草与苗木争夺水分和养分。紫穗槐很少有病虫害发生，一旦发生，要采用杀虫剂和杀菌剂及时进行防治，防止蔓延。

139.【苦马豆】

分类地位：豆科 苦马豆属

蒙名：洪呼圈 — 额布斯

别名：羊卵蛋、羊尿泡

学名：*Sphaerophysa salsula* (Pall.) DC.

形态特征： 多年生草本，高 20~60cm。茎直立，具开展的分枝，全株被灰白色短伏毛。单数羽状复叶，小叶 13~21；托叶披针形，先端锐尖或渐尖，有毛；小叶倒卵状椭圆形或椭圆形，先端圆钝或微凹，有时具 1 小刺尖，基部宽楔形或近圆形，两面均被平伏的短柔毛，有时上面毛较少或近无毛；小叶柄极短。总状花序腋生，比叶长，总花梗有毛，苞片披针形；花萼杯状，有白色短柔毛，萼齿三角形；花冠红色，旗瓣圆形，开展，两侧向外翻卷，顶端微凹，基部有短爪，翼瓣比旗瓣稍短，矩圆形，顶端圆，基部有爪及耳，龙骨瓣与翼瓣近等长；子房条状矩圆形，有柄，被柔毛，花柱稍弯，内侧具纵列须毛。荚果宽卵形或矩圆形；膜质，膀胱状，有柄；种子肾形，褐色。花期 6~7 月，果期 7~8 月。2n=16。

生境： 耐碱耐旱草本。在草原带的盐碱性荒地、河岸低湿地、沙质地上常可见到，也进入荒漠带。见于科尔沁、大兴安岭南部、辽河平原、呼锡高原、赤峰丘陵、乌兰察布、阴南丘陵、鄂尔多斯、阿拉善等地。

产地： 产兴安盟（科尔沁右翼中旗），通辽市（扎鲁特旗、科尔沁左翼后旗），赤峰市（阿鲁科尔沁旗、巴林右旗、克什克腾旗、翁牛特旗、赤峰市、敖汉旗），锡林郭勒盟（正蓝旗），乌兰察布市（凉城县），呼和浩特市（和林格尔县、清水河县），包头市（达尔罕茂明安联合旗），鄂尔多斯市（全境），巴彦淖尔市（全境），阿拉善盟（阿拉善左旗、额济纳旗）。分布于我国东北、华北及西北，蒙古、俄罗斯（西伯利亚）也有。

用途： 为待开发的野生绿化资源。青鲜状态家畜不乐意采食，秋季干枯后，绵羊、山羊、骆驼采食一些。全草、果入药，能利尿、止血，主治肾炎、肝硬化腹水、慢性肝炎浮肿、产后出血。

栽培管理要点： 目前尚未由人工引种栽培。

NEIMENGGU YESHENG YUANYI ZHIWU TUJIAN

140.【小叶锦鸡儿】

分类地位：豆科 锦鸡儿属

蒙名：乌禾日 — 哈日嘎纳、阿拉他嘎纳
别名：柠条、连针
学名：*Caragana microphylla* Lam.

形态特征： 灌木，高 40~70cm，最高可达 1m。树皮灰黄色或黄白色；小枝黄白色至黄褐色，直伸或弯曲，具条棱，幼时被短柔毛。长枝上的托叶宿存硬化成针刺状，常稍弯曲，幼时被伏柔毛，后无毛，脱落。小叶 10~20，羽状排列，倒卵形或倒卵状矩圆形，近革质，绿色，先端微凹或圆形，少近楔形，有刺尖，基部近圆形或宽楔形，幼时两面密被绢状短柔毛，后仅被极疏短柔毛。花单生；花梗密被绢状短柔毛，近中部有关节；花萼钟形或筒状钟形，基部偏斜，密被短柔毛，萼齿宽三角形，边缘密生短柔毛；花冠黄色，旗瓣近圆形，顶端微凹，基部有短爪，翼瓣爪长为瓣片的 1/2，耳短，圆齿状，长约为爪的 1/5，龙骨瓣顶端钝，爪约与瓣片等长，耳不明显；子房无毛。荚果圆筒形，深红褐色，无毛，顶端斜长渐尖。花期 5~6 月，果期 8~9 月。2n=16。

生境： 典型草原的旱生灌木。在沙砾质、沙壤质或轻壤质土壤的针茅草原群落中形成灌木层片，并可成为亚优势成分，在群落外貌上十分明显，成为草原带景观植物，组成了一类独特的灌丛化草原群落。这种景观是蒙古高原上植被的一大特色。见于呼锡高原、大兴安岭南部、科尔沁、辽河平原、赤峰丘陵、乌兰察布、阴南丘陵等地。

产地： 产呼伦贝尔市（新巴尔虎右旗、海拉尔区），兴安盟（科尔沁右翼前旗与中旗），通辽市（科尔沁左翼后旗），赤峰市（阿鲁科尔沁旗、巴林右旗、克什克腾旗、翁牛特旗、敖汉旗），锡林郭勒盟（东与西乌珠穆沁旗、锡林浩特市、正蓝旗、苏尼特左旗），乌兰察布市（四子王旗），包头市（达尔罕茂明安联合旗）。分布于东北、华北及甘肃东部，蒙古和俄罗斯（西伯利亚）也有。

用途： 野生绿化资源及防风固沙植物。亦为良好饲用植物。绵羊、山羊及骆驼均乐意采食其嫩枝，尤其于春末喜食其花。牧民认为它的花营养价值高，有抓膘作用，能使经冬后的瘦弱畜迅速肥壮起来。马、牛不乐意采食。全草、根、花、种子入药，功能主治同中间锦鸡儿。种子入蒙药（蒙药名：乌禾日—哈日嘎纳），功能主治同中间锦鸡儿。

栽培管理要点： 育苗地不要选在风沙口或涝洼地带，有灌溉条件，排水良好，通透性强的沙壤土最为适宜。一般采取高床育苗，苗床宽 1.2m，床沟 0.4cm，床高 0.2m，床的长度因地势而定。播种前，用 1% 的高锰酸钾液浸种半小时。用清水淘洗一遍，加水浸种 10 小时。捞出把水沥干及时播种。一般 7 天左右出苗。播种期一般选择在 5 月上旬，播种方法为条播，行距 25cm，播种宜浅不宜深，覆土厚度 2cm 左右，每亩播种量 30~40kg，留苗量 10 万株以上。及时进行喷灌，保持土壤湿度，但土壤不宜过湿，使地温处在 15~20℃ 保证种子发芽。待出苗后至苗木长到 10cm 时要勤浇水，最好用喷灌。苗木长到 11cm 以上时，喷水次数要少，一般 7 天左右灌 1 次水，或土壤过于干旱时进行灌水。当苗木长到 15cm 时，结合灌水追施 1 次氮肥，每亩撒施 15~20kg，促使苗木迅速生长。当年小叶锦鸡儿可生长到 30~50cm，地基径达到 0.3cm 以上时，可当年出圃，用于秋季或来年造林。整地时间为雨季和秋季，一般在造林前 2 个月整完，整完后及时回填土，将坑填平。其整地方法有 3 种：小鱼鳞坑整地；鱼鳞坑整地；机械整地。

植苗前若苗木根系过长要进行修根，一般保留根长 20cm 左右，并用 200 倍聚水保混泥浆浸蘸根 20~30 分钟。采取植苗锹窄缝栽植法，常用有"两锹半或三锹半"的窄缝植苗法。造林后前 3 年要及时割除杂草。特别是播种出苗后和下雨后应及时松土，杂草丛生的地方要及时除去。小叶锦鸡儿造林在 3 年内，生长缓慢，在风沙危害严重的地区或沙土丘陵地区，易被泥土埋没，特别是新植幼苗，若被牲畜啃食，来年很难发芽，所以要加强幼树保护，严禁放牧和割草。一般在造林后 6~8 年开始，每隔 5 年 1 次，对小叶锦鸡儿林进行平茬更新，增加根系的固着能力和根系的生长范围，促生萌蘖数量，提高植被覆盖度。平茬时间一般在"立冬"后至早春解冻之前，留茬高度一般离地面 10 cm。

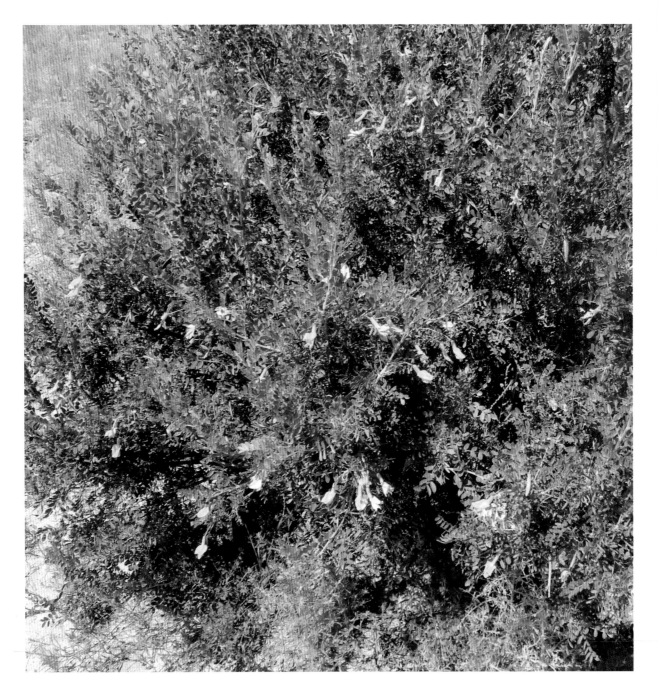

141.【中间锦鸡儿】
分类地位：豆科 锦鸡儿属

蒙名：宝特 — 哈日嘎纳
别名：柠条
学名：*Caragana intermedia* Kuang et H. C. Fu

形态特征：灌木，高 70~150cm，最高可达 2m，多分枝。树皮黄灰色、黄绿色或黄白色；枝条细长，直伸或弯曲，幼时被绢状柔毛。长枝上的托叶宿存并硬化成针刺状；叶轴密被白色绢状柔毛。脱叶；小叶 8~18，羽状排列，椭圆形或倒卵状椭圆形，先端圆或锐尖，少楔形，有刺尖，基部宽楔形，两面密被绢状柔毛，有时上面近无毛。花单生；花梗密被绢状短柔毛，常中部以上有关节，少中部或中部以下有关节；萼筒状钟形，密被短柔毛，萼齿三角形；花冠黄色，旗瓣宽卵形或菱形，基部有短爪，翼瓣的爪长约为瓣片的 1/2，耳短，牙齿状，龙骨瓣矩圆形，具长爪，耳极短，因而瓣片基部成截形；子房披针形，无毛或疏生短柔毛，荚果披针形或矩圆状披针形，厚、革质，腹缝线凸起，顶端短渐尖。花期 5 月，果期 6 月。2n=16。

生境：干草原及荒漠草原带的沙生旱生灌木。在固定和半固定沙丘上可成为建群种，形成沙地灌丛群落。也常散生于沙质荒漠草原群落中，而组成灌丛化草原群落。见于乌兰察布、阴南丘陵、鄂尔多斯、东阿拉善等地。

产地：产锡林郭勒盟（集二线），包头市（达尔罕茂明安联合旗），鄂尔多斯市，巴彦淖尔市（乌拉特中旗、后旗与前旗），阿拉善盟（阿拉善左旗）。分布于我国宁夏、陕西。

用途：生态及饲用价值与小叶锦鸡儿相同。全草、根、花、种子入药，花能降压，主治高血压；根能祛痰止咳，主治慢性支气管炎；全草能活血调经，主治月经不调；种子能祛风止痒、解毒，主治神经性皮炎、牛皮癣、黄水疮等症。种子也入蒙药（蒙药名：宝特—哈日嘎纳），能清热，消"奇啥"，主治咽喉肿痛、高血压、血热头痛、脉热。

栽培管理要点： 在丘间低地的沙质壤土和沙漠荒滩都能种植，以先育苗，后移栽为上，也可直接播种。育苗宜在沙质轻壤土上进行，育苗前一年，结合深耕整地施足底肥，并进行冬灌，第二年春季抢墒播种。在黄土丘陵沟壑地区直播时，可视地形情况，于上年秋季采用水平台、水平沟、鱼鳞坑或小穴整地。水平台、沟沿等高线开挖，距离 2~3m，鱼鳞坑、穴距离 1~2m。育苗采用条播，行距 30~40cm，由于子叶出土，顶土力差，覆土厚度以 3cm 左右为宜，每亩播种量育苗 10kg，直播 1~1.5kg，播后镇压，使种子和土密接，利于种子吸水出苗。当苗高达 25cm 时，即可出圃移栽。直播在春、夏、秋季都可进行，但以春季抢墒播种或雨后抢墒播种最好。秋播时，不得迟于 8 月中旬，过迟不利幼苗越冬。近年来用飞机撒种播种，效果很好。飞播后用羊群踩踏覆土，在表土疏松，缓坡地段用树梢或其他器物拉划覆土，同样能起到促进发芽出苗的作用。移栽期以 3 月下旬到 4 月初为宜，移栽行距为 2~3m，株距 1m。选择根系发育粗壮的植株，大苗和根系过长的植株要截根截干。挖坑深度为 50~60cm，移栽前灌足水分。移栽后穴面要用干沙或干碎土覆盖保墒。幼苗期仍需加强管理，不论是育苗地还是移栽地、直播地，都应实行封育，禁止放牧等人畜危害，保证幼苗生长。育苗地在不十分干旱的情况下不宜多灌水。

142.【红花海绵豆】

分类地位：豆科 海绵豆属

蒙名：乌兰 — 色宝日其格
别名：大花雀儿豆、红花雀儿豆
学名：*Spongioearpella grubovii* (Ulzij.) Yakcvl.

形态特征：垫状半灌木，高 10~15cm，多分枝，当年枝短缩。单数羽状复叶，具小叶 7~11；托叶三角状披针形，革质，密被平状短柔毛与白色绢毛，先端渐尖，与叶柄基部连合；叶轴宿存并硬化成针刺状；小时椭圆形、菱状椭圆形或倒卵形，先端钝或锐尖，基部宽楔形或近圆形，上面被浅黑色腺点，两面被平伏的白色绢毛。花较大，紫红色；小苞片条状披针形，褐色，对生，有白色缘毛；花萼管状钟形，二唇形，锈褐色，密被柔毛，萼齿条状披针形，有白色缘毛，里面密被白色长柔毛；旗瓣倒卵形，顶端微凹，基部渐狭，背面密被短柔毛，翼瓣顶端稍宽、钝，龙骨瓣顶端钝，基部均有长爪；子房有毛。荚果矩圆状椭圆形，革质，顶端具短喙，密被长柔毛。花期 7~8 月，果期 8~9 月。

生境：荒漠旱生垫状半灌木。散生于荒漠区或荒漠草原的山地石缝中、剥蚀残丘或沙地上。见于乌兰察布、阿拉善、贺兰山等地。

产地：产包头市（达尔罕茂明安联合旗），鄂尔多斯市（鄂托克旗），巴彦淖尔市（狼山），阿拉善盟（阿拉善左旗、贺兰山、阿拉善右旗）。蒙古也有。

用途：野生绿化资源及防风固沙植物。

栽培管理要点：目前尚未由人工引种栽培。

143.【甘草】

分类地位：豆科 甘草属

蒙名：希禾日 — 额布斯

别名：甜草苗

学名：*Glycyrthiza uralensis* Fisch.

形态特征： 多年生草本，高 30~70cm。具粗壮的根茎，常由根茎向四周生出地下匍枝，主根圆柱形，粗而长，可达 1~2m 或更长，伸入地中，根皮红褐色至暗褐色，有不规则的纵皱及沟纹，横断面内部呈淡黄色或黄色，有甜味。茎直立，稍带木质，密被白色短毛及鳞片状、点状或小刺状腺体。单数羽状复叶，具小叶 7~17；被细短毛及腺体；托叶小，长三角形、披针形或披针状锥形，早落；小叶卵形、倒卵形、近圆形或椭圆形，先端锐尖、渐尖或近于钝，稀微凹，基部圆形或宽楔形，全缘，两面密被短毛及腺体。总状花序腋生，花密集；花淡蓝紫色或紫红色；花梗甚短；苞片披针形或条状披针形；花萼筒状，密被短毛及腺点，裂片披针形，比萼筒稍长或近等长；旗瓣椭圆形或近矩圆形，顶端钝圆，基部渐狭成短爪，翼瓣比旗瓣短，而比龙骨瓣长，均具长爪；雄蕊长短不一；子房无柄，矩圆形，具腺状突起。荚果条状矩圆形、镰刀形或弯曲成环状，密被短毛及褐色刺状腺体；种子 2~8 粒，扁圆形或肾形，黑色，光滑。花期 6~7 月，果期 7~9 月。2n=16。

生境： 中旱生植物。生于碱化沙地、沙质草原、具沙质的田边、路旁、低地边缘及河岸轻度碱化的草甸。生态幅度较广，在荒漠草原、草原、森林草原以及落叶阔叶林地带均有生长。在草原沙质土上，有时可成为优势植物，形成片状分布的甘草群落。见于全区各地。

产地： 产全区。分布于我国东北、华北、西北，蒙古、俄罗斯、巴基斯坦、阿富汗也有。

用途： 野生绿化资源。根入药，能清热解毒、润肺止咳、调和诸药等，主治咽喉肿痛、咳嗽、脾胃虚弱、胃及十二指肠溃疡、肝炎、痔病、痈疖肿毒、药物及食物中毒等症。根及根茎入蒙药（蒙药名：希禾日—额布斯），能止咳润肺、滋补、止吐、止渴、解毒，主治肺痨、肺热咳嗽、吐血、口渴、各种中毒、"白脉"病、咽喉肿痛、血液病。在食品工业上可作啤酒的泡沫剂或酱油、蜜饯果品香料剂，又可作灭火器的泡沫剂及纸烟的香料。又为中等饲用植物。现蕾前骆驼乐意采食，绵羊、山羊亦采食，但不十分乐食。渐干后各种家畜均采食，绵羊、山羊尤喜食其荚果。鄂尔多斯市牧民常刈制成干草于冬季补喂幼畜。

栽培管理要点： 有性繁殖和无性繁殖均可，秋天地深翻 30~45cm，施基肥 37500kg/hm²，翻后耙平，种子繁殖。第二年春天 4 月份播种，磨破种皮，或者用温水浸泡，沙藏两月播种。再者用 60℃温水浸泡 4~6 小时，捞出种子放在温暖的地方，上盖湿布，每天用清水淋 2 次，出芽即可播种。7~8 月份播种，不催芽，可条播或穴播，行距 30cm，开 1.5cm 沟，种子均匀撒入沟内，覆 2~3cm 土。

穴播: 株距5cm, 每穴播5粒, 覆土后一定要注意种子和土壤密接, 土干要浇水, 用种子 30~37.5kg/hm²。根状茎繁殖: 结合春秋采挖甘荔时进行, 粗的根药用, 细的根茎截成 4~5cm 的小段, 上面有 2~3 个芽, 行距 30cm, 开 10cm 深的沟, 株距 15cm, 把根平放, 覆土正平、浇水。出苗前后, 保持土壤湿润, 干要浇水, 苗长出 2~3 片真叶按株距 10~12cm 间苗, 此期地无草。根状茎露出地面后培土, 拔除杂草, 防止草丛生, 第一二年和粮食等作物间套种, 合理利用土地。封冻前, 追施农家肥料 2000~2500kg。种子繁殖 3~4 年, 根状茎繁殖 2~3 年即可采收。在秋季 9 月下旬至 10 月初, 地上茎叶枯萎时采挖。甘草根深, 必须深挖, 不可刨断或伤根皮, 挖出后去掉残茎。忌用水洗, 趁鲜分出主根和侧根, 去掉芦头、毛须、枝杈, 晒至半干, 捆成小把, 再晒至全干; 也可在春季甘草茎叶出土前采挖, 但秋季采挖质量较好。春、秋二季采挖, 除去须根, 晒干。

144.【黄芪】

分类地位：豆科 黄芪属

蒙名：好恩其日

别名：膜荚黄芪

学名：*Astragalus membranaceus* Bunge

形态特征：多年生草本，高 50~100cm。主根粗而长，直径 1.5~3cm，圆柱形，稍带木质，外皮淡褐黄色至深棕色。茎直立，上部多分枝，有细棱，被白色柔毛。单数羽状复叶，互生，托叶披针形、卵形至条状披针形，有毛；小叶 13~27，椭圆形、矩圆形或卵状披针形，先端钝、圆形或微凹，具小刺尖或不明显，基部圆形或宽楔形，上面绿色，近无毛，下面带灰绿色，有平伏白色柔毛。总状花序于枝顶部腋生，总花梗比叶稍长或近等长，至果期显著伸长，具花 10~25 朵，较稀疏；黄色或淡黄色；花梗与苞片近等长，有黑色毛；苞片条形；花萼钟状，常被黑色或白色柔毛，萼齿不等长，为萼筒长的 1/5 或 1/4，三角形至锥形，上萼齿（即位于旗瓣一方者）较短，下萼齿（即位于龙骨瓣一方者）较长；旗瓣矩圆状倒卵形，顶端微凹，基部具短爪，翼瓣与龙骨瓣近等长，比旗瓣微短，均有长爪和短爪，子房有柄，被柔毛。荚果半椭圆形，一侧边缘呈弓形弯曲，膜质，稍膨胀，顶端有短喙，基部有长柄，伏生黑色短柔毛，有种子 3~8 粒；种子肾形，棕褐色。花期 6~8 月，果期 7~9 月。2n=16。

生境：森林草甸中生植物。在森林区、森林草原和草原带的林间草甸中为稀见的伴生杂类草，零星渗入林缘灌丛及草甸草原群落。见于大兴安岭东北部、阴山、阴南丘陵等地。一些地区有栽培。

产地：产呼伦贝尔市（大兴安岭），兴安盟（科尔沁右翼前旗），呼和浩特市（大青山），包头市（大青山），巴彦淖尔市（乌拉山），鄂尔多斯市（准格尔旗）。分布于我国东北、华北、黄土高原及四川、西藏，朝鲜、蒙古、俄罗斯也有。

用途：野生绿化资源及防风固沙植物。根入药，能补气、固表、托疮生肌、利尿消肿，主治体虚自汗、久泻脱肛、子宫脱垂、体虚浮肿等症。根也入蒙药（蒙药名：好恩其日），能止血、治伤，主治金伤、内伤、跌打肿痛。并可作兽药，治风湿。据报道，根茎之 10 倍水浸液对马铃薯晚疫病菌有 50% 的抑制作用。

栽培管理要点：选择土层深厚，土质疏松、肥沃、排水良好、向阳干燥的中性或微酸性沙质壤土，平地或向阳的山坡均可种植，土壤深松达 35cm 以上，结合整地深施化肥到耕层 15cm 左右做基肥，每亩施入有机肥 3000~4000kg，三元素复合肥（氮、磷、钾各 15%）20kg，配以复合生物菌肥 1kg。种子存在休眠状态，故必须以机械、物理或化学方法促使其发芽。沸水催芽，将选好的种子放入沸水中搅拌 1 分钟立即加入冷水，将水温调到 40℃后浸泡 2~4 小时，待种子膨胀后捞出，未膨胀的种子再以 40~50℃水浸泡到膨胀时捞出，加覆盖物闷 12 小时，待萌动时播种。将种子用石碾快速碾数遍，使外种皮由棕黑色有光泽的变为灰棕色表皮粗糙时为度，以利种子吸水膨胀。亦可将种子拌入 2 倍的细沙揉搓，擦伤种皮时，即可带沙下种。酸处理对老熟硬实的种子，可用 70%~80% 浓硫酸溶液浸泡 3~5 分钟，取出迅速置流水中冲洗半小时后播种，此法能破坏硬实种皮，发芽率达 90% 以上，但要慎用。播种采用直播方式。春播在"清明"前，秋播在"白露"前后。在垄上开沟 8~10cm，施入三元素复合肥（氮、磷、钾各 15%）10kg 做种肥，覆土 5cm，把处理好的种子均匀撒入沟内，再覆土 3~5cm 镇压一次即可。一般每亩用种量 2~3kg。当苗高 5~7cm 时进行第一次间苗，通过 2~3 次间苗后，每隔 8~10cm 留壮苗 1 株。黄芪幼苗生长缓慢，不注意除草易造成草荒，要及时锄草。黄芪喜肥，在生长第一二年，每年结合中耕锄草追一次肥，每亩追施腐熟人畜粪水 1000kg 或三元素复合肥（氮、磷、钾各 15%）7~8kg。第一年冬季枯苗后每亩施入厩肥 2000kg 加三元素复合肥（氮、磷、钾各 15%）10kg、饼肥 150kg，混合拌匀后于行间开沟施入，施后培土防冻。于 7 月底前进行打顶。第 3 年便可以收获。采收一般在秋季植株枯萎时进行，也可在翌年春季尚未萌发前进行，南方多雨地区，为减少烂根损失，最好当年收获。

145.【蒙古黄芪 (变种) 】

分类地位：豆科 黄芪属

蒙名：蒙古勒 — 好恩其日

别名：黄芪、绵黄芪、内蒙黄芪

学名：*Astragalus memdranaceus* Bunge
var. *mongholicus* (Bunge) Hsiao

形态特征：本变种与正种的区别在于：子房及荚果无毛；小叶 25~37，长 5~10mm，宽 3~5mm。2n=16。

生境：旱中生植物。散生于草原、草原化草甸、山地灌丛林缘。见于呼锡高原、阴山、阴南丘陵等地。

产地：产呼伦贝尔市（满洲里市），锡林郭勒盟，乌兰察布市（大青山、蛮汉山）。分布于我国东北、华北，蒙古、俄罗斯（西伯利亚）也有。

用途：同黄芪。

栽培管理要点：参考黄芪的栽培技术。

146.【斜茎黄芪】

分类地位：豆科 黄芪属

蒙名：矛日音 — 好恩其日
别名：直立黄芪、马拌肠
学名：*Astragalus adsurgens* Pall.

形态特征：多年生草本；高 20~60cm。根较粗壮，暗褐色。茎数个至多数丛生。斜生，稍有毛或近无毛。单数羽状复叶，具小叶 7~23；托叶三角形，渐尖，基部彼此稍连合或有时分离；小叶卵状椭圆形、椭圆形或矩圆形，先端钝或圆，有时稍尖，基部圆形或近圆形，全缘，上面无毛或近无毛，下面有白色丁字毛。总状花序于茎上部腋生，总花梗比叶长或近相等，花序矩圆状，少为近头状，花多数，密集，有时稍稀疏，蓝紫色、近蓝色或红紫色，稀近白色；花梗极短；苞片狭披针形至三角形，先端尖，通常较萼筒显著短；花萼筒状钟形，被黑色或白色丁字毛或两者混生，萼齿披针状条形或锥状，约为萼筒的 1/3~1/2，或比萼筒稍短，旗瓣倒卵状匙形，顶端深凹，基部渐狭，翼瓣比旗瓣稍短，比龙骨瓣长；子房有白色丁字毛，基部有极短的柄。荚果矩圆形，具 3 棱，稍侧扁，背部凹入成沟，顶端具下弯的短喙，基部有极短的果梗，表面被黑色、褐色或白色的丁字毛，或彼此混生，由于背缝线凹入荚果分隔为 2 室。花期 7~8(9) 月，果期 8~10 月。2n=16。

生境：中旱生植物。在森林草原及草原带中是草甸草原的重要伴生种或亚优势种。有的渗入河滩草甸、灌丛和林缘下层成为伴生种，少数进入林区和荒漠草原带的山地。见于大兴安岭、燕山北部、辽河平原、科尔沁、呼锡高原、乌兰察布、赤峰丘陵、阴山、阴南、鄂尔多斯、东阿拉善等地。

产地：产呼伦贝尔市，兴安盟，通辽市，赤峰市，锡林郭勒盟，乌兰察布市，呼和浩特市，包头市，鄂尔多斯市，巴彦淖尔市。分布于我国东北、华北、西北、西南各省区，朝鲜、日本、蒙古、俄罗斯（西伯利亚）也有。

用途：为优等饲用植物。开花前，牛，马、羊均乐食，开花后，茎质粗硬，适口性降低，骆驼冬季采食；可作为改良天然草场和培育人工牧草地之用。引种试验栽培颇有前途。又可作为绿肥植物，用以改良土壤。种子可作"沙苑子"入药，功能主治同黄芪。

栽培管理要点：参考黄芪的栽培技术。

147.【刺叶柄棘豆】

分类地位：豆科 棘豆属

蒙名：奥日图哲
别名：鬼见愁、猫头刺、老虎爪子
学名：*Oxytropis aciphylla* Ledeb.

形态特征： 矮小半灌木，高 10~15cm。根粗壮，深入土中。茎多分枝，开展，全体呈球状株丛。叶轴宿存，木质化，呈硬刺状，下部粗壮，向顶端渐细瘦而尖锐，老时淡黄色或黄褐色，嫩时灰绿色，密生平伏柔毛。托叶膜质，下部与叶柄连合，先端平截或尖，后撕裂，表面无毛，边缘有白色长毛，双数羽状复叶，小叶对生，有小叶 4~6，条形，先端渐尖，有刺尖，基部楔形，两面密生银灰色平伏柔毛，边缘常内卷。总状花序腋生，具花 1~2 朵；总花梗短，密生平伏柔毛；苞片膜质，小披针状锥形；花萼筒状，花后稍膨胀，密生长柔毛，萼齿锥状；花冠蓝紫色、红紫色以至白色，旗瓣倒卵形，顶端钝，基部渐狭成爪，翼瓣短于旗瓣，龙骨瓣较翼瓣稍短；子房圆柱形，花柱顶端弯曲，被毛。荚果矩圆形，硬，革质，密生白色平伏柔毛，背缝线深陷，隔膜发达。花期 5~6 月，果期 6~7 月。2n=16。

生境： 荒漠草原多刺的旱生垫状半灌木。为干燥沙质荒漠的建群种，在荒漠草原砾石性较强的小针茅草原群落中为常见伴生种，有时多度增高可成为次优势种。多生长于砾石质平原、薄层覆沙地以及丘陵坡地。见于呼锡高原、乌兰察布、阴南丘陵、鄂尔多斯、阿拉善等地。

产地： 锡林郭勒盟（苏尼特右旗），包头市（达尔罕茂明安联合旗），巴彦淖尔市（乌拉特中旗、后旗与前旗，磴口县），鄂尔多斯市，阿拉善盟。分布于我国宁夏、陕西、甘肃、青海，蒙古、俄罗斯（西伯利亚）也有。

用途： 野生绿化资源及防风固沙植物。春季绵羊、山羊采食一些花和小叶，骆驼有时采食一些嫩枝叶，春季发芽时马刨食其根及采食其嫩叶。其茎叶捣碎煮汁可治脓疮。

栽培管理要点： 目前尚未由人工引种栽培。

148.【多叶棘豆】

分类地位：豆科 棘豆属

蒙名：达兰 — 奥日图哲
别名：狐尾藻棘豆、鸡翎草
学名：*Oxytropis myriophylla* (Pall.) DC.

形态特征：多年生草本，高 20~30cm。主根深长，粗壮。无地上茎或茎极短缩。托叶卵状披针形，膜质，下部与叶柄合生，密被黄色长柔毛；叶为具轮生小叶的复叶，通常可达 25~32 轮，每轮有小叶 4~10 枚，小叶片条状披针形，先端渐尖，干后边缘反卷，两面密生长柔毛。总花梗比叶长或近等长，疏或密生长柔毛；总状花序具花十余朵，花淡红紫色，花梗极短或近无梗；苞片披针形，比萼短，萼筒状，萼齿条形。苞及萼均密被长柔毛；旗瓣矩圆形，顶端圆形或微凹，基部渐狭成爪，翼瓣稍短于旗瓣，龙骨瓣短于翼瓣，顶端具长 2~8mm 的喙，了房圆杠形，被毛。荚果披针状矩圆形，先端具长而尖的喙，表面密被长柔毛，内具稍厚的假隔膜，成不完全的 2 室。花期 6~7 月，果期 7~9 月。2n=16。

生境：砾石生草原中旱生植物。多出现于森林草原带的丘陵顶部和山地砾石性土壤上。为草甸草原群落的伴生成分或次优势种；也进入干草原地带和林区边缘，但总生长在砾石质或沙质土壤上。见于大兴安岭、燕山北部、辽河平原、科尔沁、呼锡高原、藏山北部、赤峰丘陵、阴山、阴南丘陵等地。

产地：产呼伦贝尔市（鄂伦春自治旗、阿荣旗、陈巴尔虎旗、鄂温克族自治旗、新巴尔虎左旗、新巴尔虎右旗、海拉尔区、满洲里市），兴安盟（科尔沁右翼前旗、扎赉特旗、乌兰浩特市），通辽市（扎鲁特旗、科尔沁左翼后旗），赤峰市（克什克腾旗），锡林郭勒盟（东乌珠穆沁旗、西乌珠穆沁旗、锡林浩特市、镶黄旗、正蓝旗、浑善达克沙地），乌兰察布市（卓资县、蛮汉山），呼和浩特市（大青山），包头市（大青山），巴彦淖尔市（乌拉山）。分布于我国华北、东北，蒙古、俄罗斯（西伯利亚）也有。

用途：野生绿化资源及防风固沙植物。青鲜状态各种家畜均不采食，夏季或枯后绵羊、山羊采食少许，饲用价值不高。全草入药，能清热解毒、消肿、祛风湿、止血，主治流感、咽喉肿痛、痔疮肿毒、创伤、瘀血肿胀、各种出血。地上部分入蒙药（蒙药名：那布其日哈嘎—奥日都扎），能杀"粘"、消热、燥"黄水"、愈伤、生肌、止血、消肿、通便，主治瘟疫、发症、丹毒、肠刺痛、脑刺痛、麻疹、痛风、游痛症、创伤、月经过多、创伤出血、吐血、咳痰等。

栽培管理要点：目前尚未由人工引种栽培。

149.【砂珍棘豆】

分类地位：豆科 棘豆属

蒙名：额勒苏音 — 奥日图哲、
炮静 — 额布斯
别名：泡泡草、砂棘豆
学名：*Oxytropis gracilima* Bunge

形态特征：多年生草本，高 5~15cm。根圆柱形，伸长，黄褐色。茎短缩或几乎无地上茎，叶丛生，多数。托叶卵形，先端尖，密被长柔毛，大部与叶柄连合；叶为具轮生小叶的复叶，叶轴细弱，密生长柔毛，每叶约有 6~12 轮，每轮有 4~6 小叶，均密被长柔毛，小叶条形、披针形或条状矩圆形，先端锐尖，基部楔形，边缘常内卷。总花梗比叶长或与叶近等长；总状花序近头状，生于总花梗顶端；花较小，粉红色或带紫色；苞片条形，比花梗稍短；萼钟状，密被长柔毛，萼齿条形，与萼筒近等长或为萼筒长的 1/3，密被长柔毛；旗瓣倒卵形，顶端圆或微凹，基部渐狭成短爪，翼瓣比旗瓣稍短，龙骨瓣比翼瓣稍短或近等长，顶端具长 1mm 余的喙，子房被短柔毛，花柱顶端稍弯曲。荚果宽卵形，膨胀，顶端具短喙，表面密被短柔毛，腹缝线向内凹形成 1 条狭窄的假隔膜，为不完全的 2 室。花期 5~7 月，果期 (6)7~8(9) 月。2n=16。

生境：草原沙地旱生植物。在草原带和森林草原带的沙生植被中为偶见成分。生长于沙丘、河岸沙地的沙质坡地。见于大兴安岭西南部、呼锡高原、辽河平原、科尔沁、乌兰察布、阴山、阴南丘陵、鄂尔多斯等地。

产地：产呼伦贝尔市（陈巴尔虎旗、新巴尔虎左旗），通辽市（科尔沁区、科尔沁左翼后旗），赤峰市（阿鲁科尔沁旗、克什克腾旗、翁牛特旗），锡林郭勒盟（锡林浩特市、正蓝旗、正镶白旗、镶黄旗、苏尼特左旗、浑善达克沙地），乌兰察布市（四子王旗、兴和县），呼和浩特市（武川县、和林格尔县、清水河县），包头市（达尔罕茂明安联合旗），鄂尔多斯市（准格尔旗、乌审旗、鄂托克旗），巴彦淖尔市（乌拉特中旗、乌拉特前旗）。分布于华北、东北及陕西、宁夏，蒙古、朝鲜也有。

用途：野生绿化资源及防风固沙植物。绵羊、山羊采食少许，饲用价值不高。全草入药，能消食健脾，主治小儿消化不良。

栽培管理要点：目前尚未由人工引种栽培。

150.【小花棘豆】

分类地位：豆科 棘豆属

蒙名：扫格图 — 奥日图哲、
　　　扫格图 — 额布斯、霍勒 — 额布斯
别名：醉马草、包头棘豆
学名：*Oxytropis glabra* (Lam.) DC.

形态特征：多年生草本，高 20~30cm。茎伸长，匍匐，上部斜生，多分枝，疏被柔毛。单数羽状复叶，具小叶 (5)11~19，托叶披针形、披针状卵形、卵形以至三角形，革质，疏被柔毛，分离或基部与叶柄连合；小叶披针形、卵状披针形、矩圆状披针形以至椭圆形，先端锐尖、渐尖或钝，基部圆形，上面疏被平伏的柔毛或近无毛，下面被疏或较密的平伏柔毛。总状花序腋生，花排列稀疏，总花梗较叶长，疏被柔毛，苞片条状披针形，先端尖，被柔毛；花小，淡蓝紫色；花萼钟状，被平伏的白色柔毛，萼齿披针状锥形；旗瓣宽倒卵形，先端近截形，微凹或具锐尖，翼瓣长稍短于旗瓣，龙骨瓣稍短于翼瓣。荚果长椭圆形，下垂，膨胀，背部圆，腹缝线稍凹，密被平伏的短柔毛。花期 6~7 月，果期 7~8 月。2n= 16。

生境： 轻度耐盐的草甸中生植物。在草原带西部、荒漠草原以至荒漠区的低湿地上，许多湖盆边缘和沙丘间的盐湿低地多为优势种，也伴生于芨芨草草甸群落。见于阴南丘陵、乌兰察布、鄂尔多斯、阿拉善等地。

产地： 产鄂尔多斯市，巴彦淖尔市及阿拉善盟。分布于我国山西、甘肃、青海、新疆、西藏，蒙古、俄罗斯也有。

用途： 野生绿化资源及防风固沙植物。为有毒植物。据研究，它含有极强烈溶血活性的蛋白质毒素，家畜大量采食后，能引起慢性中毒，其中以马最为严重，其次为牛、绵羊与山羊。家畜采食后，开始发胖，继续采食，则出现腹胀、消瘦、双目失明、体温增高、口吐白沫、不思饮食，最后死亡。若在刚中毒时，改饲其他牧草，或将中毒家畜驱至生长有葱属植物或冷的放牧地上，可以解毒。据报道，采用机械铲除或用2，4—D丁酯进行化学除莠，效果较好。此外，采取去毒饲喂的方法，便可变害为利。

栽培管理要点： 目前尚未由人工引种栽培。

151.【细枝岩黄芪】

分类地位：豆科 岩黄芪属

蒙名：好尼音 — 他日波勒吉
别名：花棒、花柴、花帽、花英、牛尾梢
学名：*Hedysarum scoparium* Fisch. et Mey.

内蒙古野生园艺植物图鉴
NEIMENGGU YESHENG YUANYI ZHIWU TUJIAN
185

形态特征: 灌木，高达 2m。茎和下部枝紫红色或黄褐色，皮剥落，多分枝；嫩枝绿色或黄绿色，具纵沟，被平伏的短柔毛或近无毛。单数羽状复叶，下部叶具小叶 7~11，上部的叶具少数小叶、最上部的叶轴上完全无小叶；托叶卵状披针形，较小，中部以上彼此连合，外面被平伏柔毛，早落；小叶矩圆状椭圆形或条形，先端渐尖或锐尖，基部楔形，上面密被红褐色腺点和平伏的短柔毛，下面密被平伏的柔毛，灰绿色。总状花序腋生，花序梗比叶长，花少数，排列疏散；苞片小，三角状卵形，密被柔毛；花紫红色，花萼钟状筒形，齿长为筒的 1/2~2/3，披针状锥形或三角形；旗瓣宽倒卵形，先端稍凹入，爪长为瓣片的 1/4~1/5；翼瓣长 10~12mm，爪长为瓣片的 1/3，耳长为爪长的 1/2；龙骨瓣长 17~18mm，爪稍短于瓣片；子房有毛。荚果有荚节 2~4，荚节近球形，膨胀，密被白色毡状柔毛。花期 6~8 月，果期 8~9 月。2n=16。

生境：旱生沙生半灌木。为荒漠和半荒漠地区植被的优势植物或伴生植物，在固定及流动沙丘均有生长。见于阿拉善等地。

产地：产鄂尔多斯市（库布齐沙漠西部），阿拉善盟（阿拉善左旗与右旗）。分布于宁夏、甘肃、青海和新疆，蒙古和俄罗斯也有。

用途：本种为优良的固沙先锋植物。枝叶骆驼和羊喜食。

栽培管理要点：在沙质壤土和黏壤质的丘间地或沙漠荒滩地上均能种植。成活率高。在沙砾质、漏沙、夹沙地上，灌溉种植也能成活，但生长较差。在半荒漠及干旱草原地区的流动沙丘迎风坡中、下部，用作固沙种植时，成活率和生长均好。育苗以沙质轻壤为好，育苗一年，结合深耕整地施足底肥，进行冬灌。第二年播种前需精细整地，保持土壤水分适中，才能获得全苗。在降雨量较高的地区，采用飞播，效果也较好。采用高质量种子播种。种植细枝岩黄芪需要先育苗后移栽，育苗要在早春 3 月至 4 月上旬抢墒进行。播种以条播为佳，播深 4cm 左右，播后镇压。播种量，直播每亩 1~1.5kg，育苗播种每亩 7~8kg，条播行距 25~30cm，移栽株距 1.5m×2m、2m×2m、1m×3m 或 2m×3m。育苗播种还可采用催芽播种，效果甚好。方法是于播种前 10 天，把种子浸泡 2~3 天后，混合湿沙堆放催芽，并适当加水，保持湿润，当少量种子开始裂口露出白尖时，就可播种。直播造林须采用穴播，穴距以 1m×2m 或 2m×3m 为宜，播种期可于早春抢墒播种或春夏雨季播种。但直播因鼠虫掏吃种子严重，成效较差，应注意防治。一般于上年育苗，当苗高达 30cm 时，起苗出圃假植，于下年春季移栽效果好，成活率一般在 80%~90%，秋季移栽成活率低。移栽时挖穴要深，防止窝根，一般 60~70cm 即可，穴内要灌足水再移栽。幼苗期要及时中耕除草，防止杂草危害，定株后无须特别管理。用作饲料的，要于定苗后第二年开始进行平茬，一年一次或隔年一次，有条件的在平茬后应及时灌水，但灌水不宜过多，这样，利用年限可达几十年。细枝岩黄芪荚果成熟后容易脱落，种子成熟时期一般在 10 月下旬到 11 月中旬，荚果呈灰白色时就应采收。5 年以上株龄的植株，结实多而种子成熟饱满，是采种的主要对象。

152.【塔落岩黄芪】

分类地位：豆科 岩黄芪属

蒙名：陶尔落格 — 他日波落吉
别名：羊柴
学名：*Hedysarum laeve* Maxim.

形态特征： 半灌木，高 1~2m。茎直立，多分枝，开展。树皮灰黄色或灰褐色，常呈纤维状剥落。小枝黄绿色或灰绿色，疏被平伏的短柔毛，具纵条棱。单数羽状复叶，具小叶 7~23，上部的叶具少数小叶，中下部的叶具多数小叶；托叶卵形，膜质，褐色，外面被平伏短柔毛，早落；叶轴被平伏的短柔毛，具纵沟，最上部叶轴有的呈针刺状；小叶具短柄；枝上部小叶疏离，条形或条状矩圆形，先端尖或钝，具小凸尖，基部楔形，上面密布红褐色腺点，并疏被平伏短柔毛，下面被稍密的短伏毛；枝中部及下部小叶矩圆形、长椭圆形或宽椭圆形，先端锐尖或钝。总状花序腋生，不分枝或有时分枝，具花 10~30 朵，花梗短，有毛；苞片甚小，三角状卵形，褐色，有毛；花紫红色；花萼钟形，被短柔毛，上萼齿 2，三角形，较短，下萼齿 3，较长，锐尖；旗瓣宽倒卵形，顶端微凹，基部渐狭，翼瓣小，长约为旗瓣的 1/3，具较长的耳，龙骨瓣约与旗瓣等长。荚果通常具 1~2 荚节，荚节矩圆状椭圆形，两面扁平，具隆起的网状脉纹，无毛。花期 6~10 月，果期 9~10 月。

生境： 草原区沙生中旱生植物。生长于草原区以至荒漠草原的半固定、流动沙丘或黄土丘陵浅覆沙地。见于乌兰察布、阴南丘陵、鄂尔多斯、东阿拉善等地。

产地： 产包头市（达尔罕茂明安联合旗），乌兰察布市（兴和县、凉城县），呼和浩特市（托克托县、和林格尔县、清水河县），鄂尔多斯市（全境），巴彦淖尔市（磴口县）。分布于宁夏、陕西北部。防风固沙植物。

用途： 本种为优良的固沙先锋植物。优等饲用植物。绵羊、山羊喜食其嫩枝叶、花序和果枝。骆驼一年四季均采食。在花期刈制的干草各种家畜均喜食。

栽培管理要点： 在流沙上种植，可用植苗和播种。在干旱区的流沙上，宜于植苗；在半干旱区，可以直播。植苗以春季为主，在雨水较多的半干旱沙区，也可在雨季栽植。栽植多用 1~2 年生苗，株距 1m×2m 或 2m×2m。在沙丘迎风坡栽植时，宜用沙障保护，以防风蚀。直播时，宜先防鼠类危害。在迎风坡直播也须有沙障保护，以防风蚀。每年 4~8 月均不播种，以在下雨前后抓紧播种效果最好。播种深度 3~5cm，有防护时可采用穴播，穴距 2~3m，每穴 8~4 粒种子。若无防护而风蚀较强，则应采用块状条播，每块 1m×1m，块距 3m×3m，块内播种 3~5 行。

153.【胡枝子】

分类地位：豆科 胡枝子属

蒙名：矛仁 — 呼日布格呼吉斯
别名：横条、横笆子、扫条
学名：*Lespedeza bicolor* Turcz.

形态特征： 直立灌木，高达 1m 余。老枝灰褐色，嫩枝黄褐色或绿褐色，有细棱并疏被短柔毛。羽状三出复叶，互生；托叶 2，条形，褐色；叶轴有毛；顶生小叶较大，宽椭圆形、倒卵状椭圆形、矩圆形或卵形，先端圆钝，微凹，少有锐尖，具短刺尖，基部宽楔形或圆形，上面绿色，近无毛，下面淡绿色，疏生平伏柔毛，侧生小叶较小，具短柄。总状花序腋生，全部成为顶生圆锥花序；总花梗较叶长，有毛；小苞片矩圆形或卵状披针形，钝头，多少呈锐尖，棕色，有毛；花萼杯状，紫褐色，被白色平伏柔毛，萼片披针形或卵状披针形，先端渐尖或钝，与萼筒近等长；花冠紫色，旗瓣倒卵形，顶端圆形或微凹，基部有短爪，翼瓣矩圆形，顶端钝，有爪和短耳，龙骨瓣与旗瓣等长或稍长，顶端钝或近圆形，有爪；子房条形，有毛。荚果卵形，两面微凸，顶端有短尖，基部有柄，网脉明显，疏或密被柔毛。花期 7~8 月，果期 9~10 月。2n= 18，20，22。

生境： 耐阴中生灌木，为林下植物。在温带落叶阔叶林地区，为栎林灌木层的优势种，见于林缘，常与榛子一起形成林缘灌丛。在内蒙古，多见于山地，生于山地森林或灌丛中，一般出现在阴坡。见于大兴安岭、科尔沁、辽河平原、呼锡高原、燕山北部、乌兰察布、阴山、阴南丘陵、鄂尔多斯等地。

产地： 产呼伦贝尔市（鄂伦春自治旗、牙克石市、扎兰屯市），兴安盟（科尔沁右翼前旗），通辽市（扎鲁特旗、科尔沁左翼后旗），赤峰市（阿鲁科尔沁旗、巴林左旗、巴林右旗、克什克腾旗、喀喇沁旗、宁城县），锡林郭勒盟（镶黄旗、太仆寺旗、多伦县、苏尼特右旗），乌兰察布市（卓资县），呼和浩特市（大青山），包头市（九峰山），鄂尔多斯市（准格尔旗），巴彦淖尔市（乌拉山）。分布于我国东北、华北，朝鲜、日本、俄罗斯也有。

用途： 花美丽可供观赏，枝条可编筐，茎叶可代茶用，籽实可食用又可作绿肥植物及保持水土，利用改良土壤。为中等饲用植物，幼嫩时各种家畜均乐意采食，羊最喜食。山区牧民常采收它的枝叶作为冬春补喂饲料。全草入药，能润肺解热、利尿、止血，主治感冒发热、咳嗽、眩晕头痛、小便不利、便血、尿血、吐血等症。

栽培管理要点： 育苗地以有灌水条件的中性沙壤土为最好。可大田育苗也可作床育苗。每亩播种量 0.5kg 左右。播前种子破荚壳再用 60~70℃温水浸种，种子部分裂嘴时播种，这样 5~6 天出苗。4 月下旬至 5 月上旬播种，条播，播幅 4~6cm，行距 12~15cm。苗出齐后 20 天左右间苗，一次定苗。大田育苗每米留苗 30~35 株，作床时每平方米留苗 70~85 株。每亩留苗 3~4 万株。育苗地肥力好的可小追肥，若追肥可在 7 月中旬以前追 2~3 次。培育胡枝子苗宜在 8 月中旬前后"割梢"（在苗高 30~35cm 处割去枝梢），以利于幼苗木质化。

栽植一年生苗木成活率高。栽植季节以春季为最好。采用垂向主风带状栽植，每隔 0.5m 掘方形坑（每边 30cm，坑深 30~35cm），而后在方形坑的相对两角各栽苗一株，这样栽植后自然形成两行的一个窄带，带距 3~4m。待 2~3 年后进行平茬，形成一条宽约 0.5m，高 1~1.5m 的绿篱墙。

在遇风日或风沙严重地段，为增强防护作用还可以加倍栽植，即把上述两行一带加密为四行一带，每亩需苗 800~1600 株。植苗后 2~3 年进行平茬更新，促其丛生。每隔两年平茬一次。适宜平茬的季节是 12 月至翌年的 1~2 月。留茬口强度以略高于地面 1~2cm，或与地面平为佳。

154.【达乌里胡枝子】

分类地位：豆科 胡枝子属

蒙名：呼日布格

别名：牤牛茶、牛枝子

学名：*Lespedeza davuriea* (Laxm.) Schindl.

形态特征： 多年生草本，高 20~50cm。茎单一或数个簇生，通常稍斜生。老枝黄褐色或赤褐色，有短柔毛，嫩枝绿褐色，有细棱并有白色短柔毛。羽状三出复叶，互生；托叶2，刺芒状；叶轴有毛；小叶披针状矩圆形，先端圆钝，有短刺尖，基部圆形，全缘，上面绿毛，无毛或有平伏柔毛，下面淡绿色，伏生柔毛。总状花序腋生，较叶短或与叶等长；总花梗有毛；小苞片披针状条形，先端长渐尖，有毛；萼筒杯状，萼片披针状锥形，先端刺芒状，几与花冠等长；花冠黄白色，旗瓣椭圆形，中央常稍带紫色，下部有短爪；翼瓣矩圆形，先端钝，较短，龙骨瓣长于翼瓣，均有长爪；子房条形，有毛。荚果小，包于宿存萼内，倒卵形或长倒卵形，顶端有宿存花柱，两面凸出，伏生白色柔毛。花期 7~8 月，果期 8~10 月。2n= 36。

生境： 中旱生小半灌木。较喜温暖，生于森林草原和草原带的半山坡、丘陵坡地、沙地以及草原群落中，为草原群落的次优势成分或伴生成分。见于大兴安岭、呼锡高原、辽河平原、科尔沁、阴山等地。

产地： 产呼伦贝尔市（扎兰屯市、陈巴尔虎旗、新巴尔虎左旗与右旗），兴安盟（科尔沁右翼前旗、扎赉特旗），通辽市（科尔沁左翼后旗），赤峰市（阿鲁科尔沁旗、巴林右旗、林西县、克什克腾旗），锡林郭勒盟（锡林浩特市、多伦县），呼和浩特市，包头市（大青山）。分布于我国东北、华北、西北、华中及西藏，朝鲜、日本、俄罗斯也有。

用途： 可作保持水土，防风固沙的植物，利用改良土壤。为优等饲用植物。幼嫩枝条为各种家畜所乐食，但开花以后茎叶粗老，可食性降低。全草入药，能解表散寒，主治感冒发热、咳嗽。

栽培管理要点： 正在引种驯化栽培。

155.【尖叶胡枝子】

分类地位：豆科 胡枝子属

蒙名：好尼音 — 呼日布格
别名：尖叶铁扫帚、铁扫帚、黄蒿子
学名：*Lespedeza hedysaroides* (Pall.) Kitag.

形态特征：草本状半灌木，高 30~50cm，分枝少或上部多分枝成帚状。小枝灰绿色或黄绿色，基部褐色，具细棱并被白色平伏柔毛。羽状三出复叶；托叶刺芒状，有毛；叶轴甚短；顶生小叶较大，条状矩圆形、短圆状披针形、矩圆状倒披针形或披针形，先端锐尖或钝，有短刺尖，基部楔形，上面灰绿色，近无毛，下面灰色，密被平伏柔毛，侧生小叶较小。总状花序腋生，具 2~5 朵花，总花梗较叶为长，细弱，有毛；小苞片条状披针形，先端锐尖，与萼筒近等长并贴生于其上；花萼杯状，密被柔毛，萼片披针形，顶端渐尖，较萼筒长，花开后有明显的 3 脉；花冠白色，有紫斑，旗瓣近椭圆形，顶端圆形，基部有短爪，翼瓣矩圆形，较旗瓣稍短，顶端圆，基部有爪，爪长约 2mm，龙骨瓣与旗瓣近等长，顶端钝，爪长为瓣片的 1/2；子房有毛。无瓣花簇生于叶腋。有短花梗。荚果宽椭圆形或倒卵形，顶端有宿存花柱，有毛。花期 8~9 月，果期 9~10 月。2n=20。

生境：中旱生小半灌木。生于草甸草原带的丘陵坡地、沙质地，也见于栎林边缘的半山坡。在山地草甸草原群落中为次优势种或伴生种。见于大兴安岭、呼锡高原、科尔沁、辽河平原、燕山北部、阴山等地。

产地：产呼伦贝尔市（额尔古纳市、根河市、鄂伦春自治旗、牙克石市、扎兰屯市、鄂温克族自治旗、新巴尔虎左旗、新巴尔虎右旗、海拉尔区），兴安盟（科尔沁右翼前旗、扎赉特旗），通辽市（扎鲁特旗、科尔沁左翼后旗），赤峰市（林西县、克什克腾旗、喀喇沁旗），锡林郭勒盟（西乌珠穆沁旗、锡林浩特市、镶黄旗），呼和浩特市（大青山）。分布于我国东北、华北，朝鲜、日本、俄罗斯也有。

用途：可作水土保持植物。为良好的饲用植物。幼嫩时，马、牛、羊均乐食，粗老后适口性降低。

栽培管理要点：尚无人工栽培驯化。

156.【骆驼刺（变种）】

分类地位：豆科 骆驼刺属

蒙名：占达格 、特没根 — 乌日格苏
别名：疏叶骆驼刺
学名：*Alhagi maurorum* Medic． var．
sparsifolium (Shap．) Yakovl．

形态特征： 半灌木，高 40~60cm。茎直立，多分枝，无毛，绿色，外倾；针刺硬直，开展，果期木质化。叶宽卵形、矩圆形或宽倒卵形，先端钝，基部宽楔形或近圆形，脉不明显。无毛，果期不脱落；每针刺有花 3~6，苞片锥形，小或缺；萼筒钟状，无毛，齿锐尖；花冠红色，旗瓣宽倒卵形，爪长约 2mm；翼瓣矩圆形，与旗瓣近等长，稍弯，龙骨瓣爪长约 8mm；子房无毛。荚果念珠状，直或稍弯。种子 1~6 粒，肾形。花期 6~7 月，果期 8~9 月。2n=16。

生境： 荒漠旱生半灌木，在本区西部的沙质荒漠中为优势种。轻度盐化的低地有稀疏分布。

用途： 可以用作荒漠区固沙植物。

栽培管理要点： 尚无人工栽培驯化。

157.【广布野豌豆】

分类地位：豆科 野豌豆属

蒙名：伊曼给希
别名：草藤、落豆秧
学名：*Vicia eraoca* L.

形态特征：多年生草本，高 30~120cm。茎攀缘或斜生，有棱，被短柔毛。叶为双数羽状复叶，具小叶 10~24，叶轴末端成分枝或单一的卷须；托叶为半边箭头形或半戟形，有时狭细成条形；小叶条形、矩圆状条形或披针状条形，膜质，先端锐尖或圆形，具小刺尖，基部近圆形，全缘，叶脉稀疏，不明显，上面无毛或近无毛，下面疏生短柔毛，稍呈灰绿色。总状花序腋生，总花梗超出于叶或与叶近等长，7~20 朵花；花紫色或蓝紫色；花萼钟状，有毛，下萼齿比上萼齿长；旗瓣中部缢缩成提琴形，顶端微缺，瓣片与瓣爪近等长，翼瓣稍短于旗瓣或近等长，龙骨瓣显著短于翼瓣，先端钝；子房有柄，无毛，花柱急弯，上部周围有毛，柱头头状。荚果矩圆状菱形，稍膨胀或压扁，无毛，果柄通常比萼筒短，含种子 2~6 粒。花期 6~9 月，果期 7~9 月。2n=14，28。

生境：中生植物，为草甸种，稀进入草甸草原。生于草原带的山地和森林草原带的河滩草甸、林缘、灌丛、林间草甸，亦生于林区的撂荒地。见于科尔沁、大兴安岭西南部、呼锡高原、阴山、阴南丘陵等地。

产地：产呼伦贝尔市（额尔古纳市、海拉尔区、鄂温克族自治旗、满洲里市），兴安盟（扎赉特旗），赤峰市（巴林右旗、克什克腾旗、翁牛特旗），锡林郭勒盟（东乌珠穆沁旗、锡林浩特市），乌兰察布市（蛮汉山），呼和浩特市（大青山）。分布于我国东北、华北、西北，朝鲜、日本、俄罗斯及欧洲、北美也有。

用途：为优等饲用植物。品质良好，有抓膘作用，但产草量不甚高，可补播改良草场或引入与禾本科牧草混播。也为水土保持及绿肥植物。全草可作"透骨草"入药。

栽培管理要点：尚无人工栽培驯化。

158.【 救荒野豌豆 】

分类地位：豆科 野豌豆属

蒙名：给希 — 额布斯
别名：巢菜、箭筈豌豆、普通苕予
学名：*Vicia sativa* L.

形态特征：一年生草本，高 20~80cm。茎斜生或借卷须攀缘，单一或分枝，有棱，被短柔毛或近无毛。叶为双数羽状复叶，具小叶 8~16，叶轴末端具分棱的卷须；托叶半边箭头形，通常具 1~3 个披针状的齿裂；小叶椭圆形至矩圆形，或倒卵形至倒卵矩圆形，先端截形或微凹，具刺尖，基部楔形；全缘，两面疏生短柔毛。花 1~2 朵腋生，花梗极短；花紫色或红色；花萼筒状，被短柔毛，萼齿披针状锥形至披针状条形，比萼筒稍短或近等长，旗瓣长倒卵形，顶端圆形至微凹，中部微缢缩，中部以下渐狭，翼瓣短于旗瓣，显著长于龙骨瓣；子房被微柔毛；花柱很短，下弯，顶端背部有淡黄色髯毛；荚果条形，稍压扁，含种子 4~8 粒，种子球形，棕色。花期 6~7 月，果期 7~9 月。$2n=12$。

产地：本种原产于欧洲南部及亚洲西部。我国南北各省均有栽培；也常自生于平原以至海拔 1600m 以下的山脚草地、路旁、灌木林下及麦田中。

用途：为优等的饲用植物和绿肥植物。营养价值较高，含有丰富的蛋白质和脂肪。

栽培管理要点：尚无人工栽培驯化。

二十三、牻牛儿苗科

159.【牻牛儿苗】
分类地位：牻牛儿苗科 牻牛儿苗属

蒙名：曼久亥
别名：太阳花
学名：*Erodium stephanianum* Willd.

形态特征：一年生或二年生草本；根直立，圆柱状。茎平铺地面或稍斜生，高 10~60cm，多分枝，具开展的长柔毛或有时近无毛。叶对生，二回羽状深裂，轮廓长卵形或矩圆状三角形，一回羽片 4~7 对，基部下延至中脉，小羽片条形，全缘或具 1~3 粗齿，两面具疏柔毛；叶柄具开展长柔毛或近无毛，托叶条状披针形，渐尖，边缘膜质，被短柔毛。伞形花序腋生，花序轴通常有 2~5 花，萼片矩圆形或近椭圆形，具多数脉及长硬毛，先端具长芒；瓣淡紫色或紫蓝色，倒卵形，基部具白毛；子房被灰色长硬毛。蒴果，顶端有长喙，成熟时 5 个果瓣与中轴分离，喙部呈螺旋状卷曲。2n= 16。

生境：旱中生植物，广布种。生于山坡、干草甸子、河岸、沙质草原、沙丘、田间、路旁。见于全区各地。

产地：产全区各盟市。分布于我国东北、华北、西北、西南和长江流域，朝鲜、蒙古、俄罗斯、印度也有。

用途：为有待开发的绿化资源。全草入药 (药材名：老鹳草)，能祛风湿、活血通络、止泻痢，主治风寒湿痹、筋骨疼痛、肌肉麻木、肠炎痢疾等，又可提取栲胶。

栽培管理要点：尚无人工栽培驯化。

160.【草原老鹳草】

分类地位：牻牛儿苗科 老鹳草属

蒙名：塔拉音 — 西木德格来
别名：草甸老鹳草
学名：*Geranium pratense* L.

形态特征：多年生草本；根状茎短，被棕色鳞片状托叶，具多数肉质粗根。茎直立；高 20~70cm，下部被倒生伏毛及柔毛；上部混生腺毛。叶对生，肾状圆形，掌状 7~9 深裂，裂片菱状卵形或菱状楔形，羽状分裂、羽状缺刻或大牙齿，顶部叶常 5~8 深裂，两面均被稀疏伏毛，而下面沿脉较密；基部叶具长柄，茎生叶柄较短，顶生叶无柄，托叶狭披针形，淡棕色。花序生于小枝顶端，花序轴通常生 2 花，花梗果期弯曲，花序轴与花梗皆被短柔毛和腺毛；萼片狭卵形或椭圆形，具 3 脉；顶端具短芒，密被短毛及腺毛；花瓣蓝紫色，比萼片长约 1 倍，基部有毛；花丝基部扩大部分具长毛。蒴果具短柔毛及腺毛；种子浅褐色。花期 7~8 月，果期 8~9 月。2n =28。

生境：中生植物。生于林缘、林下、灌丛间及山坡草甸及河边湿地。见于大兴安岭、呼锡高原、科尔沁、辽河平原、阴山、阴南丘陵、鄂尔多斯等地。

产地：产呼伦贝尔市（鄂温克族自治旗、牙克石市、海拉尔区），兴安盟（科尔沁右翼中旗、科尔沁右翼前旗），通辽市（科尔沁左翼后旗），锡林郭勒盟（西乌珠穆沁旗、锡林浩特市、正蓝旗），乌兰察布市（大青山、蛮汉山），巴彦淖尔市（乌拉特前旗乌拉山）。分布于我国东北、华北、西北及四川，朝鲜、日本、蒙古、俄罗斯及欧洲、北美也有。

用途：为有待开发的绿化资源。青鲜时家畜不食，干燥后家畜稍采食。

栽培管理要点：尚无人工栽培驯化。

161.【鼠掌老鹳草】

分类地位：牻牛儿苗科 老鹳草属

蒙名：西比日 — 西木德格来
别名：鼠掌草
学名：*Geranium sibiricum* L.

形态特征： 多年生草本，高 20~100cm；根垂直，分枝或不分枝，圆锥状圆柱形。茎细长，伏卧或上部斜向上，多分枝，被倒生毛。叶对生，肾状五角形，基部宽心形，掌状 5 深裂；裂片倒卵形或狭倒卵形，上部羽状分裂或具齿状深缺刻。上部叶 3 深裂；叶片两面有疏伏毛，沿脉毛较密。基生叶及下部茎生叶有长柄，上部叶具短柄，柄皆具倒生柔毛或伏毛。花通常单生叶腋，花梗被倒生柔毛；近中部具 2 枚披针形苞片，果期向侧方弯曲；萼片卵状椭圆形或矩圆状披针形，具 3 脉，沿脉有疏柔毛，顶端具芒，边缘膜质，花瓣淡红色或近于白色，长近于萼片，基部微有毛；花丝基部扩大部分具缘毛；蒴果具短柔毛，种子具细网状隆起。花期 6~8 月，果期 8~9 月。2n=28。

生境： 中生植物，杂草。生于居民点附近及河滩湿地、沟谷、林缘、山坡草地。见于大兴安岭、呼锡高原、科尔沁、辽河平原、赤峰丘陵、燕山北部、阴山、阴南丘陵、鄂尔多斯、阿拉善、乌兰察布、贺兰山等地。

产地： 产呼伦贝尔市（额尔古纳市、鄂伦春自治旗、牙克石市、海拉尔区、扎兰屯市），兴安盟（科尔沁右翼前旗与中旗），通辽市（扎鲁特旗、科尔沁左翼后旗、奈曼旗），赤峰市（克什克腾旗、巴林右旗、宁城县），锡林郭勒盟（西乌珠穆沁旗、锡林浩特市、镶黄旗、正蓝旗），乌兰察布市（兴和县、凉城县、大青山），呼和浩特市（清水河县），鄂尔多斯市（全境），巴彦淖尔市（乌拉特前旗、中旗与后旗），阿拉善盟（阿拉善左旗与右旗、贺兰山）。分布于我国东北、华北、西北及西藏、四川、湖北，朝鲜、俄罗斯、日本及欧洲也有。

用途： 为有待开发的绿化资源。全草也作老鹳草入药。全草也作蒙药用，（蒙药名：米格曼森法），能明目、活血调经，主治结膜炎、月经不调、白带异常。

栽培管理要点： 尚无人工栽培驯化。

二十四、蒺藜科

162.【小果白刺】

分类地位：蒺藜科 白刺属

蒙名：哈日莫格
别名：西伯利亚白刺、蛤蟆儿
学名：*Nitraria sibirica* Pall.

形态特征： 灌木，高 0.5~1m。多分枝，弯曲或直立，有时横卧，被沙埋压形成小沙丘，枝上生不定根；小枝灰白色，尖端刺状。叶在嫩枝上多为 4~6 个簇生。倒卵状匙形，全缘，顶端圆钝，具小突尖，基部窄楔形，无毛或嫩时被柔毛；无柄。花小，黄绿色，排成顶生蝎尾状花序；萼片 5，绿色，三角形；花瓣 5，白色，矩圆形；雄蕊 10~15；子房 3 室。核果近球形或椭圆形，两端钝圆，熟时暗红色，果汁暗蓝紫色；果核卵形，先端尖。花期 5~6 月，果期 7~8 月。2n=24，60。

生境： 耐盐旱生植物。生于轻度盐渍化低地、湖盆边缘、干河床边，可成为优势种并形成群落。在荒漠草原及荒漠地带，株丛下常形成小沙堆。见于我区呼锡高原、大兴安岭、乌兰察布、阴南丘陵、鄂尔多斯、阴山、阿拉善、贺兰山、龙首山等地。

产地： 产呼伦贝尔市（海拉尔区），兴安盟（扎赉特旗），锡林郭勒盟（东乌珠穆沁旗、锡林浩特市、苏尼特左旗与右旗、二连浩特市），乌兰察布市（四子王旗），包头市（达尔罕茂明安联合旗），鄂尔多斯市（达拉特旗、乌审旗、鄂托克旗），巴彦淖尔市（乌拉特后旗与前旗），阿拉善盟（阿拉善左旗、贺兰山、阿拉善右旗、龙首山），呼和浩特市（托克托县），乌海市等地。分布于我国东北、华北、西北，蒙古、俄罗斯也有。

用途： 重要的固沙植物，能积沙而形成白刺沙堆，固沙能力较强。果实味酸甜，可食。果实入药，能健脾胃、滋补强壮、调经活血，主治身体瘦弱、气血两亏、脾胃不和、消化不良、月经不调、腰腿疼痛等。果实也做蒙药用（蒙药名：哈日莫格），能健脾胃、助消化、安神解表、下乳，主治脾胃虚弱、消化不良、神经衰弱、感冒。枝叶和果实可做饲料。

栽培管理要点： 尚无人工栽培驯化。

163.【白 刺】

分类地位：蒺藜科 白刺属

蒙名：唐古特 — 哈日莫格

别名：唐古特白刺

学名：*Nitraria tangutorum* Bobr.

形态特征：灌木，高 1~2m。多分枝，开展或平卧；小枝灰白色，先端常成刺状。叶通常 2~8 个簇生，宽倒披针形或长椭圆状匙形，顶端常圆钝，很少锐尖，全缘。花序顶生，花较小果 白刺稠密，黄白色，具短梗。核果卵形或椭圆形，熟时深红色，果汁玫瑰色；果核卵形，上部渐尖。 花期 5~6 月，果期 7~8 月。

生境：潜水旱生植物。是荒漠草原到荒漠地带沙地上的重要建群植物之一，经常见于古河 床阶地、内陆湖盆边缘、盐化低洼地的芨芨草滩外围等处，常形成中至大型的沙堆。见于呼锡 高原、鄂尔多斯、阿拉善、贺兰山、龙首山等地。

产地：产锡林郭勒盟（浑善达克沙地），巴彦淖尔市西部（乌拉特前旗与后旗、杭锦后旗、 磴口县），鄂尔多斯市（乌审旗、鄂托克旗），阿拉善盟，乌海市。分布于我国西藏和西北各省区。

用途：同小果白刺。

栽培管理要点：白刺种苗繁育可分为播种繁殖和无性繁殖两种，无性繁殖可应用扦插繁殖、组培繁殖方法。扦插繁殖又可应用嫩枝扦插和硬枝扦插两种方法。以采集颜色呈现暗红或紫黑色果实为好，将采集回来的鲜果放入孔径小于种子横径的铁筛内搓动，揉烂果肉后用流水冲洗，捞去上浮水面的果皮、空粒、烂粒和病虫粒，反复搓冲多次，去掉果肉、果汁，取得干净种子，晾干贮存备用。一般一千克鲜果可得纯净的干种子二百多克。种子催芽处理前，可用高锰酸钾 0.5% 溶液或 0.1% 复硝酚钠水剂 6000 倍液浸种。种子催芽主要为层积处理和雪藏处理。层积处理是前一年的秋季将三份的湿沙和一份种子混匀后放入窖中进行层积处理。第二年春季播种前将层积处理的种子放在朝阳面堆积催芽。待出现种子露白时即可播种。先选择一处背阴背风的地方，挖一贮藏坑，其规格为深 80cm，长、宽视种子多少而定。坑最好在前 1 年秋挖好，于 1~2 月间，在坑底铺 10~15cm 厚的雪，再按 1∶2 或 1∶3 将种子与雪混合，搅拌均匀后放入坑内。装满后，用雪培成丘形，上覆草帘等物。贮藏到播种季节前 1 周左右将种子取出，混以湿沙，在 15℃ 左右的室温下催芽 4~5 天，沙干时浇水，且每天翻动 1~2 次，当有 20%~30% 的种子裂嘴时，即可播种。播种前先消毒，经雪藏的种子抗旱和抗病害能力较强。春季气温变化较大，因此，确定白刺播种期以日均温稳定在 10℃ 以上为佳。初冬播种，入冬前即把种子播入圃地，然后灌足水，来年春季 4 月 20 日左右再灌一次水。采用床播、垄播和容器播种。将经过层积处理的种子及时进行播种，播种深度一般为 0.25~0.5cm，播后镇压或踏实，并立即浇水，以后适时浇水，以土表层经常保持湿润为宜。田间管理主要是浇水、追肥、松土除草。应在苗木速生期增加灌水和施肥。浇水最好用微喷灌系统，如没有条件，浇水次数要根据圃地的干湿而定，一次要浇透。不能积水。幼苗的生长期，一般出苗 20 天后即 6 月份施氮肥，如尿素、硝酸铵，生长期 (7~8 月) 多施磷钾肥，如磷酸二氢钾。施肥的关键是 7 月下旬以后尽量不施氮肥，为保证苗木木质化，8 月中下旬以后一般不再浇水、施肥。松土锄草是育苗的重要技术措施，锄草要做到"锄早、锄小、锄了"，人工锄草必须在土壤湿润时连根拔起，次数根据杂草的盖度和长势而定。一般 6~8 月份锄草的次数为 3~4 次，其他月份为 1~2 次，松土从苗木出齐到苗木停止生长，根据土壤的板结程度而定，要不间断地进行，松土的深度 1~2cm，做到不伤苗、不压苗。对不能松土的幼苗，在苗床上适度覆盖细沙，以达到减少土壤水分蒸发，促进气体交换和苗木生长。9 月末至 10 月初即可起苗用于造林或假植。起苗时要注意保持苗木有完整的根系。起苗前要适当浇水，使圃地湿润，便于起苗，减少伤根。

164.【大白刺】

分类地位：蒺藜科 白刺属

蒙名：陶日格 — 哈日莫格

别名：齿叶白刺、罗氏白刺

学名：*Nitraria roborowskii* Kom.

形态特征：灌木，高 1~2m。枝多数，白色，略有光泽，顶端针刺状。叶通常 2~3 个簇生，倒卵形、宽倒披针形或长椭圆状匙形，先端圆钝，全缘或有不规则的 2~8 齿裂。花较稀疏。核果近椭圆形或不规则，熟时深红色，果汁紫黑色，果核长卵形，先端钝。花期 6 月，果期 7~8 月。

生境：潜水旱生植物。和白刺的生境分布几乎一致。分布在绿洲和低地的边缘，在农区的渠畔路旁、田边、防护林缘等水位条件较好的地方。见于阿拉善、贺兰山、龙首山等地。

产地：产巴彦淖尔市西部（磴口县、乌拉特前旗），鄂尔多斯市西北部，阿拉善盟，乌海市。分布于我国西北地区，蒙古和俄罗斯也有。

用途：固沙植物，也可做饲料，果可食。

栽培管理要点：尚无人工栽培驯化。

165.【骆驼蓬】

分类地位：蒺藜科 骆驼蓬属

蒙名：乌没黑 — 超布苏
学名：*Peganum harmala* L.

形态特征：多年生草本，无毛。茎高30~80cm，直立开展，由基部多分枝。叶互生，卵形，全裂为3~5条形或条状披针形裂片。花单生，与叶对生；萼片稍长于花瓣，裂片条形，有时仅顶端分裂；花瓣黄白色，倒卵状矩圆形；雄蕊短于花瓣，花丝近基部增宽；子房3室，花柱3。蒴果近球形。种子三棱形，黑褐色，被小斑状突起。花期5~6月，果期7~9月。2n=24。

生境：耐盐旱生植物。生于荒漠地带干旱草地，绿洲边缘轻盐渍化荒地、土质低山坡。见于东阿拉善、贺兰山等地。

产地：产阿拉善盟（阿拉善左旗、贺兰山）。分布于我国宁夏、甘肃、新疆，蒙古、俄罗斯、伊朗及北非也有。

用途：种子可做红色染料，榨油可供轻工业用；全草入药治关节炎，也可做杀虫剂。

栽培管理要点：尚无人工栽培驯化。

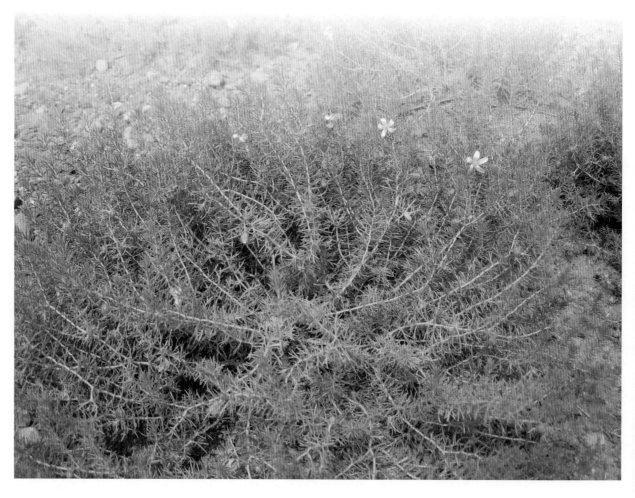

166.【霸 王】

分类地位： 蒺藜科 霸王属

蒙名：胡迪日

学名：*Zygophyllum xanthoxylon* (Bunge) Maxim.

形态特征： 灌木，高 70~150cm。枝疏展，弯曲，皮淡灰色，木材黄色，小枝先端刺状。叶在老枝上簇生，在嫩枝上对生；具明显的叶柄，小叶 2 枚，椭圆状条形或长匙形，顶端圆，基部渐狭。萼片 4，倒卵形，绿色，边缘膜质；花瓣 4，黄白色，倒卵形或近圆形，顶端圆，基部渐狭成爪；雄蕊 8，长于花瓣，褐色，鳞片倒披针形，顶端浅裂，长约为花丝长度的 2/5。蒴果通常具 3 宽翅，偶见有 4 翅或 5 翅者，宽椭圆形或近圆形，不开裂；通常具 3 室，每室 1 种子。种子肾形，黑褐色。花期 5~6 月，果期 6~7 月。2n=22。

生境： 强旱生植物。经常出现于荒漠、草原化荒漠及荒漠化草原地带。在戈壁覆沙地上，有时成为建群种，形成群落，亦散生于石质残丘坡地、固定与半固定沙地、干河床边、沙砾质丘间平地。见于呼锡高原、乌兰察布、阿拉善、贺兰山、龙首山等地。

产地： 产锡林郭勒盟（苏尼特右旗、二连浩特市），乌兰察布市（四子王旗），包头市（达尔罕茂明安联合旗），鄂尔多斯市（杭锦旗、鄂托克旗），巴彦淖尔市（乌拉特后旗、磴口县），阿拉善盟。分布于我国西北，蒙古也有。

用途： 可做燃料并可阻挡风沙。中等饲用植物，在幼嫩时骆驼和羊喜食其枝叶。根入药，能行气散满，主治腹胀。

栽培管理要点： 尚无人工栽培驯化。

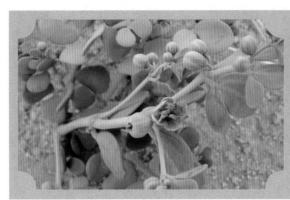

167.【石生霸王】

分类地位：蒺藜科 霸王属

蒙名：海衣日音 — 胡迪日
别名：若氏霸王
学名：*Zygophyllum rosovii* Bunge

形态特征： 多年生草本，高 15~20cm。茎多分枝，通常开展，具沟棱，无毛。小叶 1 对，近圆形或矩圆形，偏斜，顶端圆，先端钝，蓝绿色；叶柄顶端有时具白色膜质的披针形突起；托叶离生，卵形，白色膜片状，顶端有细锯齿。花通常 1~2 朵腋生，直立；萼片 5，椭圆形，边缘膜质；花瓣 5，和萼片近等长，倒卵形，上部圆钝带白色，下部橙黄色，基部楔形；雄蕊 10 个，长于花瓣，橙黄色，鳞片矩圆状长椭圆形，上部有锯齿或全缘，长度可超过花丝的一半。蒴果弯垂，具 5 棱，圆柱形，基部钝，上端渐尖，常弯曲如镰刀状。花期 5~7 月，果期 6~8 月。2n=22。

生境： 强旱生肉质草本植物。出现于荒漠和草原化荒漠地带的砾石山坡、峭壁、碎石地及沙质地上。见于阿拉善、贺兰山、龙首山等地。

产地： 产巴彦淖尔市西北部（乌拉特后旗、狼山）及阿拉善盟。分布于我国东北及西藏，蒙古、俄罗斯也有。

用途： 可作为干旱区野生观赏资源。中等饲用植物，从春季到秋季马和牛不喜欢食，其他牲畜乐意采食。

栽培管理要点： 尚无人工栽培驯化。

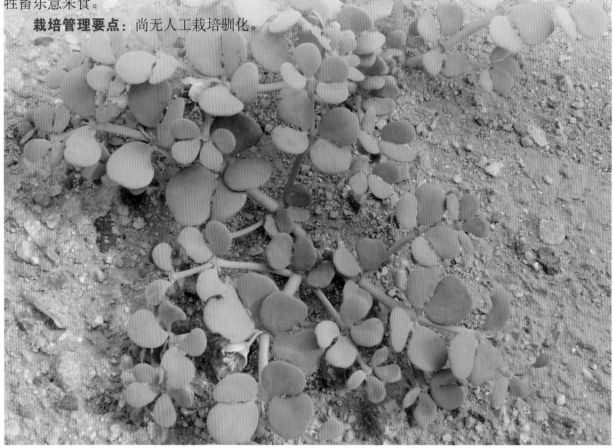

168.【四合木】

分类地位：蒺藜科 四合木属

蒙名：诺朔嘎纳、奥其
学名：*Tetraena mongolica* Maxim.

形态特征： 落叶小灌木，高可达 90cm。老枝红褐色，稍有光泽或有短柔毛，小枝灰黄色或黄褐色，密被白色稍开展的不规则的丁字毛，节短明显。双数羽状复叶，对生或簇生于短枝上，小叶 2 枚，肉质，倒披针形，顶端圆钝，具突尖，基部楔形，全缘，黄绿色，两面密被不规则的丁字毛，无柄，托叶膜质。花 1~2 朵着生于短枝上，萼片 4，卵形或椭圆形，被不规则的丁字毛，宿存，花瓣 4，白色具爪，瓣片椭圆形或近圆形；雄蕊 8，排成 2 轮，外轮 4 个较短，内轮 4 个较长，花丝近基部有白色薄膜状附属物，具花盘，子房上位，4 深裂，被毛，4 室，花柱单一，丝状，着生子房近基部。果常下垂，具 4 个不开裂的分果瓣，分果瓣长 6~8mm，宽 3~4mm，种子镰状披针形，表面密被褐色颗粒。2n=28。

生境： 强旱生植物。为东阿拉善所特有，在草原化荒漠地区，常成为建群种，形成有小针茅参加的四合木荒漠群落。

产地： 产鄂尔多斯市（杭锦旗、鄂托克旗），巴彦淖尔市（磴口县），乌海市，阿拉善盟（阿拉善左旗）。

用途： 枝含油脂，极易燃烧，为优良燃料；也可作饲料，并有阻挡风沙的作用。

栽培管理要点： 尚无人工栽培驯化。

二十五、芸香科

169.【黄檗】

分类地位：芸香科 黄檗属

蒙名：好布鲁

别名：黄菠萝树、黄柏

学名：*Phellodendron amurense* Rupr.

形态特征：落叶乔木，高 10~15m，直径可达 50cm，枝开展。树皮 2 层，外层厚，浅灰色，为发达的木栓层，有深裂沟，内层鲜黄色；幼枝棕色，无毛。小叶卵状披针形至卵形，先端长渐尖，基部近圆形或不等的宽楔形，边缘细圆锯齿，常被缘毛；上面暗绿色，幼时沿叶脉被柔毛，老时光滑无毛，下面苍白色，仅中脉基部被白色长柔毛，小叶柄极短。花 5 基数，排成顶生聚伞圆锥花序；雄花的雄蕊 5，较花瓣长约 1 倍，花丝线形，基部被毛；雌花里的退化雄蕊为鳞片状；子房上位，近卵形，5 室，有短柄，花柱短，柱头头状，5 裂，成五角星状。果球形，成熟时紫黑色，有特殊香气。花期 6~7 月，果期 8~9 月。2n=28。

生境：中生植物。生于杂木林中。见于燕山北部、大兴安岭东部、辽河平原等地。

产地：产呼伦贝尔市（鄂伦春自治旗、扎兰屯市），兴安盟（扎赉特旗），通辽市（大青沟）。分布于我国东北、华北，日本、朝鲜、俄罗斯也有。

用途：具庭院绿化功能。树皮入药（药材名：黄柏），能清热解毒、泻火燥湿，主治痢疾、肠炎、黄疸、痿痹、淋虫、赤白带下，外用治烧烫伤、口疮、黄水疮。也作蒙药用（蒙药名：希拉毛都），功能与主治同上。

栽培管理要点：常用种子繁殖。以秋播为宜，使种子在低温下自然催芽。但春播时应在秋冬季将种子层积。造林时采用混交林或密植，有利于主干生长。亦可试行扦插法。定植 15~20 年采收，5 月上旬至 6 月上旬，用半环剥或环剥、砍树剥皮等方法剥皮。多用环剥，可在夏初的阴天，日平均温度在 22~26℃左右，此时形成层活动旺盛，再生树皮容易。选健壮无病虫害的植株，用刀在树段的上下两端分别围绕树干割一圈，再纵割一刀，切割深度以不损伤形成层为度，然后将树皮剥下，喷 10ppm 吲哚乙酸，再把略长于树段的小竹竿缚在树段上，以免塑料薄膜接触形成层，外面再包塑料薄膜两层，可促使再生新树皮；第 2、3 年连续剥皮，但产量略低于第 1 年。注意剥皮后一定要加强培育管理，使树势很快复壮，否则会出现衰退现象。

二十六、大戟科

170.【蓖麻】

分类地位：大戟科 蓖麻属

蒙名：达麻子 额任特
别名：大麻子
学名：*Ricinus communis* L.

形态特征：一年生大型草本，高 1~2m。茎直立，粗壮，中空，幼嫩部分被白粉。托叶早落，落后在茎上留下环形痕迹，叶盾状圆形，径 15~40cm，掌状半裂；裂片 5~11，矩圆状卵形或矩圆状披针形，先端渐尖，边缘具不整齐的锯齿，齿端具腺毛，两面无毛，主脉掌状，侧脉羽状，叶柄被白粉。圆锥花序顶生或与叶对生；雄花萼裂片 3~5，膜质，卵状三角形，雄蕊多数，花丝多分枝，花药 2 室；雌花萼裂片 3~5，卵状披针形；子房卵形，3 室，外面密被软刺，花柱 3，先端 2 裂，深红色，被细而密的突起。蒴果近球形，具 3 纵槽，有刺或无，熟时下垂，3 瓣裂。种子矩圆形，外种皮坚硬，有光泽，具黄褐色或黑褐色斑纹，有明显的种阜。花期 7~8 月，果期 9~10 月。2n=20。

产地：原产非洲，我国南北各省区均有栽培。我区亦广为栽培。

用途：种仁含油最高达 70%，为优良的润滑油，还可用来制造香皂，作纺织工业的助染剂，皮革工业中用作皮革的保护油。可作肥料和杀虫剂，因其有毒，若不经特别加工，不能喂牲畜。叶可养蚕，茎皮纤维可作人造棉及造纸的原料。种子、根及叶入药，种子有毒，能消肿排脓、拔毒，外用治子宫脱垂、脱肛、难产、胎盘不下及淋巴结核等，蓖麻油能润肠通便，叶有小毒，可消肿、拔毒、止痒，主治疮疡肿毒；根能祛风活血、止痛镇静，主治风湿关节痛、破伤风等；种子也作蒙药用（蒙药名：阿拉嘎马吉），能泻下、消肿，主治"巴达干"病、痞症、浮肿、虫疾、疮疡。

栽培管理要点：各种土质均可种植，播种前 4~6 周翻地，使土壤熟化。若在低洼地种植，事先要把地改成台地，台床间开好排水沟。在荒地种植蓖麻，把斜坡改成环山带状梯

台，以保持水土不流失和便于管理、采收。坡度在 25°以上的陡坡地适宜开穴种植。播种前，用 40~50℃温水把种子浸泡 24 小时后捞出，埋在湿润的沙子里，种子一般需要 5~7 天发芽，发芽后就可立即播种。如要迟播的，可用温水浸泡种子 48 小时，使硬壳变软，籽粒吸足水分，以加快种子发芽速度，经过浸泡后的种子可及时播种，也可进行催芽，待一部分种子露芽时，即可播种。蓖麻一般在"惊蛰"至"立夏"播种。华北区一般在 4~5 月份。播种方法有直播和移栽两种。直播每窝 2~3 粒种子，籽粒间距 3~5cm，盖土 2~3cm。移栽的要选背风向阳、水源较便利、土质较肥沃的壤土或沙壤土，进行深翻施肥整平，做成畦宽 1m 的苗床，再进行播种、浇水、盖种。待苗出土长出 3~4 片真叶时，可带泥移栽。栽后要浇定根水。栽后每隔 3~5 天浇水一次，到成活为止。密度一般以 1.7~2m 见方栽植，亩栽植 160 株左右；宿根性蓖麻，可适当稍密一些，以亩栽植 200~250 株为宜。陡坡地、缓坡地种植也可适当稍密些。前期需要氮肥多，开花后以施磷钾肥为主。因此，应多用堆厩肥或土杂肥等混合草木灰作基肥。施肥方法：大片种植的可实行开沟施肥，或在每窝内施两把堆肥盖好土再播种；零星种植的可穴施，播种后用草木灰拌细泥土盖窝。定苗时施稀薄人畜粪尿。若在开垦荒地种植，可在出苗后在蓖麻行间种上大豆、花生。当苗高 10cm 时进行间苗，拔除生长过密的细弱幼苗，并结合中耕除草一次。在苗高 17~20cm 时即可定苗，每穴选留健壮苗一株，并进行第二次中耕除草。在荒山荒坡上种植的，定苗可推迟一些。在开花前可进行第三次中耕除草。当苗高 30cm 时，结合中耕进行培土壅蔸，固定根部，起到抗旱、抗风、抗倒的作用。当蓖麻长出 7~8 片真叶时，进行打顶，以后应根据长势，可把各分枝长出的顶尖再剪一次，促进分枝，以增加产量，同时使植株矮化，便于采果。在植株长到 55~60cm 时，进行整枝，把干枝、病虫枝剪去，以促进多抽新枝和防病虫蔓延。整枝时要用剪子，动作要轻，不可用手掰，防止损伤蓖麻的茎皮、花穗。修枝后要及时追肥，天旱时要抓紧浇水抗旱。霜雪较大的地方，在霜降前用稻草将蓖麻秆包扎起来，到来年开春后除去。对已被冻坏的枝杈或主茎，可在离地面 35cm 处锯断，并将锯口用牛粪糊好，开春以后，主桩可重新发芽生长。冻害严重的地区，在降霜前锯去主茎，离地面留 20~30cm 的桩，并将锯口糊上牛粪，再用泥土把蓖麻桩盖封起来，翌年春天或不降雪时，将泥土扒开即能发芽生长枝梢。

二十七、卫矛科

171.【桃叶卫矛】
分类地位：卫矛科 卫矛属

蒙名：额莫根 — 查干
别名：丝棉木、明开夜合、白杜
学名：*Euonymus bungeanus* Maxim.

内蒙古野生园艺植物图鉴

NEIMENGGU YESHENG YUANYI ZHIWU TUJIAN

209

形态特征：落叶灌木或小乔木，高可达 6m。树皮灰色，幼时光滑，老则浅纵裂。小枝细长、对生，圆筒形或微 4 棱形，无木栓质翅，光滑，绿色或灰绿色。叶对生，卵形、椭圆状卵形或椭圆状披针形，少近圆形，先端长渐尖，基部宽楔形，边缘具细锯齿，两面光滑无毛；聚伞花序由 3~15 朵花组成；萼片 4，近圆形；花瓣 4，矩圆形，黄绿色，雄蕊 4，花药紫色，花丝着生在肉质花盘上。蒴果倒圆锥形，4 裂，粉红或淡黄色。种子外被橘红色假种皮，上端有小孔，露出种子。花期 6 月，果期 8 月。2n=32。

生境：中生植物。散生于落叶阔叶林区，亦见于较温暖的草原区南部山地。喜光，深根性树种。见于辽河平原、赤峰丘陵、呼锡高原、阴山、鄂尔多斯等地。

产地：产通辽市（奈曼旗、科尔沁左翼后旗），锡林郭勒盟（正蓝旗、多伦），乌兰察布市（大青山、蛮汉山），鄂尔多斯市（准格尔旗、乌审旗）。分布于我国东北、华北、华中及华东等地，朝鲜、日本也有。

用途：为庭园观赏树种。木材供家具及细工雕刻用；树皮、根皮含硬橡胶；根皮入药，能祛风湿、止痛，主治风湿性关节炎。种子含油，可制肥皂。

栽培管理要点：第二年 1 月上旬，将种子用 30℃ 左右的温水浸泡 24 小时，然后取出进行混沙处理。选择地势高燥，土质疏松的背阴处挖坑，坑宽 1m 左右，坑的深度为 60~80cm。先在坑底铺一层粗沙，再铺一层 5~10cm 厚的湿润细河沙，将种子与湿沙按 1 ：3 的比例混合堆放在坑内，沙的湿度为饱和含水量的 60%~80%，即手握成团，松手即散为宜。种沙放到离地面 20cm 时，覆盖一层 5cm 厚的粗沙，再覆土成屋脊状，坑的中央插一草把，以利通气。坑的四周挖排水沟，以防积水，贮藏期间定期检查。3 月中旬土壤解冻后，将种子倒至背风向阳处，并适当补充水分进行增温催芽。待种子有 1/3 露白即可播种。

扦插在 3 月下旬至 4 月上旬进行，在土壤解冻后、腋芽萌动前进行。嫩枝扦插多在夏季 6 月上中旬进行，随采随插。插条的采集一般在秋季落叶后到春季树液流动前的休眠期进行，结合树体的冬剪进行，选择一年生生长健壮，充分木质化，无病虫害的枝条。春季硬枝扦插的需将枝条进行冬季贮藏。贮藏的方法是：将枝条剪成 15cm 左右，选择地势较高，排水良好的背阴处挖沟，沟宽 1m，深度为 60~80cm，长度依插穗的数量而定。先在沟底铺一层 5cm 厚的湿沙，将截制好的插穗每 50 枝一捆，分层放于沟内，当穗条放置到距地面 20cm 时，用湿沙填平，覆土成屋脊状，中间插一草把以利通气。扦插前 6~8 天，应用流水对插条进行浸泡，若为死水每天必须换水。当下切口处呈现明显不规则瘤状物时进行扦插。亦可用 1% 的蔗糖溶液浸泡 24 小时，能显著提高插条成活率。扦插前细致整地，施足基肥，使土壤疏松，水分充足。先用工具开孔，顺孔插入插穗，再封孔踏实，扦插深度为插条长度的 2/3，株距 20cm，行距 40cm，插后浇透水。扦插结束时，用塑料薄膜覆盖苗床，四周用土密封，上用遮阳网遮阳，避免阳光曝晒，若温度过高，湿度过大，将薄膜两端打开，使空气流通。一般三周左右即能生根，插条生根后，分批逐渐撤除覆盖物。幼苗期用小水、清水浇灌，以渗透苗床为度，切忌大水漫灌，以防幼叶粘泥，发生灼伤。一般每隔 3~5 天灌水 1 次，共计灌水 2~3 次。追施速效性的肥料，如腐熟的人粪尿、尿素、硫铵、磷酸二氢钾，要掌握分期追肥，看苗巧施的原则。除草从 4 月份开始至 9 月份结束，清除任何时期的杂草。松土小苗宜浅，大苗宜深，一般松土深度 2~4cm，后增加至 8~10cm，苗木硬化期应停止松土除草。

采用平床育苗，将土壤于秋末进行深翻，每公顷施入有机肥 6000~8000kg，翌春耙平、做成 1m 宽的畦，然后浇透水 1 次，水渗后在土壤墒情合适时搂平耙细。在 3 月中下旬至 4 月中上旬播种，每亩 10kg 左右。采用条播，用犁开沟，沟深 3~5cm，行宽 20~25cm。将种子均匀撒入沟内，覆土厚度约 1cm，覆土后适当镇压。墒情适宜条件下 20 天左右出苗。间苗的原则是"去弱留强、去密留稀、去病留壮"，结合间苗进行补苗，1~2 对真叶时进行，同时除去杂草。适量灌溉。地上部分长出真叶至幼苗迅速生长前，适当控水，进行"蹲苗"。11 月初灌 1 次防寒水。结合浇水可追肥 2~3 次，一般当年苗高可达 1m 以上，2 年后可用于园林绿化，也可作为嫁接北海道黄杨或扶芳藤的砧木。

二十八、槭树科

172.【元宝槭】

分类地位：槭树科 槭树属

蒙名：哈图 — 查干
别名：华北五角槭
学名：*Acer truncatum* Bunge.

形态特征：落叶小乔木，高达 8m。树皮灰棕色，深纵裂。小枝淡黄褐色。单叶对生，掌状 5 裂，有时 3 裂或中央裂片又分成 3 裂，裂片长三角形，最下两裂片有时向下开展，全缘，基部楔形，上面暗绿色，光滑，下面淡绿色，主脉 5 条，掌状，出自基部，近基脉腋簇生柔毛；叶柄光滑；上面有槽。花淡绿黄色，杂性同株，6~15 朵排成伞房状的聚伞花序；顶生，萼片 5，花瓣 5，黄色或白色，长椭圆形，先端钝，下部狭细，雄蕊 8，生于花盘外侧的裂孔中。果翅与小坚果长度几乎相等，两果开展角度为直角或钝角；小坚果扁平，光滑，果基部多为楔形。花期 6 月上旬，果熟期 9 月。2n= 26。

生境：本种为较耐阴性树种，在山区多见于半阴坡、阴坡及沟谷底部。喜温凉气候和湿润肥沃土壤，但在干燥山坡沙砾质土壤上也能生长。见于燕山北部、阴山等地。

产地：产赤峰市（宁城县），呼和浩特市和包头市均有栽植。分布于我国东北、华北、华东。

用途：木材质韧，细致，硬度大，可作建筑、造船、车辆、家具、雕刻、木梭等用材。种仁含油 46%~48%，可供食用，嫩叶可代茶用，也可做菜吃。树形美观、雅致，能抗烟尘，对防止大气污染有一定作用，为良好的园林绿化、环境保护和荒山造林树种。

栽培管理要点：秋季进行翻地，将杀虫剂撒在土壤表面，将一些在土内越冬的虫卵、病菌杀死；通常药沙 1：10 均匀撒施。春播前土壤处理，翌年 4 月中旬做床，先用 1：1500 的辛硫磷进行杀虫处理，然后用 1：500 多菌灵杀菌。在播前 10 天左右（视气温变化而定），4 月 20 日左右处理种子。先用 30℃温水浸泡并不断搅拌，4~5 天后取出，控干后用 1：3 沙拌匀，放在通风处，每天翻动 1~3 次，始终保持种沙在湿润状态，4~5 天后即可出芽，待 30% 的种子发芽后即可播种，播后覆草、覆沙，沙子的厚度为种子的 3 倍。一般种子纯度在 90% 以上，每公顷播种 225~300kg，种子质量和育苗条件较差时，应酌情将播种量适当加大。

早晚应各浇水 1 次。一般经过 2~3 周可发芽出土，3~4 天可长出真叶，1 周内可出齐，4~5 天后将覆草撤除，出土 20 天后可间苗，每平方米留苗 100 株左右，中间可施肥 2~3 次，定期清除杂草。从播种开始到苗出齐整，约 25 天。当有 30%~40% 苗木出土时，应当撤草。要合理灌溉、中耕除草，结合喷水，追施尿素 75~90kg / hm，间苗 2~3 次，疏去过密的弱苗，保留 30 万株 / hm 左右。随着气温的升高，喷洒 1~2 次波尔多液或 1%~2% 的硫酸亚铁，预防苗木立枯病的发生。从苗木快速生长到 8 月中下旬，高生长趋于缓慢为止，此期间要每隔 15~20 天追肥、灌水、中耕除草各 1 次，追施尿素 120~150kg / hm。将枝条上的腋芽除掉，以减少营养消耗。苗木长到 9 月中下旬时高生长停止，开始落叶休眠。这个阶段要停止追肥、灌水，防止徒长，促进苗木木质化。

173.【色木槭（亚种）】

分类地位：槭树科 槭树属

蒙名：奥存 — 巴图查干
别名：地锦槭、五角枫
学名：*Acer truncatum* Bunge subsp.*mono*
(Maxim.) E.Murr.

形态特征：本亚种与正种的主要区别：叶 5 裂，每裂片不再分小裂片叶，基部心形或浅心形。翅长为小坚果的 1.5 倍。果基部心形或近心形。花期 6 月上旬，果熟期 9 月。

生境：中生植物。色木槭为稍耐阴树种，喜湿润肥沃土壤，中性、酸性或石灰性土均可生长。常生于林缘、河谷、岸旁或杂木林中。见于呼锡高原、赤峰丘陵、燕山北部等地。

产地：产赤峰市（喀喇沁旗），锡林郭勒盟（正镶白旗、正蓝旗）。分布于我国东北、华北、华中，朝鲜、日本也有。

用途：木材质地细致、坚实，光泽美丽，为高级的乐器用材，也可供建筑、家具、雕刻、造船及造纸等用材。树皮含单宁，可提制栲胶；种子可榨油，为良好的园林绿化树种。

栽培管理要点：选择地势平坦、土层深厚的沙壤土做育苗地。秋季深翻 25~30cm，春季细耙，结合翻地每亩施入基肥 5000kg。4 月中旬进行。采取床作条播种，播种沟深 4~5cm，播幅 4~5cm，每亩播种量 20~25kg。种子播前最好经过湿沙层积催芽。湿沙层积催芽的种子发芽率高，出苗整齐迅速。播种下种要均匀，播后覆土 2~3cm，然后镇压一遍。播种后经过 2~3 周种子发芽出土，湿沙层积催芽的种子可提前出土。出土后 3~4 天长出真叶，1 周内出齐，3 周后开始间苗。苗木速生期追施化肥 2 次，每次每亩追碳酸氢铵 10kg。苗期灌水 5~6 次，及时松土除草，保持床面湿润、疏松、无草。1 年生苗高可达 70cm，2 年生苗高达 120~150cm。每亩每年产 1 年生苗 1.8~3.1 万株。移植培育 2 年生移植苗要翌春移植，每亩 6000 株左右，大垄单行。培育 2 年生以上大苗，除加强水肥、松土除草等田间管理措施外，还要注意干形培育，修剪侧枝，使枝下高达到定干高度，同时还应加强冠形修剪。

174.【茶条槭】

分类地位：槭树科 槭树属

蒙名：巴图 — 查干 — 毛都
别名：黑枫
学名：*Acer ginnala* Maxim.

形态特征： 落叶小乔木，高达 4m。树皮粗糙，灰褐色。小枝细，光滑。单叶对生，具 3 裂片，卵状长椭圆形至卵形，中央裂片卵状长椭圆形，较两侧裂片大，有时裂片不显著，边缘具重锯齿，基部心形、圆形或楔形，上面深绿，有光泽，下面淡绿色，沿脉被稀疏长柔毛，网脉显著隆起；花黄白色，杂性同株，由多花排成伞房花序，顶生，花轴和花梗初被柔毛，后渐脱落；萼片 5，矩圆形，边缘具柔毛；花瓣 5，倒披针形；雄蕊 8，着生于花盘内侧。小坚果被稀疏长柔毛，果翅常带红色，两翅几近平行，两果开展度为锐角或更小。花期 6 月上旬，果熟期 9 月。2n=26。

生境： 中生植物。弱阳性树种，耐寒。喜湿润肥沃土壤，但干燥砾质山坡也能生长。长生于半阳坡、半阴坡，和其他树种组成杂木林。见于大兴安岭西部、呼锡高原、阴山、乌兰察布、鄂尔多斯等地。

产地： 产锡林郭勒盟 (西乌珠穆沁旗、锡林浩特市)，巴彦淖尔市 (乌拉山)，鄂尔多斯市 (伊金霍洛旗)，呼和浩特市 (大青山、蛮汉山)，呼和浩特市区有栽植。分布于我国华北、东北、西北，日本、朝鲜、俄罗斯 (东西伯利亚) 也有。

用途： 木材为细木工和胶合板原料；树皮含单宁 8.2%~20%；嫩叶可代茶用；种子含油约 11.5%，可制肥皂，且抗风雪及烟害的能力较强，可作水土保持及园林绿化树种。叶及芽入药，能清热明目，主治肝热目赤、昏花。

栽培管理要点： 春播前 30~40 天，将种子放到 30℃ 1% 碳酸氢钠水溶液中浸泡 2 小时，自然冷却；同时，用手揉搓种子，然后将种子用干净的冷水浸泡 3~5 天，每天换水 1 次，3~5 天后把种子再浸入 0.5% 的高锰酸钾溶液中消毒 3~4 小时，捞出种子。用清水洗净药液后将种子混入 3 倍体积的干净湿河沙中，把种、沙混合物置于 5~10℃ 的低温下，保持 60% 的湿度，30 天后种子开始裂嘴，待有 1/3 种子裂嘴时即可播种。播种地应选择土壤肥沃、排水良好的壤土、沙壤土地块，提前进行秋整地。春播前 10 天左右施肥和耙地，然后作床。苗床长 20~30m、宽 110cm、高 15cm，步道宽 50cm。床面耙细整平，然后浇 1 次透水，待水渗透、床面稍干时即可播种。采用床面条播方法，播种量 50g/m²，18kg/ 亩，覆土厚 1.5cm，镇压后浇水，床面再覆盖细碎的草屑或木屑等覆盖物，保持床面湿润。播后 15 天左右即能发芽出土，当苗木长到 2cm 高时即可进行第 1 次间苗，留苗 200 株 /m²；当苗木长到高 4~5cm 时定苗，留苗 150 株 /m²。定苗后要及时浇水，2~3 天后追施 1 次氮肥，以后要适时除草和松土。当年苗高 60~90cm，产苗量 150 株 /m²，5.4 万株 / 亩。1 年生苗木也可根据需要再留床生长 1~2 年，苗木在留床生长期间，要追施 2 次氮肥，适时除草和松土。2 年生苗木高 90~140cm，3 年生苗木高 130~170cm。

175.【梣叶槭】

分类地位：槭树科 槭树属

蒙名：阿格其

别名：复叶槭、糖槭

学名：*Acer negundo* L.

形态特征： 落叶乔木，高达 15m。树皮暗灰色，浅裂。小枝光滑，被蜡粉。单数羽状复叶，小叶 3~5，稀 7 或 9，卵形至披针状长椭圆形，先端锐尖或渐尖，基部宽楔形或近圆形，叶缘具不整齐疏锯齿，上面绿色，初时边缘及沿脉有柔毛，后渐脱落，下面黄绿色，具柔毛，两侧小叶叶柄具柔毛。花单性，雌雄异株，雄花成伞房花序，被柔毛，下垂，花萼钟状。顶部 5 裂，被柔毛；雄蕊 5，花丝细长，花药窄矩圆形，无花瓣；雌花为总状花序，下垂，翅果扁平无毛，翅长与小坚果几乎相等，两果开展度成锐角或近直角。花期 5 月，果熟期 9 月。2n= 26。

生境： 喜光树种，能耐干寒，稍耐水温，在适宜的气候环境条件下生长较快，抗烟性较强。

产地： 原产北美。在我区城镇普遍栽植，但在气温过于寒冷的大青山以北地区生长不良，常出现冻梢及"破肚子"现象。此外，全国各地均有引栽。

用途： 木材纹理通直，结构细致，但干燥后稍有裂隙，可供家具、造纸及一般细木工用材，又可作环境保护及园林绿化树种。

栽培管理要点： 播前苗床必须灌足墒水，以便种子发芽生根。适宜春播。播种时，条播，行距 20~25cm，播幅宽 5~8cm，深度为 2~3cm，开好播种沟后，将经过催芽处理的种子取出，用 0.5% 退菌特拌种后播种，药量不宜过大，以免发生药害，播后覆土厚度 1~1.5cm 为宜。为防表土板结，可采用筛过的森林土。在北方地区最佳播种期为 4 月底至 5 月初，每亩播种量 17.5~20kg(种子千粒重 125~170g)。 播种后每天早晨和傍晚都要给苗圃地浇水，直到幼苗出土整齐，生长正常为止。10~13 天左右种子开始发芽，20 天左右幼苗基本出齐。

二十九、无患子科

176.【文冠果】

分类地位：无患子科 文冠果属

蒙名：甚坉—毛都
别名：木瓜、文冠树
学名：*Xanthoceras sorbifolia* bunge

形态特征：灌木或小乔木，高可达 8m，胸径可达 90cm。树皮灰褐色。小枝粗壮，褐紫色，光滑或有短柔毛。单数羽状复叶互生，小叶 9~19，无柄椭圆形至披针形，边缘具锐锯齿。总状花序；萼片 5，花瓣 5，白色，内侧基部有由黄变紫红的斑纹；花盘 5 裂，裂片背面有 1 角状橙色的附属体，长为花瓣之半。蒴果 3~4 室，每室具种子 1~8 粒；种子球形，黑褐色，种脐白色，种仁（种皮内有一棕色膜包着的）乳白色。花期 4~5 月，果期 7~8 月。2n=30。

生境：中生植物。生于山坡。见于辽河平原、燕山北部、赤峰丘陵、阴南丘陵、阴山、乌兰察布、鄂尔多斯、贺兰山等地。

产地：产通辽市（大青沟），赤峰市（翁牛特旗、喀喇沁旗），乌兰察布市（凉城县、

大青山），巴彦淖尔市（乌拉特中旗），鄂尔多斯市（鄂托克旗、达拉特旗、准格尔旗），阿拉善盟（贺兰山）。分布于我国江苏北部、山东、山西、陕西、河南、河北、甘肃、辽宁、吉林等省。

用途：文冠果是我国北方地区很有发展前途的木本油料树种。种子含油 30.8%，种仁含油 56.36%~70%，与油茶、榛子相近。油渣含有丰富的蛋白质和淀粉，故可供提取蛋白质或氨基酸的原料，经加工也可以作精饲料。木材棕褐色，坚硬致密，花纹美观，抗腐性强，可作器具和家具。果皮可提取工业上用途较广的糠醛。又为荒山固坡和同林绿化树种。茎干或枝条的木质部作蒙药用（蒙药名：霞日—森登），能燥"黄水"、清热、消肿、止痛，主治游痛症、痛风症、热性"黄水"病、麻风病、青腿病、皮肤瘙痒、癣、脱发、黄水疮、风湿性心脏病、关节疼痛、淋巴结肿大、浊热。

栽培管理要点：喜光树种。主要用播种法繁殖，分株、压条和根插也可。一般在秋季果熟

后采收，取出种子即播，也可用湿沙层积储藏越冬，翌年早春播种。栽培技术用种子、嫁接、根插或分株繁殖。种子繁殖应在果实成熟后，随即播种，次春发芽。若将种子沙藏，次春播种前15天，在室外背风向阳处，另挖斜底坑，将沙藏移至坑内，倾斜面向太阳，罩以塑料薄膜，利用阳光进行高温催芽，当种子20%裂嘴时播种。也可在播种前1星期用45℃温水浸种，自然冷却后2~3天捞出，装入筐篓或蒲包，盖上湿布，放在20~50℃的温室催芽，当种子2/3裂嘴时播种，一般4月中下旬进行。条播或点播，种脐要平放，覆土2~5cm。幼苗出土后，浇水量要适宜。苗木生长期，追肥2~3次，并松土除草。嫁接苗和根插苗容易产生根蘖芽，应及时抹除，以免消耗养分。接芽生长到15cm时，应设支柱，以防风吹断新梢。

三十、凤仙花科

177.【凤仙花】

分类地位：凤仙花科　凤仙花属

蒙名：好木存 — 宝都格 — 其其格
别名：急性子、指甲草、指甲花
学名：*Impatiens balsamina* L.

形态特征： 一年生草本，高 40~60cm。茎直立，圆柱形，肉质，稍带红色，节部稍膨大。叶互生，披针形，先端长渐尖，基部渐狭，边缘具锐锯齿；花单生与数朵簇生于叶腋；花梗密被短柔毛；花大，粉红色、紫色、白色与杂色，单瓣与重瓣；萼片 3，侧生 2，宽卵形，被疏短柔毛，下面 1 片，舟形，花瓣状，被短柔毛，基部延长成细而内弯的距。旗瓣近圆形，先端凹，具小尖头；翼瓣宽大，2 裂，基部裂片圆形；上部裂片倒心形，花药先端钝，子房纺锤形，绿色，密被柔毛；蒴果纺锤形与椭圆形，被茸毛，果皮成熟时 5 瓣裂而卷缩，并将种子弹出；种子多数，椭圆形或扁球形，深褐色或棕黄色。花期 7~8 月，果期 8~9 月。2n=14。

产地： 内蒙古各地有栽培。

用途： 为观赏植物。全草入药（药材名：透骨草），能活血通经、祛风止痛，主治跌打损伤、瘀血肿痛、痈疽疔疮、蛇咬伤等。种子也入药（药材名：急性子），能活血通经、软坚、消积，主治闭经、难产、肿块、积聚、跌打损伤、瘀血肿痛、风湿性关节炎、痈疽疔疮。花作蒙药用（蒙药名：好木存—宝都格—其其格），能利尿消肿，主治浮肿、慢性肾炎、膀胱炎等。

栽培管理要点： 以阳光充足、肥沃疏松土壤为宜。施基肥，整地做畦，南方做高畦，北方做平畦，畦宽 1.2m。北方直播应在 4 月份。行距 35cm，开 1cm 的浅沟，将种子均匀撒入沟内，覆土后稍加镇压，随后浇水。播后保持土壤湿润，温度 25℃左右时约 5 天开始出苗。每亩用种量 500g。苗高 5~10cm 时，间去细小、纤弱的苗，并按 20cm 株距定苗。如果要使花期推迟，可在 7 月初播种。也可采用摘心的方法，同时摘除早开的花朵及花蕾，使植株不断扩大。每 15~20 天追肥 1 次。9 月以后形成更多的花蕾，使它们在国庆节开花。适时松土除草。天旱应及时浇水。1 年中耕除草 2~3 次。苗高 30~40cm 时，可把茎下部的老叶去掉，摘去顶尖，促其多分枝。此时，每亩施饼肥 40kg，可顺行开沟，把肥料撒入沟内，覆土，浇水。高温多雨季节注意排水。

三十一、鼠李科

178.【酸枣（变种）】

分类地位：鼠李科 枣属

蒙名：哲日力格 — 查巴嘎
别名：棘
学名：*Zizyphus jujuba* Mill.var.*spinosa*
(Bunge) Hu ex H.F.chow.

形态特征：灌木或小乔木，高达 4m。小枝弯曲呈"之"字形，紫褐色，具柔毛，有细长的刺。刺有两种：一种是狭长刺，有时可达 3cm，另一种刺成弯钩状。单叶互生，长椭圆状卵形至卵状披针形，先端钝或微尖，基部偏斜，有三出脉，边缘有钝锯齿，齿端具腺点，上面暗绿色，无毛，下面浅绿色，沿脉有柔毛；花黄绿色，2~3 朵簇生于叶腋，花梗短；花萼 5 裂；花瓣 5；雄蕊 5，与花瓣对生，比花瓣稍长，具明显花盘。核果暗红色，后变黑色，卵形至长圆形，具短梗，核顶端钝。花期 5~6 月，果熟期 9~10 月。2n=24。

生境：旱中生植物。酸枣耐干旱，喜生于海拔 1000m 以下的向阳干燥平原、丘陵及山谷等地，常形成灌木丛。见于阴山、阴南丘陵、鄂尔多斯、赤峰丘陵、乌兰察布、贺兰山等地。

产地：产通辽市（库伦旗），乌兰察布市（大青山），巴彦淖尔市（乌拉特中旗），鄂尔多斯市（准格尔旗），阿拉善盟（贺兰山）。此外，我国东北、华北普遍分布。

用途：种子及树皮、根皮入药，种子（药材名：酸枣仁）能守心安神、敛汗，主治虚烦不眠、惊悸、健忘、体虚多汗等；树皮、根皮能收敛止血，主治便血、烧烫伤、月经不调、崩漏、白带异常、遗精"淋浊"、高血压等；种子又可榨油，含油量 50%。果实又可酿酒，枣肉更可提取维生素；花富含蜜汁，为良好的蜜源植物；核壳可制活性炭；叶可作猪的饲料；茎皮内含鞣质 21%，可提制栲胶。酸枣仁在兽医上可代替非布林解热用，亦可治疗牛、马的痉挛症或燥泻不定症。全株常作为果树栽培，也有作绿篱用，在水土流失地区，可作固土、固坡的良好水土保持树种。

栽培管理要点：适于向阳干燥的山坡、丘陵、平原及路旁的沙石土壤栽培，不宜在低洼水涝地种植。分株繁殖：在春季发芽前和秋季落叶后，将老株根部发出的新株连根劈下栽种，方法同定植。育苗田在苗出齐后进行浅锄松土除草，冬至前要进行 2~3 次。苗高 6~10cm 时每亩追施硫酸铵 15kg，苗高 30cm 时每亩追施过磷酸钙 12~15kg。为提高酸枣坐果率，春季须进行合理的整形修剪，或进行树形改造，把主干 1m 以上的部位锯去，使抽生多个侧枝，形成树冠；也可进行环状剥皮，在盛花期，离地面 10cm 高的主干上环切 1 圈，深达木质部，隔 0.5~0.6cm 再环切 1 圈，剥去两圈间树皮即可，20 天左右伤口开始愈合，1 个月后伤口愈合面在 70% 以上。9 月采收成熟果实，堆积、沤烂果肉后洗净。春播的种子须进行沙藏层积处理，在解冻后进行。秋播在 10 月中下旬进行，按行距 33cm 开沟，深 7~10cm，每隔 7~10cm 播种 1 粒，覆土 2~3cm，浇水保湿。育苗 1~2 年即可定植，按 2~3m×1m 开穴，穴深宽各 30cm，每穴 1 株，培土一半时，边踩边提苗，再培土踩实、浇水。野生酸枣树栽植在秋季落叶后、春季发芽前均可进行，但以秋栽最易成活。若栽植过迟或伤根太多，则会出现当年不发芽，第二年才萌发生长的假死现象。山地行等高栽植，一般株距 3~5m，行距 4~6m；平地宜长方形栽植，株行距为 2~4m×4~6m。每年 9~10 月结合施基肥进行深翻扩穴。具体做法为：在树的周围挖深 20~50cm 的穴，每株施土

杂肥 50~100kg。对土层薄、根系裸露的酸枣树进行培土，加厚土层，使树盘活土层均达到 50cm 以上。肥可分为萌芽肥、花前追肥和壮果肥，基肥以迟效性有机肥为主，适量配合化肥；追肥以速效性化肥为主，配合人粪尿或其他微量元素；萌芽肥一般于 3 月下旬至 4 月上旬施用；花前追肥以速效性氮、磷、钾复合肥加硼砂土施，或叶面喷施磷酸二氢钾（0.3%）加硼酸盐 300 倍液。叶面喷肥于始花期（5 月上中旬）开始，先后对叶面喷施 0.2%~0.5% 的尿素、10mg / L 浓度赤霉素和 0.2% 磷酸二氢钾溶液，每隔 5 天 1 次，共 5~6 次。壮果肥一般于 6 月下旬至 7 月中旬进行，以速效性磷钾肥为主。一般每株施用复合肥 0.5 kg 或磷酸二铵 0.2kg。多雨季节应注意清沟排水。7~8 月，若出现干旱，要及时灌水以满足果实生长的需要。

179.【鼠李】

分类地位：鼠李科 鼠李属

蒙名：牙西拉
别名：老鹳眼
学名：*Rhamnus dahurica* Pall.

形态特征：灌木或小乔木，高达 4m。树皮暗灰褐色，呈环状剥落。小枝近对生，光滑，粗壮，褐色，顶端具大形芽。单叶对生于长枝，丛生于短枝，椭圆状倒卵形至长椭圆形或宽倒披针形，先端渐尖，基部楔形，偏斜，圆形或近心形，边缘具钝锯齿，齿端具黑色腺点，上面绿色，具光泽，初有散生柔毛，后无毛，下面浅绿色，无毛，侧脉 4~5 对；叶柄粗，上面有沟，老时紫褐色，无毛。单性花，雌雄异株，2~5 朵生于叶腋，有时 10 朵生于短枝上，黄绿色；萼片 4，披针形，直立，锐尖，有退化花瓣；雄蕊 4，与萼片互生。核果球形，熟后呈紫黑色，种子 2 粒，卵圆形，背面有狭长纵沟，不开口。花期 5~6 月，果期 8~9 月。

生境：中生灌木。生于低山坡、土壤较湿的河谷、林缘或杂木林中。见于燕山北部、呼锡高原等地。

产地：产赤峰市（喀喇沁旗），锡林郭勒盟（正蓝旗），呼和浩特市有栽培。分布于我国黑龙江、吉林、辽宁、河北、山西等省，俄罗斯、朝鲜及日本也有。

用途：材质坚硬；纹理细致，耐扭折，可供造辘轳、车辆用材，也可雕刻等细工及器具、家具等。树皮可治大便

秘结，果实可治痈疖、龋齿痛。此外皮和果含鞣质，可提制栲胶及黄色染料，种子可榨油，其含油量为 26%，供制润滑油用，嫩叶及芽食用及代茶，又可为固土及庭园绿化树种。

栽培管理要点：用 1.2% 的硫酸亚铁溶液对土壤进行消毒，半小时后用清水冲洗。7 天后方可播种。育种苗床要求土壤肥沃，良好的土壤肥力使幼苗生长迅速；对于土壤贫瘠地块，结合深翻整地补充土壤肥力。苗床土壤施肥以复合肥为主，最好施有机肥、腐熟饼肥、厩肥、绿肥、人粪尿等，既有利于改良土壤结构，也有利于小苗吸收。整畦方向一般为东西向，以利种苗采光。在耕地前将肥料均匀散在土壤表面。施用厩肥和堆肥，用量为 2000~2500kg/ 亩；或施用饼肥，用量为 100~150kg/ 亩，同时施入杀虫药甲拌磷 500kg/ 亩，然后翻耕，将肥料翻入苗圃耕作层的中、下层。采取高床作业，播种床长 30m，宽 1.1m，步道沟宽 50cm。灌足底水，床面待播。可采用高床育苗拌沙散播，高床散播与床面条播相比，更便于作业与集约化管理。秋季播种覆土 1cm，春季播种覆土厚度不可超过 1cm。北方地区多采用秋播。秋播育苗，翌春能提早出苗，延长生长期，促进苗木木质化。对苗木生长过程中出现的丛生枝、胼生枝、直上枝和内膛横枝进行修剪或及早打芽，使苗木分枝匀称饱满，树形对称美观。

三十二、葡萄科

180.【山葡萄】

分类地位：葡萄科 葡萄属

蒙名：哲日乐格 — 乌吉母
学名：*Vitis amurensis* Rupr.

形态特征：木质藤本，长达 10 余米。树皮暗褐色，成长片状剥离。小枝带红色，具纵棱，嫩时被绵毛，卷须断续性，2~3 分枝。叶 3~5 裂，宽卵形或近圆形，基部心形，边缘具粗牙齿，上面暗绿色，无毛，下面淡绿色，沿叶脉与脉腋间常被毛，秋季叶片变红色，具长叶柄。雌雄异株，花小，黄绿色，组成圆锥花序，总花轴被疏长曲柔毛；雌花具 5 退化的雄蕊，子房近球形，雄花具雄蕊 5，无雌蕊。浆果球形，蓝黑色，表面有蓝色的果霜，多液汁。种子倒卵圆形，淡紫褐色，喙短，圆锥形，合点位于中央。花期 6 月，果期 8~9 月。2n= 38。

生境：中生植物。分布于落叶阔叶林区，零星见于林缘和湿润的山坡。见于燕山南部及北部、赤峰丘陵、辽河平原、阴山等地。

产地：产兴安盟（科尔沁右翼前旗、扎赉特旗），通辽市（大青沟），赤峰市（宁城县、喀喇沁旗、敖汉旗），锡林郭勒盟（多伦县），乌兰察布市（大青山），包头市（九峰山），巴彦淖尔市（乌拉山），阿拉善盟（贺兰山）。分布于我国东北及河北、山西、山东、日本、朝鲜、俄罗斯也有。

用途：果实可生食或酿葡萄酒，酒糟可制醋和染料。可做葡萄的砧木，嫁接后可提高葡萄的抗寒性。根、藤和果入药，根藤能祛风止痛，主治外伤痛、风湿骨痛、胃痛、腹痛、神经性头痛、术后疼痛；果实能清热利尿，主治烦热口渴、尿路感染、小便不利。

栽培管理要点：压条繁殖法：将生长中表现较老熟的藤蔓，即枝条表皮呈褐色的藤蔓平拉，置于地面，在每个节眼压上泥土，待根芽长出后，进行逐个离体，培育成幼株。扦插法：同样把老熟的藤蔓切成每节带有两个叶节位的小段，让切口自然晾干，再用生根剂加杀菌药剂溶液浸泡后捞起晾干水分，然后进行扦插。苗床应选择土壤盐分低、有机质含量较低的壤土为宜，苗床起成畦状，大小根据实际需要而定。畦面要平展、严实，保持适宜湿度，做到雨天不积水为宜。等幼苗长出至 10~15cm 时即可移栽大田进行栽培。栽培技术：对土壤要求不严格，但土层深厚、耕性佳、土壤疏松、排灌方便的田地更适合于山葡萄的生长。种植规格，畦宽 1.5m，

　　包沟作垄，株行距 0.6m×1.5m，亩栽约 750 株。搭架方式有两种，一种是传统的平面棚架式，棚架长宽的大小可根据土地面积大小和实际地形情况而定，但山葡萄生长空间面积最大限度只能与土地面积相等。采用这种方式采收藤蔓较为费工。另一种搭架形式为直立篱笆式。也就是畦的头尾各竖起一根粗 10cm×10cm，高2m 以上的水泥柱，中间以 2~3m 间隔加竖数根竹木柱，上下平行拉上 3~4 道铁线固定成立式篱笆。比起平面棚式，这种方式的藤蔓生长空间面积可增加 30% 以上。东西走向架式是高产栽培的一个重要措施。施肥一般在收割藤蔓后进行，第一次施肥约在每年的 2 月底至 3 月初施，新芽开始长出，是最佳的施肥时期。可以用农家粪肥与复合化肥混用，每次化肥用量每亩 15kg 左右即可。第二次施肥于 5 月底至 6 月初进行，施后结合清沟培土。第三次施肥应放在 7~8 月份，这时雨量较多，注意排除田间渍水。每年在 12 月份最后一次采割后，畦面进行浅锄晒白培土，防止根部裸露，以利来年生长。

三十三、锦葵科

181.【锦葵】

分类地位：锦葵科 锦葵属

蒙名：额布乐吉乌日— 其其格
别名：荆葵、钱葵
学名：*Malva sinensis* Cavan.

形态特征：一年生草本。茎直立，较粗壮，高 80~100cm，上部分枝，疏被单毛，下部无毛。叶近圆形或近肾形，通常 5 浅裂，裂片三角形，顶端圆钝，边缘具圆钝重锯齿，基部近心形，上面近无毛，下面被稀疏单毛及星状毛，托叶披针形，边缘具单毛。花多数，簇生于叶腋，花梗长短不等，被单毛及星状毛；花萼 5 裂，裂片宽三角形，小苞片（副萼）3，卵形，大小不相等，均被单毛及星状毛。花瓣紫红色，具暗紫色脉纹，倒三角形，先端凹缺，基部具狭窄的瓣爪，爪的两边具髯毛；雄蕊筒具倒生毛，基部与瓣爪相连，雌蕊由 10~14 个心皮组成，分成 10~14 室，每室 1 胚珠；分果果瓣背部具蜂窝状突起网纹，侧面具辐射状皱纹，有稀疏的毛。种子肾形，棕黑色。

产地：我区各地有栽培。我国南北各省都有栽培，少有逸生。印度也有分布。

用途：果实及花作蒙药用（蒙药名：傲母展巴），可以清热利湿，理气通便。还可作观赏用。

栽培管理要点：种植宜在清明前，选用 pH 值为 5.5~6.5 的营养土或腐叶土，盆栽后在有阳光处放置半天，才能叶绿花繁，否则很难开花。因锦葵开花次数比较多，需要足够的营养。5 月起进入生长期，施入氮磷结合的肥料 1~2 次，6 月起陆续开花一直到 10 月，每月应追施以磷为主的肥料 1~2 次，使花连开不断。盛夏高温季节，盆土应偏干忌湿，防烂根。有时会落叶，翌春会重长出新叶。随时剪去枯枝、病枝、弱枝、过密枝和残花残梗，以利通风透光，单瓣的还应截短徒长枝，使之多生侧枝、多开花。入冬后应及时移入室内，放置向阳温暖之处，保持室内温度 3~5℃，可以越冬。夏、秋季采收，晒干。繁殖主要利用扦插法、压条法。扦插时，选 1~2 年生健壮枝条，剪成 10cm 左右，只留上部叶片和顶芽，削平基部，插入干净的细沙土中，浇足水，罩以塑料薄膜，并置荫棚下，月余可生根。压条法有高压和普通压法两种。高压法可采取塑料袋两端扎紧的方法，可当年成活。

三十四、金丝桃科

182.【长柱金丝桃】
分类地位：金丝桃科 金丝桃属

蒙名：陶日格 — 阿拉丹 — 车格其乌海
别名：黄海棠、红旱莲、金丝蝴蝶
学名：*Hypericum ascyron* L.

形态特征：多年生草本，高 60~80cm。茎四棱形，黄绿色，近无毛。叶卵状椭圆形或宽披针形，先端急尖或圆钝，基部圆形或心形，抱茎，上面绿色，下面淡绿色，两面均无毛，叶片有透明腺点，全缘，无叶柄。花通常 8 朵成顶生聚伞花序，有时单生茎顶；花黄色；萼片倒卵形或卵形，花瓣倒卵形或倒披针形，呈镰状向一边弯曲；雄蕊 5 束，短于花瓣；雌蕊 5。蒴果卵圆形，暗棕褐色，果熟后先端 5 裂。种子多数，灰棕色，表面具小蜂窝纹，一侧具细长的翼。花期 7~8 月，果期 8~9 月。2n =16,18。

生境：中生植物。见于森林及森林草原地区，生于林缘、山地草甸和灌丛中。见于大兴安岭、科尔沁、辽河平原、燕山北部、呼锡高原、阴山、阴南丘陵等地。

产地：产呼伦贝尔市（鄂伦春自治旗、根河市、阿荣旗、扎兰屯市、牙克石市、鄂温克族自治旗），兴安盟（扎赉特旗、科尔沁右翼前旗），通辽市（科尔沁左翼后旗、大青沟、扎鲁特旗），赤峰市（阿鲁科尔沁旗、巴林左旗、巴林右旗、克什克腾旗、敖汉旗、喀喇沁旗、宁城县），锡林郭勒盟（东乌珠穆沁旗宝格达山），乌兰察布市（兴和县苏木山），呼和浩特市（大青山）。分布于我国东北、华北及山东、江苏、浙江、江西、湖南、湖北、河南、四川、贵州、云南，朝鲜、日本、俄罗斯（西伯利亚）也有。

用途：民间用叶代茶饮。全草入药，能凉血、止血、清热解毒，主治吐血、咯血、子宫出血、黄疸、肝炎症，外用治创伤出血、烧烫伤、湿疹、黄水疮，可捣烂或绞汁涂敷患处。种子泡酒，可治胃病、解毒、排脓。

栽培管理要点：目前尚未由人工引种栽培。

三十五、柽柳科

183.【柽柳】

分类地位：柽柳科 柽柳属

蒙名：苏海
别名：中国柽柳、桧柽柳、华北柽柳
学名：*Tamarix chinensis* Lour.

形态特征：灌木或小乔木，高 2~5m。老枝深紫色或紫红色；叶披针形或披针状卵形，先端锐尖，平贴于枝或稍开张。花由春季到秋季均可开放，春季的总状花序侧生于去年枝上，夏秋季总状花序生于当年枝上，常组成顶生圆锥花序，总状花序具短的花序柄或近无柄；苞片狭披针形或锥形，稍长于花梗；花小；萼片 5，卵形，渐尖；花瓣 5，粉红色，矩圆形或倒卵状矩圆形，开张，宿存；雄蕊 5，长于花瓣。蒴果圆锥形，熟时 3 裂。花果期 5~9 月。

生境：本种耐轻度盐碱，生湿润碱地、河岸冲积地及草原带的沙地。见于辽河平原、科尔沁、阴南丘陵及鄂尔多斯等地。

产地：产通辽市南部，赤峰市东南部，乌兰察布市南部，鄂尔多斯市等地。我国东北、华北、西北、长江中下游及广东、广西、云南等省有栽培。

用途：嫩枝、叶入药（药材名：西河柳），能疏风解表、透疹，主治麻疹不透、感冒、风湿关节痛、小便不利，外用治风疹瘙痒。嫩枝也作蒙药用（蒙药名：苏海），能解毒、清热、清"黄水"、透疹，主治陈热、"黄水"病、肉毒症、毒热、热症扩散、血热、麻疹。枝柔韧，可供编筐、篮等。中等饲用植物，骆驼乐食其幼嫩枝条。亦可作庭园绿篱的栽培树种。

栽培管理要点：柽柳的繁殖主要有扦插、播种、压条和分株以及试管繁殖。扦插育苗时选用直径 1cm 左右的 1 年生枝条作为插条，剪成长 25cm 左右的插条，春季、秋季均可扦插。采用平畦扦插，畦面宽 1.2m、行距 40cm、株距 10cm 左右。也可以丛插，每丛插 2~3 根插穗。为了提高成活率，扦插前可用 ABT 生根粉 100mg/kg 浸泡 2 小时左右。扦插后立即灌水，以后每隔 10 天灌水 1 次，成活率可达 90% 以上。柽柳既耐干旱，又耐水湿和盐碱。但以选择土壤肥沃、疏松透气的沙壤土为好，平整土地，均匀撒一层有机肥，整理苗床，畦宽 1m 左右。柽柳种子没有后熟过程，可随采随播。有些柽柳种子发芽力丧失极快，如柽柳，采后 20 天发芽率从 70% 降至 20%，2 个月左右完全丧失发芽力。但有些种子不易丧失发芽能力。一般在夏季播种，也可以在来年春季播种。播种前先灌水，浇透床面，然后将种子均匀撒于床面上，混入沙子一起撒播，一般 59g/m² 左右，再以薄薄的细土或细沙覆盖，播种后 3 天大部分种子发芽出土，10 天左右出齐苗。出苗期间要注意浇水，每隔 3 天浇 1 次小水，保持土壤湿润；苗出齐后，可以减少灌溉次数，加大灌溉量。实生苗 1 年可长到 50~70cm，直接出圃造林。压条繁殖时选择生长健壮的植株，在枝条离地 40cm 的近地一侧剥去树皮 3~4cm，露出形成层，然后将剥去树皮的部位置入土壤中，用带杈的木桩固定，使其与土壤紧密接触，适时浇水，5 天左右即可生出不定根，10 天左右将其与母株分离、移植。分株繁殖柽柳一般成簇分布，1 簇柽柳大约有上百个枝条。在春天柽柳萌芽前，可将其连根刨出，1 簇柽柳可分成 10 株左右，然后重新栽植。这种方法要有一定时间的缓苗期才能正常生长。栽后适当加以浇水、追肥。柽柳极耐修剪，在春夏生长期可适当进行疏剪整形，剪去过密枝条，以利通风透光，秋季落叶后可进行 1 次修剪。

三十六、半日花科

184.【半日花】

分类地位：半日花科 半日花属

蒙名：好日敦 — 哈日

学名：*Helianthemum soongoricum* Schrenk

形态特征：矮小灌木，高 5~12cm，多分枝，稍呈垫状。老枝褐色或灰褐色，小枝对生或近对生，幼时被紧贴的短柔毛，后渐光滑，先端常尖锐成刺状。单叶对生，革质，披针形或狭卵形，先端钝或微尖，边缘常反卷，两面被白色棉毛，具短柄或近无柄。托叶锥形。花单生枝顶，花梗被白色长柔毛；萼片 5，背面密被白色短柔毛，不等大，外面的两个条形，内面的 3 个卵形，背部有 3 条纵肋；花瓣 5，黄色，倒卵形；雄蕊多数，长为花瓣的 1/2，花药黄色；子房密生柔毛，长约 1.5mm，花柱丝形，长约 5mm。蒴果卵形，长 5mm 左右，被短柔毛。种子卵形，长约 3mm。花期 5~9 月，果期 7~10 月。

生境：强旱生植物，为古老的残遗种。生于草原化荒漠区的石质和砾石质山坡。见于东阿拉善。

产地：产鄂尔多斯市（鄂托克旗），乌海市。分布于我国新疆、甘肃，俄罗斯也有。

用途：地上部分含红色物质，可作红色染料。

栽培管理要点：目前尚未由人工引种栽培。

三十七、董菜科

185.【三色堇】

分类地位：董菜科 董菜属

蒙名：阿拉叶 — 尼勒 — 其其格
别名：三色堇菜、蝴蝶梅
学名：*Viola tricolor* L.

形态特征：一二年生或多年生草本，高 10~20cm，全株深绿色，无毛。茎有棱，直立或稍倾斜，单一或多分枝。托叶呈叶状，大头羽状深裂；上部茎生叶的叶柄短，下部茎生叶的叶柄长，叶片矩圆状披针形、短圆状卵形或宽卵形，先端圆形或钝，基部圆形，边缘具稀疏的圆齿或钝锯齿。花梗稍粗，单生于叶腋，苞片卵状三角形，近膜质，生于花梗上部；花大，通常有紫、白、黄三色；萼片大，矩圆状披针形，绿色，具 3 脉，边缘膜质，基部附属器大，边缘不整齐，上瓣为深紫堇色或紫堇色；侧瓣及下瓣均为三色，侧瓣里面基部密生须毛，下瓣距细。蒴果椭圆形，无毛。花果期 5~9 月。2n=26，28。

用途：本区的一些城市栽培作观赏用。世界各国均有栽培。

栽培管理要点：盆栽每 17cm 植 1 株，花坛株距 15~20cm。栽培土质以肥沃富含有机质的壤土为佳，或用泥炭土 30%、细木屑 20%、壤土 40%、腐熟堆肥 10% 混合调制。生育期间每 20~30 天追肥 1 次，各种有机肥料或氮、磷、钾均佳。花谢后立即剪除残花，能促使再开花，至春末以后气温较高，开花渐少也渐小。三色堇性喜冷凉或温暖，忌高温多湿，生育适温 5~23℃，若有乍热，高温达 28℃以上天气，应力求通风良好，使温度降低，以防枯萎死亡。病害可用普克菌、亿力或大生防治，虫害可用速灭松、万灵等防治。夜间温度 16~18℃，白天 18~24℃，当植物放置在室外时很难保持最佳生长条件，用负昼夜温差有助于使植株变矮，质量高。注意不要出现高温。不要浇水过多，因为三色堇在阴凉地区生长，水分不会散发很快，需要的水分不多。

186.【堇菜】

分类地位：堇菜科 堇菜属

蒙名：尼勒 — 其其格

别名：堇堇菜

学名：*Viola verecunda* A. Gray

形态特征：多年生草本，有地上茎，高 8~20cm。根茎具较密的结节，密生须根。基生叶的托叶为狭披针形，边缘具疏细齿，1/2 以上与叶柄合生，茎生叶托叶离生，为披针形、卵状披针形或匙形，边缘全缘；基生叶柄有狭翼，叶片肾形或卵状心形，先端钝圆，基部浅心形至深心形；茎生叶柄短，具狭翼，叶片卵状心形、三角状心形或肾状圆形，先端钝或稍尖，基部深心形或浅心形，边缘具圆齿。花小，白色，花梗短，生于茎叶叶腋，苞生于花梗中上部，萼片披针形或卵状披针形，无毛，基部附属物小；侧瓣里面有须毛，下瓣具紫红色的条纹，距短，囊状；蒴果小，矩圆形，无毛。花果期 5~8 月。2n=24。

生境：中生植物。生于山坡草地、湿草地、灌丛或溪旁林下。见于大兴安岭北部。

产地：产呼伦贝尔市（额尔古纳市）。分布于我国东北、华北、华东、中南，朝鲜、日本、蒙古、俄罗斯也有。

用途：本区的一些城市栽培作观赏用。

栽培管理要点：栽培介质宜选排水性佳的，可以沙土栽种或是以栽培土混合珍珠石、蛭石后使用。栽培环境全日照或半日照均可，如果是栽种原产于中高海拔的品种，建议炎热的夏季期间栽培应移至有遮阴处较佳。生育适温约 10~25℃，温度较高时，堇菜易长出没有花瓣的闭锁花，会有闭锁受粉的现象发生（不开花即结子），温度适宜时较能开出美丽的花朵；夏季高温时叶色则转为全绿。播种的适期是春夏季，发芽适温为 15~18℃，种子需覆土，置于阴凉的地方，发芽需 1~2 个月。如果已栽种成株一段时间，成熟的果荚会将种子弹出，所以常会发现盆面或地表有堇菜小苗萌出，可将这些小苗移至盆中栽种。部分品种有长走茎的特性，可定时更换较大的盆子或将走茎修剪另外栽种。

187.【紫花地丁】
分类地位：堇菜科 堇菜属

蒙名：宝日 — 尼勒 — 其其格
别名：辽堇菜、光瓣堇菜
学名：*Viola yedoensis* Makino

形态特征：多年生草本，无地上茎，花期高 3~10cm，果期高可达 15cm。根茎较短，垂直，主根较粗，白色至黄褐色，直伸。托叶膜质，通常 1/2~2/3 与叶柄合生，上端分离部分条状披针形或披针形，有睫毛，叶柄具窄翅，上部翅较宽，被短柔毛或无毛，果期叶片可达 10 余厘米，叶片矩圆形、卵状矩圆形、矩圆状披针形或卵状披针形，先端钝，基部钝圆或楔形，边缘具浅圆齿，两面散生或密生短柔毛，或仅脉上有毛或无毛，果期叶大，先端钝或稍尖，基部常呈微心形。花梗超出叶或略等于叶，被短柔毛或近无毛，苞片生于花梗中部附近；萼片卵状披针形，先端稍尖，边缘具膜质狭边，基部附属器短，末端圆形、楔形或不整齐，无毛，少有短毛；花瓣紫堇色或紫色，倒卵形或矩圆状倒卵形，侧瓣无须毛或稍有须毛，下瓣连距长 15~18mm，距细，末端微向上弯或直；蒴果椭圆形，无毛。花果期 5~9 月。2n=24。

生境：中生杂草。多生长于庭园、田野、荒地、路旁、灌丛及林缘等处。见于大兴安岭、科尔沁、呼锡高原、燕山北部、赤峰丘陵、阴山、阴南丘陵等地。

产地：产呼伦贝尔市 (扎兰屯市)，兴安盟 (科尔沁右翼前旗、突泉县)，赤峰市 (克什克腾旗、喀喇沁旗)，乌兰察布市 (卓资县)，呼和浩特市，包头市。分布于我国东北、华北、西北、华东、中南及云南，朝鲜、日本、俄罗斯也有。

用途：全草入药 (药材名：紫花地丁)，能清热解毒、凉血消肿，主治发背、疔疮瘰疬、无名肿毒、丹毒、乳腺炎、目赤肿痛、咽炎、黄疸型肝炎、肠炎、毒蛇咬伤等。全草也入蒙药用 (蒙药名：尼勒—其其格)，有的地区作地格达用。在内蒙古各地是较早开花的草本植物之一，可作为庭园绿化的点缀之用。

栽培管理要点：常规使用的播种箱，规格长 50cm，宽 30cm，高 8~10cm，也可采用育秧盘。木箱在使用前一定要用水泡透，否则容易造成土与箱分离，影响出苗。床土准备一般用 2 份园土，2 份腐叶土，1 份细沙，用孔径为 1cm 以下的筛子过筛备用。播种前要进行土壤消毒，一般可用 0.1%~0.3% 的高锰酸钾溶液喷洒床土，以达到培育壮苗、防治苗期病虫害的目的。土壤消毒后用硝基腐殖酸调节土壤 pH 值到 6~7 左右待用。将采集到的紫花地丁的种子放在通风干燥处保存。12 月上旬播种在 2~8℃的低温温室内，翌年 2 月出苗，3 月下地定植。亦可在 5 月份采下种子，直接地播，很快就可以发芽出苗。由于种粒比较细小，播种时最好采用"盆底浸水法"即将床土装入秧盘或浅盆，置于更大的盛有水的容器中，使水从秧盘或盆底部向上渗透，湿润整个床土，然后再进行播种。播种时可采用撒播法，用小粒种子播种器或用手将种子均匀地撒在浸润透的床土上，撒种后用细筛筛过的细土覆盖，覆盖厚度以盖住种子为宜。种子出苗过程中，如有土壤干燥现象，可继续用盆浸法补充水分。播种后室内温度控制在 15 ~ 25℃为好。小苗出齐后要加强管理，特别要控制温度以防小苗徒长，此时光照要充足，温度控制在白天 15℃，夜间 8~10℃，保持土壤稍干燥。当小苗长出第一片真叶时开始分苗，移苗时根系要舒展，底水要浇透。白天温度为 20℃左右，夜间温度为 15℃左右，可适量施用腐熟的有机肥液促进幼苗生长，当苗长至 5 片叶以上时即可定植。定植密度如果选用叶片在 15~20 之间的大中苗移栽，40 株 /m²；如果选用叶片在 5~10 之间的中小苗移栽，密度为 50 株 /m²。另外，带土壤移植较裸根移植缓苗快，成活率高。紫花地丁抵抗能力强，生长期无须特殊管理，可在其生长旺季，每隔 7~10 天追施 1 次有机肥，会使其景观效果更佳。

三十八、瑞香科

188.【狼 毒】

分类地位：瑞香科 狼毒属

蒙名：达伦 — 图茹
别名：断肠草、小狼毒、红火柴头花、棉大戟
学名：*Stellera chamaejasme* L.

形态特征：多年生草本，高 20~50cm。根粗大，木质，外包棕褐色。茎丛生，直立，不分枝。光滑无毛。叶较密生，椭圆状披针形，先端渐尖，基部钝圆或楔形，两面无毛。顶生头状花序；花萼筒细瘦，下部常为紫色；具明显纵纹，顶端 5 裂，裂片近卵圆形，具紫红色网纹，雄蕊 10，2 轮，着生于萼喉部与萼筒中部，花丝极短。小坚果卵形，棕色，上半部被细毛，果皮膜质，为花萼管基部所包藏。花期 6~7 月，果期 7~9 月。

生境：旱生植物。广泛分布于草原区，为草原群落的伴生种，在过度放牧影响下，数量常常增多，成为景观植物。除西部荒漠区外广布全区各地。除阿拉善盟外，产全区各盟市。

产地：分布于我国东北、华北、西北、西南，朝鲜、蒙古、俄罗斯也有。

用途：根入药，有大毒，能散结、逐水、止痛、杀虫，主治水气肿胀、淋巴结核、骨结核；外用治疥癣、瘙痒、顽固性皮炎、杀蝇、灭蛆。根也作蒙药（蒙药名：达伏—图茹），能杀虫、逐泻、淌"奇哈"、止腐消肿,主治各种"奇哈"症、疖痛。也可作为生物杀虫剂的原料，具一定的观赏性。

栽培管理要点：狼毒对土壤要求不严，房前、屋后、边地、山坡等处均可栽种。深耕碎土耙平，施入底肥，开排水沟，畦长不限。狼毒主要用分根繁殖。将地下根茎挖起，选粗壮带芽者，剪成长根段备用。并喷施新高脂膜，驱避地下病虫，隔离病毒感染，然后将根段横向按在沟内，上盖垃圾泥和焦泥灰，再覆土压实。狼毒幼苗生长缓慢，应及时除草。定植返青后，结合中耕除草追肥。雨季注意排水，以免烂根，并适时喷施药材根大灵，促使叶面光合作用产物（营养）向根系输送，提高营养转换率和松土能力，使根茎快速膨大，药用含量大大提高。

三十九、胡颓子科

189.【 中国沙棘（亚种）】

分类地位：胡颓子科 沙棘属

蒙名：其查日嘎纳
别名：醋柳、酸刺、黑刺
学名：*Hippophae rhamnoides* L. subsp.
Sinensis Rousi

内蒙古野生园艺植物图鉴 NEIMENGGU YESHENG YUANYI ZHIWU TUJIAN

237

形态特征：灌木或乔木，通常高 1m。枝灰色，通常具粗壮棘刺；幼枝具褐锈色鳞片。叶通常近对生，条形至条状披针形，两端钝尖，上面被银白色鳞片，后渐脱落呈绿色，下面密被淡白色鳞片，中脉明显隆起；叶柄极短，花先叶开放，淡黄色，花小；花萼 2 裂；雄花序轴常脱落，雄蕊 4，雌花比雄花后开放，具短梗。花萼筒囊状；顶端 2 小裂。果实橙黄或橘红色，包于肉质花萼筒中，近球形。种子卵形，种皮坚硬，黑褐色；有光泽。花期 5 月，果熟期 9~10 月。2n=24。

生境：比较喜暖的旱中生植物。主要分布于暖湿带落叶阔叶林区或森林草原区。喜阳光，不耐阴。对土壤要求不严，耐干旱、瘠薄及盐碱土壤。有根瘤菌，有肥地之效。为优良水土保持及改良土壤树种。见于大兴安岭南部、赤峰丘陵、燕山北部、呼锡高原、阴山、阴南丘陵、鄂尔多斯等地。

产地：产赤峰市（克什克腾旗、敖汉旗、喀喇沁旗、巴林左旗），锡林郭勒盟（正蓝旗），乌兰察布市（大青山、蛮汉山），鄂尔多斯市（准格尔旗、乌审旗），呼和浩特市。分布于我国河北、山西、陕西、甘肃、青海、四川。

用途：果实含有机酸、维生素 C、糖类等，可做浓缩性维生素 C 的制剂和酿酒。果汁可解铅中毒。果实做蒙药用（蒙药名：其查日嘎纳），能祛痰止咳、活血散瘀、消食化滞，主治咳嗽痰多、胸满不畅、消化不良、胃痛、闭经。也可作为绿篱。

栽培管理要点：沙棘以播种育苗为主，建立以产果为目的的沙棘园，需采用无性繁殖方法。育苗选择有灌溉条件的沙壤土，播前深翻、施肥、碎土。播期以春季适时早播为好，当地表 5cm 深，地温为 9~10℃时种子即可发芽，15℃时最为适宜，一般为 4~5 月。播前用 40~60℃温水浸泡 1 昼夜，然后捞出，混入湿沙催芽，待 30% 种子裂嘴时即可播种。播种方法为开沟条播，每亩播种量约 5kg，播种行距 20~30cm，覆土 2~3cm。当年间苗 1~2 次，每 1m 长播种行上留苗 15~20 株，间苗后及时灌水松土。一般在幼苗生长期间灌水 4~5 次，并在灌水后及时松土除草。一年生实生苗为 30~50cm，地径 0.5~1.0cm，可出圃用于造林。植苗造林春秋季均可，春季要适时早栽，土壤解冻 20~30cm 就可造林。秋季造林待树木落叶后，土壤结冻前进行。株行距 1m×1m 或 1m×1.5m。适当深栽，覆土一般比苗木原土深 5cm 左右，在干旱地区可栽干造林，以提高造林成活率。在降雨量较多的地区，选择土壤水分较好的地方可进行直播造林，早春、晚春、雨季、秋季均可。关键在于播种地的选择和幼苗管理。沙棘喜磷肥和少量氮肥，收果实的沙棘林应施磷肥，还可与沙打旺间种，解决沙打旺衰退后的植被演替问题。沙棘无性繁殖主要采用硬枝扦插和嫩枝扦插的方法。

190.【沙枣】

分类地位：胡颓子科 胡颓子属

蒙名：吉格德

别名：桂香柳、金铃花、银柳、七里香

学名：*Elaeagnus angustifolia* L.

形态特征：灌木或小乔木，高达15m。幼枝被灰白色鳞片及星状毛，老枝栗褐色，具枝刺。叶矩圆状披针形，先端尖或钝，基部宽楔形或楔形，全缘，两面均有银白色鳞片，上面银灰绿色，下面银白色；花银白色，通常1~3朵，生于小枝下部叶腋；花萼筒钟形，内部黄色，外边银白色，有香味，顶端通常4裂；两性花的花柱基部被花盘所包围。果实矩圆状椭圆形，或近圆形，初密被银白色鳞片，后渐脱落，熟时橙黄色、黄色或红色。花期5~6月，果期9月。2n=12，28。

生境：耐盐的潜水旱生植物，为荒漠河岸林的建群种之一。在栽培条件下，沙枣最喜通气良好的沙质土壤。见于阿拉善等地。

产地：产巴彦淖尔市，鄂尔多斯市，阿拉善盟。呼和浩特市、包头市及我国西北、华北、辽宁南部均有栽培，地中海沿岸、亚洲西部及俄罗斯也有。

用途：沙枣果实含脂肪、蛋白质等，营养成分与高粱相近，可作食用。叶含蛋白质、粗脂肪等，营养成分接近苜蓿，为良好的饲料。树皮及果实入药，树皮能清热凉血、收敛止痛，主治慢性支气管炎、胃痛、肠炎、白带异常，外用治烧烫伤，果实能健胃止泻、镇静，主治消化不良、神经衰弱等。材质坚韧、纹理美观，民间作为家具及建筑用材。也可作为绿篱。

栽培管理要点：沙枣播种育苗多在春季。春季育苗要在头年冬季12月进行种子处理。方法是把种子淘洗干净，掺等量细沙混合均匀，放入事先挖好的种子处理坑内，或按40~60cm厚堆放地面，周围用沙壅埋成埂，灌足水，待水渗下或结冰后，覆沙20cm越冬。未经冬藏的种子，播前可用50~60℃温水浸泡2~3天，捞出后与马粪混合放在向阳处保湿催芽，待30%~40%的种子裂嘴后即可播种。秋播的种子不必催芽处理。沙枣育苗可用大田式条播，行距25cm，播种深度3~5cm，每米播种沟播种100粒左右，每亩下种20kg左右，播后覆土。6月上旬间苗，苗距7cm，每亩保苗3~4万株。当年生苗高50~60cm，可出圃造林。沙枣果实于10月中下旬成熟。果实成熟后并不立即脱落，可用手摘取或以竿击落，布幕收集。采种要选择生长健壮、无病虫害、树干较通直、果实品质好的母树。果实采回后及时摊晒，防止发霉，干后用石碾碾压，脱除果面。50kg果实约可出种子25kg，沙枣面25kg。种子在干燥通风处贮藏，堆层厚度不宜超过1m。新鲜饱满的种子发芽率多在90%以上。贮存良好的种子，5~6年后，发芽率仍达60%~70%。种子的重量因品种而不同，种子千粒重为250~380g，每斤有种子1.2万~1.5万粒。

四十、千屈菜科

191.【千屈菜】
分类地位：千屈菜科 千屈菜属

蒙名：西如音 — 其其格
学名：*Lythrum salicaria* L.

形态特征：多年生草本，茎高 40~100cm，直立，多分枝，四棱形，被白色柔毛或仅嫩枝被毛。叶对生；少互生，长椭圆形或矩圆状披针形，先端钝或锐尖，基部近圆形或心形，略抱茎，上面近无毛，下面有细柔毛，边缘有极细毛，无柄。顶生总状花序；花两性，数朵簇生于叶状苞腋内，具短梗，苞片卵状披针形至卵形，顶端长渐尖，两面及边缘密被短柔毛；小苞片狭条形，被柔毛；花萼筒紫色，萼筒外面具 12 条凸起纵脉，沿脉被短柔毛，顶端有 6 齿裂，萼齿三角状卵形，齿裂间有被柔毛的长尾状附属物；花瓣 6，狭倒卵形，紫红色，生于萼筒上部；雄蕊 12，6 长，6 短，相间排列，在不同植株中雄蕊有长中短三型，与此对应，花柱也有短中长三型。蒴果椭圆形，包于萼筒内。花期 8 月，果期 9 月。2n=30，60。

生境：湿生植物，生于河边、下湿地、沼泽。见于大兴安岭、燕山北部、辽河平原、鄂尔多斯等地。

产地：产呼伦贝尔市（牙克石市、扎兰屯市、鄂伦春自治旗），兴安盟（科尔沁右翼前旗），通辽市（大青沟），赤峰市（克什克腾旗、喀喇沁旗），鄂尔多斯市（乌审旗、伊金霍洛旗）。分布于我国河北、山西、陕西、河南、四川，阿富汗、伊朗、蒙古、朝鲜、日本、俄罗斯及欧洲、非洲北部也有。

用途：为待开发的野生观赏资源。全草入药，能清热解毒、凉血止血，主治肠炎、痢疾、便血，外用治外伤出血；孕妇忌服。

栽培管理要点：目前尚未由人工引种栽培。

四十一、柳叶菜科

192.【柳兰】

分类地位：柳叶菜科 柳叶菜属

蒙名：呼崩 — 奥日耐特
学名：*Epilobium angustifolium* L.

形态特征： 多年生草本，根粗壮，棕褐色，具粗根茎；茎直立，高约 1m。光滑无毛，叶互生，披针形，长 5~15cm，宽 0.8~1.5cm，上面绿色，下面灰绿色。两面近无毛，或中脉稍被毛，全缘或稀具稀疏锯齿，无柄或具极短的柄。总状花序顶生，花梗长 0.8~1.5cm，花萼紫红色，裂片条状披针形。雄蕊 8，花丝 4，蒴果圆柱形，种缨乳白色。花期 7~8 月，果期 8~9 月。2n=36。

生境： 中生植物。生于林区及草原带的坡地。见于大兴安岭、呼锡高原、燕山北部、阴山、阴南丘陵、贺兰山等地。

产地： 呼伦贝尔市(牙克石市、扎兰屯市、鄂伦春自治旗、海拉尔区)，兴安盟（科尔沁右翼前旗），锡林郭勒盟(东乌珠穆沁旗、锡林浩特市)，赤峰市（阿鲁科尔沁旗、克什克腾旗、喀喇沁旗），乌兰察布市（兴和县、大青山、蛮汉山），巴彦淖尔市（乌拉特前旗乌拉山），阿拉善盟（贺兰山），呼和浩特市，包头市。分布于我国东北、华北、西北及西南，朝鲜、日本、俄罗斯及欧洲、北美洲也有。

用途： 可供观赏。全草或根状茎入药，有小毒。能调经活血、消肿止痛，主治月经不调、骨折、关节扭伤。

栽培管理要点： 目前尚未由人工引种栽培。

193.【夜来香】

分类地位：柳叶菜科 月见草属

蒙名：松给鲁麻 — 其其格
别名：月见草、山芝麻
学名：*Oenothera biennis* L.

形态特征： 一年或二年生草本，高 80~120cm。茎直立，多分枝，疏被白色长硬毛。叶倒披针形或长椭圆形，先端渐尖，两面疏被白色柔毛，边缘具不明显锯齿或近全缘。花大，有香气，花萼筒长约 4cm，喉部扩大，裂片长三角形，每 2 片中部以上合生，其顶端 2 浅裂，花瓣 4，黄色，平展，倒卵状三角形，顶端微凹；雄蕊 8，黄色，不超出花冠。蒴果稍弯，下部稍粗，成熟时 4 瓣裂。种子在果内水平状排列，有棱角。花果期 7~9 月。2n=14。

产地： 原产北美，我国广泛引种栽培。

用途： 可供观赏。种子可榨油，茎皮纤维可做人造棉原料。根入药，可强筋骨、祛风湿，主治风湿症、筋骨疼痛。

栽培管理要点： 目前我区尚未由人工引种栽培。

四十二、锁阳科

194.【锁阳】

分类地位：锁阳科 锁阳属

蒙名：乌兰高腰
别名：地毛球、羊锁不托、铁棒锤、锈铁棒
学名：*Cynomorium. songaricum* Rupr.

形态特征：多年生肉质寄生草本，无叶绿素，高 15~100cm，大部埋于沙中。寄主根上着生大小不等的锁阳芽体，近球形，椭圆形，直径 6~15mm，具多数须根与鳞片状叶。茎圆柱状，埋于沙中的茎具有细小须根，基部较多，茎基部略增粗或膨大；茎着生鳞片状叶，中部或基部较密集，呈螺旋状排列，向上渐稀疏，鳞片状叶卵状三角形，先端尖。肉穗状花序生于茎顶，伸出地面，棒状，矩圆形或狭椭圆形；着生非常密集的小花，花序中散生鳞片状叶；雄花、雌花和两性花相伴杂生，有香气；雄花花被片通常 4，离生或合生，倒披针形或匙形，卜部白色，上部紫红色，蜜腺近倒圆锥形，顶端具 4~5 钝牙齿，鲜黄色，半抱花丝，雄蕊 1，花丝粗，深红色，当花盛开时长达 6mm，花药深紫红色，矩圆状倒卵形；雌花花被片 5~6，条状披针形，花柱上部紫红色，柱头平截，两性花少见，花被片狭披针形，雄蕊 1，花药情况同雄花，雌蕊情况同雌花。小坚果，近球形或椭圆形，顶端有宿存浅黄色花柱，果皮白色。种子近球形，深红色，种皮坚硬而厚。花期 5~7 月，果期 6~7 月。

生境：多寄生在白刺属 (Nitraria) 植物的根上。生于荒漠草原、草原化荒漠与荒漠地带。见于乌兰察布、鄂尔多斯、阿拉善等地。

产地：产乌兰察布市 (四子王旗)，巴彦淖尔市 (乌拉特前旗、中旗与后旗)，鄂尔多斯市 (杭锦旗、鄂托克旗、乌审旗)，阿拉善盟 (阿拉善左旗与右旗、额济纳旗)，包头市 (达尔罕茂明安联合旗、乌兰计)，乌海市。分布于我国西北，蒙古、俄罗斯也有。

用途：除去花序的肉质茎供药用 (药材名：锁阳)，能补肾，助阳益精，润肠，主治阳痿遗精、腰膝酸软、肠燥便秘。也作蒙药用 (蒙药名：乌兰高腰)，能止泻健胃，主治肠热、胃炎、消化不良、痢疾等。锁阳在本产区产量较大，富含鞣质，可提炼栲胶，并含淀粉，可酿酒及做饲料。

栽培管理要点：野生锁阳一般 8~9 月份种子成熟，在野外野生植株中采种后，选用籽粒饱满的作为人工种植用种。野生锁阳种子需要处理促其萌发，用白刺根及茎浸出液在 0~5℃ 条件下浸泡种子 1~2 月，或用 300mg·kg⁻¹ 萘乙酸液浸泡种子 24 小时，以打破锁阳种子的休眠。选择平缓的、含水率较高的固定沙地，选择侧根发达的幼、壮白刺作为寄主。最佳的接种时间应该是 4 月中旬白刺萌发时开始接种，到 7 月底结束。接种的深度以 50~60cm 为宜。接种前将野生锁阳种子进行处理。接种时，顺着白刺根系挖深 50~60cm，撒施腐熟的羊粪，将营养土培养基质垫在所要接种的白刺根系的下面，隔段破开根系表皮 (不破也行)，然后将锁阳种子撒在营养土培养基质上，与白刺根系紧密接触，籽粒大约 50~60 粒，然后覆 5~6cm 厚的沙，灌水后将坑埋好、踩实。以后每隔半月灌 1 次足水，以保持接种部位湿润即可。

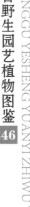

四十三、五加科

195.【刺五加】

分类地位：五加科 五加属

蒙名：乌日格斯图 — 塔布拉干纳
别名：刺花棒
学名：*Eleutherococcus senticosus* (Rupr.et Maxim.) Maxim.

形态特征：落叶灌木，高达 1~3（5）m，分枝多。树皮淡灰色，纵沟裂，具多刺。小枝灰褐色至淡红褐色，通常密生向下的针状刺，通常在老枝或花序附近的枝较稀疏或近无刺。冬芽小，褐色或淡红褐色，具数鳞片，边缘有绒毛。掌状复叶，互生小叶 5 枚，有时为 4 枚或者 3 枚，椭圆状倒卵形或矩圆形，先端渐尖或短尾状尖，基部楔形或阔楔形，边缘具不规则的锐重锯齿，上面暗绿色，散生短硬毛或有时近无毛。下面淡绿色，被黄褐色硬毛，沿脉尤显；小叶柄被黄褐色短柔毛，较密，伞形花序排列成球形，于枝端顶生一簇或数簇；萼具 5 小齿或近无齿；花瓣 5，紫黄色，卵形，早落；雄蕊 5，比花瓣长，花药白色，子房 5 室，果为浆果状核果，近球形，黑色，具 5 棱，顶端具宿存花柱。花期 6~7 月，果期 8~9 月。2n=48。

生境：中生灌木。性耐阴、耐寒。喜生于湿润或较肥沃土坡，散生或丛生于针阔混交林或杂木林内。见于燕山北部、辽河平原等地。

产地：产赤峰市（宁城县、喀喇沁旗、克什克腾旗），通辽市（大青沟）。分布于我国东北、华北及陕西、河北，朝鲜、日本也有。

用途：嫩枝皮及叶可代茶，无苦味。根入药，能益气健脾、补肾安神，主治脾肾阳虚、腰膝酸软、体虚乏力、失眠、多梦、食欲不振。种子含油率 12.3%，可供工业用。全株又可供庭园绿化用。

栽培管理要点：栽培地选择土质疏松、肥沃的山坡地或平地，深翻 30 cm，捡净石头杂物，每亩施腐熟农家肥 3000kg。春栽在 4 月份土壤化透 50 cm 时就可栽植，秋栽在土壤封冻前都可以。种子催芽处理后进行播种。播种方法以垄上双行条播为好。苗木出齐后，要注意保持苗木的适当密度，一般株行距以 10cm×10cm 为好（一年生苗）。苗木成株后，应把密集处的小苗移开，向稀疏地段移植。二年苗龄的株距扩大 1 倍。经常保持土壤湿润，注意浇水。春旱时，要进行沟灌。

四十四、伞形科

196.【兴安柴胡】

分类地位：伞形科 柴胡属

蒙名：兴安乃 — 宝日车 — 额布苏
学名：*Bupleurum sibiricum* Vest

形态特征：植株高 15~60cm。根长圆锥形，黑褐色，有支根；根茎圆柱形，黑褐色，上部包被枯叶鞘与叶柄残留物，先端分出数茎。茎直立，略呈"之"字形弯曲，具纵细棱，上部少分枝。基生叶具长柄，叶鞘与叶柄下部常带紫色；叶片条状倒披针形，先端钝或尖，具小突尖头，基部渐狭，具平行叶脉 5~7 条，叶脉在叶下面凸起；茎生叶与基生叶相似，但无叶柄且较小。复伞形花序顶生和腋生；伞辐 6~12；总苞片 1~3 (5)，与上叶相似但较小；小伞形花序具花 10~20 朵；小总苞片 5~8，黄绿色，椭圆形、卵状披针形或狭倒卵形，先端渐尖，具 (3) 5~7 脉，显著超出并包围伞形花序；萼齿不明显，花瓣黄色。果椭圆形，淡棕褐色。花期 7~8 月，果期 9 月。

生境：中旱生植物。主要生于森林草原及山地草原，亦见于山地灌丛及林缘草甸。见于大兴安岭、燕山北部、阴山、贺兰山等地。

产地：产呼伦贝尔市（扎兰屯市），兴安盟（科尔沁右翼前旗），赤峰市（克什克腾旗、宁城县、翁牛特旗），锡林郭勒盟（宝格达山、西乌珠穆沁旗、锡林浩特市），乌兰察布市（蛮汉山、大青山），巴彦淖尔市（乌拉山），阿拉善盟（贺兰山）。分布于我国黑龙江、辽宁、蒙古、俄罗斯（西伯利亚）也有。

用途：根的用途同北柴胡。

栽培管理要点：栽培地选择沙壤土或腐殖质土的山坡梯田栽培，不宜选择黏土和易积水的地段种植。播前施入圈肥 22500kg/hm²，过磷酸钙 75kg/hm²，翻耕 25~30cm，平畦或高垄播种。温度 20℃左右就可以播种，种子催芽处理后进行播种。春播于 3 月下旬至 4 月上旬进行，秋播 10 月至结冻前进行，播种量 2.5~3kg/ 亩。出苗前保持土壤湿润，出苗后要经常锄草松土，于封冻前浇 1 次越冬水。长到第 2 年配合施过磷酸钙 15kg/ 亩、硫酸铵 10kg/ 亩。在摘心后要及时追肥浇水，追肥以尿素为主，用量 10kg/ 亩，结合浇水施入。

197.【红柴胡 】

分类地位：伞形科 柴胡属

蒙名：乌兰 — 宝日车 — 额布苏
别名：狭叶柴胡、软柴胡
学名：*Bupleurum scorzonerifolium* Willd.

形态特征：植株高 (10) 20~60cm。主根长圆锥形，红褐色；根茎圆柱形，具横皱纹，不分枝，上部包被毛刷状叶鞘残留纤维。茎通常单一，直立，稍呈"之"字形弯曲，具纵细棱。基生叶与茎下部叶具长柄，叶片条形或披针状条形，先端长渐尖，基部渐狭，具脉 5~7 条，叶脉在下面凸起；茎中部与上部叶与基生叶相似，但无柄。复伞形花序顶生或腋生，伞辐 6~15，长 7~22mm，纤细；总苞片常不存在或 1~5，大小极不相等，披针形、条形或鳞片状；小伞形花序具花 8~12 朵；小总苞片通常 5，披针形，先端渐尖，常具 3 脉；花瓣黄色。果近椭圆形，果棱钝，每棱槽中常具油管 3 条，合生面常为 4 条。花期 7~8 月，果期 8~9 月。2n=12, 16。

生境：旱生植物。草原群落的优势杂类草，亦为草甸草原、山地灌丛、沙地植被的常见伴生种。生于草原、丘陵坡地、固定沙丘。见于大兴安岭、辽河平原、呼锡高原、乌兰察布、阴山等地。

产地：产呼伦贝尔市（根河市、鄂伦春自治旗、鄂温克族自治旗、牙克石市、海拉尔区），兴安盟（科尔沁右翼前旗），通辽市（大青沟），赤峰市（克什克腾旗），锡林郭勒盟（东与西乌珠穆沁旗、锡林浩特市、正蓝旗、镶黄旗、太仆寺旗），乌兰察布市（凉城县），巴彦淖尔市（乌拉特前旗），包头市（达尔罕茂明安联合旗），呼和浩特市。分布于我国东北、华北、西北、华东，蒙古、朝鲜、日本、俄罗斯也有。

用途：根的用途与北柴胡同。青鲜时为各种牲畜所喜食，在渐干时也为各种牲畜所乐食。

栽培管理要点：结合整地，每亩施腐熟农家厩肥 3000~3500kg 作基肥，做畦，畦宽 1.3~1.5m。播种前用 20℃ 温水浸泡种子 12 小时，每亩用种量 1.5~3kg。当地温达到 8~12℃，先在畦上开深 1.5 cm 的浅沟，按行距 20~25cm 将选好的种子均匀撒播于浅沟，覆细土约 1cm 厚。春播、秋播均可，春播于 4 月上旬至 5 月上旬进行，秋播于冬季土壤封冻前进行。育苗移栽的可于 3 月上旬至 4 月下旬移栽，在畦上按 10cm 行距开深 1~1.5cm 浅沟条播，也可撒播。在 20℃ 条件下 1 天即可发芽。苗高 6 cm 时即可挖取带土秋苗定植大田，单株定植，保持行距 25~30cm，株距 6~8cm。直播在苗高 10cm 时按株距 6~8cm 定苗，每亩保苗 1.8 万 ~2 万株。株高 35~40cm 时须打顶，要不断除去多余的丛生基芽，以达到控制茎生长，促进根部迅速生长，提高产量与质量的目的。7~ 8 月间，柴胡生长较快，打顶后可根据长势选择适宜肥料追肥，每亩追尿素 15~20kg、过磷酸钙 25~30kg，追肥后适当增加灌水次数，有条件的可结合中耕每亩追施较浓的人畜粪水 1000kg，油渣 60kg。

198.【北柴胡】

分类地位：伞形科 柴胡属

蒙名：宝日车 — 额布苏
别名：柴胡、竹叶柴胡
学名：*Bupleurum chinense* DC.

形态特征：植株高 15~17cm。主根圆柱形或长圆锥形，黑褐色或棕褐色，具支根；根茎圆柱形，黑褐色，具横皱纹，顶端生出数茎。茎直立，稍呈"之"字形弯曲，具纵细棱，灰蓝绿色，上部多分枝。茎生叶条形、倒披针状条形或椭圆状条形，先端锐尖或渐尖，具小突尖，基部渐狭，具狭软骨质边缘，具平行叶脉 5~9 条，叶脉在下面凸出；基生叶早枯落。复伞形花序顶生和腋生，直径 1~3cm；伞辐 (3)5~8，总苞片 1~2，披针形，有时无；小伞形花序直径 4~6mm，具花 5~12 朵；小总苞片通常 5，披针形或条状披针形，先端渐尖，常具 3~5 脉，常比花短或近等长；无萼齿；花瓣黄色。果椭圆形，淡棕褐色。花期 7~9 月，果期 9~10 月。2n=12。

生境：旱生植物。生于山地草原、灌丛。见于大兴安岭南部、燕山北部、阴山、阴南丘陵等地。

产地：产赤峰市 (克什克腾旗、喀喇沁旗、宁城县)，乌兰察布市 (兴和县、凉城县、卓资县)，呼和浩特市。分布于我国东北、华北、西北、华东、华中。

用途：根及根茎入药 (药材名：柴胡)，能解表和里、升阳、疏肝解郁，主治感冒、寒热往来、胸满、胁痛、疟疾、肝炎、胆道感染、胆囊炎、月经不调、子宫下垂、脱肛等。根及根茎也作蒙药用 (蒙药名：希拉子拉)，能清肺止咳，主治肺热咳嗽、慢性气管炎。

栽培管理要点：一般选择避风向阳、疏松肥沃、排水良好的中性沙壤土为好。因北柴胡种子较小，为便于管理和出苗，需要做成宽 1.2~1.5m、长 30~40m 的畦床。对于易发生积水的地块要做成宽 1.2~1.5m，高 10~15cm 的高畦床。一般结合做育苗床畦，每亩施入优质农家肥 2500~3000kg，磷酸氢铵 10~12kg，充分混合均匀后施入 20cm 的耕作层中。播种前可用浓度为 0.8%~1% 高锰酸钾水溶液浸种 10 分钟。3~4 月份播种，条播行距 15~20cm 开沟，每亩播种量为 2~2.5kg，覆土 2~3cm。播种后，应及时浇水保湿，15 天左右出苗。当苗高约 10cm 时进行补苗、定苗。每隔 5~7cm 选留壮苗 1 株。6~7 月，柴胡处于生长旺盛时期，配合中耕除草，适当增施有机肥。每亩施有机肥 1000~1500 kg，施肥后要浇 1 次透水。7 月下旬，个别植株会出现抽薹现蕾现象，要及时摘除，促进健康幼苗根系的生长，减少营养消耗。北柴胡在播种后第 2 年秋天当植株开始枯萎时即可采挖。采挖出药用根后，除去茎叶和须根，抖去泥土，晒干即成。

199.【羊洪膻】

分类地位：伞形科 茴芹属

蒙名：和勤特日黑 — 那布其特 — 其禾日
别名：缺刻叶茴芹、东北茴芹
学名：*Pimpinella thellungiana* Wolff

形态特征：多年生或二年生草本，高 30~80cm。主根长圆锥形，直径 2~5mm。茎直立，上部稍分枝，下部密被稍倒向的短柔毛，具纵细棱，节间实心。基生叶与茎下部叶具长柄，叶柄被短柔毛，基部具叶鞘；叶片一回单数羽状复叶，轮廓矩圆形至卵形，侧生小叶 3~5 对，小叶无柄，矩圆状披针形、卵状披针形或卵形，先端锐尖；基部楔形或歪斜的宽楔形，缘边羽状深裂，羽状缺刻状尖锯齿，上面疏生短柔毛，下面密生短柔毛；中部与上部茎生叶较小与简化，叶柄部分或全部成叶鞘；顶生叶为一至二回羽状全裂，最终裂片狭条形。复伞形花序伞辐 8~20，具纵细棱，无毛；无总苞片与小总苞片，小伞形花序具花 15~20 朵；萼齿不明显；花瓣白色；花柱细长叉开。果卵形，棕色。花期 6~8 月，果期 8~9 月。2n=18。

生境：中生植物。生于林缘草甸、沟谷及河边草甸。见于大兴安岭、呼锡高原等地。

产地：产呼伦贝尔市（全境），兴安盟（扎赉特旗、科尔沁右翼前旗），赤峰市（林西），锡林郭勒盟（东与西乌珠穆沁旗、锡林浩特市）。分布于我国东北及河北、山西、陕西、山东，俄罗斯也有。

用途：全草入药，能温中散寒，主治克山病、心悸、气短、咳嗽。

栽培管理要点：目前尚未由人工引种栽培。

200.【蛇 床】

分类地位：伞形科 蛇床属

蒙名：哈拉嘎拆

学名：*Cnidium monnieri* (L.) Cuss.

形态特征：一年生草本，高 30~80cm。根细瘦，圆锥形，直径 2~4mm，褐黄色。茎单一，上部稍分枝，具细纵棱，下部被微短硬毛，上部近无毛。基生叶与茎下部叶具长柄与叶鞘；叶片二至三回羽状全裂，轮廓近三角形；一回羽片 3~4 对，远离，具柄，轮廓三角状卵形；二回羽片具短柄或无柄，轮廓披针形；最终裂片条形或条状披针形，先端锐尖，具小刺尖，沿叶脉与边缘常被微短硬毛；茎中部与上部叶较小与简化叶柄全部成叶鞘。复伞形花序直径花时 1.5~3.5cm，果时达 5cm；伞辐 12~20，内侧被微短硬毛；总苞片 7~13，条状锥形，边缘宽膜质和具短睫毛，长为伞辐的 1/3~1/2；小伞形花序具花 20~30 朵，小总苞片 9~11，条状锥形，边缘膜质具短睫毛；萼齿不明显；花瓣白色，宽倒心形，先端具内卷小舌片；花柱基垫状。双悬果宽椭圆形。花期 6~7 月，果期 7~8 月。2n= 12。

生境：中生植物，生于河边或湖边草地、田边。见于大兴安岭北部及南部、呼锡高原等地。

产地：产呼伦贝尔市（根河市、新巴尔虎右旗），赤峰市（克什克腾旗）。分布于我国东北、华北、西北、中南、西南、华东，朝鲜、俄罗斯也有。

用途：果实入药（药材名：蛇床子），能祛风、燥湿、杀虫、止痒、补肾；主治阴痒带下、阴道滴虫、皮肤湿疹、阳痿。果实也作蒙药用（蒙药名：呼希格图—乌热），能温中、杀虫，主治胃寒、消化不良、青腿病、游痛症、滴虫病、痔疮、皮肤瘙痒、湿疹。

栽培管理要点：以选向阳的缓坡地和排水良好的沙壤土和黏壤土，不宜选用低洼地易积水的地方。施入腐熟的农家肥 2500kg 左右，把地耕平。可以春播、夏播或冬播。春于 4 月中下旬播种，行距 35~40cm，开浅沟 0.5~2cm，将种子均匀地撒入沟内，覆土 1cm，播后浇水，土面再盖一薄层稻草保持土壤湿润。约 2 周出苗。当苗长至 10cm 时，间苗并按株距 15cm 定苗。出苗后注意浇水，保持土壤湿润，促进苗的生长，及时松土、除草。施肥以氮肥为主，促进根、茎、叶生长，花期增施过磷酸钙 20~30kg，以促进果实成熟和提高产量。从种到收 3 个月，在立冬前后播种的 6 月中旬采收，春播的在 7 月中旬采收，夏播的 9 月中旬采收。割下全株晒干，打落种子，去净杂质即为成品。

201.【兴安白芷】

分类地位：伞形科 当归属

蒙名：朝古日高那
别名：大活（东北）、独活（辽宁）、走马芹（东北）
学名：*Angelica dahurica* (Fisch.) Benth.et Hook.ex Franch.et Sav. Enum.

254

形态特征：多年生草本，高 1~2m。直根圆柱形，粗大，分歧，直径 3~6cm，棕黄色，具香气。茎直立，上部分枝，基部直径 5~9cm，节间中空，具细纵棱，除花序下部被短毛外，均无毛。基生叶与茎下叶具长柄，叶柄圆柱形，实心，具细纵棱，叶鞘椭圆形或卵状矩圆形，紧抱茎，常带红紫，叶片三回羽状全裂，轮廓三角形或卵状三角形；一回羽片 3~4 对，具柄，轮廓卵状三角形；二回羽片 2~3 对，具短柄或无柄，远离，轮廓卵状披针形，最终裂片披针形或条状披针形，先端渐尖或锐尖，基部稍下延，边缘具不整齐的锯齿与白色软骨质，上面绿色，沿中脉被微短硬毛或无毛，下面淡绿色，叶脉隆起，无毛；中上部叶渐简化，叶柄几乎全部膨大成叶鞘，顶生叶简化成膨大的叶鞘。复伞形花序，伞辐多数；无总苞片或具 1 椭圆形鞘状总苞，小伞形花序具多数花；小总苞片 10 余片，条形或条状披针形，先端长渐尖，与花梗近等长；无萼齿；花瓣白色，果实椭圆形，背腹压扁，果棱黄色，棱槽棕色。花期 7~8 月，果期 8~9 月。2n=22。

生境：中生植物。散见于针叶林及落叶阔叶林区。生于山沟溪旁灌丛下，林缘草甸。见于大兴安岭、辽河平原等地。

产地：产呼伦贝尔市（根河市、额尔古纳市、鄂温克族自治旗），兴安盟（科尔沁右翼前旗），通辽市（扎鲁特旗、大青沟），赤峰市（克什克腾旗），锡林郭勒盟（西乌珠穆沁旗）。分布于我国东北、华北，朝鲜、日本、俄罗斯也有。

用途：根入药，能祛风散湿、发汗解表、排脓、生肌止痛，主治风寒感冒、前额头痛、鼻窦炎、牙痛、痔漏便血、白带异常、痈疖肿毒、烧伤。

栽培管理要点：翻耕深为 30cm 为宜，做宽 100~200cm、高 15~20cm 的高畦，畦面应平整，畦沟宽 25~30cm。耕地前每公顷施堆肥草木灰 150kg 左右。用种子繁殖，应当选用当年所收的种子，温度 13~20℃和足够的湿度下，播种后 10~15 天出苗。播种期分春秋两季。春播在清明前后，秋播应在 8 月上旬至 9 月初。宜直播，不宜育苗移栽，采取穴播和条播，播前畦内浇透水，待水渗下后，开始播种。播前种子要去掉种翅膜，然后在 45℃温水中浸泡 6 小时，捞出后擦干播种。穴播按行距 30cm 左右，株距 15~20cm 开穴，穴深 5~10cm，20 天左右出苗。条播按行距 30cm 开沟，将种子均匀撒下，盖层细土，每亩用种量 4kg。雨水充足的地方可不用浇水，但在干旱、半干旱地区，播前必须浇水，翻地保墒。当春季幼苗返青高 6cm 时，进行间苗。当苗高 12~15cm 时定植，每穴留壮苗 1~2 株。条播按 15 cm 左右留壮苗 1 株，均应中耕除草，长大封垄，不能再行中耕除草。春播白芷当年即可采收，9 月中下旬采收。秋播白芷第二年 8 月下旬叶片呈现枯萎状态时采收。

202.【黑水当归】

分类地位：伞形科 当归属

蒙名：阿木日 — 朝古日高那

别名：朝鲜白芷

学名：*Angelica amurensis* Schischk.

形态特征：多年生草本，高 1~2m，全株具芳香气味。直根粗壮，直径 2~3cm，分枝，灰褐色。茎直立，粗壮，中空，表面有纵细棱，基部常带紫色，上部分枝。基生叶与茎下部叶具长柄与膨大的叶鞘，二至三回羽状全裂，一回羽片 2~3 对，有柄，二回羽状常 2 对，有短柄或无柄，最终裂片卵形、卵状矩圆形或披针形，先端锐尖，基部常呈歪楔形，但顶裂片的基部常下延，边缘具稍不整齐的牙齿，齿端具小突尖，有时边缘有 1~2 裂片，上面绿色，主脉常被短糙毛，下面带苍白色，无毛；最上部的叶薄化成膨大的叶鞘，顶端具极小的叶片或几乎不存在。复伞形花序，无总苞片，伞幅多数，密被短糙毛；小伞形花序具花 30~40 朵；小总苞片 5~7，条状披针形或条形，早落，萼齿不明显；花瓣白色，近倒卵形，花柱基短圆锥形。双悬果宽椭圆形或矩圆形，背腹扁，分生果背棱隆起，侧棱具宽翼，棱槽并有油管1条，合生面有 2~4 条。花期 7~8 月，果期 8~9 月。2n=22。

生境：中生植物。生于湿草甸、山坡林缘。见于大兴安岭北部。

产地：产呼伦贝尔市（根河市、牙克石市、鄂伦春自治旗）。分布于我国黑龙江、吉林、辽宁，日本、朝鲜、俄罗斯也有。

用途：同兴安白芷。

栽培管理要点：栽培地选择坐南向北半阴半阳的缓坡地，要求土质疏松、结构良好。每亩施底肥 2500~5000kg。采用育苗移栽，播种期应根据各地海拔高度与气温而定，撒播，每亩播种量 4~5kg。播后保持土壤湿润。出苗后根据不同生育期及时做好追肥、浇水、除草、间苗、病虫害防治。寒露至霜降气温下降至 5℃左右苗叶开始枯萎时，将苗子挖起，稍带些土扎成小把，晾去水分进行窖藏或堆藏，苗龄过大不宜堆藏，堆藏时注意头朝外、根朝里摆放。移栽以春栽为主，方法分平栽和垄栽，栽植密度为 6000~7000 株 / 亩。禁止使用对双子叶植物敏感的所有除草剂。

203.【沙茴香】

分类地位：伞形科 阿魏属

蒙名：汉 — 特木日

别名：硬阿巍、牛叫磨

学名：*Ferula bungeana* Kitag.

形态特征：多年生草本，30~50cm。直根圆柱形，直伸地下，直径4~8mm，淡棕黄色，根状茎圆柱形，长或短，顶部包被淡褐棕色的纤维状老叶残基。茎直立，具多数开展的分枝，表面具纵细棱，圆柱形，节间实心。基生叶多数，莲座状丛生，大形，具长叶柄与叶鞘，鞘条形，黄色；叶片质厚，坚硬，三至四回羽状全裂，轮廓三角状卵形，一回羽片4~5对，具柄，远离；二回羽片2~4对，具柄，远离；三回羽片羽状深裂，侧裂片常互生，远离；最终裂片倒卵形或楔形，上半部具2~3个三角状牙齿；茎中部叶2~3片，较小与简化；顶生叶极简化，有时只剩叶鞘。复伞形花序多数，常成层轮状排列；伞辐5~15，具细纵棱，开展；总苞片1~4，条状锥形，有时不存在；小伞形花序具花5~12朵，花梗小总苞片3~5，披针形或条状披针形，萼齿卵形；花瓣黄色。果矩圆形，背腹压扁，果棱黄色，棱槽棕褐色，每棱槽中具油管1条，合生面具2条。花期6月，果期7~8月。

生境：嗜沙旱生植物。常生于典型草原和荒漠草原地带的沙地。见于辽河平原、科尔沁、大兴安岭南部、呼锡高原、乌兰察布、阴山、阴南丘陵、鄂尔多斯、阿拉善等地。

产地：产通辽市（科尔沁左翼后旗），赤峰市（巴林右旗、翁牛特旗、克什克腾旗、敖汉旗），锡林郭勒盟（锡林浩特市、镶黄旗、正蓝旗），乌兰察布市（商都县），呼和浩特市（武川县），巴彦淖尔市（乌拉特中旗与前旗、磴口县），鄂尔多斯市（全境），阿拉善盟（阿拉善左旗和右旗），包头市（达尔罕茂明安联合旗）。分布于我国东北、华北、西北，蒙古也有。

用途：为防风固沙资源。全草及根入药，能清热解毒、消肿、止痛、抗结核，主治骨结核、淋巴结核、脓肿、扁桃体炎、肋间神经痛。青鲜时骆驼和羊不喜食，而在冬季则乐食。

栽培管理要点：目前尚未由人工引种栽培。

204.【防风】

分类地位：伞形科 防风属

蒙名：疏古日根
别名：关防风、北防风、旁风
学名：*Saposhnikovia divaricata* (Turcz.) Schischk.

形态特征：多年生草本，高 30~70cm。主根圆柱形，粗壮，直径约 1cm，外皮灰棕色；根状茎短圆柱形，外面密被棕褐色纤维状老叶残基。茎直立，二歧式多分枝，表面具细纵棱，稍呈"之"字弯曲，圆柱形，节间实心。基生叶多数簇生，具长柄与叶鞘；叶片二至三回羽状深裂，轮廓披针形或卵状披针形，一回羽片具柄，3~5 对，远离，轮廓卵形或卵状披针形；二回羽片无柄，2~3 对；最终裂片狭楔形，顶部常具 2~3 缺刻状齿，齿尖具小突尖，两面淡灰蓝绿色，无毛；茎生叶与基生叶相似，但较小与简化，顶生叶柄几乎完全呈鞘状，具极简化的叶片或无叶片。复伞形花序多数，伞辐 6~10，通常无总苞片；小伞形花序具花 4~10 朵；小总苞片 4~10，披针形，比花梗短；萼齿卵状三角形；花瓣白色；子房被小瘤状突起，果长 4~5mm，宽 2~2.5mm。花期 7~8 月，果期 9 月。2n=16。

生境：旱生植物。分布广泛，常为草原植被的伴生种，也见于丘陵坡地、固定沙丘。见于大兴安岭、辽河平原、科尔沁、呼锡高原、燕山北部、阴山、鄂尔多斯等地。

产地：产呼伦贝尔市（全境），兴安盟（科尔沁右翼前旗），通辽市（大青沟），赤峰市（克什克腾旗、喀喇沁旗、巴林左旗），锡林郭勒盟东部及南部，乌兰察布市（大青山、蛮汉山、丰镇），鄂尔多斯市（全境）。分布于我国东北、华北、西北，朝鲜、蒙古、俄罗斯也有。

用途：根入药（药材名：防风），能发表、祛风除湿、止痛，主治风寒感冒、头痛、周身疼痛、风湿痛、神经病、破伤风、皮肤瘙痒。青鲜时骆驼乐食，别种牲畜不喜食。

栽培管理要点：以疏松肥沃的沙质土壤生长较好，早春耙地后打 60cm 大垄，结合整地翻地施农家肥 2000~2500kg。用种繁殖，春播、秋播均可。春播在谷雨后播种，秋播在处暑至白露节气期间进行，施足底肥，深翻 30~40cm，开 5~10cm 深的沟，播种后覆土 3~5cm，温度在 25~28℃的条件下，20 天左右出苗。秋播的防风在上冻前浇 1 次封冻水，最好上冻前盖一层牲畜粪或圈粪，以利保墒越冬。第二年苗高 5~10cm 时，按行距 5cm 左右定苗。幼苗期松土，不宜太深，随着植株的生长，逐渐加深中耕深度，立夏后到立秋节气期间，是防风生长旺季，应停止中耕，以防伤根，适当追施有机肥和磷肥，施肥后多浇水，即将枯黄时停止浇水。作为野菜，一般于 5~6 月份采集其嫩幼苗及嫩茎叶。作为药用采集其根，秋播的次年寒露时节刨收，春播的于茎叶枯萎后刨收，去掉茎叶，抖净泥土，晒干入药。

四十五、山茱萸科

205.【红瑞木】

分类地位：山茱萸科　梾木属

蒙名：乌兰－塔日乃
别名：红瑞山茱萸
学名：*Swida alba* Opiz

形态特征：落叶灌木，高达 2m。小枝紫红色，光滑，幼时常披蜡状白粉，具柔毛。叶对生，卵状椭圆形或宽卵形，长 2~8cm，先端尖，或突短尖。基部圆形或宽楔形，上面暗绿色，贴生短柔毛，各脉下陷，弧形，侧脉 5~6 对，下面粉白色，疏生长柔毛，主侧脉凸起，脉上几乎无毛；叶柄被柔毛。顶生伞房状聚伞花序；花梗与花轴密被柔毛，萼筒杯形，齿三角形，与花盘几乎等长；花瓣 4，卵状舌形，黄白色；雄蕊 4，与花瓣互生；花盘垫状，黄色。核果乳白色，矩圆形，上部不对称，核扁平。花期 5~6 月，果熟期 8~9 月。2n=22。

生境：生于河谷、溪流旁及杂木林中。见于大兴安岭、燕山北部、阴山等地。

产地：产呼伦贝尔市（海拉尔区、鄂伦春自治旗、鄂温克族自治旗、牙克石市），兴安盟（科尔沁右翼中旗与前旗），赤峰市（克什克腾旗、阿鲁科尔沁旗、喀喇沁旗、宁城县），锡林郭勒盟（西乌珠穆沁旗哈尔干太山），巴彦淖尔市（乌拉山）。分布于我国东北及河北、山东、江苏、陕西，朝鲜、蒙古也有。

用途：植株干红、叶绿，带白果，色彩艳丽，可作庭园绿化树种；种子含油约30%，供工业用。锡林郭勒盟蒙医以茎秆作澳恩布的代用品。

栽培管理要点：栽培地选择地势较高、土地平整、排水良好、富含腐殖质的沙质壤土。播种地要求阳光充沛，每天接受日照直射不少于 4 小时。施入腐熟的农家肥 2000~3000kg/ 亩。栽培方式可采用直播的方式，种子催芽处理后进行播种，当气温达 25℃，地温 20℃以上进行春季播种，开沟深度为 2cm，播种量 50kg/ 亩。出苗后保持土壤湿润不干裂。根据不同生育期，及时做好追肥、浇水、除草、间苗、病虫害防治。11 月到翌年 2 月下旬，苗木进入休眠期时，在土壤未结冻前，将周围的枯树叶等杂物清理干净，再盖上 2cm 的防寒土。翌年 3 月初，天气变暖，开始解冻时，将防寒土撤掉。

206.【沙梾】

分类地位：山茱萸科 梾木属

蒙名：宝日 — 塔日乃
别名：毛山茱萸
学名：*Swida bretschneideri* (L.Henry) Sojak

形态特征： 落叶灌木，高达 2m。小枝紫红色或暗紫色，被短柔毛。叶对生，椭圆形或卵形，先端长渐尖或短尖，基部楔形或圆形，上面暗绿色，贴生弯曲短柔毛，各脉下陷，脉上有毛，弧形侧脉 5~7 对，下面灰白色，贴生密短毛，主侧脉凸起，脉上被短柔毛；叶柄被柔毛。顶生圆锥状聚伞花序，花轴和花梗疏生柔毛，萼筒球形，密被柔毛 5；花瓣 4，白色，雄蕊 4，花丝比花瓣长约 1/3，具花盘。核果球形，蓝黑色，核球状卵形，具条纹，稍具棱角。花期 5~6 月，果熟期 9 月。2n=22。

生境： 生于海拔 1000~2300m 阴坡润湿的杂木林中或灌丛中。见于燕山北部、阴山等地。

产地： 产乌兰察布市（蛮汉山、苏木山），呼和浩特市（大青山），包头市（九峰山）。分布于我国东北及河北、山西、陕西、甘肃等省区。

用途： 植株可作庭院绿化树种。

栽培管理要点： 栽培地选择海拔 1500~2300m 的山坡杂木林地，施入硫酸亚铁 112.5kg/hm²，甲拌磷 75kg/hm²，磷酸二铵 255kg/hm²，尿素 150kg / hm²，与有机肥混合拌匀。播种以秋播为佳，播种方法采用撒播，覆土厚度 0.5cm，覆土后稍许镇压即可，灌足冬水，覆盖遮阳网，播种量 300kg/hm²。到第二年 5 月上旬，出苗后取掉遮阳网，根据天气情况适当浇水。进入 8 月应停止浇水，以便促使幼苗木质化，提高幼苗的越冬能力，在冬初灌足冬水，幼苗即可安全越冬。期间做好除草、施肥、病虫害防治等工作。

四十六、鹿蹄草科

207.【鹿蹄草】

分类地位：鹿蹄草科 鹿蹄草属

蒙名：宝给音 — 突古日爱
别名：鹿衔草、鹿含草、圆叶鹿蹄草
学名：*Pyrola rotundifolia* L.

形态特征：多年生常绿草本，高 10~30cm，全株无毛。根状茎细长横走。叶于植株基部簇生，3~6 片，革质、卵形、宽卵形或近圆形，长 2~4cm，宽 1.2~3.5cm，先端圆形或钝，基部宽楔形至近圆形，边缘有不明显的疏圆齿或近全缘，上面暗绿色，下面带紫红色，两面叶脉清晰，尤以上面较显；叶柄长 2~6cm。花葶由叶丛中抽出，圆柱形，常有 1~2 膜质苞片；总状花序着生于花葶顶部，有花 5~15 朵；花开展且俯垂，具短梗，小苞片披针形，膜质，等于或稍长于花梗；花萼 5 深裂，裂片披针形至三角状披针形，先端渐尖，常反折；花冠广展，白色或稍带蔷薇色，有香味，花瓣 5，倒卵形或宽倒卵形，钝圆，内卷；雄蕊内藏或与花瓣近等长，花药黄色，椭圆形，花丝条状锥形，下部略宽；花柱长 7.5~10mm，基部弯向下，上部又弯曲向上，顶端环状加粗，柱头 5 浅裂，头状。蒴果扁球形，直径 7~8mm，种子细小。花期 6~7 月，果期 8~9 月。2n=32, 46。

生境：中生阴生植物。生于山地林下或灌丛中。见于大兴安岭北部及南部、燕山北部、阴山、贺兰山等地。

产地：产呼伦贝尔市 (鄂伦春自治旗、额尔古纳市)，兴安盟 (科尔沁右翼前旗)，赤峰市 (克什克腾旗、喀喇沁旗)，锡林郭勒盟 (东乌珠穆沁旗宝格达山)，乌兰察布市 (兴和县苏木山、卓资县、凉城县蛮汉山)，呼和浩特市 (大青山)，包头市 (九峰山)，巴彦淖尔市 (乌拉山)，阿拉善盟 (阿拉善左旗贺兰山)。分布于我国东北、华北及新疆，北欧、北美、中亚及俄罗斯 (西伯利亚)、朝鲜、日本也有。

用途：叶形美观，可供观赏。全草入药，能祛风除湿、强筋骨、止血、清热、消炎，主治风湿疼痛、肾虚腰痛、肺结核、咯血、衄血、慢性菌痢、急性扁桃体炎、上呼吸道感染等，外用治外伤出血。

栽培管理要点：尚无人工引种驯化栽培。

208.【红花鹿蹄草】

分类地位：鹿蹄草科 鹿蹄草属

蒙名：乌兰 — 宝给音 — 突古日爱
学名：*Pyrola incarnata* Fisch. ex DC.

264

形态特征： 多年生常绿草本，高 15~25cm，全株无毛。根状茎细长，斜生。基部簇生叶 1~5 片，草质，近圆形或卵状椭圆形，先端和基部圆形，近全缘，叶脉两面隆起。花葶上有 1~2 苞片，宽披针形至狭矩圆形；总状花序有花 7~15 朵；花开展且俯垂；小苞片披针形，渐尖，膜质；花萼 5 深裂，萼裂片披针形至三角状宽披针形，粉红色至紫红色，渐尖头；花瓣 5，倒卵形，粉红色至紫红色，先端圆形，基部狭窄；雄蕊 10，与花瓣近等长或稍短，花药粉红色至紫红色（后期赤紫色），椭圆形，花丝条状锥形；花柱超出花冠，下基部下倾，上部又向上弯，顶端环状加粗成柱头盘。蒴果扁球形，花期 6~7 月，果期 8~9 月。2n=46。

生境： 中生阴性植物。生于山地针阔叶混交林、阔叶林及灌丛下。见于大兴安岭、燕山北部、阴山等地。

产地： 产呼伦贝尔市（根河市、额尔古纳市、鄂伦春自治旗、陈巴尔虎旗、牙克石市），兴安盟（科尔沁右翼前旗），赤峰市（克什克腾旗、喀喇沁旗），锡林郭勒盟（东乌珠穆沁旗宝格达山），乌兰察布市（兴和县苏木山、凉城县蛮汉山），呼和浩特市（大青山），包头市（九峰山）。分布于我国东北、华北及新疆，欧洲及俄罗斯、蒙古、朝鲜、日本也有。

用途： 观赏及药用价值同鹿蹄草。

栽培管理要点： 尚无人工引种驯化栽培。

四十七、杜鹃花科

209.【照山白】

分类地位：杜鹃花科 杜鹃花属

蒙名：查干 — 特日乐吉
别名：照白杜鹃、小花杜鹃
学名：*Rhododendron micranthum* Turcz.

形态特征：常绿灌木，高 1~2m。幼枝黄褐色，被短柔毛及稀疏鳞斑，后渐光滑，老枝深灰色或灰褐色。叶多集生于枝端，长椭圆形或倒披针形，先端具一短尖头或微钝，基部楔形，全缘，上面深绿色，疏生鳞斑，沿中脉具短柔毛，下面淡绿色或褐色，密被褐色鳞斑。多花组成顶生总状花序，花梗细长，被稀 6~8 斑；花小形；萼 5 深裂，裂片三角状披针形，具缘毛；花冠钟状，白色，5 深裂，裂片矩圆形，外面被鳞斑；雄蕊 10，比花冠稍长或近等长；子房卵形，5 室，花柱细长。蒴果矩圆形，深褐色，被较密的鳞斑，先端 5 瓣开裂，具宿存的花柱与花萼。花期 6~8 月，果熟期 8~9 月。2n=26。

生境：山地中生植物。生于林缘及林间，为山地林缘灌丛的建群种，组成茂密的照山白灌丛。见于大兴安岭、燕山北部、辽河平原、科尔沁及赤峰丘陵等地。

产地：产兴安盟（科尔沁右翼前旗），通辽市（大青沟），赤峰市（宁城县、喀喇沁旗、翁牛特旗、克什克腾旗），锡林郭勒盟（西乌珠穆沁旗）。分布于我国东北、华北、西北及四川、湖北、山东，朝鲜也有。

用途：叶入蒙药（蒙药名：哈日布日），能温中、开胃、祛"巴达干"、止咳祛痰、调元、滋补，主治消化不良、脘痞、胃痛、不思饮食、阵咳、气喘、肺气肿、营养不良、身体发僵、"奇哈病"。叶及花可提供芳香油；叶有杀虫功效，可制土农药；有毒，牲畜误食后易中毒死亡；还可供观赏。

栽培管理要点：尚无人工引种驯化栽培。

210.【兴安杜鹃】

分类地位：杜鹃花科 杜鹃花属

蒙名：特日乐吉
别名：达乌里杜鹃
学名：*Rhododendron dauricum* L.

形态特征： 半常绿多分枝的灌木，高 0.5~1.5m。幼枝细，常几个集生于前年枝的顶端，具柔毛和鳞斑，后渐脱落，一年生枝黄褐色，老枝浅灰色或灰褐色。叶近革质，椭圆形或卵状椭圆形。两端钝圆，有时基部楔形，边缘具细钝齿或近全缘，上面深绿色，疏生鳞斑，下面淡绿色，密被鳞斑，幼叶尤密；叶柄被短毛及疏生鳞斑。1~4 花侧生枝端或近于顶生，花梗长 2~3mm，被芽鳞覆盖，先叶开放；花萼短，被鳞斑；花冠宽漏斗状，粉红色，先端 5 裂，裂片倒卵形或椭圆形，外面有柔毛，雄蕊 10，花丝下部有柔毛，花药紫红色，子房密生鳞斑，花柱紫红色。蒴果长圆柱形，被鳞斑，先端 5 瓣开裂。花期 5~6 月，果期 7 月。2n=26。

生境：山地中生植物。生于落叶松林、桦木林下及林缘。见于大兴安岭等地。

产地：产呼伦贝尔市（额尔古纳市、鄂伦春自治旗、牙克石市），锡林郭勒盟（西乌珠穆沁旗）。分布于我国东北，朝鲜、日本、俄罗斯也有。

用途：叶可提制芳香油，供配制香精用；茎、叶、果含鞣质，可作栲胶原料；并供观赏。叶入蒙药（蒙药名：冬青叶），功能主治同照山白。

栽培管理要点：尚无人工引种驯化栽培。

211.【越橘】

分类地位：杜鹃花科 越橘属

蒙名：阿力日苏
别名：红豆、牙疙瘩
学名：*Vaccinium vitis* — idaea L.

形态特征：常绿矮小灌木，地下茎匍匐。地上小枝细，高约10cm，灰褐色，被短柔毛。叶互生，革质，椭圆形或倒卵形，先端钝圆或微凹，基部宽楔形，边缘有细睫毛，中上部有微波状锯齿或近全缘，稍反卷，上面深绿色，有光泽，下面淡绿色，具散生腺点，有短的叶柄。花2~8朵组成短总状花序，生于去年枝顶，花轴及花梗上密被细毛；小苞片2个，脱落；花萼短钟状，先端4裂；花冠钟状，白色或淡粉红色，径约5mm，4裂；雄蕊8，内藏，花丝有毛。浆果球形，红色。花期6~7月，果熟期8月。2n=24。

生境：阴性耐寒中生植物。生于寒温针叶林带、落叶松林、白桦林下，也见于亚高山带。见于大兴安岭北部。

产地：产呼伦贝尔市（根河市、额尔古纳市、鄂伦春自治旗、牙克石市）及兴安盟（科尔沁右翼前旗）。分布于我国东北，俄罗斯、蒙古及北欧、北美也有。

用途：果可食用及制作果酱；叶入药，作尿道消毒剂，又可代茶饮用。

栽培管理要点：栽培地选择有机质丰富，含水量高，pH值4~5的疏松的泥炭藓中或共生苔藓的土壤。种植方式采用无性繁殖方法，如扦插、压条、分株等。栽植密度矮丛越橘株行距一般为0.5~1m×1m，高丛越橘为1.5m×2m。栽培时间为春季和秋季。定植苗最好是生根后抚育2~3年的大苗。定植时将苗木从营养钵中取出，挖20cm×20cm的定植坑，填入一些酸性草炭，然后将苗木移栽。中耕除草，单纯除草可采用西玛津或阿特拉津等化学除草剂，每公顷用4.5kg50~100倍液喷洒。越橘对氮素要求不高，追肥以氮、磷、钾复合肥为好。其比例为1：2：1，追肥宜选用酸性肥料，钾肥不宜用氯化钾。一般越橘园或人工抚育园土壤水分大，若冬季雪少或生长季干旱，应视旱情进行灌水，可在6~7月进行。特定地点建园应根据土壤水分含量，在萌芽、开花、果实膨大期适量灌水。

四十八、报春花科

212.【粉报春】

分类地位：报春花科 报春花属

蒙名：嫩得格特 — 乌兰 — 哈布日西乐—
其其格
别名：黄报春、红花粉叶报春
学名：*Primula farinose* L.

形态特征：多年生草本。根状茎极短，须根多数。叶倒卵状矩圆形、近匙形或矩圆状披针形，无毛，先端钝或锐尖，基部渐狭，下延成柄或无柄，边缘具稀疏钝齿或近全缘，叶下面有或无白色或淡黄色粉状物。花葶高 3.5~27.5cm，较纤细，无毛，近顶部有时有短腺毛或有粉状物；伞形花序一轮，有花 3~10 余朵；苞片多数，狭披针形，先端尖，基部膨大呈浅囊状；花后果梗长达 2.5cm，有时具短腺毛或粉状物；花萼绿色，钟形，里面常有粉状物，裂片矩圆形或狭三角形。边缘有短腺毛；花冠淡紫红色，喉部黄色，高脚碟状，花冠筒长 5~6mm，裂片楔状倒心形，先端深 2 裂；雄蕊 5，花药背部着生；子房卵圆形，长柱花，花柱长约 3mm，短柱花，花柱长约 1.2mm，柱头头状。蒴果圆柱形，超出花萼，棕色。种子多数，细小，褐色，多面体形，种皮有细小蜂窝状凹眼。花期 5~6 月，果期 7~8 月。2n=18，36。

生境：草甸中生植物。生于低湿地草甸、沼泽化草甸、亚高山草甸及沟谷灌丛中，也可进入稀疏落叶松林下。在许多草甸群落中可达中等多度，或次优势种，开花时形成季相。见于大兴安岭、辽河平原、呼锡高原、赤峰丘陵、阴山、鄂尔多斯、贺兰山等地。

产地：产呼伦贝尔市（海拉尔区、额尔古纳市、鄂伦春自治旗、鄂温克族自治旗），兴安盟（科尔沁右翼前旗、扎赉特旗），通辽市（科尔沁左翼后旗），赤峰市（翁牛特旗），锡林郭勒盟（锡林浩特市、宝格达山、东乌珠穆沁旗、正蓝旗），乌兰察布市（大青山），鄂尔多斯市（乌审旗），阿拉善盟（贺兰山），呼和浩特市（大青山）。分布于我国东北及甘肃、新疆、西藏；朝鲜、日本、蒙古、俄罗斯，欧洲也有。

用途：可作为待开发的野生绿化资源。蒙医用其全草入药（蒙药名：叶拉莫唐），能消肿愈创、解毒，主治疔痛、创伤、热性黄水病，多外用。

栽培管理要点：尚无人工引种驯化栽培。

213.【点地梅】

分类地位：报春花科 点地梅属

蒙名：达邻—套布其
别名：喉咙草、铜钱草
学名：*Androsace umbellata* (Lour.) Merr.

形态特征： 一年生草本，全株被长柔毛。须根纤细。叶近圆形或卵圆形，先端钝圆，基部微凹或呈不明显的楔形，边缘有多数三角状钝牙齿，叶质稍厚；花葶通常数条自基部抽出，直立；伞形花序有花 4~10 余朵；苞片数枚，卵形至披针形，先端渐尖；花梗纤细，近等长，花后常伸长达 6cm，开展，混生腺毛；花萼杯状，5 深裂几达基部，裂片卵形，星状水平开展，具 3~6 条明显纵脉；花冠白色或淡黄色，漏斗状喉部黄色，筒部短于花萼，裂片倒卵状矩圆形。蒴果圆球形，顶端 5 瓣裂。种子小，棕褐色，矩圆状多面体形。花期 4~5 月，果期 6 月。2n=18。

生境： 中生植物。生于山地林下、林缘、灌丛、草甸。见于大兴安岭东南部、辽河平原等地。

产地： 产呼伦贝尔市（扎兰屯市），兴安盟（扎赉特旗、科尔沁右翼前旗），通辽市（科尔沁左翼后旗）。广布于我国东北、华北和秦岭以南各省区，朝鲜、日本、菲律宾、印度、缅甸、越南及新几内亚也有。

用途： 可作为待开发的野生绿化资源。全草入药，能清凉解毒、消肿止痛，主治扁桃体炎、咽喉炎、口腔炎、急性结膜炎、跌打损伤。蒙医药用，效用同北点地梅。

栽培管理要点： 尚无人工引种驯化栽培。

214.【北点地梅】

分类地位：报春花科 点地梅属

蒙名：塔拉音 — 达邻 — 套布齐

别名：雪山点地梅

学名：*Androsace septentrionalis* L.

形态特征：一年生草本。直根系，叶倒披针形、条状倒披针形至狭菱形，先端渐尖，基部渐狭，无柄或下延呈宽翅状柄，通常中部以上叶缘具稀疏锯齿或近全缘，上面及边缘被短毛及 2~4 分叉毛，下面近无毛。花葶 1 至多数，直立，黄绿色，下部略呈紫红色，花葶与花梗都被 2~4 分叉毛和短腺毛；伞形花序具多数花。苞片细小，条状披针形；花梗细，不等长，中间花梗直立，外围的微向内弧曲；萼钟形，果期稍增大，外面无毛。中脉隆起，5 浅裂，裂片狭三角形，质厚，先端急尖；花冠白色，坛状，花短于花萼，喉部紧缩，有 5 凸起与花冠裂片对生，裂片倒卵状矩圆形，先端近全缘；子房倒圆锥形，柱头头状。蒴果倒卵状球形，顶端 5 瓣裂。种子多数，多面体形，棕褐色，种皮粗糙，具蜂窝状凹眼。花期 6 月，果期 7 月。2n=20。

生境：旱中生植物。散生于草甸草原、砾石质草原、山地草甸、林缘及沟谷中。见于大兴安岭、呼锡高原、乌兰察布、阴山、阴南丘陵、鄂尔多斯、西阿拉善、贺兰山、龙首山等地。

产地：产呼伦贝尔市（额尔古纳市、鄂伦春自治旗、牙克石市、海拉尔区、扎兰屯市、鄂温克族自治旗），兴安盟（科尔沁右翼前旗、扎赉特旗），赤峰市（克什克腾旗、巴林右旗），锡林郭勒盟（锡林浩特市、宝格达山、西乌珠穆沁旗），乌兰察布市（大青山、卓资县、察哈尔右翼中旗），鄂尔多斯市，巴彦淖尔市（乌拉山），阿拉善盟（贺兰山、龙首山、阿拉善右旗），呼和浩特市，包头市。分布于我国河北、甘肃、新疆，蒙古、俄罗斯及欧洲、北美也有。

用途：可作为待开发的野生绿化资源。全草作蒙药用（蒙药名：叶拉莫唐），能消肿止痛、解毒，主治疖痈、创伤、热性黄水病。

栽培管理要点：尚无人工引种驯化栽培。

215.【黄莲花】

分类地位：报春花科　珍珠菜属

蒙名：兴安奈 — 侵娃音 — 苏乐
学名：*Lysimachia davurica* Ledeb.

形态特征：多年生草本。根较粗，根状茎横走。茎直立，高 40~82cm，不分枝或略有短分枝，上部被短腺毛，下部无毛，基部茎节明显，节上具对生红棕色鳞片状叶。叶对生，或 3 叶轮生，叶片条状披针形、披针形、矩圆状披针形至矩圆状卵形，先端尖，基部渐狭或圆形，上面密布黑褐色腺状斑点，近边缘及下面沿主脉被疏短腺毛，边缘向外反卷。顶生圆锥花序或复伞房状圆锥花序，花多数，花序轴及花梗均密被锈色腺毛，花梗基部有苞片 1 枚，条形至条状披针形，疏被腺毛；花萼深 5 裂，裂片狭卵状三角形，先端尖，沿边缘内侧有黑褐色腺带及短腺毛；花冠黄色，5 深裂，裂片矩圆形或广椭圆形，其内侧及花丝基部均有淡黄色粒状微细腺毛；雄蕊 5，花丝不等长，基部合生成短筒，基部着生；子房球形，基上部及花柱中下部疏生短腺毛，花柱长 4mm。蒴果球形，5 裂。种子多数，为近球形的多面体，背部宽平，红棕色，种皮密布微细蜂窝状凹眼。花期 7~8 月，果期 8~9 月。2n=42。

生境：中生植物。生于草甸、灌丛、林缘及路旁。见于大兴安岭、燕山北部、辽河平原、科尔沁、呼锡高原、鄂尔多斯等地。

产地：产呼伦贝尔市（额尔古纳左旗和右旗、海拉尔区、牙克石市、鄂温克族自治旗、鄂伦春自治旗、扎兰屯市），兴安盟（乌兰浩特市、科尔沁右翼前旗、扎赉特旗），赤峰市（喀喇沁旗、克什克腾旗），通辽市（扎鲁特旗、科尔沁左翼后旗大青沟），锡林郭勒盟（东乌珠穆沁旗、西乌珠穆沁旗），鄂尔多斯市（乌审旗）。分布于我国东北、华北、华东、华中及西南；朝鲜、日本、蒙古及东部西伯利亚也有，为东亚所特有。

用途：可作为待开发的野生绿化资源。带根全草入药，能镇静、降压，主治高血压、失眠。

栽培管理要点：尚无人工引种驯化栽培。

四十九、白花丹科

216.【黄花补血草】

分类地位：白花丹科 补血草属

蒙名：希日 — 义拉干 — 其其格
别名：黄花苍蝇架、金匙叶草、金色补血草
学名：*Limonium aureum* (L.) Hill.

形态特征：多年生草本，高 9~30cm，全株除萼外均无毛。根皮红褐色至黄褐色。根颈逐年增大而木质化并变为多头，常被有残存叶柄和红褐色芽鳞。叶灰绿色，花期常早凋，矩圆状匙形至倒披针形，顶端圆钝而有短凸尖，基部渐狭下延为扁平的叶柄，两面被钙质颗粒。花序为伞房状圆锥花序，花序轴 (1)2 至多数，绿色，密被疣状凸起，自下部作数回叉状分枝，常呈"之"形曲折，下部具多数不育枝，最终不育枝短而弯曲；穗状花序位于上部分枝顶端，由 3~5 (7) 个小穗组成，小穗含 2~3(5) 朵花，外苞片宽卵形，顶端钝，有窄膜质边缘；第一内苞片倒宽卵圆形，具宽膜质边缘而包裹花的大部，先端 2 裂；萼漏斗状，萼筒基部偏斜，密被细硬毛，裂片近正三角形，脉伸出裂片顶端成一芒尖，沿脉常疏被微柔毛；花冠橙黄色，常超出花萼；雄蕊 5；花药矩圆形；子房狭倒卵形，柱头丝状圆柱形。蒴果倒卵状矩圆形，具 5 棱。花期 6~8 月，果期 7~8 月。

生境：耐盐旱生植物。散生于荒漠草原带和草原带的盐化地，适应于轻度盐化的土壤，及沙砾质、沙质土壤，常见于芨芨草草甸群落、芨芨草加白刺群落。见于大兴安岭西部、呼锡高原、乌兰察布、阴山、阴南丘陵、鄂尔多斯、阿拉善、贺兰山、龙首山等地。

产地：产呼伦贝尔市（鄂温克族自治旗、海拉尔区、满洲里市、新巴尔虎左旗与右旗），锡林郭勒盟（东乌珠穆沁旗、锡林浩特市、二连浩特市、苏尼特右旗、镶黄旗），乌兰察布市（大青山），呼和浩特市（托克托县），包头市（达尔罕茂明安联合旗），巴彦淖尔市（磴口县、临河区、乌拉特后旗、乌拉山），鄂尔多斯市（全境），阿拉善盟（全盟）。分布于我国华北、西北及四川，蒙古及西伯利亚也有。

用途：为野生观赏资源。花入药，能止痛、消炎、补血。主治各种炎症，内服治神经痛、月经少、耳鸣、乳汁少、牙痛、齿槽脓肿（煎水含漱）、感冒、发烧，外用治疮疖痈肿。

栽培管理要点：栽培地选择沙土或沙壤土为主，土壤中性或偏碱性，含盐量稍重。可春播、夏播和秋播。播种方式为条播或撒播，播种量 0.2~2.5kg/ 亩，覆土深度 0.3~0.6cm，播种后需镇压土壤。出苗后进行拔草、浇水、病虫害防治。一般不需施肥，可加施适量硼砂作叶面肥。花序抽生及生长发育期，水分要充足；抽薹开花期，灌水不宜太多，注意排涝。生长过程中，主要注意防治白粉病、灰霉病、蚜虫和螨类等病虫害。

217.【二色补血草】

分类地位：白花丹科 补血草属

蒙名：义拉干 — 其其格
别名：苍蝇架、落蝇子花
学名：*Limonium bicolor* (Bunge) O.Kuntze，Rev.

形态特征：多年生草本，高 (6.5)20~50cm，全株除萼外均无毛。根皮红褐色至黑褐色，根颈略肥大，单头或具 2~5 个头。基生叶匙形、倒卵状匙形至矩圆状匙形，先端圆或钝，有时具短尖，基部渐狭下延成扁平的叶柄，全缘。花序轴 1~5 个，有棱角或沟槽，圆柱状，自中下部以上作数回分枝，最终小枝（指单个穗状花序的轴）常为二棱形，不育枝少；花 (1) 2~4 (6) 朵花集成小穗，3~5 (11) 个小穗组成有柄或无柄的穗状花序，由穗状花序再在花序分枝的顶端或上部组成或疏或密的圆锥花序；外苞片矩圆状宽卵形，有狭膜质边缘，第一内苞片与外苞片相似。有宽膜质边缘，革质部分无毛，紫红色、栗褐色或绿色；萼漏斗状，萼筒径 1~1.2mm，沿脉密被细硬毛；萼缘宽阔，约为花萼全长的一半，开放时直径与萼长相等，在花蕾中或展开前呈紫红色或粉红色，后变白色，萼檐裂片明显，为宽短的三角形，先端圆钝或脉伸出裂片前端成一易落的短软尖，间生小裂片明显，沿脉下部被微短硬毛；花冠黄色，与萼近等长，裂片 5，顶端微凹，中脉有时紫红色，雄蕊 5；子房倒卵圆形，具棱，花柱及柱头共长 5mm。花期 5 月下旬至 7 月，果期 6~8 月。2n=24。

生境：草原旱生杂类草。散生于草原、草甸草原及山地，能适应于沙质土、沙砾质土及轻度盐化土壤，也偶见于旱化的草甸群落中。见于大兴安岭南部、呼锡高原、辽河平原、科尔沁、燕山北部、乌兰察布、阴山、阴南丘陵、鄂尔多斯、阿拉善、贺兰山等地。

产地：产呼伦贝尔市（新巴尔虎右旗），兴安盟（扎赉特旗），通辽市（科尔沁左翼中旗和后旗），赤峰市（巴林右旗、克什克腾旗、翁牛特旗），锡林郭勒盟（多伦县、锡林浩特市、镶黄旗、太仆寺旗、正蓝旗、阿巴嘎旗），呼和浩特市，乌兰察布市（大青山、凉城、兴和县），呼和浩特市（托克托县），巴彦淖尔市（乌拉特后旗），鄂尔多斯市（全境），包头市（达尔罕茂明安联合旗），阿拉善盟（阿拉善左旗、额济纳旗、贺兰山）。分布于我国东北、黄河流域诸省及江苏北部，蒙古、西伯利亚也有。

用途：为野生观赏资源。带根全草入药，能活血、止血、温中健脾、滋补强壮，主治月经不调、功能性子宫出血、痔疮出血、胃溃疡、气虚体弱。

栽培管理要点：栽培地选择含盐量 4~30g/kg 的盐渍土地区种植，施入腐熟有机肥 2000kg/ 亩。栽培方式采用直播或移栽。直播于 5 月上旬，平均气温在 10℃ 以上时播种，开沟深度不超过 1.5cm，播完在种子上覆以 0.8cm 的锯末和 0.3cm 左右的细碎土，单位播种量控制在 40 粒 /m²。移栽于 2 月下旬越冬苗开始返青，4 月下旬至 5 月中旬进行。出苗后进行拔草、浇水、施肥、病虫害防治。在 8 月末进行最后一次除草，同时保留部分杂草，从而起到为幼苗挡御风寒的作用。在 9 月中旬，给幼苗浇一遍防冻水，准备越冬。

五十、木犀科

218.【雪柳】

分类地位：木犀科 雪柳属

蒙名：查存 — 巴日嘎苏
别名：过街柳
学名：*Fontanesia fortunei* Carr.Rev.

形态特征： 落叶灌木或小乔木，高可达 5m。幼枝四棱形，绿色或黄绿色，无毛或近于无毛，去年枝浅灰色，有光泽。单叶对生，披针形、卵状披针形或狭卵形，先端渐尖，基部钝圆，全缘，两面均光滑无毛；叶柄长 2~5mm。花小，多花组成顶生的圆锥花序或数花组成腋生的总状花序；萼 4 裂，花冠深裂，仅在近基部连接，绿白色或粉红色；雄蕊 2，伸出花冠；子房上位，2 室，花柱长约 2mm，柱头 2 裂。翅果周围具翅，倒卵形或宽椭圆形，扁平，具宿存花柱。花期 5~6 月，果期 7 月。2n=26。

生境： 喜光，中生树种，适生于温暖湿润的气候条件。

产地： 内蒙古呼和浩特市，包头市有栽培。分布于我国山东、山西、江西等省。

用途： 供观赏，可作绿篱，枝可编筐、篮，茎皮可制人造棉。

栽培管理要点： 对土壤地势条件要求不高，除常年积水地外均可生长。播种前一年秋季翻耕土壤深度为 20~30cm，翌年春旋耕、碎土，拣出杂物，施基肥磷酸二铵 6~8kg/ 亩，做垄。播种方式垄面散播，东北地区 4 月末至 5 月中旬播种，播种量 2g/m；覆原垄土厚 1~1.5cm。出苗后根据不同生育期及时做好追肥、浇水、除草、间苗、病虫害防治。10 月上中旬检查苗木产量、质量后，掘苗，保留主根长 15cm 原垄临时假植，10 月下旬苗木放入假植场或苗木窖越冬。

219.【中国白蜡】

分类地位：木犀科 白蜡树属

蒙名：查干 — 莫和特

别名：白蜡树

学名：*Fraxinus chinensis* Roxb.

形态特征：乔木，高达 25m。去年枝淡灰色或微带黄色，无毛，散生点状皮孔，当年枝幼时具柔毛，后渐光滑。单数羽状复叶，对生，小叶 5~9，常 7，椭圆形、椭圆状卵形或矩圆状披针形，先端渐尖，基部楔形或圆形，边缘有锯齿或波状齿，上面无毛，下面沿脉具柔毛，无柄或有短柄。圆锥花序出自当年枝叶腋或枝顶；花单性，雌雄异株；花萼钟状，先端不规则 4 裂；无花冠；雄花具 2 雄蕊，花药卵状椭圆形。翅果菱状倒披针形或倒披针形。花期 5 月，果熟期 10 月。2n=46，92。

生境：喜光，中生树种，适生于温暖湿润的气候条件。

产地：内蒙古呼和浩特市及乌兰察布市的一些城镇有栽培。分布于我国东北、华北、黄河流域、长江流域及华南，朝鲜、日本、越南也有。

用途：枝皮或干皮入药（药材名：秦皮），能清热燥湿，主治痢疾、白带异常、目赤肿痛、结膜炎、角膜翳、关节酸痛。枝叶茂密，为营造防护林的良好树种；木材坚韧有弹性，可供建筑及做农具用。

栽培管理要点：尚无人工引种驯化栽培。

220.【连翘】

分类地位：木犀科 连翘属

蒙名：希日苏日 — 苏灵嘎 — 其其格
别名：黄绶丹
学名：*Forsythia suspensa* (Thunb.) Vahl.

形态特征：灌木，高 1~2m，最高可达 4m，直立。枝中空，开展或下垂，老枝黄褐色，具较密而突起的皮孔。单叶或三出复叶（有时为 3 深裂），对生，卵形或卵状椭圆形，先端渐尖或锐尖，基部宽楔形或圆形，中上部边缘有粗锯齿，中下部常全缘，两面无毛或疏被柔毛；花 1~3（6）朵，腋生，先于叶开放；萼裂片 4，矩圆形，与花冠筒约相等；花冠黄色，花冠筒内侧有橘红色条纹，先端 4 深裂，裂片椭圆形或倒卵状椭圆形。蒴果卵圆形，先端尖，表面散生瘤状凸起，熟时 2 瓣开裂；果梗长约 1cm；种子有翅。花期 5 月，秋季果熟。2n=26，28。

生境：中生植物。在内蒙古为栽培种。

产地：我区呼和浩特市及包头市有少量栽培。分布于我国东北及河北、山西、山东、河南、江苏、湖北、陕西、甘肃等省。

用途：为观赏资源。果实入药（药材名：连翘），能清热解毒、散结消肿，主治热病、发热、心烦、咽喉肿痛、发斑发疹、疮疡、丹毒、淋巴结核、尿路感染；又作蒙药（蒙药名：杜格么宁），能利胆、退黄、止泻，主治热性腹泻、痢疾、发烧。

栽培管理要点：尚无人工引种驯化栽培。

221.【紫丁香】

分类地位：木犀科 丁香属

蒙名：高力得 — 宝日
别名：丁香、华北紫丁香
学名：*Syringa oblata* Lindl.

形态特征：灌木或小乔木，高可达 4m。枝粗壮，光滑无毛，二年枝黄褐色或灰褐色，有散生皮孔。单叶对生，宽卵形或肾形，宽常超过长，先端渐尖，基部心形或楔形，边缘全缘，两面无毛；叶柄长 1~2cm。圆锥花序出自枝条先端的侧芽；萼钟状，先端有 4 小齿，无毛；花冠紫红色，高脚碟状，花冠筒先端裂片 4，开展，矩圆形，长约 0.5cm；雄蕊 2，着生于花冠筒的中部或中上部。蒴果矩圆形，稍扁，先端尖，2 瓣开裂，具宿存花萼。花期 4~5 月。2n=46。

生境：稍耐阴的中生灌木。见于贺兰山。

产地：产贺兰山阴坡山麓，海拔高约 2000m；我区南半部的一些城镇有栽培。分布于我国东北、华北及山东、甘肃、陕西、四川等地，朝鲜也有。

用途：花可提制芳香油，嫩叶可代茶用，并供观赏。

栽培管理要点：栽培地选择排水良好、较干燥、土质疏松肥沃的沙质壤土，施入碳铵 150~225 kg/hm²、腐熟有机肥 30~45 t/hm²，并用硫酸亚铁 150 kg/hm² 或退菌特 150~225 kg/hm²

进行土壤消毒。种子进行催芽处理，4 月下旬开始播种，播前床面喷水，开浅沟条播，覆沙土 1~1.5cm 厚，上盖塑料薄膜，增温保湿。出苗后揭膜、松土、除草，结合喷水，少施氮肥，促苗生长，并做好病虫害防治。开花后施入磷、钾肥不超过 75g、氮肥 25g；每年或隔年入冬前施 1 次腐熟的堆肥，栽后灌足水。以后每年春季，芽萌动、开花前后需各浇 1 次透水，浇后立即中耕保墒，11 月中旬入冬前要灌足冻水。

222.【白花丁香（变种）】

分类地位：木犀科 丁香属

蒙名：查干高力得－宝日

别名：白丁香

学名：*Syringa oblata* Lindl. var.*affinis* (Henry)Lingelsh.

形态特征： 本变种与正种的主要区别为：花白色；叶稍小，下面常被短柔毛。

产地： 我区一些城镇有栽培。

用途： 同正种紫丁香；枝杆入蒙药（蒙药名：阿尔加），能清心、止痛，主治头痛、健忘、失眠、烦躁、心热。

栽培管理要点： 尚无人工引种驯化栽培。

五十一、马钱科

226.【互叶醉鱼草】

分类地位：马钱科 醉鱼草属

蒙名：朝宝嘎 — 吉嘎存 — 好日 —
其其格

别名：白箕稍

学名：*Buddleja alternifolia* Maxim.

形态特征：小灌木，最高可达 3m，多分枝。枝幼时灰绿色，被较密的星状毛；后渐脱落，老枝灰黄色。单叶互生，披针形或条状披针形，先端渐尖或钝，基部楔形，全缘，上面暗绿色，具稀疏的星状毛。下面密被灰白色柔毛及星状毛，具短柄或近无柄。花多出自去年生枝上，数花簇生或形成圆锥状花序；花萼筒状，外面密被灰白色柔毛，先端 4 齿裂；花冠紫堇色，外面疏被星状毛或近于光滑，先端 4 裂，裂片卵形或宽椭圆形；雄蕊 4，无花丝，着生于花冠筒中部。蒴果矩圆状卵形，深褐色，熟时 2 瓣开裂。种子多数，有短翅。花期 5~6 月，果期 7~10 月。2n=38。

生境：山地旱中生灌木。生干旱山坡。见于东阿拉善。

产地：产鄂尔多斯市（鄂托克旗）。分布于我国山西、陕西、甘肃、宁夏等省区。

用途：为野生观赏资源。花可提取芳香油。

栽培管理要点：尚无人工引种驯化栽培。

五十二、龙胆科

227.【百金花】

分类地位：龙胆科 百金花属

蒙名：森达日阿 — 其其格
别名：麦氏埃蕾
学名：*Centaurium meyeri* (Bunge) Druce.

形态特征：一年生草本，高 6~25cm。根纤细，淡褐黄色。茎纤细，直立，分枝，具 4 条纵棱，光滑无毛。叶椭圆形至披针形，先端锐尖，基部宽楔形，全缘，三出脉，两面平滑无毛；无叶柄。花序为疏散的二歧聚伞花序；花长 10~15mm，具细短梗；花萼管状，具 5 裂片，裂片狭条形，先端渐尖；花冠近高脚碟状，管部长约 8mm，白色，顶端具 5 裂片，裂片白色或淡红色，矩圆形。蒴果狭矩圆形；种子近球形，棕褐色，表面具皱纹。花果期 7~8 月。2n=54。

生境：湿中生植物。生于低湿草甸、水边。见于呼锡高原、大兴安岭南部、科尔沁、鄂尔多斯、阴山、贺兰山等地。

产地：产呼伦贝尔市（新巴尔虎右旗），兴安盟（科尔沁右翼中旗），通辽市（扎鲁特旗），赤峰市（巴林左

旗），鄂尔多斯市（达拉特旗、鄂托克前旗、伊金霍洛旗、乌审旗），阿拉善盟（阿拉善左旗贺兰山），呼和浩特市（大青山）。分布于我国东北、华北、华东、西北及新疆，俄罗斯及欧洲也有。

用途：具一定的观赏价值。带花的全草蒙医有的作为一种"地格达（地丁）"入药，能清热、消炎、退黄，主治肝炎、胆囊炎、头痛、发烧、牙痛、扁桃腺炎。

栽培管理要点：尚无人工引种驯化栽培。

228.【达乌里龙胆】

分类地位：龙胆科 龙胆属

蒙名：达古日 — 主力格 — 其木格
别名：小秦艽、达乌里秦艽
学名：*Gentiana dahurica* Fisch.

形态特征： 多年生草本，高 10~30cm。直根圆柱形，深入地下，有时稍分枝，黄褐色。茎斜生，基部被纤维状的残叶基所包围。基生叶较大，条状披针形，先端锐尖，全缘，平滑无毛，五出脉，主脉在下面明显凸起；茎生叶较小，2~3 对，条状披针形或条形，三出脉。聚伞花序顶生或腋生；花萼管状钟形，管部膜质，有时 1 侧纵裂，具 5 裂片，裂片狭条形，不等长；花冠管状钟形，具 5 裂片，裂片展开，卵圆形，先端尖，蓝色；褶三角形，对称，比裂片短一半。蒴果条状倒披针形，稍扁，具极短的柄，包藏在宿存花冠内。种子多数，狭椭圆形，淡棕褐色，表面细网状。花果期 7~9 月。2n=26。

生境： 中旱生植物，也是草甸草原的常见伴生种。生于草原、草甸草原、山地草甸、灌丛。见全区各地。

产地： 产全区。分布于我国东北、河北、山西、陕西、宁夏、甘肃、青海、四川，蒙古也有。

用途： 具一定的观赏价值。根入药（药材名：秦艽），能祛风湿、退虚热、止痛，主治风湿性关节炎、低热、小儿疳积发热。花入蒙药（蒙药名：呼和棒仗），能清肺、止咳、解毒，主治肺热咳嗽、支气管炎、天花、咽喉肿痛。

栽培管理要点： 尚无人工引种驯化栽培。

229.【秦艽】

分类地位：龙胆科 龙胆属

蒙名：套日格—主力根—其木格
别名：大叶龙胆、萝卜艽、西秦艽
学名：*Gentiana macrophylla* Pall.

形态特征：多年生草本，高 30~60cm。根粗壮，稍呈圆锥形，黄棕色。茎单一斜生或直立，圆柱形，基部被纤维状残叶基所包围。基生叶较大，狭披针形至狭倒披针形，少椭圆形，先端钝尖，全缘，平滑无毛，五至七出脉，主脉在下面明显凸起；茎生叶较小，3~5 对，披针形，3~5 出脉。聚伞花序由数朵至多数花簇生枝顶成头状或腋生作轮状；花萼膜质，1 侧裂开，具大小不等的萼齿 3~5；花冠管状钟形，具 5 裂片，裂片直立，蓝色或蓝紫色，卵圆形；褶常三角形，比裂片短一半。蒴果长椭圆形，近无柄，包藏在宿存花冠内。种子矩圆形，棕色，具光泽，表面细网状。花果期 7~10 月。$2n=26, 42$。

生境：中生植物。生于山地草甸、林缘、灌丛与沟谷。见于大兴安岭、科尔沁、燕山北部、呼锡高原、阴山、贺兰山。

产地：产呼伦贝尔市（额尔古纳市、鄂伦春自治旗、鄂温克族自治旗），兴安盟（科尔沁右翼前旗和中旗），赤峰市（克什克腾旗、宁城县），锡林郭勒盟东部和南部，乌兰察布市（凉城县、兴和县、大青山），巴彦淖尔市（乌拉山），阿拉善盟（贺兰山），呼和浩特市和包头市（大青山）。分布于我国东北、华北、西北及四川，蒙古、俄罗斯也有。

用途：具一定的观赏价值。根入药（药材名：秦艽），功能主治同达乌里龙胆。花入蒙药（蒙药名：呼和基力吉），能清热、消炎，主治热性黄水病、炭疽、扁桃腺炎。

栽培管理要点：栽培地选择土层深厚，肥沃疏松等沙质土壤栽培，施优质农家肥 45000~60000kg/hm²、过磷酸钙 750kg/hm²、碳铵 300kg/hm² 作基肥，耙细整平，做畦待用。播种方式为直播，土壤温度达 18~22℃开始播种，播种量 15~18 kg/hm²。出苗后做好追肥、浇水、除草、间苗、病虫害防治。直播 3~4 年可采收，移栽的 2 年后采收。

230. 【龙 胆】

分类地位：龙胆科 龙胆属

蒙名：主力根 — 其木格
别名：龙胆草、胆草、粗糙龙胆
学名：*Gentiana scabra* Bunge

形态特征：多年生草本，高 30~60cm。根状茎短，簇生多数细长的绳索状根，根黄棕色或淡黄色。茎直立，常单一，稍粗糙。叶卵形或卵状披针形，先端渐尖或锐尖，全缘，基部合生而抱茎，三出脉，上面暗绿色，通常粗糙，下面淡绿色，边缘及叶脉粗糙；茎基部叶 2~3 对，较小，或呈鳞片状。花 1 至数朵簇生枝顶或上部叶腋，无梗；花萼管状钟形，具 5 裂片，裂片条状披针形，边缘粗糙；花冠管状钟形，蓝色，具 5 裂片，裂片开展，卵圆形，先端锐尖；褶三角形，全缘或具齿。蒴果狭椭圆形，具短柄，包藏在宿存花冠内。种子多数，条形，稍扁，边缘具翅，表面细网状。花果期 9~10 月。2n=26。

生境：中生植物。生于山地林缘、灌丛、草甸。见于大兴安岭等地。

产地：产呼伦贝尔市（额尔古纳市、扎兰屯市），兴安盟（科尔沁右翼前旗）。分布于我国东北及浙江、福建，日本、朝鲜、俄罗斯也有。

用途：具一定的观赏价值。根入药（药材名：龙胆），能清利肝胆湿热、健胃，主治黄疸、胁痛、肝炎、胆囊炎、食欲不振、目赤、中耳炎、尿路感染、带状疱疹、急性湿疹、阴部湿痒。

栽培管理要点：栽培地选择土层深厚、疏松肥沃、排水良好的腐殖质土或沙质壤土，施入充分腐熟的农家肥 2~3t/ 亩，尽量不施用化肥及人粪尿。采用种子繁殖，播种期为 4 月上中旬，播种前先将种子作催芽处理，播种量 3~4g/m²，播种后保持土壤湿润。出苗后做好追肥、浇水、除草、遮阴、病虫害防治。一年生小苗除一对子叶外只长 3~6 对基生叶，无明显地上茎。到 10 月上旬叶枯萎，越冬芽外露，此时苗根上端粗 1~3mm，根长达 10~20cm，可进行秋栽，也可在第二年春或秋季移栽。起挖后可根据种子大小分级，分别栽植。

231.【花锚】

分类地位：龙胆科 花锚属

蒙名：章古图—其其格
别名：西伯利亚花锚
学名：*Halenia corniculata* (L.) Cornaz

形态特征：一年生草本，高 15~45cm。茎直立，近四棱形，具分枝，节间比叶长。叶对生，椭圆状披针形，先端渐尖，全缘，基部渐狭，具 3~5 脉，有时边缘与下面叶脉被微短硬毛，无叶柄；基生叶倒披针形，先端钝，基部渐狭成叶柄。花时早枯落。聚伞花序顶生或腋生；花梗纤细，果熟期延长达 25mm；萼裂片条形或条状披针形，先端长渐尖，边缘稍膜质，被微短硬毛，具 1 脉；花冠黄白色或淡绿色，钟状，4 裂达三分之二处，裂片卵形或椭圆状卵形，先端渐尖，花冠基部具 4 个斜向的长距，雄蕊长 2~3mm，内藏。蒴果矩圆状披针形，棕褐色。种子扁球形，棕色，表面近光滑或细网状。花果期 7~8 月。2n=22。

生境：中生植物。生于山地林缘及低湿草甸。见于大兴安岭、呼锡高原、辽河平原、燕山北部、阴山、阴南丘陵等地。

产地：产呼伦贝尔市（根河市、额尔古纳市、鄂伦春自治旗、牙克石市、鄂温克族自治旗），兴安盟（科尔沁右翼前旗），通辽市（大青沟），赤峰市（克什克腾旗、喀喇沁旗、宁城县），锡林郭勒盟（东乌珠穆沁旗、锡林浩特市），乌兰察布市（兴和县、凉城县），呼和浩特市（武川县）与包头市（大青山）。分布于我国东北及河北、山西、陕西、蒙古、俄罗斯及欧洲也有。

用途：具一定的观赏价值。全草入药，能清热解毒、凉血止血，主治肝炎、脉管炎、外伤感染发烧、外伤出血。又入蒙药（蒙药名：希给拉—地格达），能清热、解毒、利胆、退黄，主治黄疸型肝炎、感冒、发烧、外伤感染、胆囊炎。

栽培管理要点：尚无人工引种驯化栽培。

五十三、夹竹桃科

232.【罗布麻】

分类地位：夹竹桃科 罗布麻属

蒙名：老布 — 奥鲁苏
别名：茶叶花、野麻、红麻
学名：*Apocynum venetum* L.

形态特征：直立半灌木或草本，高 1~3m，具乳汁。枝条圆筒形，对生或互生，光滑无毛，紫红色或淡红色。单叶对生，分枝处的叶常为互生，椭圆状披针形至矩圆状卵形，先端钝，中脉延长成短尖头，基部圆形，边缘具细齿，两面光滑无毛，柄间具腺体，老时脱落。聚伞花序多生于枝顶，花梗长约 4mm，被短柔毛；花萼 5 深裂，边缘膜质，两面被柔毛；花冠紫红色或粉红色，钟形，花冠裂片较花冠筒稍短，基部向右覆盖，每裂片具 3 条紫红色的脉纹，花冠里面基部具副花冠及环状肉质花盘；雄蕊 5，着生于花冠筒基部，与副花冠裂片互生，花药箭头形；柱头 2 裂。蓇葖 2，平行或叉生，筷状圆筒形。种子多数，卵状矩圆形，顶端有一簇长 1.5~2.5cm 的白色绢毛。花期 6~7 月，果期 8~9 月。2n=16。

生境：耐盐中生植物。生于沙漠边缘、河漫滩、湖泊周围、盐碱地、沟谷及河岸沙地等。见于大兴安岭南部、科尔沁、鄂尔多斯、阿拉善、龙首山等地。

产地：产兴安盟（科尔沁右翼中旗、扎赉特旗），通辽市，鄂尔多斯市（鄂托克旗、达拉特旗），阿拉善盟（阿拉善右旗、龙首山）。分布于我国辽宁、河北、山西、山东、河南、江苏、甘肃、青海及新疆等省区。

用途：本种花多且芳香，花期长，并有发达的腺体，是良好的蜜源植物。茎皮纤维柔韧，细长，富有光泽，并耐腐耐磨，为纺织及高级用纸的原料；叶含胶量达4%~5%，可作轮胎的原料；叶入药（药材名：罗布麻叶），能清热利水、平肝安神，主治高血压、头晕、心悸、失眠；嫩叶蒸炒后可代茶用。

栽培管理要点：栽培地选择含盐量0.1%以下、地势较高、排水良好、肥沃疏松的沙质土，重性黏土地不易种植。施足底肥，浇足水。播种前种子需催芽处理，当5cm地温达到12℃以上时进行播种，播种量为1.5~2kg/亩，播种后保持土壤湿润。出苗后做好施肥、浇水、除草、病虫害防治。苗期生长缓慢，夏季或高温天气浇水时，为防止高温烫苗，尽量在中午进行。幼苗4~7cm高时可适当控水，9月份应停止浇水，以保证罗布麻充分木质化，有利于麻苗安全越冬。11月麻苗停止生长，逐渐枯黄，此时可进行冬灌，水量控制在150m³/亩。

五十四、萝藦科

233.【牛心朴子】

分类地位：萝藦科 鹅绒藤属

蒙名：塔拉音 — 特木根 — 呼呼
别名：黑心朴子、黑老鸦脖子、芦芯草、老瓜头
学名：*Cynanchum komarovii* Al .Iljinski

形态特征：多年生草本，高30~50cm。根丛须状，黄色。茎自基部密丛生，直立，不分枝或上部稍分枝，圆柱形，具纵细棱，基部常带红紫色。叶带革质，无毛，对生，狭尖椭圆形，先端锐尖或渐尖，全缘，基部楔形，主脉在下面明显隆起，侧脉不明显，具短柄。伞状聚伞花序腋生，着花10余朵；花萼5深裂，裂片近卵形，先端锐尖，两面无毛；花冠黑紫色或红紫色，辐状，5深裂，裂片近卵形，先端钝或渐尖；副花冠黑紫色，肉质，5深裂，裂片椭圆形，背部龙骨状突起。蓇葖单生，纺锤状，向先端喙状渐尖。种子椭圆形或矩圆形，扁平，棕褐色；种缨白色，绢状，长1~2cm。花期6~7月，果期8~9月。

生境：旱生沙生植物。生于荒漠草原带及荒漠带的半固定沙丘、沙质平原、干河床。常大量散生，在某些沙生植物群落中可聚生成丛。见于鄂尔多斯、东阿拉善、阴南丘陵等地。

产地：产鄂尔多斯市（准格尔旗、达拉特旗、乌审旗、鄂托克旗），阿拉善盟（阿拉善左旗）。分布于我国宁夏、甘肃、青海、陕西、山西。

用途：在6~7月间花期为良好的蜜源植物。全草可作绿肥与杀虫药。在秋季收割大量干草，切碎后撒在水稻田中，可使水稻增产并减少病虫害。茎叶青嫩时有毒，牲畜不吃，秋冬可做干草。种子可榨工业用油，含油量达30%。

栽培管理要点：尚无人工引种驯化栽培。

234.【羊角子草】

分类地位：萝藦科 鹅绒藤属

蒙名：少布给日 — 特木根 — 呼呼

学名：*Cynanchum cathayense* Tsiang et Zhang

形态特征： 草质藤本。根木质，灰黄色。茎缠绕，下部多分枝，疏被短柔毛，节部较密，具纵细棱。叶对生，纸质，矩圆状戟形或三角状戟形，先端渐尖或锐尖，基部心状戟形，两耳近圆形，上面灰绿色，下面浅灰绿色，掌状 5~6 脉在下面隆起，两面被短柔毛；叶柄被短柔毛。聚伞花序伞状或伞房状，腋生，着花数朵至 10 余朵；花梗纤细，长短不一；苞片条状披针形，总花梗、花梗、苞片、花萼均被短柔毛；萼裂片卵形，先端渐尖；花冠淡红色，裂片矩圆形或狭卵形，先端钝；副花冠杯状，具纵皱褶，顶部 5 浅裂，每裂片 3 裂，中央小裂片锐尖或尾尖。蓇葖披针形或条形，表面被柔毛。种子矩圆状卵形，种缨白色，绢状，长约 2cm。花期 6~7 月，果期 8~10 月。

生境： 中生植物。生于荒漠地带的绿洲芦苇草甸中、干湖盆、沙丘、低湿沙地。见于东阿拉善、龙首山等地。

产地： 产巴彦淖尔市（乌拉特后旗），阿拉善盟（阿拉善左旗与右旗）。分布于我国宁夏、甘肃、新疆。

用途： 幼嫩时茎叶幼果可食，为内蒙古西部牧区传统野菜。

栽培管理要点： 尚无人工引种驯化栽培。

235.【地梢瓜】

分类地位：萝藦科 鹅绒藤属

蒙名：特木根 — 呼呼
别名：沙奶草、地瓜瓢、沙奶奶、老瓜瓢
学名：*Cynanchum thesioides* (Freyn) K.Schum.

形态特征：多年生草本，高 15~30cm。根细长，褐色，具横行绳状的支根。茎自基部多分枝，直立，圆柱形，具纵细棱，密被短硬毛。叶对生，条形，先端渐尖，全缘，基部楔形，上面绿色，下面淡绿色，中脉明显隆起，两面被短硬毛，边缘常向下反折；近无柄。伞状聚伞花序腋生，着花 3~7 朵，花梗长短不一；花萼 5 深裂，裂片披针形，外面被短硬毛，先端锐尖；花冠白色，辐状，5 深裂，裂片矩圆状披针形，外面有时被短硬毛；副花冠杯状，5 深裂，裂片三角形。蓇葖单生，纺锤形，先端渐尖，

表面具纵细纹。种子近矩圆形，扁平，棕色，顶端种缨白色，绢状，长 1~2cm。花期 6~7 月，果期 7~8 月。

生境：旱生植物。生于干草原、丘陵坡地、沙丘、撂荒地、田埂。见于全区各地。

产地：产全区各地。分布于我国东北、华北、西北及江苏；朝鲜、蒙古、俄罗斯也有。

用途：幼果可食，种缨可作填充料。带果实全草入药，能益气、通乳、清热降火、消炎止痛、生津止渴，主治乳汁不通、气血两虚、咽喉疼痛，外用治瘊子。种子作蒙药用（蒙药名：特莫根—呼呼—都格木宁），主治功用同连翘。全株含橡胶 1.5%，树脂 3.6%，可作工业原料。

栽培管理要点：结合耕地，施优质有机肥 37500~45000 kg/hm²，磷二胺 375 kg/hm²，或尿素 150~225 kg/hm²，复合肥 375~450 kg/hm²，均匀混施于土壤，将地整平后覆膜，膜面宽 50m，膜间距为 40cm。播种期为 4 月上旬（当气温稳定通过 10℃时进行播种，采用穴播，每穴 3 粒，播种不宜太深，适宜为 1~2cm，播量为 40.5kg/hm²，一般株距为 15~20cm。小行距为 30cm，大行距为 50cm，播后覆薄土，稍加镇压，并盖一层薄沙。如果土壤墒情较差，可立即灌水。播种后 10 天即可出土，当真叶出现 6 片时间苗，10 片叶时定苗，间苗时留大不留小，留强不留弱。幼苗期杂草较多，要及时拔除。在分枝旺期时适当追施 1 次肥料，一般每亩施尿素 75kg，现蕾期追施尿素 150kg，在开花期每 7 天叶面喷施磷酸二氢钾 1 次。追肥后立即灌水，后期视苗情适量灌水，一般不干不浇，并忌水涝。当地梢瓜生长到 8 月下旬时，果实长达 4cm，直径 2cm 左右，果实翠绿、光泽度好时即可采收，采收过迟，适口性下降。

236.【鹅绒藤】

分类地位：萝藦科 鹅绒藤属

蒙名：哲乐特 — 特木根 — 呼呼

别名：祖子花

学名：*Cynanchum chinanse* R.Br.

形态特征：多年生草本。根圆柱形，长约 20cm，直径 5~8mm，灰黄色。茎缠绕，多分枝，稍具纵棱，被短柔毛。叶对生，薄纸质，宽三角状心形，先端渐尖，全缘，基部心形，上面绿色，下面灰绿色，两面均被短柔毛；叶柄被短柔毛。伞状二歧聚伞花序腋生，着花约 2 朵；花萼 5 深裂，裂片披针形，先端锐尖，外面被短柔毛；花冠辐状，白色，裂片条状披针形，先端钝；副花冠杯状，膜质，外轮顶端 5 浅裂，裂片三角形，裂片间具 5 条稍弯曲的丝状体，内轮具 5 条较短的丝状体，外轮丝状体与花冠近等长；花粉块每药室 1 个，椭圆形，柱头近五角形。蓇葖果通常 1 个发育，少双生，圆柱形，平滑无毛。种子矩圆形，压扁，黄棕色，顶端种缨长约 3cm，白色绢状。花期 6~7 月，果期 8~9 月。

生境：中生植物。生于沙地、河滩地、田埂，见于科尔沁、阴南丘陵、乌兰察布、鄂尔多斯、东阿拉善等地。

产地：产兴安盟（科尔沁右翼中旗），通辽市（开鲁县），鄂尔多斯市（准格尔旗、达拉特旗、乌审旗、鄂托克旗），巴彦淖尔市（乌拉特前旗与中旗、磴口县），阿拉善盟（阿拉善左旗）。分布于我国辽宁、河北、河南、山西、陕西、宁夏、甘肃、江苏、浙江。

用途：可作为野生绿篱资源。根及茎的乳汁入药，根能祛风解毒、健胃止痛，主治小儿食积、乳汁外敷、治性疣赘。

栽培管理要点：尚无人工引种驯化栽培。

五十五、旋花科

237.【打碗花】

分类地位：旋花科 打碗花属

蒙名：阿牙根 — 其其格

别名：小旋花

学名：*Calystegia haderacea* Wall.ex Roxb.

形态特征：一年生缠绕或平卧草本，全体无毛，具细长白色的根茎。茎具细棱，通常由基部分枝。叶片三角状卵形、戟形或箭形，侧面裂片尖锐，近三角形，或 2~3 裂，中裂片矩圆形或矩圆状披针形，基部（最宽处）宽 (1.7)3.5~4.8cm，先端渐尖，基部微心形，全缘，两面通常无毛。花单生叶腋，花梗长于叶柄，有细棱；苞片宽卵形；花冠漏斗状，淡粉红色或淡紫色；雄蕊花丝基部扩大，有细鳞毛。 蒴果卵圆形，微尖，光滑无毛。花期 7~9 月，果期 8~10 月。2n=22。

生境：常见的中生杂草。生于耕地、撂荒地和路旁，在溪边或潮湿生境中生长最好，并可聚生成丛。见于大兴安岭、燕山北部、辽河平原、科尔沁、呼锡高原、乌兰察布、赤峰丘陵、阴山、阴南丘陵、鄂尔多斯等地。

产地：除阿拉善盟外产全区各地。广布于全国各地。东非、亚洲南部、东南亚也有。

用途：根茎含淀粉，可造酒，也可制饴糖，又是优良的饲料。根茎及花入药，根茎能健脾益气、利尿、调经活血，主治脾胃消化不良、月经不调、白带异常、乳汁稀少、促进骨折和创伤的愈合，花外用治牙痛。

栽培管理要点：尚无人工引种驯化栽培。

238.【田旋花】

分类地位：旋花科 旋花属

蒙名：塔拉音 — 色得日根讷
别名：箭叶旋花、中国旋花
学名：*Convolvulus arvensis* L.

形态特征：细弱蔓生或微缠绕的多年生草本，常形成缠结的密丛。茎有条纹及棱角，无毛或上部被疏柔毛。叶形变化很大，三角状卵形至卵状矩圆形，或为狭披针形，先端微圆，具小尖头，基部戟形、心形或箭簇形；花序腋生，有1~3朵花，花梗细弱，苞片2，细小，条形；萼片有毛，稍不等，外萼片稍短，矩圆状椭圆形，钝，具短缘毛，内萼片椭圆形或近于圆形，钝或微凹，或多少具小短尖头，边缘膜质；花冠宽漏斗状，白色或粉红色，或白色具粉红色或红色的瓣中带，或粉红色具红色或白色的瓣中带；雄蕊花丝基部扩大，具小鳞毛；子房有毛。蒴果卵状球形或圆锥形，无毛。花期6~8月，果期7~9月。2n=48，50。

生境：习见的中生农田杂草。生于田间、撂荒地、村舍与路旁，并可见于轻度盐化的草甸中。见于全区各地。

产地：产全区。全国也广泛分布，为世界广布种。

用途：为野生庭院绿化资源。全草、花和根入药，能活血调经、止痒、祛风；全草主治神经性皮炎；花主治牙痛；根主治风湿性关节痛。全草各种牲畜均喜食，鲜时绵羊、骆驼采食差，干时各种家畜采食。

栽培管理要点：尚无人工引种驯化栽培。

244.【并头黄芩】

分类地位：唇形科 黄芩属

蒙名：好斯 — 其其格特混芩

别名：头巾草

学名：*Scutellaria scordifolia* Fisch.ex Schrank

形态特征：多年生草本，高 10~30cm。根茎细长，淡黄白色。茎直立或斜生，四棱形，沿棱疏被微柔毛或近无毛，单生或分枝。叶三角状披针形、条状披针形或披针形，先端钝或稀微尖，基部圆形、浅心形、心形乃至楔形，边缘具疏锯齿或全缘，上面被短柔毛或无毛，下面沿脉被微柔毛，具多数凹腺点；具短叶柄或几无柄。花单生于茎上部叶腋内，偏向一侧；近基部有 1 对长约 1mm 的针状小苞片；花萼疏被短柔毛，果后花萼长达

4~5mm；花冠蓝色或蓝紫色，外面被短柔毛，冠筒基部浅囊状膝曲，上唇盔状，内凹，下唇 3 裂。小坚果近圆形或椭圆形，褐色，具瘤状突起，腹部中间具果脐，隆起。花期 6~8 月，果期 8~9 月。2n=30。

生境：生于河滩草甸、山地草甸、山地林缘、林下以及撂荒地、路旁、村舍附近，为中生略耐旱的植物，其生境较为广泛。见于大兴安岭、科尔沁、辽河平原、赤峰丘陵、燕山北部、呼锡高原、阴山、阴南丘陵、乌兰察布、东阿拉善、鄂尔多斯等地。

产地：产呼伦贝尔市（额尔古纳市、根河市、牙克石市、海拉尔区、陈巴尔虎旗），兴安盟（科尔沁右翼前旗），通辽市（科尔沁左翼后旗），赤峰市（克什克腾旗、喀喇沁旗），锡林郭勒盟（东与西乌珠穆沁旗、锡林浩特市、苏尼特左旗、正蓝旗、多伦县），乌兰察布市（化德县、察哈尔右翼中旗与后旗、卓资县、兴和县、凉城县），呼和浩特市（和林格尔县），鄂尔多斯市（伊金霍洛旗、乌审旗），巴彦淖尔市（乌拉特中旗与后旗）和大青山、乌拉山。分布于我国东北、华北及青海等地，俄罗斯、蒙古、日本也有。

用途：可作为野生绿化资源。全草入药，味微苦，性凉，能清热解毒、利尿，主治肝炎、阑尾炎、跌打损伤、蛇咬伤。

栽培管理要点：栽培地选择土地肥沃的土壤，整地深度为 30~40cm，翻地的同时施入基肥，使基肥与土壤充分混合，同时可掺入一定比例的杀虫剂。播种时间选择在当年 4 月中旬。采用条播的方法，将种子均匀播入沟内，覆细土，稍镇压后浇水，保持土壤湿润。在播种繁殖地，需要根据苗木的出苗情况进行间苗和补苗，并结合松土向幼苗四周适当培土，1 年进行松土培土 3~5 次。施肥不能过勤，一般施用氮磷钾复合肥，沟施。并头黄芩的病虫害较少，少量会出现叶斑病，可用 1:2:150~200 倍波尔多液或 80% 代森锰锌可湿性粉剂 400 倍液进行茎叶喷雾防治，每隔 10~15 天喷 1 次，连喷 2~3 次，每次用药量 1125kg/hm²。

245.【青兰】

分类地位：唇形科 青兰属

蒙名：比日羊古

学名：*Dracocephalum ruyschiana* L.

形态特征：多年生草本，高 40~50cm。数茎自根茎生出，直立，钝四棱形，被倒向短柔毛。叶条形或披针状条形，先端尖，基部渐狭，全缘，边缘向下略反卷，两面疏被短柔毛或无毛，具腺点；无叶柄或几无柄。轮伞花序生于茎上部 3~5 节，多少密集；苞片卵状椭圆形，全缘，先端锐尖，密被睫毛。花萼外面密被短毛，里面疏被短毛，2 裂至 2/5 处，上唇 3 裂至本身 2/3 或 3/4 处，中齿卵状椭圆形，较侧齿宽，侧齿宽披针形，下唇 2 裂至本身基部，齿披针形，齿先端均锐尖，被睫毛，常带紫色；花冠蓝紫色，外面被短柔毛；花药被短柔毛。小坚果黑褐色，略呈三棱形。花期 7 月。2n=14。

生境：中生植物。生于针叶林区的山地草甸、林缘灌丛及石质山坡。见于大兴安岭西部。

产地：产呼伦贝尔市（额尔古纳市）。分布于我国黑龙江、新疆；瑞典、蒙古、俄罗斯也有。

用途：植株含芳香油 0.4%。

栽培管理要点：可直播也可育苗移植。11 月初至中旬，土壤封冻之前播种。条播，行距宽 20cm，播种行沟深 5cm。由于种粒较小，播种时与干细沙拌匀下种，播后覆土 2cm，压实。翌年，除去行间杂草，出苗前不能浇水，待苗出齐后，小水浇透。如果春季干旱少雨，播种地干裂，可喷灌。在播种苗高约 10cm 时，在阴天移苗栽培，株行距 50cm×50cm，移栽后浇透水，及时中耕除草。育苗可以营养袋育苗，也可扦插育苗。在温室内，1 月下旬至 2 月上旬均可。营养袋育苗：营养袋装入配方土，浇透水消毒后第 3 日点播，每袋播 2 粒种子，20~30 天出齐苗。在小苗有三片真叶时可移入大田栽培。移栽在阴天进行，株行距 50cm×50cm，移栽后浇透水。扦插育苗：在 6 月下旬苗高达 20cm 即可扦插。在 1 年生或 2 年生苗采集插穗，采集顶梢长 10cm 穗，捆把清水浸泡 4~6 小时。扦插在全光喷雾条件下进行，可提高扦插成活率。扦插基质为壤土与细炉渣，比例 1:3 拌匀消毒。扦插株行距为 5cm×10cm，200 株/m²。扦插深度插入基质内 5cm，插后连续喷雾 1 小时，让基质与插穗充分接触。扦插后 20~25 天生根，35~40 天可移植栽培。

246.【香青兰】

分类地位：唇形科 青兰属

蒙名：乌努日图 — 比日羊古
别名：山薄荷
学名：*Dracocephalum moldavica* L.

形态特征：一年生草本，高 15~40cm。茎直立，被短柔毛，钝四棱形，常在中部以下对生分枝。叶披针形至披针状条形，先端钝，基部圆形或宽楔形，边缘具疏犬牙状齿，有时基部的牙齿齿尖常具长刺，两面均被微毛及黄色小腺点。轮伞花序生于茎或分枝上部，每节通常具 4 花；苞片狭椭圆形，疏被微毛，每侧具 3~5 齿，齿尖具长 2.5~3.5mm 的长刺；花萼具金黄色腺点，密被微柔毛，常带紫色，2 裂近中部，上唇 3 裂至本身长度的 1/4~1/3 处，3 齿近等长，三角状卵形，先端锐尖成长约 1mm 的短刺，下唇 2 裂至本身基部，斜披针形，先端具短刺；花冠淡蓝紫色至蓝紫色，喉部以上宽展，外面密被白色短柔毛，冠檐二唇形，上唇短舟形，先端微凹，下唇 3 裂，中裂片 2 裂，基部有 2 小凸起；雄蕊微伸出，花丝无毛，花药平叉开；花柱无毛，先端 2 等裂。小坚果，矩圆形，顶端平截。2n=10。

生境：中生杂草。生于山坡、沟谷、河谷砾石滩地。广泛见于各地。

产地：产全区。分布于我国黑龙江、吉林、辽宁、河北、山西、河南、陕西、甘肃、新疆及青海，西伯利亚及蒙古也有。

用途：全株含芳香油，可做香料植物。地上部分作蒙药用 (蒙药名：昂凯鲁莫勒—比日羊古)，能泻肝火、清胃热、止血，主治黄疸、吐血、衄血、胃炎、头痛、咽痛。

栽培管理要点：香青兰喜温暖阳光充足，耐干旱，适应性强。对土壤要求不严，苗期要求土壤湿润，成株较耐旱。种子发芽快而整齐，室温 20~25℃时，种子第 2 天开始萌发，至第 5 天发芽结束。用种子繁殖，于 4 月上中旬播种，播后 10~15 天出苗，经浸种的种子播后 6 天出苗。采用开沟条播法，行距 40~46cm。播深 2cm，由于种子细小，土地要整平整细，开沟后将种子均匀撒入沟内，然后覆土压实，每亩用种子 1.5~2kg。播后 14 天苗可出齐，苗高 5~7cm 时进行定苗，每隔 10cm 留苗 1 株，药用收全草者稍密植无妨，留种者株距 15cm。生长期间注意除草、松土和浇水。6 月现蕾时追肥 1 次，以氮、磷为主，每亩用尿素 20kg，过磷酸钙 30kg，以提高全草的产量和挥发油的含量。留种田施肥可以促使种子饱满，提高种子的产量。

251.【薄 荷】

分类地位：唇形科 薄荷属

蒙名：巴得日阿西
学名：*Mentha haplocalyx* Briq.

形态特征：多年生草本，高 30~60cm。茎直立，具长根状茎，锐四棱形，被疏或密的柔毛，分枝或不分枝。叶矩圆状披针形、椭圆形、椭圆状披针形或卵状披针形，先端渐尖或锐尖，基部楔形，边缘具锯齿或浅锯齿。轮伞花序腋生，轮廓球形，总花梗极短；苞片条形。花萼管状钟形，萼齿狭三角状钻形，外面被疏或密的微柔毛与黄色腺点。花冠淡紫色或淡红紫色，外面略被微柔毛或长疏柔毛，里面在喉部以下被微柔毛，冠檐 4 裂，上裂片先端微凹或 2 裂，较大，其余 3 裂片近等大，矩圆形，先端钝。雄蕊 4，前对较长，伸出花冠之外或与花冠近等长。小坚果卵球形，黄褐色。花期 7~8 月，果期 9 月。2n=72。

生境：湿中生植物。生于水旁低湿地，如湖滨草甸、河滩沼泽草甸。见于大兴安岭、呼锡高原、科尔沁、辽河平原、燕山北部、阴山、阴南丘陵、鄂尔多斯、东阿拉善等地。

产地：产呼伦贝尔市 (鄂伦春自治旗、牙克石市、陈巴尔虎旗、新巴尔虎左旗)，兴安盟 (科尔沁右翼前旗与中旗、扎赉特旗)，通辽市 (扎鲁特旗、大青沟)，赤峰市 (巴林左旗、克什克腾旗、喀喇沁旗、宁城县)，锡林郭勒盟 (西乌珠穆沁旗、正蓝旗、多伦县)，乌兰察布市 (卓资县、兴和县)，呼和浩特市 (和林格尔县)，包头市，鄂尔多斯市 (乌审旗、杭锦旗)，巴彦淖尔市 (乌拉特后旗)。分布于我国南北各地，日本也有。

用途：可作蔬菜及香料。地上部分入药 (药材名：薄荷)，能祛风热、清头目，主治热感冒、头痛、目赤、咽喉肿痛、口舌生疮、牙痛、荨麻疹、风疹、麻疹初起。

栽培管理要点：作蔬菜和香料作物用的采用大面积大地栽培，作为观赏植物的应进行盆栽。大地栽培：选择向阳、平坦、肥沃、排灌方便的沙壤土种植。施入农家肥 60000kg/hm²，配施 900kg/hm² 复合肥作基肥。翻耕、整细，做成 1~1.2m 宽的畦。用根茎繁殖，也可用扦插繁殖和种子繁殖。一年四季均可播种，但一般在 10 月下旬至 11 月上旬进行。挖出地下根茎后，选择节间短、色白、粗壮、无病虫害的作种根。然后在整好的畦面上，按行距 25cm 开沟，深 6~10cm，将种根放入沟内，可整条排放，也可切成 6~10cm 长的小段撒入。密度以根茎首尾相接为好。播种后覆土，耙平压实，保持田间湿润无杂草，小水常浇，如有积水要及时排出。苗高 5cm 左右收割后，应及时追肥，每次追施 225 kg/hm² 尿素并辅以少量磷、钾肥，或人畜粪水 45000 kg/hm²。施后浇大水。薄荷在江苏和浙江地区，每年可收割 2 次，华北地区 1~2 次。第一次一般在 7 月的初花期，第二次在 10 月的盛花期。选晴天于中午前后，用镰刀贴地将植株割下，摊晒 2 天，注意翻晒，七八成干时，扎成小把。盆栽可采用根茎繁殖和枝条繁殖的方法。根茎繁殖：每年 3~4 月，挖取地下粗壮呈白色的根状茎，切成 8~10cm 为 1 段，然后埋入盆中，浇透水，约 2 周即可发芽。枝条繁殖：在生长季也可以用其枝条扦插，扦插时取茎 2~3 节，保留最上部 2 片叶，扦入沙中，置半阴处，注意喷水保湿。当拔插条稍费力时说明已生根，要及时移植。扦插苗可用口径 15~20cm 的瓦盆或塑料盆，盆底垫一层粗沙以利排水保湿，土壤用园土和沙按 3 ∶ 1

的比例混合，另加少量腐熟饼肥或磷酸拌匀即可使用。盆栽为了控制株高，并促进分枝使植株丰满，在新梢长出后，要进行摘心打头 2~3 次，每次仅保留新萌发的新梢 1~2 节，其余的应剪去。每次摘心打头后，要追施 1~2 次有机肥或无机肥，以促进新梢生长。经摘心处理，株高可控制在 30~40cm，保持较高的观赏效果。保持盆土湿润为主。盛夏时还应注意防止高温和曝晒。入冬后，薄荷的地上部分枯黄后，可连盆放在花架底层等角落处，稍保持土壤湿润，来年春天，要注意翻盆或重新扦插繁殖新株，否则，老株会生长不佳。

252.【兴安薄荷】

分类地位：唇形科 薄荷属

蒙名：兴安 — 巴得日阿西

学名：*Mentha dahurica* Fisch. ex Benth.

形态特征：多年生草本，高 30~60cm。茎直立，稀分枝，沿棱被倒向微柔毛，四棱形。叶片卵形或卵状披针形，长 2~4cm，宽 8~14mm，先端锐尖，基部宽楔形，边缘在基部以上具浅圆齿状锯齿；叶柄长 7~10mm。轮伞花序 5~13 朵，具长 2~10mm 的总花梗，通常茎顶 2 个轮伞花序聚集成头状花序，其下方的 1~2 节的轮伞花序稍远离；小苞片条形，被微柔毛；花梗长 1~3mm，被微柔毛；花萼管状钟形，长约 2.5mm，外面沿脉上被微柔毛，里面无毛，10~13 脉明显，萼齿 5，宽三角形；花冠浅红或粉紫色，长 4~5mm，外面无毛，里面在喉部被微柔毛，冠檐 4 裂，上裂片 2 浅裂，其余 3 裂矩圆形；雄蕊 4，前对较长。小坚果卵球形，长约 0.75mm，光滑。花期 7~8 月。

生境：湿中生植物，生于山地森林地带及森林草原带河滩湿地及草甸。见于大兴安岭北部及南部等地。

产地：产呼伦贝尔市（鄂伦春自治旗、鄂温克族自治旗），兴安盟（扎赉特旗）。分布于我国黑龙江、吉林；日本、俄罗斯也有。

用途：同薄荷。

栽培管理要点：喜阳光、耐湿。选择土地肥沃、土质疏松、透气性好、含水量高、排水良好的低湿林缘，或者水沟旁及湿草地，行穴距 60cm×20cm，整地、碎土、耙平、镇压。可采用根茎或种子繁殖，一般用根茎繁殖。春天化冻后，挖出根茎截成 5~7cm 的段，埋在穴内，覆土 3cm，轻镇压。也可用种子繁殖。种子成熟时收集种子，上冻前撒播在穴内，覆土以埋上种子为宜，镇压、盖上杂草。出苗后，除草、通风、透光。7 月和 9 月各收割 1 次，阴干，备用。

253.【香薷】

分类地位：唇形科 香薷属

蒙名：昂给鲁木—其其格
别名：山苏子
学名：*Elsholtzia ciliata* (Thunb.) Hyland.

形态特征：多年生草本，高 30~50cm。侧根密集。茎通常自中部以上分枝，被疏柔毛。叶卵形或椭圆状披针形，先端渐尖，基部楔形，边缘具钝锯齿，上面被疏柔毛，下面沿脉被疏柔毛，密被腺点。轮伞花序，具多数花，并组成偏向一侧的穗状花序；苞片卵圆形，先端具芒状突尖，具缘毛，上面近无毛，但被腺点，下面无毛；花萼钟状，外面被柔毛，里面无毛，萼齿 5，三角形，前 2 齿较长，先端具针状尖头，具缘毛；花冠淡紫色，外面被柔毛及腺点，里面无毛，二唇形，上唇直立，先端微缺，下唇开展，3 裂，中裂片半圆形，侧裂片较短；雄蕊 4，前对较后对长 1 倍，外伸，花药黑紫色。小坚果矩圆形，棕黄色，光滑。花果期 7~10 月。2n=16，18。

生境：中生植物。生于山地阔叶林下、林缘、灌丛及山地草甸，也见于较湿润的田野及路边。见于燕山北部、大兴安岭、阴山、阴南丘陵等地。

产地：产呼伦贝尔市（额尔古纳市、鄂伦春自治旗、牙克石市），兴安盟（科尔沁右翼中旗），赤峰市（阿鲁科尔沁旗、克什克腾旗、喀喇沁旗），锡林郭勒盟（东乌珠穆沁旗），乌兰察布市（兴和县），巴彦淖尔市（乌拉山小庙沟）呼和浩特市（大青山）。分布于我国各省区（青海、新疆除外）；印度、日本、朝鲜、蒙古、俄罗斯也有。呼和浩特市及鄂尔多斯市也有栽培。

用途：可作香料。

栽培管理要点：以排水良好的沙壤土为宜，疏松的红壤，亦可种植。施入 1.51~2.23kg/hm² 的有机肥作基肥，土地深翻 15~20cm，然后做成宽 120~150cm、高 12~15cm 的畦，畦沟宽 25~30cm，畦面成龟背形，用钙镁磷 370~440kg/hm²，撒于畦面，再将畦沟泥提于畦面盖没肥料。播种方式有条播和散播，播种时间为春播 4 月上中旬，夏播 5 月下旬至 6 月上旬。播种时将种子与草木灰拌匀，选择晴天或阴天将种子均匀撒播于畦面，播后稍加压实，使种子与泥土紧贴，播种量 22~30.5kg/hm²。待苗高 5~9cm 时进行第 1 次施肥，用尿素 80kg/hm²，第 2 次抽穗前用尿素 125~160kg/hm²，撒于畦面，或将尿素溶于水中浇施，每 100kg 水放尿素 1~1.2kg，适当追施肥料。夏末秋初开花时采整草。当香薷生长到半花半籽，大部分植株变成淡黄色时，将全株拔起，抖净泥土，晒至全干，扎成小捆，放通风干燥处，一般每公顷产 2800~4600kg。

254.【罗 勒】

分类地位：唇形科 罗勒属

蒙名：乌努日特 — 额布斯
别名：千层塔、家佩蓝、苏薄荷、省头草
学名：*Ocimum basilicum* L.

形态特征：一年生草本，高 20~70cm。茎直立，钝四棱形，具槽，被倒向柔毛，常呈紫色，多分枝。叶卵形或卵状矩圆形，先端钝尖，基部楔形，边缘近全缘或具不规则的微齿，两面无毛，下面具腺点。轮伞花序顶生于茎枝上部；苞片倒披针形；边缘具纤毛，常具色泽。花萼宽钟状，外面被短柔毛，里面在喉部被疏柔毛，萼齿 5，二唇形，上唇 3 齿，中齿最宽大，近圆形，侧齿宽卵圆形，先端锐尖，下唇 2 齿，披针形，具刺尖头，果时花萼宿存，增大；花冠淡紫色，冠檐二唇形，上唇长 4 裂，裂片近相等，近圆形，下唇矩圆形，下倾，全缘；雄蕊 4，略超出花冠，插生于花冠筒中部，后对花丝基部具齿状附属物，其上被微柔毛；小坚果卵球形，黑褐色。花期 7~8 月。2n=16，24，48。

产地：在呼和浩特市有少量栽培。我国许多省区均有栽培。亚洲至非洲的温暖地带也有。

用途：茎、叶及花穗含芳香油，含挥发油 0.02%~0.04%，其主要成分为罗勒烯、苏樟醇、牻牛儿苗醇、丁香油酚等，主要用于调香原料；嫩叶可食，亦可泡茶饮用；全草入药，能疏风行气、化湿消食、活血、解毒。主治外感头痛、食胀气滞、脘痛、泄泻、月经不调、跌打损伤、蛇虫咬伤、皮肤湿疮、瘾疹瘙痒等。

栽培管理要点：一是播种育苗。在南方无霜冻地区，一年四季均可采用播种育苗，温度以 20~30℃为宜，高温季节需采用遮阴等方式降温。可用无土基质播种于穴盘，也可播种于苗床，待苗长至约 10cm，有 5~6 片叶时即可移栽大田。采用穴盘育苗，使用专用无土基质，浇透水，每穴播约 3 粒种子，覆盖基质 0.5cm 厚，保持基质湿润，3 天左右即可出芽。采用苗床育苗，可直接撒播，覆土 0.5cm 厚，保持苗床湿润，可搭拱棚并覆盖薄膜，既可保温保湿，又可满足光照，温度过高时需进行通风。移栽前撤掉薄膜炼苗约 7 天即可。二是扦插育苗。一般在夏季进行扦插，使用保水透气性好的基质，浇透水后扦插。截取约 10cm 长，带 4~5 片叶的枝条，去掉下部叶片，顶部保留 1~2 片叶，扦插深度为 3~4cm。扦插后保持基质湿润并遮阴，2~3 周后即可生根。选择平坦、肥沃疏松、排水良好的土地，施蘑菇土或充分腐熟的有机肥 15kg/hm² 作为基肥，深翻土壤，整平耙细，并做宽 90cm、高 20cm 的畦，畦间保留约 30cm 宽的排水沟以利排水和灌溉。移栽时尽量减少根系损伤，按 35cm×40cm 株行距种植，浇足定根水，缓苗后定期浇水保持土壤湿润，约 7 天成活。在生长前期及时进行中耕除草，当植株长至 20cm 高时摘心，侧枝萌发至 10cm 左右时即可采摘，并保留侧枝有 1 对叶片，使植株呈半球形。每次采摘后及时浇水追肥，施复合肥 750kg/hm² 或施有机肥 1500kg/hm²。当植株长至 20~30 cm 时即可陆续采收嫩梢和嫩叶，全年可多次采收，生长旺期每 7 天可采收 1 次，采收后及时出售。

六十、茄科

255.【黑果枸杞】

分类地位：茄科 枸杞属

蒙名：哈日 — 侵娃音 — 哈日莫格
别名：苏枸杞、黑枸杞
学名：*Lycium ruthenicum* Murr.

形态特征：多棘刺灌木，高 20~60cm，多分枝；分枝斜生或横卧于地面，白色或灰白色，常成"之"字形曲折，有不规则的纵条纹，小枝顶端渐尖成棘刺状，节间短，每节有短棘刺。叶 2~6 枚簇生于短枝上 (幼枝上则为单叶互生)，肉质肥厚，条形、条状披针形或条状倒披针形，先端钝圆，基部渐狭，两侧有时稍向下卷，中脉不明显；近无柄。花 1~2 朵生于短枝上；花萼狭钟状，不规则 2~4 浅裂，裂片膜质，边缘有稀疏缘毛；花冠漏斗状，浅紫色，筒部向檐部稍扩大，先端 5 浅裂，裂片矩圆状卵形，长为筒部的 1/2~1/3，无缘毛；雄蕊稍伸出花冠，着生于花冠筒中部。浆果紫黑色，球形，有时顶端稍凹陷。花期 6~7 月。2n=24。

生境：耐盐中生灌木。常生于盐化低地、沙地或路旁、村舍。见于乌兰察布 (西部)、阿拉善等地。

产地：产巴彦淖尔市、阿拉善盟 (阿拉善右旗、额济纳旗)。分布于我国陕西北部、宁夏、甘肃、青海、新疆和西藏等省区，俄罗斯和欧洲也有。

用途：可作为野生绿篱资源。

栽培管理要点：直播种子在室内 20℃ 条件下催芽处理。播种时间为 4 月初，播种时，开浅沟条播，种子撒入沟内，覆土厚 2~3cm，轻踏后浇水。扦插育苗选择母树树冠中上部无破皮、无虫害一年生中间枝和徒长枝，枝条粗度 0.4~0.8cm，截成 15~20cm 长的插条，每段插条要具有 3~5 个芽，上端切成平口，下端剪切成斜口将插条下端浸入水中 5cm，浸泡时间约 24 小时，至插条顶端髓心湿润为宜。扦插于 4 月中下旬萌发前或秋季进行。按 40cm 行距开沟，沟深 10~20cm，将插条按 6~10 cm 株距摆在沟壁一侧，填土踏实，插条上端露出地面约 1cm（留 1~2 个节），保持土壤湿润。采用冬季移植方法，11 月初幼苗高 20~30cm、根径扎土深 40~50cm 时进行移植。按行距 1.8m、株距 1.2m 的间隔种植，每穴施入少量腐熟有机肥与表土混匀，剪短过长的根。浇水、施肥、清除杂草等按要求进行。5~8 月中耕除草 4 次，于每次灌水后结合松土进行施肥、中耕除草，深度 8~10cm。苗高 20cm 以上时，选一健壮枝做主干，将其余萌生的枝条剪除。苗高 40cm 以上时，将主干进行摘心。休眠期修剪主要是剪除冠顶、膛内、主干、根茎、植株着生的无用徒长枝及结果枝组上过密的细弱枝、老结果枝和冠层病、虫、残枝。病虫害防治可清除病花、病果，用退菌特或代森锰锌喷雾防治。蚜虫可用 40% 乐果 1000 倍液喷雾防治。

256.【宁夏枸杞】

分类地位：茄科 枸杞属

蒙名：宁夏音 — 侵娃音 — 哈日莫格
别名：山枸杞、白疙针
学名：*Lycium barbarum* L.

形态特征：粗壮灌木，高可达 2.5~3m。分枝较密，披散或略斜生，有生叶和花的长刺及不生叶的短而细的棘刺。具纵棱纹，灰白色或灰黄色。单叶互生或数片簇生于短枝上，长椭圆状披针形、卵状矩圆形或披针形，先端短，渐尖或锐尖，基部楔形并下延成叶柄，全缘。花腋生，常 1~2(6) 朵簇生于短枝上；花萼杯状，先端通常 2 中裂，有时其中 1 裂片再微 2 齿裂；花冠漏斗状，花冠筒明显长于裂片，中部以下稍窄狭，粉红色或淡紫红色，具暗紫色条纹，先端 5 裂，裂片无缘毛；花丝基部稍上处及花冠筒内壁密生一圈绒毛。浆果宽椭圆形，红色。花期 6~8 月，果期 7~10 月。2n=24, 36。

生境：中生灌木。生于河岸、山地、灌溉农田的地埂或水渠旁。内蒙古西部地区已广为栽培，品质优良。见于乌兰察布（南半部）、阴南丘陵、鄂尔多斯、阿拉善、贺兰山等地。

产地：产包头市（达尔罕茂名安联合旗），鄂尔多斯市（准格尔旗、鄂托克旗），阿拉善盟（阿拉善右旗、阿拉善左旗贺兰山、额济纳旗），呼和浩特市（托克托县）。分布于我国河北、山西、陕西等省的北部及宁夏、甘肃、新疆、青海等省区，中亚、欧洲也有。

用途：果实为保健品，可食亦可茶饮及烹饪。果实也入药（药材名：枸杞子），能滋补肝肾、

益精明目，主治目晕、眩晕、耳鸣、腰膝酸软、糖尿病；蒙医也用（蒙药名：旁米巴勒），能活血、散瘀，主治乳腺炎、血痞、心热、阵热、血盛。根皮入药。（药材名：地骨皮），能清虚热、凉血，主治阴虚潮热、盗汗、心烦、口渴、咳嗽、咯血。

　　栽培管理要点: 栽培地选择含盐量 0.5% 以下，有机质含量高的沙壤或轻壤土。播种前一年秋季每公顷施有机肥料 75000kg、碳铵 750kg，深翻，灌好冬水。翌年 5 月上旬开始播种，采用条播，行距 35~45cm，开沟深 2~3cm，沟宽 5cm，每公顷播种量 67.5~78kg，播种后覆土 2cm 左右，轻轻耙平，然后覆盖 0.5~1cm 的消毒麦草保墒。播种育苗后一般在 9~15 天出苗，在生长季节的 6~8 月份要掌握天气及土壤湿度，小水漫灌 3~5 次，干旱荒漠区需灌水 4~6 次。结合灌水，于 6~7 月份追施尿素 2 次，每次每公顷施 112kg，并松土除草 3~4 次。5 月中旬进行第一次病虫害防治，施用 2.5% 的敌杀死 6000 倍加 40% 溴螨酯 4000 倍混剂喷雾。根据虫情一般在整个发育期防治 4~6 次。

257.【枸杞】

分类地位：茄科 枸杞属

蒙名：侵娃音 — 哈日莫格
别名：枸杞子、狗奶子
学名：*Lycium chinensis* Mill.

形态特征: 灌木，高达1m余，多分枝，枝细长柔弱，常弯曲下垂，具棘刺，淡灰色，有纵条纹。单叶互生或于枝下部数叶簇生，卵状狭菱形至卵状披针形、卵形、长椭圆形，先端锐尖，基部楔形，全缘，两面均无毛；花常1~2(5)朵簇生于叶腋；花萼钟状，先端3~5裂，裂片多少有缘毛；花冠漏斗状，紫色，先端5裂，裂片向外平展，与管部几等长或稍长，边缘具密的缘毛，基部更显著；雄蕊花丝长短不一，稍短于花冠，基部密生一圈白色绒毛。浆果卵形或矩圆形，深红色或橘红色。花期7~8月，果期8~9月。2n=24。

生境: 中生植物。生于路旁、村舍、田埂及山地丘陵的灌丛中。见于科尔沁西部。

产地: 产赤峰市（巴林左旗），兴安盟（科尔沁右翼中旗）。广布于全国各省区，亚洲东部地区及欧洲也有。

用途: 药用果实、根皮，功效与宁夏枸杞同。

栽培管理要点: 选择肥沃、地势高燥、排水良好的沙壤土，怕积水。施有机肥5000kg，二铵15kg，深松土30cm与肥料拌匀。六七月份开沟播种，播种量200~300g/亩，播前用多菌灵等农药拌种，以防立枯病，播种后盖1.5cm土，保持土壤湿润。扦插，选择成熟无病害的枝条，剪成10cm长，浸入清水中备用，以20cm×8cm株行距，将枝条插入膜下1/2，地上露二节，出苗后只留1个壮芽（如播种最好以40℃水浸种24小时之后再播）。栽植后要对幼树进行整形，在距地面40~50cm处留4~5个壮枝，其余剪掉。当新枝长至30cm时，剪留20cm，待侧枝长至30cm时，再剪留20cm，这样基本骨架就已形成。成树修剪要经常疏除扫地枝、病弱枝、交叉枝。病虫害防治要清除病花、病果，用代森锰锌或退菌特喷洒防治；蚜虫防治用40%乐果1000倍喷杀。

258.【天仙子】

分类地位：茄科 天仙子属

蒙名：特讷格 — 额布斯

别名：山烟子、薰牙子

学名：*Hyoscyamus niger* L.

形态特征：一或二年生草本，高 30~80cm，具纺锤状粗壮肉质根，全株密生粘性腺毛及柔毛，有臭味。叶在茎基部丛生呈莲座状；茎生叶互生，长卵形或三角状卵形，先端渐尖，基部宽楔形。无柄而半抱茎，或为楔形向下狭细呈长柄状，边缘羽状深裂或浅裂，或为疏牙齿状，裂片呈三角状。花在茎中部单生于叶腋，在茎顶聚集成蝎尾式总状花序，偏于一侧。花萼筒状钟形，密被细腺毛及长柔毛，先端 5 浅裂，裂片大小不等，先端锐尖，具小芒尖，果时增大成壶状，基部圆形与果贴近；花冠钟状，土黄色，有紫色网纹，先端 5 浅裂；子房近球形。蒴果卵球状，中部稍上处龟裂，藏于宿萼内；种子小，扁平，淡黄棕色，具小疣状突起。花期 6~8 月，果期 8~10 月。2n=34。

生境： 中生杂草。生于村舍、路边及田野。见于全区各地。

产地： 产全区各地。分布于我国北部和西南部，印度、蒙古、俄罗斯及欧洲也有。

用途： 种子油供制肥皂、油漆。种子入药（药材名：莨菪子，也称天仙子），能解痉、止痛、安神，主治胃痉挛、喘咳、癫狂。莨菪子也作蒙药用（蒙药名：莨菪），疗效相同。莨菪叶可作提制莨菪碱的原料。

栽培管理要点： 栽培地选择土层深厚、疏松肥沃、排水良好的中性及微碱性沙质壤土栽培为宜。忌连作，不宜以西红柿等茄科植物为前作。北方播种时间为3月至4月中旬，长江流域可秋播或春播，以秋播为主。条播或穴播。条播：行距30~40cm。穴播：穴距30cm×30cm或40cm×40cm，每穴播种10颗左右，每亩播种量2~3kg。秋播者中耕除草3次。第1次在当年11~12月，第2次于翌年2~3月，第3次在4月。春播者在4月上中旬、5月下旬、6月上旬各中耕1次。中耕宜浅，每穴中耕后追肥1次，以氮肥为主，先淡后浓，先少后多。4月上旬及5月上旬花果期再用2%的磷酸钙溶液根外追肥2次，可提高种子产量。虫害有红蜘蛛，春季发生，可用化学药剂防治。

259.【龙葵】

分类地位：茄科 茄属

蒙名：闹害音 — 乌吉马

别名：天茄子

学名：*Solanum nigrum* L.

形态特征： 一年生草本，高 0.2~1m。茎直立，多分枝。叶卵形，有不规则的波状粗齿或全缘，两面光滑或有疏短柔毛。花序短蝎尾状，腋外生，下垂，有花 4~10 朵；花萼杯状；花冠白色，辐状，裂片卵状三角形；子房卵形，花柱中部以下有白色绒毛。浆果球形，熟时黑色，种子近卵形，压扁状。花期 7~9 月，果期 8~10 月。2n=24，36，48，72，96，144。

生境： 中生杂草。生于路旁、村边、水沟边。见于阴山、阴南丘陵、鄂尔多斯等地。

产地： 产乌兰察布市、鄂尔多斯市、呼和浩特市、包头市。我国各地均有分布，广布于世界温带和热带地区。

用途： 为野生观赏资源。全草药用，能清热解毒、利尿、止血、止咳，主治疮疖肿毒、气管炎、癌肿、膀胱炎、小便不利、痢疾、咽喉肿痛。

栽培管理要点：栽培方式采用保护地栽培，在晚秋、冬季、早春等不良季节，可利用薄膜日光温室及塑料大棚栽培龙葵。育苗移栽选用育苗床、育苗盘或木箱及其他容器育苗。施入腐熟的有机肥作基肥，每1000m^{2}施1t。苗床育苗时将龙葵种子均匀撒播在苗床内，然后盖一层细土，2天浇1次水，保持湿润（龙葵不耐干旱，整个生长期中要保证水的供应）。室温20~25℃，一般7~8天出苗，幼苗长至4~5片真叶时，进行栽植。移栽后浇水，室温保持在20~28℃之间，最高不能超过30℃。用种子直接播种，每穴深2cm，放3~5粒种子，穴距30cm，出苗后间苗，长的过高时，掐尖去杈，结果率也很高。出苗后留单株，行距和株距与育苗移栽相同。如发生蚜虫和二十八星瓢虫虫害时用敌杀死2500~3000倍液喷洒灭虫。

260.【青杞】

分类地位：茄科 茄属

蒙名：烘 — 和日烟 — 尼都
别名：草枸杞、野枸杞、红葵
学名：*Solanum septemlobum* Bunge

形态特征：多年生草本，高 20~50cm。茎有棱，直立，多分枝，被白色弯曲的短柔毛至近无毛。叶卵形，通常不整齐羽状深裂，裂片宽条形或披针形，先端尖，两面均疏被短柔毛，叶脉及边缘毛较密。二歧聚伞花序顶生或腋生；花萼小，杯状，外面有疏柔毛，裂片三角形，花冠蓝紫色，裂片矩圆形；子房卵形，浆果近球状，熟时红色；种子扁圆形。花期 7~8 月，果期 8~9 月。

生境：中生杂类草。生于路旁、林下及水边。见于全区各地。

产地：产全区各地。分布于东北、华北、西北以及山东、安徽、江苏、河南、四川等省，蒙古、俄罗斯也有。

用途：具绿篱功能。地上部分药用，可清热解毒，主治咽喉肿痛。

栽培管理要点：尚无人工引种驯化栽培。

261.【曼陀罗】

分类地位：茄科 曼陀罗属

蒙名：满得乐特 — 其其格

别名：耗子阎王

学名：*Datura stramonium* L.

形态特征：一年生草本。高 1~2m。茎粗壮，平滑，上部呈二歧分枝，下部木质化。单叶互生，宽卵形，先端渐尖，基部不对称楔形，边缘有不规则波状浅裂，裂片先端短尖，有时呈不相等的疏齿状浅裂，两面脉上及边缘均有疏生短柔毛；花单生于茎枝分叉处或叶腋，直立；花萼筒状，有 5 棱角；花冠漏斗状，花冠管具 5 棱，下部淡绿色，上部白色或紫色，5 裂，裂片先端具短尖头；雄蕊不伸出花冠管外，雌蕊与雄蕊等长或稍长。蒴果直立，卵形，表面具有不等长的坚硬针刺，通常上部者较长，或有时仅粗糙而无针刺，成熟时自顶端向下作规则的 4 瓣裂，基部具五角形膨大的宿存萼，向下反卷；种子近卵圆形而稍扁。花期 7~9 月，果期 8~10 月。2n=24，48。

生境：高大的中生杂草。野生于路旁、住宅旁以及撂荒地上。见于科尔沁、赤峰丘陵、阴南丘陵等地。

产地：产兴安盟 (科尔沁右翼中旗)，通辽市，赤峰市以及大青山以南地区。分布于我国各地，广布于全世界温带至热带地区。

用途：花入药，疗效与洋金花同。

栽培管理要点：栽培地选择富含有机质和石灰质的土壤，施入腐熟的农家肥 2500kg/ 亩，起垄待播。采用种子繁育，播种时间为 3 月下旬至 4 月上旬，温度在 20℃ 以上就可以播种。按株行距 0.66m×0.66m 开穴，穴深 12cm，每穴 4~5 粒，每亩用种 150g，播后轻覆土。在气温达 15℃ 时，经 2~3 周，即可发芽出苗。在幼苗出土后，要松土、平穴，3~4 叶可间苗 1 次，5~6 叶可定苗、间苗，定苗后需锄杂草 3~4 次。每穴保留 1 健壮植株，及时培土，以防倒伏。做好病虫害防治措施。

六十一、玄参科

262.【柳穿鱼（亚种）】

分类地位：玄参科 柳穿鱼属

蒙名：好宁 — 扎吉鲁希

学名：*Linaria vulgaris* Mill. subsp. *Sinensis* (Bebeaux) Hong.

形态特征：多年生草本。主根细长，黄白色。茎直立，单一或有分枝，高 l5~50cm，无毛。叶多互生，部分轮生，少全部轮生，条形至披针状条形，先端渐尖或锐尖，基部楔形，全缘，无毛，具1条脉，极少3脉。总状花序顶生，花多数，花序轴、花梗、花萼无毛或有少量短腺毛；苞片披针形；花萼裂片5，披针形，少卵状披针形；花冠黄色，距长7~10mm；距向外方略上弯呈弧曲状，末端细尖，上唇直立，2裂，下唇先端平展，3裂，在喉部向上隆起，檐部呈假面状，喉部密被毛。蒴果卵球形；种子黑色，圆盘状。具膜质翅，中央具瘤状凸起。花期7~8月，果期8~9月。

生境：旱中生植物。生于山地草甸、沙地及路边。见于大兴安岭、呼锡高原、赤峰丘陵、科尔沁、阴山、阴南丘陵等地。

产地：产呼伦贝尔市（额尔古纳市、陈巴尔虎旗、牙克石市、鄂温克族自治旗），兴安盟（科尔沁右翼前旗、扎赉特旗），通辽市（扎鲁特旗），赤峰市（克什克腾旗、阿鲁科尔沁旗、巴林左旗和右旗、翁牛特旗、敖汉旗、宁城县），锡林郭勒盟（东和西乌珠穆沁旗、锡林浩特市、多伦县、太仆寺旗），乌兰察布市（卓资县），呼和浩特市（大青山），包头市（九峰山），巴彦淖尔市（乌拉特前旗乌拉山），鄂尔多斯市（达拉特旗、准格尔旗、鄂托克旗）。分布于我国东北、华北及山东、河南、江苏北部、陕西、甘肃东北部。

用途：花美丽，可供观赏。全草入药，蒙药用（蒙药名：好宁—扎吉鲁希），能清热解毒、消肿、利胆退黄，主治瘟疫、黄疸、烫伤、伏热等。

栽培管理要点：栽培地选择高燥、阳光充足、土层深厚、土质松软、排水通畅的平地。5月下旬，待达到最低气温10℃以上时，可进行露地栽培。采用条播，浸种8小时后播种，覆土0.5cm，用喷雾法浇透，以后湿度保持在85%左右。肥料对多枝柳穿鱼来说，虽并不十分重要，但是要使植株生长得快，株型粗壮，就必须增大施肥量，可在生长期中每月施1次液肥，氮、磷、钾按2：2：1比例，花芽分化期阶段则要增加磷、钾的比例。

263.【地黄】

分类地位：玄参科 地黄属

蒙名：呼如古伯亲 — 其其格

学名：*Rehmannia glutinosa* (Gaert.) Libosch. ex Fisch.et Mey.

形态特征： 多年生草本，全株密被白色或淡紫褐色长柔毛及腺毛。根状茎先直下然后横走，细长条状，弯曲。茎单一或基部分生数枝，高 10~30cm，紫红色，茎上很少有叶片。叶通常基生，呈莲座状，叶片倒卵形至长椭圆形，先端钝，基部渐狭成长叶柄，边缘具不整齐的钝齿至牙齿，叶面多皱，上面绿色，下面通常淡紫色，被白色长柔毛和腺毛。总状花序顶生；苞片叶状，比叶小得多，比花梗长；花多下垂；花萼钟状或坛状，萼齿 5，矩圆状披针形、卵状披针形或三角形，花冠筒状而微弯，外面紫红色，内里黄色有紫斑，两面均被长柔毛，下部渐狭，顶部 2 唇形，上唇 2 裂反折，下唇 3 裂片伸直，顶端钝或微凹；雄蕊着生于花冠筒的近基部；柱头 2 裂。蒴果卵形，被短毛，先端具喙，室背开裂；种子多数，卵形、卵球形或矩圆形，黑褐色，表面具蜂窝状膜质网眼。花期 5~6 月，果期 7 月。2n=56。

生境： 旱中生杂类草。生于山地坡麓及路边。见于燕山北部、阴山、阴南丘陵、贺兰山等地。

产地： 产赤峰市（喀喇沁旗、宁城县、敖汉旗大黑山），呼和浩特市（大青山），包头市（大青山、乌拉山），巴彦淖尔市（狼山），鄂尔多斯市（准格尔旗），阿拉善盟（阿拉善左旗）。分布于我国辽宁、陕西、甘肃、宁夏、山东、河南、江苏、湖北等地。

用途： 花美观，可供观赏。根状茎入药（药材名：地黄），鲜地黄能清热、生津、凉血，主治高热烦渴、咽喉肿痛、吐血、尿血、衄血；生地黄能清热、生津、润燥、凉血、止血，主治阴虚发热、津伤口渴、咽喉肿痛、血热吐血、衄血、便血、尿血、便秘；熟地黄能滋阴补肾、补血调经，主治肾虚、头晕耳鸣、腰膝酸软、潮热、盗汗、遗精、功能性子宫出血、消渴。

栽培管理要点： 选择土壤肥沃、排水良好、向阳的中性沙壤土，于冬前深翻 25~30cm，施入充分腐熟的优质圈肥 3500~4500kg/ 亩，过磷酸钙 25kg，翻入土中作基肥。种子繁殖时，地温应在 10℃以上播种，按行距 15~20cm 开沟，沟深 1~2cm，覆土 1cm 左右。苗高 3~4 cm 及时间苗，每穴留 1~2 棵。出苗后至封垄前应经常松土锄草。幼苗期浅松土两次，第一次结合间苗锄草进行浅中耕，勿要松动根茎处；第二次，苗高 6~10cm 时可稍深些，茎叶封垄后，只锄草不中耕。齐苗后到封垄前追肥 1~2 次。前期以氮肥为主，保证旺盛生长，有机肥 2000~2500kg/ 亩或尿素 10~15kg/ 亩，后期根茎处于旺盛生长期，以磷、钾肥为主，少施氮肥。磷酸二氢钾和硫酸钾 15~20 kg/ 亩，尿素 5~10kg/ 亩。结合施肥进行灌水，做好病虫害防治。

264.【草本威灵仙】

分类地位：玄参科 腹水草属

蒙名：扫宝日嘎拉吉
别名：轮叶婆婆纳、斩龙剑
学名：*Veronicastrum sibiricum* (L.) Pennell.

形态特征： 多年生草本，全株疏被柔毛或近无毛。根状茎横走。茎直立，单一，不分枝，高 1m 左右，圆柱形。叶 (3) 4~6 (9) 枚轮生，叶片矩圆状披针形至披针形或倒披针形，先端渐尖，基部楔形，边缘具锐锯齿，无柄。花序顶生，呈长圆锥状；苞片条状披针形，萼近等长；花萼 5 深裂，裂片不等长，披针形或钻状披针形；花冠红紫色，筒状，筒部长占花冠长的 2/3~3/4，上部 4 裂，裂片卵状披针形，花冠外面无毛，内面被柔毛；雄蕊及花柱明显伸出花冠之外。蒴果卵形，花柱宿存；种子矩圆形，棕褐色。花期 6~7 月，果期 8 月。2n=34，68。

生境： 中生植物。生于山地阔叶林林下、林缘、草甸及灌丛中。见于大兴安岭、呼锡高原、科尔沁、赤峰丘陵、燕山北部、阴山等地。

产地： 产呼伦贝尔市（根河市、额尔古纳市、牙克石市、莫力达瓦达斡尔族自治旗、陈巴尔虎旗、鄂温克族自治旗、新巴尔虎左旗、扎兰屯市），兴安盟（科尔沁右翼前旗），通辽市（扎鲁特旗），赤峰市（克什克腾旗、阿鲁科尔沁旗、巴林右旗、敖汉旗、喀喇沁旗），锡林郭勒盟（东和西乌珠穆沁旗、锡林浩特市），乌兰察布市（兴和县苏木山、凉城县蛮汉山），呼和浩特市（大青山），包头市（乌拉山）。分布于我国东北、华北及甘肃、陕西、山东，朝鲜、日本、俄罗斯也有。

用途： 可作为野生观赏资源。全草入药，能祛风除湿、解毒消肿、止痛止血，主治风湿性腰腿疼、膀胱炎，外用治创伤出血。

栽培管理要点：栽培地选择土层深厚、排水良好、疏松肥沃的山地或平地黑壤土或沙质壤土为宜，平地前茬最好未使用过阿特拉津等持效期长的除草剂的地块。亩施腐熟农家肥 2000~3200kg，硫酸钾型复合肥 15kg，五氯硝基苯 1kg，深翻 20~25cm。秋播自采收后至结冻前都可以，春播于 4 月上中旬至 6 月初进行，条播和撒播，播种量每亩 7kg 种子，覆土 1.5cm 厚。出苗前用草甘膦喷雾除草，小苗长到 4 叶期进行间苗或者移栽，亩栽苗 9000~11000 株左右，株行距为 25cm×25cm，栽后浇透水。第二次间苗在 6 叶期，保持每亩在 10000 株左右。出芽后中耕除草，在多雨的夏季喷两次多菌灵或者代森锰锌预防病害，如有虫害喷菊酯类无残留的药物防治。在 5 月中旬追施一次磷酸二铵，以每亩地 10kg 左右为宜，进入雨季追施一遍磷钾肥，视土地肥沃程度，以每亩地施 8~12kg 左右为宜。留种田，在植株现蕾期将花蕾全部摘除，以减少养分的消耗，促进根系的膨大生长，提高产量。

265.【细叶婆婆纳】

分类地位：玄参科 婆婆纳属

蒙名：那林 — 侵达干

学名：*Veronica linariifolia* Pall.ex Link.

形态特征：多年生草本。根状茎粗短，具多数须根。茎直立，单生或自基部抽出数条丛生，上部常不分枝，高 30~80cm，圆柱形，被白色短曲柔毛。叶在下部的常对生，中、上部的多互生，条形或倒披针状条形，先端钝尖、急尖或渐尖，基部渐狭成短柄或无柄，中部以下全缘，上部边缘具锯齿或疏齿，两面无毛或被短毛。总状花序单生或复出，细长，长尾状，先端细尖；苞片细条形，短于花，被短毛；花萼筒 4 深裂，裂片卵状披针形至披针形，有睫毛；花冠蓝色或蓝紫色，4 裂，筒部长约为花冠长的 1/3，喉部有毛，裂片宽度不等，后方 1 枚较大，圆形，其余 3 枚较小，卵形；雄蕊花丝无毛，明显伸出花冠；花柱细长，柱头头状。蒴果卵球形，稍扁，顶端微凹。花柱与花萼宿存；种子卵形，棕褐色。花期 7~8 月，果期 8~9 月。2n= 34。

生境：旱中生植物。生于山坡草地、灌丛间。见于大兴安岭、呼锡高原、科尔沁、辽河平原、赤峰丘陵、燕山北部、阴山等地。

产地：产呼伦贝尔市（额尔古纳市、牙克石市、莫力达瓦达斡尔族自治旗、陈巴尔虎旗、海拉尔区、鄂温克族自治旗、新巴尔虎左旗），兴安盟（扎赉特旗、科尔沁右翼前旗），通辽市（扎鲁特旗），赤峰市（克什克腾旗、林西县、喀喇沁旗），锡林郭勒盟（西乌珠穆沁旗、锡林浩特市），乌兰察布市（兴和县苏木山、凉城县蛮汉山、卓资县），呼和浩特市（大青山），包头市（九峰山、五当召、乌拉山），鄂尔多斯市（准格尔旗）。分布于我国东北，朝鲜、日本、蒙古、俄罗斯也有。

用途：可作为野生观赏资源。全草入药，能祛风湿、解毒止痛，主治风湿性关节痛。

栽培管理要点：尚无人工引种驯化栽培。

266.【白婆婆纳】

分类地位：玄参科 婆婆纳属

蒙名：查干 — 侵达干

学名：*Veronica incana* L.

形态特征：多年生草本，全株密被白色毡状绵毛而呈灰白色。根状茎细长，斜走，具须根。茎直立，高 10~40cm，单一或自基部抽出数条丛生，上部不分枝。叶对生，上部的互生；下部叶较密集，叶片椭圆状披针形，具 1~3cm 的叶柄；中部及上部叶较稀疏，窄而小，常宽条形，无柄或具短柄；全部叶先端钝或尖，基部楔形，全缘或微具圆齿，上面灰绿色，下面灰白色。总状花序，单一，少复出，细长；苞片条状披针形，短于花；花萼 4 深裂，裂片披针形；花冠蓝色，少白色，4 裂，筒部长约为花的 1/3，喉部有毛，后方 1 枚较大，卵圆形，其余 3 枚较小，卵形；雄蕊伸出花冠；花柱细长，柱头头状。蒴果卵球形，顶端凹，密被短毛；种子卵圆形，扁平，棕褐色。花期 7~8 月，果期 9 月。2n=68。

生境：中旱生植物。生于草原带的山地、固定沙地，为草原群落的一般常见伴生种。见于大兴安岭、呼锡高原等地。

产地：产呼伦贝尔市（陈巴尔虎旗、鄂温克族自治旗、海拉尔区、新巴尔虎左旗），兴安盟（科尔沁右翼前旗），赤峰市（克什克腾旗、巴林左旗），锡林郭勒盟（东和西乌珠穆沁旗、锡林浩特市）。分布于我国东北、华北，朝鲜、日本、蒙古、俄罗斯及欧洲也有。

用途：可作为野生观赏资源。全草入药，能消肿止血，外用主治痈疖红肿。

栽培管理要点：尚无人工引种驯化栽培。

267.【大婆婆纳】

分类地位：玄参科 婆婆纳属

蒙名：兴安一侵达干

学名：*Veronica dahurica* Stev.

形态特征： 多年生草本，全株密被柔毛，有时混生腺毛。根状茎粗短，具多数须根。茎直立，单一，有时自基部抽出 2~3 条，上部通常不分枝，高 30~70cm。叶对生，三角状卵形或三角状披针形，先端钝尖或锐尖，基部心形或浅心形至楔形，边缘具深刻而钝的锯齿或牙齿，下部常羽裂，裂片有齿。总状花序顶生，细长，单生或复出；苞片条状披针形；花萼 4 深裂，裂片披针形，疏生腺毛；花冠白色，4 裂，筒部长不到花冠长之半，喉部有毛，裂片椭圆形至狭卵形，后方 1 枚较宽；雄蕊伸出花冠。蒴果卵球形，稍扁，顶端凹，宿存花萼与花柱；种子卵圆形，淡黄褐色，半透明状。花期 7~8 月，果期 9 月。2n=32。

生境： 中生植物。生于山坡、沟谷、岩隙、沙丘低地的草甸以及路边。见于大兴安岭、呼锡高原、科尔沁、赤峰丘陵、阴山等地。

产地： 产呼伦贝尔市（根河市、额尔古纳市、牙克石市、陈巴尔虎旗、海拉尔区、鄂温克族自治旗、新巴尔虎左旗），兴安盟（科尔沁右翼前旗），通辽市（扎鲁特旗），赤峰市（克什克腾旗、巴林右旗、翁牛特旗、敖汉旗），锡林郭勒盟（东和西乌珠穆沁旗、锡林浩特市、太仆寺旗），呼和浩特市（大青山）。分布于我国东北、华北及河南；朝鲜、日本、蒙古、俄罗斯也有。

用途： 可作为野生观赏资源。

栽培管理要点： 尚无人工引种驯化栽培。

268.【鼻花】

分类地位：玄参科 鼻花属

蒙名：哈木日苏 — 其其格

学名：*Rhinanthus glaber* Lam.

形态特征：一年生直立草本。茎高 30~65cm，具 4 棱，有 4 列柔毛或近无毛，分枝靠近主轴。叶对生，无柄，条状披针形，上面密被短硬毛，下面沿网脉生斑状突起且疏被短硬毛，叶缘具三角状锯齿，齿尖向上，齿缘呈胼胝质加厚，且被短硬毛。总状花序顶生；苞片叶状而比叶宽，齿尖而长；花萼侧扁，果期膨胀而呈囊泡状，萼齿 4，狭三角形；花冠黄色，外面被短腺毛或柔毛，上唇顶端的 2 短喙紫色，下唇紧靠上唇，3 裂；雄蕊 4，着生于花冠筒上部，花药靠拢。蒴果扁圆形，藏于宿存的萼内；种子近肾形，扁平，边缘有宽约 0.5mm 的翅。花果期 7~8 月。

生境：中生植物。生于林缘草甸。见于大兴安岭北部。

产地：产呼伦贝尔市（牙克石市）。分布于我国东北及新疆，欧洲和西伯利亚也有。

用途：花器别致美观，可作为野生观赏资源。

栽培管理要点：尚无人工引种驯化栽培。

269.【秀丽马先蒿】

分类地位：玄参科 马先蒿属

蒙名：高娃 — 好宁 — 额伯日 — 其其格
别名：黑水马先蒿
学名：*Pedicularis venusta* Schangan ex Bunge

形态特征：多年生草本。根茎短缩，具数条纤维根。茎直立，单条或自基部抽出数条，每茎不分枝，被卷毛，高15~55cm。基生叶丛生，具长柄，被卷毛，叶片轮廓披针形或条状披针形，羽状全裂，轴有狭翅，裂片羽状深裂，有的第二回深裂不明显，小裂片具胼胝质牙齿，上面无毛，下面近无毛或沿脉有卷毛；茎生叶与基生叶相似，互生，向上渐小，下部者有短柄。花序穗状，顶生，被长柔毛或近无毛；苞片约与萼等长，下部者与上叶相似，中部和上部者羽状3~5浅裂，中裂片长，有胼胝质锯齿或全缘；花萼钟形，萼齿5，宽三角形；花冠黄色，管伸直，稍向前倾斜，上部镰状弓曲，盔端具2齿，下唇比盔短，3浅裂，中裂片卵圆形；较侧裂片小；雄蕊花丝1对有毛。蒴果歪卵形，顶端具凸尖，含种子20余粒；种子卵形，黑褐色，表面具网状孔纹。花期6~7月，果期7~8月。2n=16。

生境：中生植物。生于河滩草甸、沟谷草甸及草甸草原，有时可形成五花草圹的季相种。见于大兴安岭东北部、呼锡高原等地。

产地：产呼伦贝尔市（额尔古纳市、鄂伦春自治旗、鄂温克族自治旗、新巴尔虎左旗），锡林郭勒盟（锡林浩特市东南部、太仆寺旗）。分布于我国新疆阿尔泰山及东北黑龙江流域，俄罗斯、蒙古也有。

用途：可作为野生观赏资源。

栽培管理要点：尚无人工引种驯化栽培。

270.【红纹马先蒿】

分类地位：玄参科 马先蒿属

蒙名：乌兰 — 扫达拉特 — 好宁 —
额伯日 — 其其格

别名：细叶马先蒿

学名：*Pedicularis striata* Pall.

形态特征： 多年生草本，干后不变黑。根粗壮，多分枝。茎直立，高 20~80cm，单出或于基部抽出数枝，密被短卷毛。基生叶成丛而柄较长，至开花时多枯落，茎生叶互生，向上柄渐短；叶片轮廓披针形，羽状全裂或深裂，叶轴有翅，裂片条形，边缘具胼胝质浅齿，上面疏被柔毛或近无毛，下面无毛。花序穗状，轴密被短毛，苞片披针形，下部者多少叶状而有齿，上部者全缘而短于花，通常无毛；花萼钟状，薄革质，疏被毛或近无毛，萼齿 5，不等大，后方 1 枚较短，侧生者两两结合成端有 2 裂的大齿，缘具卷毛；花冠黄色，具绛红色脉纹，盔镰状弯曲，端部下缘具 2 齿，下唇 3 浅裂，稍短于盔，侧裂片斜肾形，中裂片肾形，宽过于长，叠置于侧裂片之下；花丝 1 对被毛。蒴果卵圆形，具短凸尖，约含种子 16 粒；种子矩圆形，扁平，具网状孔纹，灰黑褐色。花期 6~7 月，果期 8 月。

生境： 中生植物。生于山地草甸草原、林缘草甸或疏林中。见于大兴安岭、呼锡高原、科尔沁、燕山北部、赤峰丘陵、阴山、贺兰山等地。

产地： 产呼伦贝尔市（额尔古纳市、牙克石市、陈巴尔虎旗、海拉尔区、鄂温克族自治旗、新巴尔虎左旗和右旗、扎兰屯市），兴安盟（扎赉特旗、科尔沁右翼前旗），通辽市（扎鲁特旗），赤峰市（阿鲁科尔沁旗、巴林左旗和右旗、翁牛特旗、克什克腾旗、红山区、喀喇沁旗、宁城县、敖汉旗），锡林郭勒盟（东和西乌珠穆沁旗、锡林浩特市、太仆寺旗），乌兰察布市（兴和县、凉城县、卓资县），呼和浩特市（大青山），包头市（乌拉山），阿拉善盟（阿拉善左旗）。分布于我国北方诸省区，蒙古、俄罗斯也有。

用途： 可作为野生观赏资源。全草作蒙药用（蒙药名：芦格鲁色日步），能利水涩精，主治水肿、遗精、耳鸣、口干舌燥、痈肿等。

栽培管理要点： 尚无人工引种驯化栽培。

271.【返顾马先蒿】

分类地位：玄参科 马先蒿属

蒙名：好宁 — 额伯日 — 其其格

学名：*Pedicularis resupinata* L.

形态特征：多年生草本，干后不变黑。须根多数，细长，纤维状。茎单出或数条，有的上部多分枝，高 30~70cm，粗壮，中空，具 4 棱，带深紫色，疏被毛或近无毛。叶茎生、互生或有时下部甚至中部的对生，具短柄，上部叶近无柄，无毛或有短毛；叶片披针形、矩圆状披针形至狭卵形，先端渐尖或急尖，基部广楔形或圆形，边缘具钝圆的羽状缺刻状的重齿，齿上有白色胼胝或刺状尖头，常反卷，两面无毛或疏被毛。总状花序，苞片叶状，花具短梗；花萼长卵圆形，近无毛，前方深裂，萼齿 2，宽三角形，全缘或略有齿；花冠淡紫红色，管部较细，自基部起即向外扭旋，使下唇及盔部成回顾状，盔的上部作两次多少膝状弓曲，顶端成圆形短喙，下唇稍长于盔，3 裂，中裂片

较小，略向前凸出；花丝前面 1 对有毛；柱头伸出于喙端。蒴果斜矩圆状披针形，稍长于萼；种子长矩圆形，棕褐色，表面具白色膜质网状孔纹。花期 6~8 月，果期 7~9 月。2n=16。

生境：中生植物。生于山地林下、林缘草甸及沟谷草甸。见于大兴安岭、燕山北部、阴山、阴南丘陵等地。

产地：产呼伦贝尔市（根河市、额尔古纳市、牙克石市、陈巴尔虎旗、鄂温克族自治旗），兴安盟（科尔沁右翼前旗），赤峰市（克什克腾旗、喀喇沁旗），锡林郭勒盟（东乌珠穆沁旗），乌兰察布市（兴和县、凉城县），呼和浩特市（大青山），包头市（九峰山），鄂尔多斯市（准格尔旗）。分布于我国东北、华北及山东、安徽、陕西、甘肃、四川、贵州，欧洲及俄罗斯、蒙古、朝鲜、日本也有。

用途：可作为野生观赏资源。全草作蒙药用（蒙药名：好宁—额伯日—其其格），能清热、解毒，主治肉食中毒、急性胃肠炎。

栽培管理要点：尚无人工引种驯化栽培。

六十二、紫葳科

272.【角蒿】

分类地位：紫葳科 角蒿属

蒙名：乌兰 — 套鲁木
别名：透骨草
学名：*Incarvillea sinensis* Lam.

形态特征： 一年生至多年生草本，高 30~80cm。茎直立，具黄色细条纹，被微毛。叶互生于分枝上，对生于基部，轮廓为菱形或长椭圆形，2~3 回羽状深裂或至全裂，羽片 4~7 对，下部的羽片再分裂成 2 对或 3 对，最终裂片为条形或条状披针形，上面绿色，被毛或无毛，下面淡绿色，被毛，边缘具短毛；花红色，或紫红色，由 4~18 朵花组成顶生总状花序，花梗短，密被短毛，苞片 1 和小苞片 2，密被短毛，丝状；花萼钟状，5 裂，裂片条状锥形，基部膨大，被毛，萼筒被毛；花冠筒状漏斗形，先端 5 裂。裂片矩圆形，里面有黄色斑点；雄蕊 4，着生于花冠中部以下；雌蕊着生于扁平的花盘上，密被腺毛，柱头扁圆形。蒴果长角状弯曲，先端细尖，熟时瓣裂，内含多数种子；种子褐色，具翅，白色膜质。花期 6~8 月，果期 7~9 月。

生境：中生杂草。生于草原区的山地、沙地、河滩、河谷，也散生于田野、撂荒地及路边、宅旁。见于大兴安岭西北部、辽河平原、呼锡高原、鄂尔多斯等地。

产地：产呼伦贝尔市、通辽市、赤峰市、乌兰察布市、鄂尔多斯市。分布于我国东北及山东、河南、河北、山西、陕西、甘肃、四川、青海等地。

用途：花较大，红色，可作为野生观赏资源。地上部分为透骨草的一种，能祛风湿、活血、止痛，主治风湿性关节痛、筋骨拘挛、瘫痪、疮痈肿毒。种子和全草作蒙药用（蒙药名：乌兰—陶拉麻），能消食利肺、降血压，主治胃病、消化不良、耳流脓、月经不调、高血压、咯血。

栽培管理要点：尚无人工引种驯化栽培。

六十三、列当科

273.【肉苁蓉】

分类地位：列当科 肉苁蓉属

蒙名：察干—高要
别名：苁蓉、大芸
学名：*cistanche deserticola* Ma

形态特征：多年生草本。茎肉质，有时从基部分为 2 或 3 枝，圆柱形或下部稍扁，高 40~160cm，不分枝，下部较粗，向上逐渐变细，下部直径 5~10 (15)cm，上部 2~5cm。鳞片状叶多数，淡黄白色；下部的叶紧密，宽卵形、三角状卵形；上部的叶稀疏，披针形或狭披针形。穗状花序。苞片条状披针形、披针形或卵状披针形，被疏绵毛或近无毛；小苞片卵状披针形或披针形，与花萼等长或稍长，被疏绵毛或无毛。花萼钟状，5 浅裂，裂片近圆形，被疏绵毛或无毛。花冠管状披针形，管内弯，管内面离轴方向有 2 条纵向的鲜黄色凸起；裂片 5，开展，近半圆形；花冠管淡黄白色，裂片颜色常有变异，淡黄白色、淡紫色或边缘淡蓝色，干时常变棕褐色；花丝上部稍弯曲，基部被皱曲长柔毛；花药顶端有骤尖头，被皱曲长柔毛。子

房椭圆形，白色；花柱顶端内折。蒴果卵形，2 瓣裂，褐色；种子多数，微小，椭圆状卵形或椭圆形，表面网状，有光泽。花期 5~6 月，果期 6~7 月。2n=40。

生境：根寄生植物，寄主梭梭 Haloxyln ammcdendron(C.A.Mey.) Bunge。生于梭梭漠中。见于阿拉善等地。

产地：产巴彦淖尔市乌拉特后旗，阿拉善盟（全盟）。

用途：为极佳的保健品，也可用作炖制肉品时的尚好调料。肉质茎入药（药材名：肉苁蓉），能补精血、益肾壮阳、润肠，主治虚劳内伤、男子滑精、阳痿、女子不孕、腰膝冷痛、肠燥便秘。也作蒙药用（蒙药名：察干—高要），能补肾消食，主治消化不良、胃酸过多、腰腿痛。

栽培管理要点：栽培地选择不积水但有灌溉条件的沙壤土地。梭梭播种前，种子需进行处理，秋播在 10 月下旬至 11 月上旬，春播在 3 月中旬。播深 2cm，条播。在出苗前及幼苗期保持苗地土壤湿润。出苗后，苗木长到 6~10cm 时，可逐渐减少灌溉次数，上冻前要灌冬水，1 年要进行 3~4 次除草和松土。苗期注意防治白粉病，苗期定期喷粉锈灵或多菌灵。2 年生自然苗或人工移植苗次年即可种植肉苁蓉。每株梭梭根可种 2~3 坑肉苁蓉，下种坑的深度在 0~70cm，土层深度小于 5mm 的细根和毛细根分布很多，下种前在坑内适当放些发酵羊粪。每坑下种 10 粒，下种后每坑浇水 15kg，肉苁蓉种子需有覆沙。肉苁蓉生长 2~3 年后，可采挖。收取时注意不要破坏肉苁蓉根部（即生长点）。

六十四、车前科

274.【平车前】

分类地位：车前科 车前属

蒙名：吉吉格 — 乌和日 — 乌日根讷
别名：车前草、车轱辘菜、车串串
学名：*Plantago depressa* Willd.

形态特征：一或二年生草本。根圆柱状，中部以下多分枝，灰褐色或黑褐色。叶基生，直立或平铺，椭圆形、矩圆形、椭圆状披针形、倒披针形或披针形，先端锐尖或钝尖，基部狭楔形且下延，边缘有稀疏小齿或不规则锯齿，两面被短柔毛或无毛，弧形纵脉 5~7 条；花葶 1~10，直立或斜生，被疏短柔毛，有浅纵沟；穗状花序圆柱形；苞片三角状卵形，背部具绿色龙骨状凸起，边缘膜质；萼裂片椭圆形或矩圆形，先端钝尖，龙骨状凸起宽，绿色，边缘宽膜质；花冠裂片卵形或三角形，先端锐尖，有时有细齿。蒴果圆锥形，褐黄色，成熟时在中下部龟裂；种子矩圆形，黑棕色，光滑。花果期 6~10 月。2n=12, 24。

生境：中生植物。生于草甸、轻度盐化草甸，也见于路旁、田野、居民点附近。

产地：见于全区各地。分布几遍全国；日本、蒙古、印度、俄罗斯也有。

用途：为常用中草药。种子与全草入药，药效同车前。

栽培管理要点：尚无人工引种驯化栽培。

275.【大车前 】
分类地位：车前科 车前属

蒙名：陶木 — 乌和日 — 乌日根纳
学名：*Plantago major* L.

形态特征：多年生草本。根状茎短粗，具多数棕褐色或灰褐色须根。叶基生，宽卵形或宽椭圆形，先端钝圆，基部近圆形或宽楔形，稍下延，边缘全缘或具微波状钝齿，两面近无毛或被疏短柔毛，具3~7条弧形脉；叶柄基部扩大成鞘。花葶1~6条，直立或斜生，穗状花序圆柱形，密生，多花，苞片卵形或三角状卵形，较萼片短或近于等长，背部龙骨状凸起，暗绿色，先端钝；花萼无柄，裂片宽椭圆形或椭圆形。先端钝，边缘白色膜质，背部龙骨状凸起宽而呈绿色；花冠裂片椭圆形或卵形，先端通常略钝，反卷，淡绿色。蒴果圆锥形或卵形，褐色或棕褐色，成熟时在中下部龟裂；种子8~30，矩圆形或椭圆形，浓褐色，具多数网状细点，种脐稍突起。花期6~8月，果期7~9月。2n=12,18,24。

生境：中生植物。生于山谷、路旁、沟渠边、河边、田边潮湿处。见于大兴安岭南部、鄂尔多斯等地。

产地：产兴安盟（科尔沁右翼前旗），鄂尔多斯市（乌审旗）。分布于我国南北各省区，亚洲、欧洲也有。

用途：为常用中草药。全草入药，有利尿作用；种子有镇咳、祛痰、止泻的作用。

栽培管理要点：栽培地选择背风向阳、土质肥沃、疏松、微酸性的沙壤土做苗床为好。每种植1亩地需整理苗床30m²，播种前每平方米苗床施腐熟优质细碎农家肥10kg，氮、磷、钾复合肥（15~15~15）100g做基肥。每亩用种量60g，播种后覆盖0.5~1cm厚的过筛细土和草灰，以不见种子露出土面为适度。出苗后立即揭除稻草和薄膜，以增加光照，防止长成高脚苗。苗期进行2~3次除草，待苗长出4~5片叶时即可移栽。在畦面开沟移栽，每畦种植4行，行距30cm，穴距25cm，每穴栽1株，定植后立即浇定根水，连浇2~3次，促进成活。整个生育期要进行3次追肥，早期追肥以氮肥为主，中后期除施氮肥外，要增施磷钾肥。偶有白粉病和蚜虫发生。白粉病在发病初期用20%三唑酮乳油2000倍液或70%甲基硫菌灵可湿性粉剂1000倍液喷雾防治。蚜虫用10%吡虫啉可湿性粉剂1500倍液喷雾。

276.【车 前】

分类地位：车前科 车前属

蒙名：乌和日—乌日根纳

别名：大车前、车轱辘菜、车串串

学名：*Plantago asiatica* L.

形态特征：多年生草本，具须根。叶基生，椭圆形、宽椭圆形、卵状椭圆形或宽卵形，先端钝或锐尖，基部近圆形、宽楔形或楔形，且明显下延，边缘近全缘波状或有疏齿至弯缺，两面无毛或被疏短柔毛，有 5~7 条弧形脉；叶柄被疏短毛，基部扩大成鞘。花葶少数，直立或斜生，被疏短柔毛；穗状花序圆柱形，具多花。上部较密集；苞片宽三角形，较花萼短，背部龙骨状凸起宽而呈暗绿色；花萼具短柄，裂片倒卵状椭圆形或椭圆形，先端钝，边缘白色膜质，背部龙骨状凸起宽而呈绿色；花冠裂片披针形或长三角形，先端渐尖，反卷，淡绿色。蒴果椭圆形或卵形；种子 5~8 粒，矩圆形，黑褐色。花果期 6~10 月。2n=12，24，36。

生境：中生植物。生于草甸、沟谷、耕地、田野及路边。见于全区各地。

产地：产全区。分布几遍全国，欧洲、亚洲及日本、印度尼西亚也有。

用途：为常用中草药。种子及全草入药 (药材名：车前子)，种子能清热、利尿、明目、祛痰，主治小便不利、泌尿感染、结石、肾炎水肿、暑湿泻痢、肠炎、目赤肿痛、痰多咳嗽等；全草能清热、利尿、凉血、祛痰，主治小便不利、尿路感染、暑湿泻痢、痰多咳嗽等；也作蒙药用 (蒙药名：乌和日—乌日根纳)，能止泻利尿，主治腹泻、水肿、小便淋痛。

栽培管理要点：栽培地选择温暖湿润环境和肥沃疏松土壤，栽种前采用浅耕整地，耕深 10~20cm，以垄作为主，结合整地施入厩肥 30t/hm。采用种子春播，5 月份播种，用种量约 7.5kg /hm，播后覆盖灶灰，厚度以不见种子为宜，最后遮盖薄草、浇水，保持湿润。出苗后及时除草和浇水，每 10 天喷 0.2% 尿素或磷酸二氢钾溶液 1 次。当苗高 4cm 时即可往垄上按行株距 30cm×25cm 挖小穴移栽，垄上双行，每穴栽苗 1~2 株，栽后浇好定根水。移栽后至收获期间要结合中耕除草施尿素或硫酸铵 3~4 次。如有白粉病危害叶片，用 0.5% 的波尔多液喷洒 1~2 次。

六十五、茜草科

277.【蓬子菜】

分类地位：茜草科　拉拉藤属

蒙名：乌如木杜乐
别名：松叶草
学名：*Galium verum* L.

形态特征： 多年生草本，茎直立，基部稍木质。地下茎横走，暗棕色。茎高 25~65cm，具 4 纵棱，被短柔毛。叶 6~8(10) 片轮生，条形或狭条形，先端尖，基部稍狭，上面深绿色，下面灰绿色，两面均无毛，中脉 1 条，背面凸起，边缘反卷，无毛；无柄。聚伞圆锥花序顶生或上部叶腋生；花小，黄色，具短梗，被疏短柔毛；花冠裂片 4，卵形；雄蕊 4，花柱 2 裂至中部，柱头头状。果小，果爿双生，近球状，无毛。花期 7 月，果期 8~9 月。2n=22，44，66。

生境： 中生植物。生于草甸草原、杂类草草甸、山地林缘及灌丛中，常成草甸草原的优势植物之一。见于大兴安岭、呼锡高原、辽河平原、阴山、阴南丘陵、龙首山等地。

产地： 产呼伦贝尔市（陈巴尔虎旗、鄂伦春自治旗、鄂温克族自治旗、海拉尔区），兴安盟（科尔沁右翼前旗），通辽市（大青沟），锡林郭勒盟（锡林浩特市、镶黄旗、东乌珠穆沁旗、多伦县），乌兰察布市（凉城县、兴和县、化德县），巴彦淖尔市（乌拉山），呼和浩特市（武川县），阿拉善盟（阿拉善右旗、龙首山）。分布于我国东北、华北、西北及长江流域各地，亚洲温带、欧洲、北美洲也有。

用途： 茎可提取绛红色染料，植株上部分含 2.5% 的硬性橡胶，可作工业原料。全草入药，能活血去瘀、解毒止痒、利尿、通经，主治疮痈肿毒、跌打损伤、闭经、腹水、蛇咬伤、风疹瘙痒。

栽培管理要点： 尚无人工引种驯化栽培

278.【茜草】

分类地位：茜草科 茜草属

蒙名：马日那

别名：红丝线、粘粘草

学名：*Rubia cordifolia* L.

形态特征：多年生攀缘草本；根紫红色或橙红色；茎粗糙，基部稍木质化；小枝四棱形，棱上具倒生皮刺。叶 4~6 (8) 片轮生，纸质，卵状披针形或卵形，先端渐尖，基部心形或圆形，全缘，边缘具倒生皮刺，上面粗糙或疏被短硬毛，下面疏被糙毛，脉上有倒生小皮刺，基出脉 3~5 条；叶柄沿棱具倒生皮刺。聚伞花序顶生或腋生，通常组成大而疏松的圆锥花序；小苞片披针形。花小，黄白色，具短梗；花萼筒近球形，无毛；花冠辐状，筒部极短，檐部 5 裂，裂片长圆状披针形，先端渐尖；雄蕊 5，着生于花冠筒喉部；花柱 2 深裂，柱头头状。果实近球形，橙红色，熟时不变黑，内有 1 粒种子。花期 8~9 月，果期 10~11 月。2n=22。

生境：中生植物。生于山地杂木林下，林缘、路旁草丛、沟谷草甸及河边。见于大兴安岭、呼锡高原、辽河平原、赤峰丘陵、燕山北部、阴山、阴南丘陵、鄂尔多斯、西阿拉善、贺兰山等地。

产地：产呼伦贝尔市 (陈巴尔虎旗、鄂伦春自治旗、鄂温克族自治旗、牙克石、额尔古纳市)，兴安盟 (科尔沁右翼前旗及中旗、扎赉特旗)，通辽市 (大青沟)，赤峰市 (宁城县、克什克腾旗、喀喇沁旗)，锡林郭勒盟 (西乌珠穆沁旗、锡林浩特市、镶黄旗、太仆寺旗)，乌兰察布市 (兴和县、凉城县、卓资县)，巴彦淖尔市 (乌拉山)，呼和浩特市 (和林格尔县、大青山)，包头市 (乌拉山)，阿拉善盟 (阿拉善右旗、贺兰山)。分布于我国东北、华北、西北、华东、华南、西南等地，亚洲热带地区及澳大利亚、蒙古、俄罗斯也有。

用途：根入药 (药材名：茜草)，能解凉、止血、祛瘀、通经，主治吐血、衄血、崩漏、闭经、跌打损伤。也作蒙药 (蒙药名：马日那)，能清热凉血、止泻、止血，主治赤痢、肺炎、肾炎、尿血、吐血、衄血、便血、血崩、产褥热、麻疹。根含茜根酸、紫色精和茜素，可作染料。亦可作为野生观赏资源。

栽培管理要点：6 月中下旬，连根挖出茜草进行栽培。采取穴栽，行距 80~90cm，穴距 1~1.5m，每穴施入优质农肥 0.8~1.5kg，磷酸二铵 5070g，浇透水。茜草生长迅速，6 月中旬栽培的茜草，7 月下旬就爬满地面，分枝达 57 个，藤蔓长达 2.53m。栽后要注意除草管理，每次刈割后要施入化肥，每亩可施磷酸二铵 3040kg，并浇透水。

279.【内蒙野丁香】

分类地位：茜草科 野丁香属

蒙名：鄂尔多斯 — 哈日伯乐吉

学名：*Leptodermis ordosica* H.C.Fu et E. W.Ma.

形态特征：小灌木，高 20~40cm。多分枝，开展，老枝暗灰色，具细裂纹，小枝较细，灰色或灰黄色，密被乳头状微毛。叶对生或假轮生，椭圆形、宽椭圆形以至狭长椭圆形，先端锐尖或稍钝，基部渐狭或宽楔形，全缘，常反卷，上面绿色，下面淡绿色，中脉隆起，侧脉极不明显，近无毛；叶柄密被乳头状微毛；托叶三角状卵形或卵状披针形，先端渐尖，边缘有或无小齿，具缘毛，较叶柄稍长。花近无梗，1~3 朵簇生于叶腋或枝顶；小苞片 2 枚，通常在中部合生，多少呈二唇形，膜质，透明，具脉，先端尾状渐尖，边缘疏生睫毛，外面散生白色短条纹；萼筒倒卵形，裂片 4~5，比萼筒稍短，矩圆状披针形，先端锐尖，有睫毛；花冠长漏斗状，紫红色，外面密被乳头状微毛，里面被疏柔毛，裂片 4~5，卵状披针形；雄蕊 4~5；柱头 3，条形。蒴果椭圆形，黑褐色，有宿存，具睫毛的萼裂片，外托以宿存的小苞片；种子矩圆状倒卵形，黑色，外包以网状的果皮内壁。花果期 7~8 月。

生境：旱生小灌木。生于山坡岩石裂缝间。见于东阿拉善、贺兰山等地。

产地：产鄂尔多斯市（鄂托克旗、桌子山），阿拉善盟（贺兰山）。

用途：是非常好的野生观赏资源。

栽培管理要点：尚无人工引种驯化栽培。

六十六、忍冬科

280.【蓝锭果忍冬（变种）】

分类地位：忍冬科 忍冬属

蒙名：呼和—达邻—哈力苏
别名：甘肃金银花
学名：*Lonicera caerulea* L. var.*edulis* Turcz. ex Herd.

形态特征：灌木，高 1~1.5m，小枝紫褐色，幼时被柔毛。髓心充实，基部具鳞片状残留物；冬芽暗褐色，被 2 枚舟形外鳞片所包，有时具副芽，光滑；老枝有叶柄间托叶。叶矩圆形、披针形或卵状椭圆形，先端钝圆或钝尖，基部圆形或宽楔形，全缘，具短睫毛，上面深绿色，中脉下陷，网脉凸起，被疏短柔毛，或仅脉上有毛，下面淡绿色，密被柔毛，脉上尤密。花腋生于短梗，苞片条形，比萼筒长 2~3 倍，小苞片合生成坛状壳斗，完全包围子房，成熟时成肉质；花冠黄白色，外被短柔毛，基部具浅囊；雄蕊 5，稍伸出花冠；花柱较花冠长，无毛。浆果球形或椭圆形，深蓝黑色。花期 5 月，果期 7~8 月。

生境：中生灌木。生于山地杂木林下或灌丛中，可成为山地灌丛的优势种之一。见于大兴安岭北部、燕山北部、呼锡高原等地。

产地：产呼伦贝尔市(满归)，赤峰市，锡林郭勒盟，乌兰察布市(兴和县)。分布于我国东北、华北，西伯利亚也有。

用途：浆果可供食用、酿酒；全株可作固土、固坡及园林绿化树种。

栽培管理要点：尚无人工引种驯化栽培。

281.【小叶忍冬】

分类地位：忍冬科 忍冬属

蒙名：吉吉格—那布其特—达邻—哈力苏

别名：麻配

学名：*Lonicera microphylla* Willd.ex Roem. et Schult.

形态特征：落叶灌木，高 2~3m。小枝淡褐色或灰褐色，细条状剥落，光滑或被微柔毛。叶倒卵形、椭圆形或矩圆形，先端钝或尖，基部楔形，边缘具睫毛，上下两面均被密柔毛，有时光滑。苞片锥形，常比萼稍长，具柔毛，小苞片缺；总花梗单生叶腋，被疏毛，下垂；相邻两花的萼筒几乎全部合生，光滑无毛，具不明显 5 齿牙，萼檐呈杯状；花黄白色，外被疏毛或光滑，内被柔毛，花冠二唇形，4 浅裂，裂片矩圆形，边缘具毛，先端钝圆。外被疏柔毛，下唇 1裂，长椭圆形，边缘具毛，花冠筒基部具浅囊；雄蕊 5，着生花冠筒中部，花药长椭圆形，基部被疏柔毛，稍伸出花冠，花柱中部以下被长毛。浆果橙红色，球形。花期 5~6 月，果期 8~9 月。2n=36。

生境：旱中生阳性灌木。喜生于草原区的山地、丘陵坡地，常见于疏林下、灌丛中，也可散生于石崖上。见于呼锡高原、鄂尔多斯、阴山、贺兰山等地。

产地：产锡林郭勒盟南部丘陵地区，鄂尔多斯市，大青山，贺兰山。分布于我国西北部，蒙古及中亚也有。

用途：可作水土保持及园林绿化树种。

栽培管理要点：栽培地选择土质疏松、通气好、不板结、排水性能好的地块，施碳铵 $120\sim150kg/hm^2$，或有机肥 $37.5\sim45t/hm^2$，并用 $150kg/hm^2$ 硫酸亚铁进行土壤消毒。春季 4 月下旬至 5 月初播种，然后做长 10m、宽 1m、高 0.2m 的高床。种子进行催芽处理，播种量 $225kg/hm^2$，用筛过的细森林土进行覆盖，覆土厚度 1cm。出苗后防止日晒危害，早晚进行两次浇水，6 月初进行第一次松土除草，以后每月松木除草一次，直至苗木停止生长。6 月中旬开沟施尿素 0.1kg/ 床，8 月下旬施磷肥 0.15kg/ 床。1 年生苗，秋后高可达 $8\sim20cm$，第二年加强田间管理，2 年生苗高 $20\sim35cm$，即可在第三年出圃造林或进行庭院、道路绿化。

282.【小花金银花】

分类地位：忍冬科 忍冬属

蒙名：达邻 — 哈力苏
别名：金银忍冬
学名：*Lonicera maackii* (Rupr.) Maxim.

形态特征：灌木，高达 3m。小枝中空，灰褐色，密被短柔毛，老枝深灰色，被疏毛，仅在基部近节间处较密。冬芽卵球形，芽鳞淡黄褐色，密被柔毛。叶卵状椭圆形至卵状披针形，稀为菱状卵形，先端渐尖或长渐尖，基部宽楔形或楔形，稀圆形，全缘，具长柔毛，上面暗绿色，被疏毛，沿脉较密，下面淡绿色，叶面及各脉均被柔毛，沿脉尤密。花初时白色，后变黄色，总花梗比叶柄短，被腺柔毛；苞片窄条形，密被腺柔毛，比子房约长 2 倍，苞片与子房间有短柄，小苞片与子房等长，呈坛状围住萼筒，被毛；萼 5 裂，裂片长三角形至窄卵形，被腺柔毛；花冠二唇，长 2.2~2.6cm，外被疏毛，基部尤密，上唇 4 裂，边缘具毛，下唇 1 裂，被毛；雄蕊 5，花药条形，花柱被长毛，柱头头状。浆果暗红色，球形，种子具小浅凹点。花期 5 月，果期 9 月。2n=18。

生境：中生灌木。喜光，稍耐阴，耐寒性强。生于山地林下、林缘、沟谷溪流边。见于辽河平原。

产地：产通辽市（大青沟），呼和浩特市有栽植。分布于我国东北及河北、河南，朝鲜、日本也有。

用途：根能杀菌截疟；茎皮可作造纸及人造棉；幼叶及花可代茶叶（哈尔滨）；种子油可供制肥皂；又可栽植作庭院绿化树种。

栽培管理要点：尚无人工引种驯化栽培。

283.【黄花忍冬】

分类地位：忍冬科 忍冬属

蒙名：希日—达邻—哈力苏
别名：黄金银花、金花忍冬
学名：*Lonicera chrysantha* Turcz.

形态特征：落叶灌木，高 4m。冬芽窄卵形，具数对鳞片，边缘具睫毛，背部被疏柔毛。小枝被长柔毛，后变光滑。叶菱状卵形至菱状披针形或卵状披针形，先端尖或渐尖，基部圆形或宽楔形，全缘，具睫毛，上面暗绿色，疏被短柔毛，沿中脉尤密，下面淡绿色，疏被短柔毛，沿脉甚密。苞片与子房等长或较长，小苞片卵状矩圆形至近圆形，长为子房的 1/3~1/2，边缘具睫毛，背部具腺毛；花黄色，花冠外被柔毛，花冠筒基部一侧浅囊状，上唇 4 浅裂，裂片卵圆形，下唇长椭圆形；雄蕊 5，花丝部以下与花冠筒合生，被密柔毛，花药长椭圆形，柱头圆球状。浆果红色，种子多数。花期 5~6 月，果熟期 7~9 月。2n=18。

生境：中生耐阴性灌木。生于海拔 1200~1400m 的山地阴坡杂木林下或沟谷灌丛中。见于大兴安岭北部及南部、呼锡高原、燕山北部、阴山、贺兰山等地。

产地：产兴安盟（白狼、科尔沁右翼中旗），锡林郭勒盟（宝格达山、锡林浩特市、太仆寺旗、正蓝旗），赤峰市（喀喇沁旗、克什克腾旗、宁城县），乌兰察布市（凉城县、卓资县），阿拉善盟（贺兰山），呼和浩特市（武川县、大青山），包头市（九峰山）。分布于我国东北、华北、西北至西南；亚洲北部和东部至日本，俄罗斯也有。

用途：树皮可造纸或作人造棉；种子可榨油；又为庭院绿化树种。

栽培管理要点：栽培地选择地面平坦、质地为沙壤至中壤地块，地表匀撒优质农家肥，每亩施 3000~4000kg。用旋转犁翻地 20cm 深，按 55~60cm 垄距起垄。扦插繁殖，从 2~5 年生植株上剪取基部粗度在 0.2cm 以上的新梢，置于冷凉处或浸于冷水中。插穗长为 7~8cm，顶端保留 2~3 个叶片，下端 3~4cm 摘去叶片及叶柄，进行生根处理。扦插深度为 4~5cm，穗距为 4~5cm，每平方米床面扦插密度为 400~625 穗。插后立即在床上架 50cm 高拱棍，向上罩透明度为 60% 的遮阳网。晴天从上午 8 点到下午 4 点，每隔 30~40 分钟向网上喷一次温度为 25~30℃的水。为防止叶片和穗基部霉烂，每隔 15~20 天于下午 4 点后向网上喷洒一次 50% 多菌灵 500 倍水溶液。扦插后及时除草，当插穗基部长出 4~5 条长度达到 3~4cm 的根系时，在阴雨天或晴天傍晚撤掉遮阳网。撤网后的床面应保持适当的干燥，以利于根系充分木质化，施入尿素 10g/m²，8 月下旬至 9 月初向苗上喷洒 1~2 次浓度为 0.3% 的磷酸二氢钾液。11 月初向床面喷足水，浸湿基质深度为 10~15cm，覆 3~5cm 厚河沙或草帘等。

284.【华北忍冬】

分类地位：忍冬科 忍冬属

蒙名：塔特日 — 达邻 — 哈力苏
别名：华北金银花、秦氏忍冬
学名：*Lonicera tatarinowii* Maxim.

形态特征： 落叶灌木，高达 2m。小枝黄褐色，无毛，老枝灰褐色，具细纵纹，枝皮条状剥落。冬芽外具 7~8 对尖头的芽鳞。叶矩圆状披针形或长卵形，先端渐尖，基部宽楔形或圆形，上面暗绿色，无毛，下面灰白色，密被短绒毛，两面各脉均凸起；叶柄上面具凹槽，无毛；苞片窄条形，密被柔毛，小苞片杯形合生，外被柔毛，先端具柔毛，稀仅基部合生，长达萼筒的 1/3；花萼 5 裂，裂片为等长的三角状披针形，被毛；花冠暗紫色，外面无毛，唇形，花冠短于后瓣 2 倍，里面有柔毛；雄蕊和花柱短于花冠，花柱具柔毛；子房联合。浆果红色，近球形，种子具小瘤状凸起，粗糙。花期 5~6 月，果熟期 7~9 月。2n=36。

生境： 中生灌木。生于暖温带常绿阔叶林区的山地，海拔 700~2000m 以下的林下或沟谷中。见于燕山北部。

产地： 产赤峰市（喀喇沁旗、宁城县）。分布于我国河北、山西、辽宁南部等省，蒙古、朝鲜也有。

用途： 树姿优美，可作庭院绿化树种。

栽培管理要点： 尚无人工引种驯化栽培。

285.【锦带花】

分类地位：忍冬科 锦带花属

蒙名：黑木日存 — 其其格
别名：连萼锦带花、海仙
学名：*Weigela florida* (Bunge)A. DC.

形态特征：落叶灌木，高达 3m。当年生枝绿色，被短柔毛，小枝紫红色，光滑，具微棱。冬芽 5~7 对芽鳞，鳞片边缘具睫毛。叶椭圆形至卵状矩圆形或倒卵形，先端渐尖或骤尖，稀钝圆，基部楔形，边缘具浅锯齿，被毛。上面绿色，下面淡绿色，两面被短柔毛，沿脉尤密。苞片条形，被长毛，小苞片成杯状，被疏毛，萼 5 裂，裂片为不等长的三角状长卵形，边缘具毛；花冠漏斗状钟形，外面粉红色，被疏短毛，近基部毛较长，里面灰白色，近基部有毛，裂片 5，宽卵形，雄蕊 5，着生丁花冠中部，柱头扁半，2 裂，帽状。蒴果被稀柔毛或无毛，顶端有短柄状喙，疏生柔毛，2 瓣室间开裂，种子多数。花期 5~6 月，果期 10 月。

生境：中生灌木。生于山地灌丛中或杂木林下，亦有庭院栽植。见于燕山北部、大兴安岭南部、赤峰丘陵、呼锡高原等地。

产地：产赤峰市（克什克腾旗、敖汉旗、喀喇沁旗），呼和浩特市有栽植。分布于我国东北及河北、山西、江苏，朝鲜、日本也有。

用途：该种花色艳丽，可作庭院观赏树种。

栽培管理要点：尚无人工引种驯化栽培。

286.【蒙古荚蒾】

分类地位：忍冬科 荚蒾属

蒙名：查干 — 柴日
别名：白暖条
学名：*Viburnum mongolicum* Rehd.

形态特征：多分枝落叶灌木，高可达 2m。幼枝灰色，密被星状毛，老枝黄灰色，具纵裂纹，无毛。叶宽卵形至椭圆形，稀近圆形，先端锐尖或钝，基部宽楔形或圆形，边缘具浅波状齿牙，上面绿色，被星毛状长柔毛，下面淡绿色，被星状毛，主脉上为褐色星状毛。聚伞状伞形花序顶生，花轴、花梗均被星状毛；萼裂片 5，三角形；花冠先端 5 裂，呈覆瓦状排列，裂片长与宽均 2mm，无毛；雄蕊 5；柱头扁圆，花柱无或极短。核果椭圆形，蓝黑色，无毛，背面具 2 条沟纹，腹面具 3 条沟纹。花期 5 月，果期 9 月。2n=16，18。

生境：中生喜阳灌木。生于山地林缘、杂木林中及灌丛中。见于大兴安岭北部及南部、科尔沁、燕山北部、呼锡高原、阴山、乌兰察布、贺兰山等地。

产地：产呼伦贝尔市，兴安盟（扎赉特旗），通辽市，赤峰市（克什克腾旗、喀喇沁旗），锡林郭勒盟（正蓝旗、锡林浩特市、太仆寺旗），乌兰察布市（蛮汉山、大青山、卓资县、兴和县），巴彦淖尔市（乌拉山），阿拉善盟（贺兰山），呼和浩特市，包头市。分布于我国东北、华北及河北，西伯利亚及蒙古也有。

用途：可作水土保持及园林绿化树种。

栽培管理要点：尚无人工引种驯化栽培。

287.【毛接骨木（变种）】

分类地位：忍冬科 接骨木属

蒙名：乌斯图 — 宝棍 — 宝拉代

别名：公道老

学名：*Sambucus sieboldiana* (Miq.) Blume ex Graebner var.*miquelii* (Nakai) Hara

形态特征：落叶灌木至小乔木，高 4~5m。小枝灰褐色至深褐色，柔毛；髓心褐色。单数羽状复叶，小叶 5，披针形、椭圆状披针形或倒卵状矩圆形，先端渐尖或长渐尖，基部楔形，上面深绿色，下面较浅，两面均被柔毛，沿脉尤密，边缘细锯齿，锐尖。顶生聚伞花序组成的圆锥花序，花轴、花梗、小花梗等均有毛；花萼 5 裂，裂片宽三角形，无毛，先端钝；花暗黄色或淡绿白色，花冠裂片矩圆形，无毛，先端钝圆；雄蕊 5，花药近球形；子房矩圆形，无毛。核果橙红色，无毛，近球形；种子 2~3 粒，卵状椭圆形，具皱纹。花期 4~5 月，果熟期 9~10 月。

生境：中生灌木。喜生于山地阴坡林缘与灌丛，也生于沙地灌丛中。见于大兴安岭、辽河平原、科尔沁、呼锡高原等地。

产地：产呼伦贝尔市，兴安盟（白狼），通辽市，锡林郭勒盟（西乌珠穆沁旗），乌兰察布市（大青山）等地。分布于我国东北长白山区，朝鲜、日本也有。

用途：种子油供制肥皂用；可作庭院观赏树种。药用同接骨木。

栽培管理要点：栽培地选择土壤肥沃，排水、灌溉条件好的地块，整地做床，床面高20~25cm。播种或扦插繁殖，播种时种子进行催芽处理，播种后，覆土1cm左右，浇水保持床面湿润。扦插选择健壮的 1 年生枝条，截成 15cm 长，顶端保留 1~2 芽，插条底口剪成马蹄状，上口剪平。用清水浸泡 24 小时，让插条充分吸足水分，床宽 110cm，株行距 8cm×10cm，140 株 /m²。

288.【接骨木】
分类地位：忍冬科 接骨木属

蒙名：宝棍 — 宝拉代
别名：野杨树
学名：*Sambucus williamsii* Hance

形态特征：灌木或小乔木，高约3m。树皮浅灰褐色。枝灰褐色纵条棱。冬芽卵圆形，淡褐色，具3~4对鳞片。单数羽状复叶，小叶5~7枚，矩圆状卵形或矩圆形，上面深绿色，初时被稀疏短毛，后变无毛，下面淡绿色，无毛，先端长渐尖，稀尾尖，基部楔形，边缘具稍不整齐锯齿，无毛或有疏短毛，下部2对小叶具柄，顶端小叶较大，具长柄。圆锥花序，花带黄白色，花轴、花梗无毛；花萼5裂，裂片三角形，光滑；花期花冠裂片向外反折，裂片宽卵形，先端钝圆；雄蕊5，着生于花冠上且与其互生，花药近球形，黄色，柱头2裂，近球形，几无花柱。果为浆果状核果，蓝紫色，种子有皱纹。花期4~5月，果期9~10月。

生境：生于山地灌丛、林缘及山麓，为中生灌木。见于大兴安岭北部及南部、辽河平原等地。

产地：产呼伦贝尔市（根河市），兴安盟（扎赉特旗），通辽市（大青沟），赤峰市（克什克腾旗）等，呼和浩特市有栽植。分布于我国东北、华北，朝鲜、日本也有。

用途：全株入药，能接骨续筋、活血止痛、祛风利湿，主治骨折、跌打损伤、风湿性关节炎、痛风、大骨节病、急慢性肾炎，外用治创伤出血。茎干作蒙药用（蒙药名：干达嘎利），能止咳、解表、清热，主治感冒咳嗽、风热。嫩叶可食，种子油供制肥皂及工业用，又为优良庭院观赏树种。

栽培管理要点：尚无人工引种驯化栽培。

六十七、败酱科

289.【黄花龙芽】

分类地位：败酱科 败酱属

蒙名：色日和立格 — 其其格
别名：败酱、野黄花、野芹
学名：*Patrinia scabiosaefolia* Fisch. ex Trev.

形态特征： 多年生草本，高 55~80 (150)cm，茎枝被脱落性白粗毛。地下茎横走。基生叶狭长椭圆形、椭圆状披针形或宽椭圆形，先端尖，基部楔形或宽楔形，边缘具锐锯齿；茎生叶对生，2~3 对羽状深裂至全裂，中央裂片最大，椭圆形或椭圆状披针形，两侧裂片狭椭圆形、披针形或条形，依次渐小，两面近无毛或边缘及脉上疏被粗毛；聚伞圆锥花序在顶端常 5~9 序集成疏大伞房状；总花梗及花序分枝常只一侧被粗白毛；苞片小；花较小，花萼不明显；花冠筒短，上端 5 裂；雄蕊 4。瘦果长椭圆形，子房室边缘稍扁展成极窄翅状，无膜质增大苞片。花期 7~8 月，果期 9 月。2n=22。

生境： 旱中生植物。生于森林草原带及山地的草甸草原、杂类草草甸及林缘，在草甸草原群落中常有较高的多度，并可形成华丽的季相，在群落外貌上十分醒目。见于大兴安岭、呼锡高原（北部）、乌兰察布、阴山等地。

产地： 产呼伦贝尔市（牙克石市、莫力达瓦达斡尔族自治旗、扎兰屯市、鄂温克族自治旗），兴安盟（扎赉特旗、科尔沁右翼前旗和中旗），通辽市（大青沟），赤峰市（克什克腾旗），锡林郭勒盟（宝格达山），乌兰察布市及大青山地区。全国各省区几乎都有分布，朝鲜、日本、蒙古、俄罗斯也有。

用途： 为野生观赏资源。全草(药材名：败酱草)和根茎及根入药，全草能清热解毒、祛瘀排脓，主治阑尾炎、痢疾、肠炎、肝炎、眼结膜炎、产后瘀血腹痛、痈肿疔疮；根茎及根主治神经衰弱或精神病。

栽培管理要点： 尚无人工引种驯化栽培。

六十八、川续断科

290.【窄叶蓝盆花】

分类地位：川续断科　蓝盆花属

蒙名：套存 一 套日麻
学名：*Scabiosa comosa* Fisch. ex Roem. et Schult.

形态特征：多年生草本。茎高可达 60cm，被短毛。基生叶丛生，窄椭圆形，羽状全裂，稀齿裂，裂片条形，具长柄；茎生叶对生，一至二回羽状深裂，裂片条形至窄披针形，叶柄短。头状花序顶生，基部有钻状条形总苞片；总花梗长达 30cm；花萼 5 裂，裂片细长刺芒状；花冠浅蓝色至蓝紫色。边缘花冠唇形，筒部短，外被密毛，上唇 3 裂，中裂较长，倒卵形，先端钝圆或微凹，下唇短，2 全裂；中央花冠较小，5 裂，上片较大；雄蕊 4；子房包于杯状小总苞内，小总苞具明显 4 棱，顶端有 8 凹穴，其檐部膜质；果序椭圆形，瘦果圆柱形，其顶端具萼刺 5，超出小总苞。花期 7~8 月，果期 9 月。2n=16。

生境：喜沙中旱生植物。生于草原带及森林草原带的沙地与沙质草原中，可成草原的主要伴生种。见于大兴安岭、燕山北部、科尔沁、呼锡高原、乌兰察布、赤峰丘陵、阴山等地。

产地：产呼伦贝尔市（鄂伦春自治旗、鄂温克族自治旗），兴安盟（扎赉特旗），通辽市（大青沟），赤峰市（克什克腾旗、喀喇沁旗），锡林郭勒盟，乌兰察布市（察哈尔右翼后旗、卓资县、凉城县）以及巴彦淖尔市。分布于我国东北及河北，东西伯利亚及蒙古也有。

用途：花作蒙药用（蒙药名：二乌和日—西鲁苏），能清热泻火，主治肝火头痛、发烧、肺热、咳嗽、黄疸。可作为野生观赏资源。

栽培管理要点：尚无人工引种驯化栽培。

291.【华北蓝盆花】
分类地位：川续断科　蓝盆花属

蒙名：奥木日阿图音 — 套存 — 套日麻
学名：*Scabiosa tschiliensis* Grunning

形态特征：多年生草本，根粗壮，木质。茎斜生，高 20~50 (80)cm。基生叶椭圆形、矩圆形、卵状披针形至窄卵形，先端略尖或钝，缘具缺刻状锐齿，或大头羽状裂，上面几光滑，下面稀疏或仅沿脉上被短柔毛，有时两面均被短柔毛，边缘具细纤毛，叶柄长 4~12cm；茎生叶羽状分裂，裂片 2~3 裂或再羽裂，最上部叶羽裂片呈条状披针形，头状花序在茎顶成三出聚伞排列，总花梗长 15~30cm，总苞片 14~16 片，条状披针形；边缘花较大而呈放射状；花萼 5 齿裂，刺毛状；花冠蓝紫色，筒状，先端 5 裂，裂片 3 大 2 小；雄蕊 4；子房包于杯状小总苞内。果序椭圆形或近圆形，小总苞略呈四面方柱状，每面有不甚显著的中棱 1 条，被白毛，顶端有干膜质檐部，檐下在中棱与边棱间常有 8 个浅凹穴；瘦果包藏在小总苞内，其顶端具宿存的刺毛状萼针。花期 6~8 月，果期 8~10 月。

生境：沙生中旱生植物。生于沙质草原、典型草原及草甸草原群落中，为常见伴生植物。见于大兴安岭北部及南部、燕山北部、呼锡高原、乌兰察布以及阴山等地。

产地：产呼伦贝尔市（鄂温克族自治旗、牙克石市、扎兰屯市），兴安盟（扎赉特旗、科尔沁右翼前旗白狼），赤峰市（克什克腾旗、喀喇沁旗），锡林郭勒盟（锡林浩特市、宝格达山），乌兰察布市（兴和县、卓资县）以及大青山地区。分布于我国黑龙江、吉林、辽宁、河北、山西、陕西、甘肃、宁夏。

用途：药用同窄叶蓝盆花。可作为野生观赏资源。

栽培管理要点：尚无人工引种驯化栽培。

六十九、桔梗科

292.【桔 梗】
分类地位：桔梗科 桔梗属

蒙名：狐日盾 — 查干
别名：铃当花
学名：*Platycodon grandiflorus* (Jacq.) A.DC.

形态特征： 多年生草本，高 40~50cm，全株带苍白色，有白色乳汁。根粗壮，长倒圆锥形，表皮黄褐色。茎直立，单一或分枝。叶 3 枚轮生，有时对生或互生，卵形或卵状披针形，先端锐尖，基部宽楔形，边缘有尖锯齿，上面绿色，无毛，下面灰蓝绿色，沿脉被短糙毛，无柄或近无柄。花 1 至数朵生于茎及分枝顶端；花萼筒钟状，无毛，裂片 5，三角形至狭三角形；花冠蓝紫色，宽钟状，无毛，5 浅裂，裂片宽三角形，先端尖，开展；雄蕊 5，与花冠裂片互生，花药条形，黄色，花丝短；花柱较雄蕊长，柱头 5 裂，反卷，被短毛。蒴果倒卵形，成熟时顶端 5 瓣裂；种子卵形，扁平，有三棱，黑褐色，有光泽。花期 7~9 月，果期 8~10 月。2n=16，18，28。

生境： 中生植物。生于山地林缘草甸及沟谷草甸。见于大兴安岭、科尔沁、辽河平原、赤峰丘陵、燕山北部、阴山等地。

产地： 产呼伦贝尔市（额尔古纳市、牙克石市、鄂伦春自治旗、鄂温克族自治旗、扎兰屯市），兴安盟（扎赉特旗、科尔沁右翼前旗），通辽市（扎鲁特旗、科尔沁左翼后旗），赤峰市（阿鲁科尔沁旗、巴林左旗和右旗、敖汉旗、喀喇沁旗、宁城县），锡林郭勒盟（西乌珠穆沁旗）；在内蒙古其他一些地方也有栽培。广布于我国东半部，朝鲜、日本也有。

用途： 根入药（药材名：桔梗），能祛痰、利咽、排脓，主治痰多咳嗽、咽喉肿痛、肺脓肿、咳吐脓血。也作蒙药用（蒙药名：狐日盾—查干），效用相同。可作为野生观赏资源。

栽培管理要点： 尚无人工引种驯化栽培。

293.【党参】

分类地位：桔梗科 党参属

蒙名：存—奥日呼代
学名：*Codonopsis pilosula* (Franch.) Nannf.

形态特征：多年生草质缠绕藤本，长 1~2m，全株有臭气，具白色乳汁。根锥状圆柱形，长约 30cm，外皮黄褐色至灰棕色。茎细长而多分枝，光滑无毛。叶互生或对生，卵形或狭卵形，先端钝或尖，基部圆形或浅心形，边缘有波状钝齿或全缘，上面绿色，下面粉绿色，两面有密或疏的短柔毛，有时近无毛。花 1~3 朵生于分枝顶端，具细花梗；花萼无毛，裂片 5，偶见 4，矩圆状披针形或三角状披针形，全缘；花冠淡黄绿色，有污紫色斑点，宽钟形，无毛，先端 5 浅裂，裂片正三角形；雄蕊 5，柱头 3。蒴果圆锥形，花萼宿存，3 瓣裂；种子矩圆形，棕褐色，有光泽。花期 7~8 月，果期 8~9 月。2n=16。

生境：中生植物。生于山地林缘及灌丛中。见于燕山北部、赤峰丘陵、阴山等地。

产地：产赤峰市（喀喇沁旗、红山区、宁城县、敖汉旗），呼和浩特市，通辽市（科尔沁左翼后旗大青沟）。分布于我国东北、华北及河南、陕西、宁夏、甘肃、四川西部，朝鲜也有。

用途：根入药（药材名：党参），能补脾、益气、生津，主治脾虚、食少便溏、四肢无力、心悸、气短、口干、自汗、脱肛、子宫脱垂。也作蒙药用（蒙药名：存—奥日呼代），能消炎散肿、祛黄水，主治风湿性关节炎、神经痛、黄水病。可作为野生观赏资源。

栽培管理要点：栽培地选择土壤疏松、排水良好的沙质土壤，秋季整地，施农家肥 15000kg/hm²，深翻 30cm，第二年春再翻一次，做宽 1.2m、高 0.3m 的苗床。4 月中下旬播种，播种量 15kg/hm²，用笤帚轻扫盖土，用木滚镇压 1 次，再用稻草、秸秆覆盖遮阳。第二年的 4 月中下旬，随起随栽，不宜久存。垄上开沟，沟深按苗的根长而定，沟底施农家肥，株距 12cm，顺垄斜放沟内，芦头排列整齐，芦头上覆土 5cm 左右，镇压 1 次。移栽后应在苗高 6~10cm 时进行除草、支架、病虫害防治。

294.【紫斑风铃草】

分类地位：桔梗科 风铃草属

蒙名：宝日 — 哄古斤那
别名：山小菜、灯笼花
学名：*Campanula puntata* Lamk.

形态特征：多年生草本，高 20~50cm。茎直立，不分枝或在中部以上分枝，被柔毛。基生叶具长柄，叶片卵形，基部心形；茎生叶有叶片下延的翼状柄或无柄，卵形或卵状披针形，先端渐尖，基部圆形或楔形，边缘有不规则的浅锯齿；叶两面被绒毛，下面沿脉较密。花单个，顶生或腋生，下垂，具长花梗，梗上被柔毛；花萼被柔毛，萼裂片直立，披针状狭三角形，顶端尖，有睫毛，在裂片之间具向后反折的卵形附属体；花冠白色，有多数紫黑色斑点，钟状，外面有很少的柔毛，里面较多，5 浅裂，裂片卵状三角形；雄蕊 5，花药狭条形，花丝有柔毛，柱头 3 裂，条形；蒴果半球状倒锥形，自基部 3 瓣裂；种子灰褐色，矩圆形，稍扁。花期 6~8 月，果期 7~9 月。2n=34。

生境：中生植物。生于林间草甸、林缘及灌丛中。见于大兴安岭、科尔沁、辽河平原、燕山北部等地。

产地：产呼伦贝尔市（根河市、额尔古纳市、鄂伦春自治旗、牙克石市），通辽市（科尔沁左翼后旗大青沟），赤峰市（克什克腾旗、红山区、翁牛特旗、喀喇沁旗、宁城县），锡林郭勒盟（锡林浩特市）。分布于我国东北、华北及陕西、甘肃、河南西部、湖北西部、四川北部，日本、朝鲜也有。

用途：花大而美，可供观赏。全草入药，能清热解毒、止痛，主治咽喉炎、头痛。

栽培管理要点：尚无人工引种驯化栽培。

295.【大青山风铃草（亚种）】

分类地位：桔梗科 风铃草属

蒙名：毛您 — 哄古斤那

学名：*Campanula glomerata* L. subsp. *daqingshanica* Hong et Y. Z.Zhao

形态特征：多年生草本。根茎较细长，斜生或横走。茎直立，高 14~50cm，单一或很少分枝，具纵条棱，被疏柔毛，有时近无毛。基生叶和下部茎生叶具长柄，长椭圆形或卵状披针形，先端渐尖或锐尖，基部圆形或近圆形；上部茎生叶无柄，越向茎顶，叶片越来越短而宽，呈卵状三角形，先端渐尖，基部半抱茎；叶上面深绿色，下面浅绿色，两面被柔毛，下面毛较密。花无梗或近无梗，常于茎顶簇生，少于叶腋簇生；萼裂片 5，钻状三角形，绿色，外面被疏柔毛，边缘具睫毛；1/3 筒状钟形，蓝紫色，外面无毛或近无毛。5 中裂至花冠的 1/3 处，裂片披针状卵形；雄蕊 5，离生，花药黄色，柱头 3 裂，条形，反卷。蒴果倒卵状圆锥形，3 室，自基部 3 瓣裂；种子矩圆形，扁。花期 7~8 月，果期 9 月。

生境：中生植物。生于山地草甸、林缘及林间草甸。见于燕山北部、阴山等地。

产地：产乌兰察布市（兴和县苏木山、卓资县、凉城县蛮汉山），呼和浩特市（大青山）。正种分布于我国的新疆北部，欧洲、中亚及西伯利亚也有。

用途：全草入药，能清热解毒、止痛，主治咽喉炎、头痛。可作为野生观赏资源。

栽培管理要点：尚无人工引种驯化栽培。

296.【聚花风铃草（亚种）】

分类地位：桔梗科 风铃草属

蒙名：巴和 — 哄古斤那

学名：*Campanula glomerata* L.subsp. *cephalotes* (Nakai) Hong

形态特征：本亚种与正种的区别在于：植株高 40~125cm，根状茎粗短；茎有时上部分枝。茎叶几乎无毛，或疏或密被白色细毛；基生叶基部浅心形，长 7~15cm，宽 1.7~7cm；花除于茎顶簇生外，下面还在多个叶腋簇生。

生境：中生植物。生于山地草甸及灌丛中。见于大兴安岭等地。

产地：产呼伦贝尔市（根河市、额尔古纳市、鄂伦春自治旗、陈巴尔虎旗、鄂温克族自治旗、新巴尔虎左旗），兴安盟（科尔沁右翼前旗），锡林郭勒盟（东乌珠穆沁旗宝格达山）。分布于我国东北，蒙古东部、朝鲜、日本、俄罗斯也有。

用途：药用同前亚种。可作为野生观赏资源。

栽培管理要点：尚无人工引种驯化栽培。

297.【轮叶沙参】

分类地位：桔梗科 沙参属

蒙名：塔拉音 — 哄呼 — 其其格

别名：南沙参

学名：*Adenophora tetraphylla* (Thunb.) Fisch.

形态特征：多年生草本，高 50~90cm。茎直立，单一，不分枝，无毛或近无毛。茎生叶 4~5 片轮生，倒卵形、椭圆状倒卵形、狭倒卵形、倒披针形、披针形、条状披针形或条形，先端渐尖或锐尖，基部楔形，叶缘中上部具锯齿，下部全缘，两面近无毛或被疏短柔毛，无柄或近无柄。圆锥花序，分枝轮生；花下垂，小苞片细条形；萼裂片 5，丝状钻形，全缘；花冠蓝色，口部微缢缩呈坛状，5 浅裂；雄蕊 5；花柱明显伸出，被短毛，柱头 3 裂。蒴果倒卵球形。花期 7~8 月，果期 9 月。2n=34。

生境：中生植物。生于河滩草甸、山地林缘、固定沙丘间草甸。见于大兴安岭、呼锡高原、科尔沁、辽河平原、赤峰丘陵、燕山北部等地。

产地：产呼伦贝尔市（额尔古纳市、鄂伦春自治旗、阿荣旗、陈巴尔虎旗），兴安盟（科尔沁右翼前旗、扎赉特旗），通辽市（科尔沁左翼后旗），赤峰市（阿鲁科尔沁旗、巴林右旗、翁牛特旗、敖汉旗、喀喇沁旗、宁城县），锡林郭勒盟（东和西乌珠穆沁旗、锡林浩特市）。分布于我国东北、华北、华中、华东、华南及陕西、四川、贵州，越南、朝鲜、日本也有。

用途：根入药（药材名：南沙参），能润肺、化痰、止咳，主治咳嗽痰黏、口燥咽干。也作蒙药用（蒙药名：鲁都特道日基），能消炎散肿、祛黄水，主治风湿性关节炎、神经痛、黄水病。沙参属植物中根肥大与本种类似者，均可作"南沙参"药用。可作为野生观赏资源。

栽培管理要点：栽培地选择地势高燥、土层深厚、疏松、富含腐殖质的沙质壤土地块种植。于上年秋冬季深翻土壤，结合整地施入厩肥或堆肥 37.5~45t/hm²，然后整地做成宽 1.5m 的高畦。用种子繁殖，春播于 4 月上中旬土壤解冻后进行，秋播于晚秋 11 月土壤冻结前进行，用种量 22.5kg/hm² 左右，覆土 1~1.5cm，稍压紧，然后浇水湿润，畦面盖草保温、保湿。出苗后揭去盖草，进行中耕除草及追肥，施入清淡人畜粪水 37.5t/hm² 左右。当幼苗长出 2~3 片真叶时，分批间苗，按株距 7~10cm 定苗。每年进行 3 次除草，结合除草追肥一次，施入稀薄人畜粪水 37.5~45t/hm²。忌积水，雨季及灌大水后要及时排除积水，以免烂根。生长期间做好蚜虫和钻心虫的防治。

七十、菊科

298.【全叶马兰】

分类地位：菊科 马兰属

蒙名：舒古日 — 赛哈拉吉

别名：野粉团花、全叶鸡儿肠

学名：*Kalimeris integrifolia* Turcz.ex DC.

形态特征： 植株高30~70cm，茎直立，单一或帚状分枝，具纵沟棱，被向上的短硬毛。叶灰绿色，基生叶与茎下部叶花时凋落；茎中部叶密生，条状披针形、条状倒披针形或披针形，先端尖或钝，基部渐狭，全缘，常反卷，两面密被细的短硬毛，无叶柄；上部叶渐小，条形，先端尖。头状花序；总苞片3层，披针形，绿色，周边褐色或红紫色，先端尖或钝，背部有短硬毛及腺点，边缘膜质，有缘毛，外层者较短；舌状花1层，舌片淡紫色；管状花有毛。瘦果倒卵形，淡褐色，扁平而有浅色边肋，或一面有肋而呈三棱形。上部有微毛及腺点，褐色，易脱落。花果期8~9月。2n=20。

生境： 中生植物。生于山地、林缘、草甸草原、河岸、沙质草地或固定沙丘上，或路旁等处。见于大兴安岭北部及南部、辽河平原、科尔沁、燕山北部、赤峰丘陵、阴山等地。

产地： 产呼伦贝尔市（扎兰屯市），通辽市（科尔沁左翼后旗、大青沟），赤峰市（巴林右旗、敖汉旗）。分布于我国北部，西伯利亚也有。

用途： 花较雅致、美丽，可栽培供观赏。

栽培管理要点： 尚无人工引种驯化栽培。

299.【翠菊】

分类地位：菊科 翠菊属

蒙名：米日严 — 乌达巴拉
别名：江西腊、六月菊
学名：*Callistephus chinensis* (L.) Nees.

形态特征：一年生或二年生草本，高 30~60cm。茎直立，粗壮，绿色或紫红色，具纵条棱，疏被白色长硬毛，上部常有分枝。基生叶与茎下部叶通常在花时凋落；茎中部叶卵形、菱状卵形、匙形以至圆形，先端渐尖、锐尖或稍钝。基部宽楔形、楔形，边缘有不规则的粗大锯齿，两面及叶缘疏被糙硬毛；上部叶渐小，菱状倒披针形或条形。头状花序单生于枝顶；总苞半球形，总苞片 3 层，外层者绿色，倒披针形或椭圆状披针形，先端钝尖。边缘有白色长硬毛，中层者淡红色，匙形，较短，先端钝圆，具小齿，内层者矩圆形，短；舌状花雌性，紫色、蓝色、红色或白色；管状花两性，上端 5 齿裂；花药基部圆钝；花柱分枝三角形，具乳头状毛。瘦果倒卵形，褐色或淡褐色，先端楔形，基部渐狭，密被短柔毛。冠毛 2 层，外层者短，膜质冠状，易脱落，内层者较长，羽毛状。花期 7~9 月。2n=18，36。

生境：中生植物。生于山坡、林缘或灌丛中。见于呼锡高原、阴山等地。

产地：产锡林郭勒盟（多伦县、西乌珠穆沁旗），乌兰察布市（兴和县、察哈尔右翼中旗、卓资县、凉城县），赤峰市（克什克腾旗、宁城县），呼和浩特市（武川县、大青山），包头市，并常栽于城市庭院中。分布于我国东北、华北以及四川、云南，朝鲜、日本也有。

用途：花较大、美丽，可栽培供观赏。

栽培管理要点：尚无人工引种驯化栽培。

300.【阿尔泰狗娃花】

分类地位：菊科 狗娃花属

蒙名：阿拉泰音 — 布荣黑

别名：阿尔泰紫菀

学名：*Heteropappus altaicus* (Willd.) Novopokr.

形态特征: 多年生草本，高 (5) 20~40cm，全株被弯曲短硬毛和腺点。根多分歧，黄色或黄褐色。茎多由基部分枝，斜生，也有茎单一而不分枝或由上部分枝者。茎和枝均具纵条棱。叶疏生或密生，条形、条状矩圆形、披针形、倒披针形，或近匙形，先端钝或锐尖，基部渐狭，无叶柄，全缘；上部叶渐小。头状花序单生于枝顶或排成伞房状；总苞片草质，边缘膜质，条形或条状披针形，先端渐尖；舌状花淡蓝紫色。瘦果矩圆状倒卵形，被绢毛。冠毛污白色或红褐色，有不等长的微糙毛。花果期 5~9 月。2n=18。

生境： 中旱生植物。广泛生于干草原与草甸草原带，也生于山地、丘陵坡地、沙质地、路旁及村舍附近等处。是重要的草原伴生植物，在放牧较重的退化草原中，其种群常有显著增长，成为草原退化演替的标志种。见于全区各地。

产地： 产全区各地。分布于我国东北、华北、西北以及湖北、四川等省区，西伯利亚、中亚及蒙古也有。

用途： 可作为野生绿化资源。全草及根入药，全草能清热降火、排脓，主治传染性热病、肝胆火旺、痘疹疮疖；根能润肺止咳，主治肺虚咳嗽、咯血。花又入蒙药 (蒙药名：宝日—拉伯)，能清热解毒、消炎，主治血瘀病、瘟病、流感、麻疹不透。为中等饲用植物，开花前，山羊、绵羊和骆驼喜食，干枯后各种家畜均采食。

栽培管理要点： 尚无人工引种驯化栽培。

301.【东风菜】

分类地位：菊科 东风菜属

蒙名：好您 — 尼都

学名：*Doellingeria scaber* (Thunb.) Nees.

形态特征：多年生草本，高 50~100cm。根茎短，肥厚，具多数细根。茎直立，坚硬，粗壮，有纵条棱，稍带紫褐色，无毛，上部有分枝。基生叶与茎下部叶心形，先端锐尖，基部心形或浅心形，急狭成为长 10~15cm 而带翅的叶柄，边缘有具小尖头的齿或重齿，上面绿色，下面淡绿色，两面疏生糙硬毛；中部以上的叶渐小，卵形或披针形，基部楔形而形成具宽翅的短柄。头状花序多数，在茎顶排列成圆锥伞房状；总苞半球形，总苞片 2~3 层，矩圆形，钝尖，边缘膜质，有缘毛，外层者较短；舌状花雌性，白色，约 10 朵，舌片条状矩圆形，先端钝；管状花两性，黄色，上部膨大，5 齿裂，裂片反卷。瘦果圆柱形或椭圆形，有 5 条厚肋，无毛或近无毛。冠毛 2 层，糙毛状，污黄白色。花果期 7~9 月。2n=18。

生境：中生植物。山地森林种。生于森林草原带的阔叶林中、林缘、灌丛，也进入草原带的山地。见于大兴安岭、辽河平原、科尔沁、燕山北部、阴山等地。

产地：产呼伦贝尔市（根河市、牙克石市、鄂伦春自治旗），通辽市（科尔沁左翼后旗），赤峰市（克什克腾旗、阿鲁科尔沁旗、敖汉旗、宁城县、喀喇沁旗），乌兰察布市（兴和县、卓资县、凉城县），呼和浩特市（和林格尔县、武川县、大青山），包头市。分布于我国东北、北部、中部、东部至南部各省区，朝鲜、日本也有。

用途：可作为野生绿化资源。根及全草入药，能清热解毒、祛风止痛，主治感冒头痛、咽喉肿痛、目赤肿痛、毒蛇咬伤、跌打损伤。可作为野生绿化资源。

栽培管理要点：尚无人工引种驯化栽培。

302.【高山紫菀】

分类地位：菊科 紫菀属

蒙名：塔格音 — 敖登 — 其其格
别名：高岭紫菀
学名：*Aster alpinus* L.

形态特征：多年生草本，植株高 10~35cm。有丛生的茎和莲座状叶丛。茎直立，单一，不分枝，具纵条棱，被疏或密的柔毛。基生叶匙状矩圆形或条状矩圆形，先端圆形或稍尖，基部渐狭成具翅的细叶柄，叶柄有时可长达 10cm，全缘，两面多少被柔毛；中部叶及上部叶渐变狭小，无叶柄。头状花序单生于茎顶，总苞半球形，总苞片 2~3 层，披针形或条形，先端钝或稍尖，具狭或较宽的膜质边缘，背部被疏或密的柔毛；舌状花紫色、蓝色或淡红色，花柱分枝披针形；瘦果密被绢毛，在周边杂有较短的硬毛；冠毛白色。花果期 7~8 月。2n=18，27，36。

生境：中生植物。中旱生高山寒生草原种。广泛生于森林草原地带和草原带的山地草原，也进入森林；喜碎石土壤。见于大兴安岭、科尔沁、燕山北部、赤峰丘陵、呼锡高原、阴山等地。

产地：产呼伦贝尔市（根河市、额尔古纳市、鄂伦春自治旗、牙克石市），兴安盟（科尔沁右翼前旗），赤峰市（阿鲁科尔沁旗、巴林右旗、克什克腾旗、喀喇沁旗、红山区），锡林郭勒盟（东与西乌珠穆沁旗、锡林浩特市），乌兰察布市（四子王旗、察哈尔右翼中旗、凉城县、卓资县、兴和县），呼和浩特市（和林格尔县、武川县、大青山），包头市。分布于河北、山西、新疆北部及东北，也分布于亚洲北部至欧洲。

用途：可栽培供观赏。

栽培管理要点：尚无人工引种驯化栽培。

303.【紫菀】

分类地位：菊科 紫菀属

蒙名：敖登 — 其其格
别名：青菀
学名：*Aster tataricus* L.

形态特征：植株高达 1m，根茎短，簇生多数细根，外皮褐色。茎直立，粗壮，单一，常带紫红色，具纵沟棱，疏生硬毛，基部被深褐色纤维状残叶柄。基生叶大型，花期枯萎凋落，椭圆状或矩圆状匙形，先端钝尖，基部渐狭，延长成具翅的叶柄，边缘有具小凸尖的牙齿，两面疏生短硬毛；下部叶及中部叶椭圆状匙形、长椭圆形或披针形，以至倒披针形，先端锐尖，常带有小尖头，中部以下渐窄成一狭长的基部或短柄，边缘有锯齿或近全缘，两面有短硬毛，中脉粗壮，侧脉 6~10 对；上部叶狭小，披针形或条状披针形以至条形，两端尖，无柄，全缘，两面被短硬毛。头状花序，多数在茎顶排列成复伞房状，总花梗细长，密被硬毛；总苞半球形，总苞片 3 层，外层者较短，内层者较长，全部矩圆状披针形，先端圆形或尖，背部革质，边缘膜质，绿色或紫红色，有短柔毛及短硬毛；舌状花蓝紫色。瘦果，紫褐色，两面各有 1 或 3 脉，有疏粗毛。冠毛污白色或带红色。花果期 7~9 月。2n=54。

生境：中生植物，森林草甸种。生于森林、草原地带的山地林下、灌丛中或山地河沟边。见于大兴安岭、呼锡高原、科尔沁、辽河平原、燕山北部、赤峰丘陵、阴山、阴南丘陵等地。

产地：产呼伦贝尔市(鄂伦春自治旗、鄂温克族自治旗、牙克石市、新巴尔虎左旗)，兴安盟(科尔沁右翼前旗)，通辽市 (扎鲁特旗、科尔沁左翼后旗)，赤峰市 (阿鲁科尔沁旗、巴林右旗、克什克腾旗、敖汉旗、喀喇沁旗、宁城县)，锡林郭勒盟 (锡林浩特市、西乌珠穆沁旗、正蓝旗)，乌兰察布市 (兴和县、卓资县、察哈尔右翼中旗、凉城县)，呼和浩特市 (武川县、和林格尔县、清水河县)，包头市 (大青山)，鄂尔多斯市 (伊金霍洛旗、准格尔旗、乌审旗)。分布于我国东北、华北、西北，朝鲜、日本、俄罗斯也有。

用途：可作为野生绿化资源。根及根茎入药 (药材名：紫菀)，能润肺下气、化痰止咳，主治风寒咳嗽气喘、肺虚久咳、痰中带血。花作蒙药用 (蒙药名：敖纯—其其格)，能清热、解毒、消炎、排脓，主治瘟病、流感、头痛、麻疹不透等。

栽培管理要点：栽培地选择地势平坦、土层深厚、肥沃、土质疏松、排灌方便的沙质壤土。深翻 30cm 以上，施入 2500~3000kg/ 亩腐熟厩肥或 150kg 饼肥，做成 1.3m 宽的平畦。用根状茎繁殖，春栽于 4 月上旬进行，秋栽于 10 月下旬进行。栽前将根茎截成有 2~3 个芽，长 5~10cm 的小段，按行距 25~30cm 开横沟，沟深 6~7cm，株距 10~15cm，放入 1~2 段根状茎，覆土与畦面齐平，轻轻压紧后浇水湿润，上盖一层薄草，保温保湿。根状茎 15~20kg/ 亩。出苗后，及时中耕除草，每年进行 3~4 次。在苗期应适当灌水，保持土壤湿润，进行 3 次，第一次在齐苗后进行，施入人畜粪尿 1000~1500kg/ 亩；第二次在 7 月上中旬，施人畜粪尿 1500~2000kg/ 亩，并配施 10~15kg 过磷酸钙；第三次在封行前进行，施用堆肥 300kg/ 亩，加饼肥 50kg。除留种植株外，8~9 月如发现植株抽薹，要及时剪除。做好根腐病、黑斑病、叶锈病、斑枯病等病虫害防治。

304.【欧亚旋覆花】

分类地位：菊科 旋覆花属

蒙名：阿拉坦 — 导苏乐 — 其其格
别名：旋覆花、大花旋覆花、金沸草
学名：*Inula britanica* L.

形态特征：多年生草本，高 20~70cm，根状茎短，横走或斜生。茎直立，单生或 2~3 个簇生，具纵沟棱，被长柔毛，上部有分枝，稀不分枝。基生叶和下部叶在花期常枯萎，长椭圆形或披针形，下部渐狭成短柄或长柄；中部叶长椭圆形，先端锐尖或渐尖，基部宽大，无柄，心形或有耳，半抱茎，边缘有具小尖头的疏浅齿或近全缘，上面无毛或被疏毛，下面密被柔毛和腺点，中脉与侧脉被较密的长柔毛；上部叶渐小。头状花序 1~5 个生于茎顶或枝端，苞叶条状披针形。总苞半球形，总苞片 4~5 层，外层者条状披针形，先端长渐尖，基部稍宽，革质，被长柔毛、腺点和缘毛；内层者条形，除中脉外膜质。舌状花黄色，舌片条形。瘦果，有浅沟，被短毛；冠毛 l 层，白色，与管状花冠等长。花果期 7~10 月。2n=16，24，32。

生境：中生植物。生于草甸及湿润的农田、地埂和路旁。见于大兴安岭西南部、呼锡高原、辽河平原、科尔沁、燕山北部、赤峰丘陵、阴山、鄂尔多斯等地。

产地：产呼伦贝尔市（鄂温克族自治旗、新巴尔虎右旗、海拉尔区），通辽市（科尔沁左翼后旗），赤峰市（阿鲁科尔沁旗、巴林右旗、克什克腾旗、红山区、敖汉旗、喀喇沁旗），锡林郭勒盟（东乌珠穆沁旗、锡林浩特市），呼和浩特市，鄂尔多斯市（杭锦旗）。分布于我国东北、华北及新疆；欧洲、中亚，俄罗斯、蒙古、朝鲜及日本也有。

用途：可作为野生观赏资源。花序入药（药材名：旋覆花），能降气、化痰、行水，主治咳喘痰多、噫气、呕吐、胸膈痞闷、水肿。也入蒙药（蒙药名：阿扎斯儿卷），能散瘀、止痛，主治跌打损伤、湿热疮疡。

栽培管理要点：山坡地、河岸地、沟旁地均可种植。肥沃的沙质壤土或富含腐殖质土壤中生长良好；选地后施腐熟有基肥 3000~4000kg/ 亩做基肥，深耕 20~25cm，耙细整平，做宽 1.2m 的畦。种子繁殖按行距 30cm 开浅沟条播，将种子均匀撒入沟内，覆薄土，稍镇压后畦面覆盖稻草或落叶，并浇 1 次透水，保持土壤湿润，20 天左右即可出苗。播种量为 1.5~2g/ 亩。待幼苗长出 3~4 片真叶时，按行、株距 30cm×l5cm 移栽。分株繁殖利用母株根部的分株作繁殖材料，于 4 月中旬至 5 月上旬进行分株繁殖，按行、株距 30cm×l5cm 开穴，将母株旁边所生的新株挖出，分栽于穴中，每穴栽苗 2~3 株，使根部舒展于穴中，盖土压实后浇水。 种子繁殖，当苗高 3~5cm 时，将弱苗和过密的苗间出。苗高 5~10cm 时，按株距 15~20cm 定苗，结合间苗进行定苗，对缺苗处进行补栽；每年 5 月和 7 月及雨后要进行中耕除草和施肥，施肥以人畜粪为主。收割后需进行培土。旋覆花在一地栽种 2~3 年后，母株老根开始部分枯萎，并易患病，应与其他作物轮换栽种。

305.【蓼子朴】

分类地位：菊科 旋覆花属

蒙名：额乐存邮可拉坦 — 导苏乐

别名：绞蛆爬、秃女子草、黄喇嘛、沙地旋覆花

学名：*Inula salsoloides* (Turcz.) Ostenf.

形态特征：多年生草本，高 15~45cm。根状茎横走，木质化，具膜质鳞片状叶。茎直立、斜生或平卧；圆柱形，基部稍木质，有纵条棱，由基部向上多分枝，枝细，常弯曲，被糙硬毛混生长柔毛和腺点。叶披针形或矩圆状条形，先端钝或稍尖，基部心形或有小耳，半抱茎，全缘，边缘平展或稍反卷，稍肉质，上面无毛，下面被长柔毛和腺点，有时两面均被或疏或密的长柔毛和腺点。头状花序，单生于枝端；总苞倒卵形，总苞片 4~5 层，外层者渐小，披针形、长卵形或矩圆状披针形，先端渐尖；内层者较长，条形或狭条形，先端锐尖或渐尖，全部干膜质，基部稍革质，黄绿色，背部无毛或被长柔毛和腺点，上部或全部有缘毛和腺点；舌状花，舌片浅黄色，椭圆状条形。瘦果，具多数细沟，被腺体；冠毛白色，约与花冠等长。花果期 6~9 月。

生境：旱生植物。生于荒漠草原带及草原带的沙地与沙砾质冲积土上，也可进入荒漠带。除大兴安岭北部、东部、西部外，见于其他各地。

产地：除呼伦贝尔市外，产全区各盟市。分布于我国辽宁西部、河北、山西北部、陕西、宁夏、甘肃、青海和新疆，蒙古和中亚也有。

用途：本种可做固沙植物，可作为野生观赏资源。花及全草入药，能清热解毒、利尿，主治疮痈肿毒、黄水疮、湿疹、外感发热、浮肿、小便不利。兽医用作除虫剂。

栽培管理要点：尚无人工引种驯化栽培。

306.【菊 芋】
分类地位：菊科 向日葵属

蒙名：那日图 — 图木苏
别名：洋姜、鬼子姜、洋地梨儿
学名：*Helianthus tuberosus* L.

形态特征：多年生草本，高可达3m。有块状的地下茎及纤维状根。茎直立，被短硬毛或刚毛，上部有分枝。基部叶对生，上部叶互生，下部叶卵形或卵状椭圆形，先端渐尖或锐尖，基部宽楔形或圆形，有时微心形，边缘有粗锯齿，具离基三出脉，上面被短硬毛，下面叶脉上有短硬毛；上部叶长椭圆形至宽披针形，先端渐尖，基部宽楔形；两卉均有具狭翅的叶柄。头状花序直径5~9cm，少数或多数，单生于枝端，有苞叶1~2，条状披针形；总苞片多层，披针形，开展，先端长渐尖，背面及边缘被硬毛；托片矩圆形，上端不等3浅裂，有长毛，边缘膜质，背部有细肋；舌状花通常12~20朵，舌片椭圆形。瘦果楔形，有毛，上端有2~4个有毛的锥状扁芒。花果期8~10月。2n=102。

产地：原产北美，我国各地有栽培。内蒙古一些农区多栽培。为大型中生作物。

用途：块茎可制酱菜或咸菜，供食用；含有丰富的淀粉，又可制菊糖及酒精，菊糖在医药上为治疗糖尿病的良药。块茎及茎叶可入药，能清热凉血、接骨，主治热病、跌打骨伤。花大且艳丽，可供观赏，亦可作饲料。

栽培管理要点：以灌排方便、肥沃的壤土或沙壤地为宜。一般施优质腐熟有机肥3000kg/亩，过磷酸钙20kg、尿素10kg、硫酸钾25kg，施肥后即可将地耙翻整平。春播秋播皆可，春播在3~5月份播种，10月下旬或11月份收获。秋播于10月下旬或11月上中旬播种，翌年收获。秋播宜采用整块茎播种，春播宜采用切块播种。整块播种时单个块茎重20~30g为宜，切块播种要求块重20g左右，每个块至少有1个芽眼。种植密度为4000~5000株/亩，行距55~60cm，株距25~30cm，挖5~10cm深的土坑，将块茎萌芽点向上放入土中，覆土后用脚轻轻镇压，播种时若天气干燥，要适量浇水。春播后约30天出苗。齐苗后适当追肥、浇水，然后中耕除草，并培土低垄，干旱浇小水，到块茎膨大再浇水，遵循"见干见湿"的原则。如茎叶生长过于茂盛时，宜摘顶，促使块茎膨大。春播菊芋出苗前应以提温保墒为主，保持地块表土湿润，一般少浇水，如土壤干旱应适当浇水；秋播菊芋出苗前应以防涝保墒为主，播后视墒情而灌水，保持土壤湿润。出苗至团棵期以保墒促长为主，团棵期到开花期以保墒为主，遇土壤干旱应及时浇水。菊芋块茎在土下生长，一见光就停止生长，因此要及时培土，培土高度以10~20cm为宜。培土时土壤含水量要适宜，土要细碎、膨松，切忌培泥垄。同时，对于越年生的菊芋地，要结合中耕和培土及时疏苗或补苗，使植株生长均匀，以保证获得较高的产量。苗期一般不追肥，如底肥不足，根据植株生长状况，可用5mg/kg磷酸二氢钾叶面追肥1~2次，也可在块茎膨大前追施三元复合

肥 15kg/ 亩左右或碳酸氢氨 40kg/ 亩左右。一般在 11 月份前后，菊芋叶片干枯，茎秆变成褐色时，即可收割茎叶、挖出块茎。菊芋块茎较耐低温，也可根据需要灵活掌握收挖时间。若作种用，可在翌春收挖。

307.【牛膝菊】

分类地位：菊科 牛膝菊属

蒙名：嘎力苏干 — 额布苏
别名：辣子草
学名：*Galinsoga parviflora* Cav.

形态特征：一年生草本，高 30 余厘米。茎纤细，不分枝或自基部分枝，枝斜生，具纵条棱，疏被柔毛和腺毛。叶卵形至披针形，先端渐尖或钝，基部圆形、宽楔形或楔形，边缘有波状浅锯齿或近全缘，掌状三出脉或不明显五出脉，两面疏被伏贴的柔毛，沿叶脉及叶柄上的毛较密。头状花序直径 3~4mm；总苞半球形，总苞片 1~2 层，约 5 个，外层者卵形，顶端稍尖，内层者宽卵形，端钝圆，绿色，近膜质；舌状花冠白色，顶端 3 齿裂，管部外面密被短柔毛；管状花冠下部密被短柔毛。托片倒披针形，先端 3 裂或不裂。瘦果，具 3 棱或中央的瘦果 4~5 棱，黑褐色，被微毛。舌状花的冠毛毛状，管状花的冠毛膜片状，白色，披针形。花果期 7~9 月。2n =26，32。

生境：生于路边、田边。见于大兴安岭东部。

产地：产呼伦贝尔市（扎兰屯市），原产南美洲。

用途：可作为绿化点缀之用。全草入药，能止血、消炎，可治外伤出血、扁桃体炎、急性黄疸型肝炎。

栽培管理要点：栽培地选择肥沃疏松的田块，每亩施入有机肥 1000kg，做成宽 1.5m 的高畦，播种育苗，于 10~11 月把种子均匀撒播在细碎平整的苗床上，盖一层细土，以看不见种子为宜，再盖一层黑纱，淋透水，苗长至 4 片真叶时按 25cm×30cm 株行距定植。缓苗后，及时追肥，每隔 10~15 天，每亩施尿素 10~15kg，并保持土壤湿润。

308.【紫花野菊】

分类地位：菊科 菊属

蒙名：宝日 — 乌达巴拉

别名：山菊

学名：*Dendranthema zawadskii.*(Herb.) Tzvel.

形态特征：多年生草本，高10~30cm。有地下匍匐根状茎。茎直立，不分枝或上部分枝，具纵棱，紫红色，疏被短柔毛。基生叶花期枯萎；中下部叶具狭翅，基部稍扩大，微抱茎，叶片卵形、宽卵形或近卵形，二回羽状分裂；一回为几全裂，侧裂片1~3对；二回为深裂或半裂，小裂片三角形或斜三角形，先端尖，两面有腺点，疏被短柔毛或无毛；上部叶渐小，长椭圆形至条形，羽状深裂或不裂。头状花序2~5个在茎枝顶端排列成疏伞房状，极少单生，直径3~5cm；总苞浅碟状；总苞片4层，外层的条形或条状披针形，中内层的椭圆形或长椭圆形，全部苞片边缘具白色或褐色膜质，仅外层的外面疏被短柔毛；舌状花粉红色、紫红色或白色。瘦果矩圆形，黑褐色。花果期7~9月。2n = 45，54，72。

生境：中生植物。生于山地林缘，林下或山顶，为伴生种。见于大兴安岭、呼锡高原等地。

产地：产呼伦贝尔市（大兴安岭、鄂温克族自治旗），锡林郭勒盟（东与西乌珠穆沁旗、锡林浩特市、太仆寺旗），赤峰市（克什克腾旗、阿鲁科尔沁旗、喀喇沁旗）。分布于我国东北及河北、山西、陕西、甘肃、安徽等省区，蒙古、俄罗斯及欧洲也有。

用途：可作为观赏植物。

栽培管理要点：尚无人工引种驯化栽培。

309.【小红菊】

分类地位：菊科 菊属

蒙名：乌兰 — 乌达巴拉
别名：山野菊
学名：*Dendranthema chanetii* (Levl.) Shih

形态特征：多年生草本，高 10~60cm。具匍匐的根状茎。茎单生或数个丛生，直立或基部弯曲，中部以上多分枝，呈伞房状，稀不分枝，茎与枝疏被皱蓝柔毛，少近无毛。基生叶及茎中下部叶肾形、宽卵形、半圆形或近圆形，宽略等于长，通常 3~5 掌状或掌式羽状浅裂或半裂，少深裂，侧裂片椭圆形至宽卵形，顶裂片较大或与侧裂片相等，全部裂片边缘有不整齐钝齿、尖齿或芒状尖齿，叶上面绿色，下面灰绿色，疏被或密被柔毛以至无毛，并密被腺点，叶片基部近心形或楔形；上部叶卵形或近圆形，接近花序下部的叶为椭圆形、长椭圆形以至条形，羽裂、齿裂或不分裂。头状花序直径 2~4cm，少数（约 2 个）至多数（约 15 个）在茎枝顶端排列成疏松的伞房状，极少有单生于茎顶的。总苞碟形，总苞片 4~5 层，外层者条形，仅先端膜质或呈圆形扩大而膜质，边缘缝状撕裂，外面疏被长柔毛，中内层者渐短，宽倒披针形、三角状卵形至条状长椭圆形，全部总苞片边缘白色或褐色膜质。

舌状花白色、粉红色或红紫色，先端 2~3 齿裂；瘦果顶端斜截，下部渐狭，具 4~6 条脉棱。花果期 7~9 月。

生境：中生植物。生长于山坡、林缘及沟谷等处。见于大兴安岭南部、赤峰丘陵、燕山北部、阴山、贺兰山等地。

产地：产赤峰市（阿鲁科尔沁旗、红山区、宁城县），乌兰察布市（卓资县、兴和县、凉城县），呼和浩特市（武川县、和林格尔县、大青山），阿拉善盟（贺兰山）。分布于我国东北、华北及甘肃、青海，朝鲜也有。

用途：可作为野生观赏植物。

栽培管理要点：尚无人工引种驯化栽培。

310.【小甘菊】

分类地位：菊科 小甘菊属

蒙名：矛日音 — 阿给

别名：金扭扣

学名：*Cancrinia discoidea* (ledeb.) Poljak.

形态特征：二年生草本，高 5~15cm。茎纤细，直立或斜生，被灰白色绵毛，由基部多分枝。叶肉质，灰白色，密被绵毛至近无毛，矩圆形或卵形，一至二回羽状深裂，侧裂片 2~5 对，每个裂片又有 2~5 个浅裂或深裂片，稀全缘，小裂片卵形或宽条形，钝或短渐尖，叶柄长，基部扩大。头状花序单生于长 4~16cm 的梗上，总苞半球形，革质，疏被柔毛；外层总苞片少数，条状披针形，先端尖，边缘窄膜质，内层者条状矩圆形，先端钝，边缘宽膜质；花托锥状球形；管状花花冠黄色。瘦果灰白色，无毛，具 5 条纵棱，顶端具长约 0.5mm 的膜质小冠，5 浅裂。花果期 6~8 月。

生境：旱生植物。生于石质残丘坡地及丘前冲积覆沙地，为戈壁荒漠的偶见伴生种。见于东阿拉善。

产地：产巴彦淖尔市（乌拉特后旗），阿拉善（阿拉善左旗）。分布于我国甘肃、新疆和西藏。蒙古，西伯利亚及中亚也有。

用途：可作为干旱区野生绿化资源。

栽培管理要点：尚无人工引种驯化栽培。

311.【灌木亚菊】

分类地位：菊科 亚菊属

蒙名：宝塔力格 — 宝如乐吉
别名：灌木艾菊
学名：*Ajania fruticulosa* (Ledeb.) Poljak.

形态特征：小半灌木，高 10~40cm。根粗长，木质，上部发出多数或少数直立或倾斜的花枝和当年不育枝。花枝细长，灰绿色或绿色，基部木质，常发褐色、黄褐色以至红色，具条棱，密被灰色贴伏的短柔毛或分叉短毛，上部多少作伞房状分枝。叶灰绿色，基生叶花期枯萎脱落；茎下部叶及中部叶二回掌状或掌式羽状 3~5 全裂，小裂片狭条形或条状矩圆形，先端钝或尖，叶无柄或具短柄，基部常有狭条形假托叶；枝上部叶 3~5 全裂或不分裂；全部叶两面被短柔毛或分叉短毛以及腺点。头状花序 3~25 个在枝端排列成伞房状，花梗纤细，苞叶狭条形；总苞钟状或宽钟形，疏被短柔毛或无毛；总苞片 4 层，外层者宽披针形或卵形，中内层者矩圆状倒卵形，全部总苞片中为淡绿色，边缘膜质，淡褐色；边缘雌花 8 枚，花冠细管状，通常稍扁。两性花花冠管状，全部花冠黄色，外面有腺点。瘦果矩圆形，褐色。花果期 8~9 月。

生境：强旱生小半灌木。生于荒漠化草原至荒漠地带的低山及丘陵石质坡地，为常见伴生种。见于呼锡高原、乌兰察布、鄂尔多斯、阿拉善、贺兰山等地。

产地：产锡林郭勒盟 (苏尼特左旗)，包头市 (达尔罕茂明安联合旗)，鄂尔多斯市 (乌审旗、鄂托克旗)，巴彦淖尔市 (乌拉特中旗)，乌海市，阿拉善盟 (阿拉善左旗、贺兰山、额济纳旗)。分布于我国陕西、甘肃、青海、新疆、西藏，蒙古及中亚也有。

用途：可作为干旱区野生绿化资源。为优等饲用植物，绵羊、山羊和骆驼终年喜食，春季与秋季，马、牛喜食。

栽培管理要点：尚无人工引种驯化栽培。

312.【湿生千里光】
分类地位：菊科 千里光属

蒙名：那木根 — 给其根那
学名：*Senecio arcticus* Rupr.

形态特征：二年生草本，高 20~100cm，具须根。茎中空，基部直径达 lcm，被腺毛和曲柔毛，幼株茎上部毛较密，基部有时光滑，茎单一，上部分枝，有时基部分枝。基生叶及下部叶密集，矩圆形或披针形，先端钝，基部半抱茎，边缘具缺刻状锯齿、波状齿或近羽状半裂，通常两面无毛，具宽叶柄或无柄；茎中部叶卵状披针形或披针形，基部抱茎，通常两面被曲柔毛；上部叶较小，具较密的曲柔毛和腺毛。头状花序在枝端排列成聚伞状，花序梗被曲柔毛和腺毛，苞叶狭条形；总苞片条形，基部密生穗柔毛，边缘膜质，无外层小总苞片；舌状花亮黄色。瘦果圆柱形，棕色，光滑，具明显的纵肋；冠毛白色。花果期 7~8 月。2n=40。

生境：湿生植物。生于湖边沙地或沼泽，有时可形成密集的群落片断。见于大兴安岭北部及南部、呼锡高原等地。

产地：产呼伦贝尔市（牙克石市），赤峰市（克什克腾旗），锡林郭勒盟（锡林浩特市）。分布于我国东北和华北，蒙古、俄罗斯及欧洲也有。

用途：可作为野生绿化资源。

栽培管理要点：尚无人工引种驯化栽培。

313.【掌叶橐吾】

分类地位：菊科 橐吾属

蒙名：阿拉嘎力格 — 扎牙海
学名：*Ligularia przewalskii* (Maxim.) Diels

形态特征：植株高 60~90cm。茎直立，具纵沟棱，无毛，或上部疏被柔毛，基部有褐色的枯叶纤维。基生叶掌状深裂，宽过于长，基部近心形，裂片 7，近菱形，中裂片 3，侧裂片 2~3，先端渐尖，边缘有不整齐缺刻与疏锯齿或有披针形以至条形的小裂片，上面深绿色，下面淡绿色，两面无毛或沿叶脉及裂片边缘疏被柔毛，基部扩大而抱茎；茎生叶少数，掌状深裂，有基部扩大而抱茎的短柄，有时具 2~3 裂或不分裂而作披针形的苞叶状。头状花序多数在茎顶排列成总状，苞叶条形；总苞圆柱形，总苞片 5~7，在外的条形，在内的矩圆形，先端钝或稍尖，上部有微毛；舌状花 2 个，舌片匙状条形，先端有 3 齿。瘦果褐色，圆柱形；冠毛紫褐色。花期 7~8 月。

生境：中生植物。生于山地林缘灌丛、草甸、沟谷及溪边。见于阴山、贺兰山等地。

产地：产乌兰察布市（蛮汉山），巴彦淖尔市（乌拉山），阿拉善盟（贺兰山）。分布于我国山西、陕西、宁夏、甘肃、青海、四川、江苏。

用途：可作为野生绿化资源。

栽培管理要点：尚无人工引种驯化栽培。

314.【全缘橐吾】

分类地位：菊科 橐吾属

蒙名：扎牙海
学名：*Ligularia mongolica*（Turcz.）DC.

形态特征：多年生草本，植株高30~80cm，全体呈灰绿色，无毛。茎直立，粗壮，直径3~10mm，具多数纵沟棱，常带紫红色，基部为褐色的枯叶纤维所包围。叶肉质，干后亦较厚；基生叶矩圆状卵形、卵形或椭圆形，先端钝圆，基部微心形，中部急狭而稍下延至叶柄上，全缘或下部有波状浅齿，叶脉羽状，具长柄；茎生叶2~3，椭圆形或矩圆形，中部叶有较短而下部抱茎的短柄，上部叶小，无柄而抱茎。头状花序在茎顶排列成总状，长可达25cm，多数，上部密集，下部渐疏离。苞叶狭小，披针状钻形；总苞圆柱状；总苞片约5~6片，在外的矩圆状条形，先端尖，在内的矩圆状倒卵形，先端钝，边缘宽膜质，背部有微毛；舌状花通常3~5，舌片短圆形。瘦果暗褐色，冠毛淡红褐色。花果期5~9月。

生境：旱中生植物。生于山地灌丛、石质坡地、具丰富杂类草的草甸草原和草甸。见于大兴安岭、科尔沁、呼锡高原、阴山、阴南丘陵等地。

产地：产呼伦贝尔市（扎兰屯市），通辽市（扎鲁特旗），赤峰市（巴林右旗与左旗、翁牛特旗、克什克腾旗），锡林郭勒盟（西乌珠穆沁旗、太仆寺旗），乌兰察布市（卓资县、凉城县、察哈尔右翼中旗、兴和县），呼和浩特市（和林格尔县、武川县、大青山）。分布于我国东北、华北，蒙古、朝鲜也有。

用途：可作为野生绿化资源。

栽培管理要点：尚无人工引种驯化栽培。

315.【箭叶橐吾】

分类地位：菊科 橐吾属

蒙名：苏门 — 扎牙海

学名：*Ligularia sagitta* (Maxim.) Mattf.

形态特征： 多年生草本，植株高 25~75cm。茎直立，单一，具明显的纵沟棱，被蛛丝状丛卷毛及短柔毛，基部为褐色枯叶纤维所包裹。基生叶 2~3，三角状卵形，先端钝或有小尖头，基部近心形或戟形，边缘有细齿，上面绿色，无毛，下面淡绿色，初被蛛丝状毛，后无毛，有羽状脉，侧脉约 7~8 对，具有狭翅并基部扩大而抱茎的叶柄；中部叶渐小，有扩大而抱茎的短柄；上部叶渐变为条形或披针状条形的苞叶。头状花序在茎顶排列成总状，长可达 20cm，基部有条形苞叶，被蛛丝状毛，总苞钟状或筒状，果熟时下垂；总苞片约 8 片，在外的披针状条形，在内的矩圆状披针形，先端尖，常黑紫色，有微毛；舌状花 5~9，舌片矩圆状条形，先端有 3 齿，管状花约 10 个。冠毛白色，约与管状花等长。瘦果褐色。花期 8 月。2n=10。

生境： 湿中生植物。河滩杂类草草甸伴生种，亦生于河边沼泽。见于大兴安岭北部、呼锡高原、阴南丘陵等地。

产地： 产呼伦贝尔市（大兴安岭），锡林郭勒盟（多伦县），鄂尔多斯市（伊金霍洛旗）。分布于我国河北、山西、陕西、宁夏、甘肃、青海、西藏、四川。

用途： 可作为野生绿化资源。

栽培管理要点： 尚无人工引种驯化栽培。

316.【橐吾】
分类地位：菊科 橐吾属

蒙名：扎牙海
别名：西伯利亚橐吾、北橐吾
学名：*Ligularia sibirica* (L.) Cass.

形态特征：多年生草本，植株高 30~90cm。茎直立，单一，具明显的纵沟棱，疏被蛛丝状毛或近无毛，常带紫红色，基部为枯叶纤维所包裹。基生叶 2~3，心形、卵状心形、箭状卵形、三角状心形或肾形，先端钝或稍尖，基部心形、近箭形，或向外开展呈戟形，有时近楔形，边缘有细齿，上面深绿色，下面浅绿色，两面无毛或疏被蛛丝状毛，有时为短柔毛，基部成鞘状；茎生叶 2~3，渐小，三角形、三角状心形或卵状形，有基部扩大而抱茎的短柄；上部叶渐变成为卵形或披针形的苞叶。头状花序在茎顶排列成总状，有时为复总状，10~30多个；花后常下垂；总苞钟状或筒状，基部有条形苞叶，总苞片 7~10，在外的披针状条形或条形，在内的矩圆状披针形，背部有微毛；舌状花 6~10，舌片矩圆形，先端有 2~3 齿；管状花 20 余个，瘦果褐色；冠毛污白色，约与管状花冠等长，花果期 7~9 月。2n=60。

生境：中生、湿中生植物。生于林缘草甸、河滩柳灌丛、沼泽。见于大兴安岭北部及南部、科尔沁、呼锡高原等地。

产地：产呼伦贝尔市(根河市、额尔古纳市)，兴安盟(扎鲁特旗)，锡林郭勒盟(锡林浩特市、正蓝旗)。分布于我国东北及河北、山西、陕西、甘肃、四川、湖南、安徽、云南、贵州，西伯利亚及欧洲也有。

用途：可作为野生绿化资源。

栽培管理要点：尚无人工引种驯化栽培。

317.【砂蓝刺头】

分类地位：菊科 蓝刺头属

蒙名：额乐存乃 — 扎日阿 — 敖拉
别名：刺头、火绒草
学名：*Echinops gmelini* Turcz.

形态特征：一年生草本，高 15~40cm。茎直立，稍具纵沟棱，白色或淡黄色，无毛或疏被腺毛或腺点，不分枝或有分枝。叶条形或条状披针形，先端锐尖或渐尖，基部半抱茎，无柄，边缘有白色硬刺，刺长达 5mm，两面均为淡黄绿色，有腺点，或被极疏的蛛丝状毛、短柔毛，或无毛无腺点，上部叶有腺毛，下部叶密被绵毛。复头状花序单生于枝端，直径 1~3cm，白色或淡蓝色；头状花序基毛多数，污白色，不等长，糙毛状；外层总苞片较短，条状倒披针形，先端尖，中部以上边缘有睫毛，背部被短柔毛；中层者较长，长椭圆形，先端渐尖成芒刺状，边缘有睫毛；内层长短圆形，先端芒裂，基部深褐色，背部被蛛丝状长毛；花冠管部白色，有毛和腺点，花冠裂片条形，淡蓝色。瘦果倒圆锥形，密被贴伏的棕黄色长毛。花期 6 月，果期 8~9 月。2n=26。

生境：喜沙的旱生植物。为荒漠草原地带和草原化荒漠地带常见伴生杂类草，并可沿固定沙地、沙质撂荒地深入到草原地带、森林草原地带及居民点、畜群点周围。见于呼锡高原、大兴安岭、科尔沁、辽河平原、赤峰丘陵、乌兰察布、阴南丘陵、鄂尔多斯、阿拉善等地。

产地：产呼伦贝尔市（陈巴尔虎旗、新巴尔虎左旗与右旗），兴安盟（科尔沁右翼中旗），通辽市（科尔沁左翼后旗、库伦旗），赤峰市（阿鲁科尔沁旗、翁牛特旗、巴林右旗、红山区、敖汉旗），锡林郭勒盟（西乌珠穆沁旗、锡林浩特市、正蓝旗、镶黄旗、苏尼特右旗、二连浩特市），乌兰察布市（集宁区、凉城县），包头市（达尔罕茂明安联合旗），鄂尔多斯市（乌审旗、鄂托克旗），巴彦淖尔市（乌拉特中旗、后旗与前旗），阿拉善盟。分布于我国东北及河北、山西、河南、陕西、宁夏、甘肃、青海、新疆，蒙古及西伯利亚也有。

用途：可作为干旱区野生绿化资源。

栽培管理要点：尚无人工引种驯化栽培。

318.【火烙草】

分类地位：菊科 蓝刺头属

蒙名：斯尔日图 — 扎日阿 — 敖拉
学名：*Echinops przewalskii* Iljin

形态特征： 多年生草本，高 30~40cm。根粗壮，木质。茎直立，具纵沟棱，密被白色绵毛，不分枝或有分枝。叶革质，茎下部及中部叶长椭圆形、长椭圆状披针形或长倒披针形，二回羽状深裂，一回裂片卵形，常呈皱波状扭曲，全部具不规则缺刻状下裂片及短刺的小齿，在裂片边缘上有小刺，刺黄色，粗梗，刺长 5~8mm；上面黄绿色，疏被蛛丝状毛，下面密被灰白色绵毛，叶脉凸起，叶柄较短，边缘有短刺；上部叶变小，椭圆形，羽状分裂，无柄。复头状花序单生于枝端，直茎 5~5.5cm，蓝色；头状花序基毛多数，白色，扁毛状不等长，比头状花序短 2 倍或更短；总苞片 18~20 片，无毛，外层者较短而细，基部条形，先端匙形而具小尖头，边缘有少数长睫毛；中层者矩圆形或条状棱形，先端细尖，边缘膜质，中部以上边缘有少数睫毛，内层者长椭圆形，基部稍窄，先端有短刺和睫毛；花冠白色，花冠裂片条形，蓝色。瘦果圆柱形，密被黄褐色柔毛；冠毛长约 1mm，宽鳞片状，由中部连合，黄色。

生境： 为嗜沙砾质的强旱生轴根植物。荒漠草原地带、草原化荒漠地带，以及典型荒漠地带石质山地及沙砾质戈壁、沙质戈壁常见杂类草，亦可沿干燥的石质山地阳坡进入草原地带，甚至森林地带。见于阴南丘陵、贺兰山等地。

产地： 产鄂尔多斯市（准格尔旗），阿拉善盟（贺兰山）。分布于我国山西、甘肃、山东，蒙古也有。

用途： 可作为野生绿篱资源。

栽培管理要点： 尚无人工引种驯化栽培。

319.【美花风毛菊】

分类地位：菊科 风毛菊属

蒙名：高要 — 哈拉特日干那
别名：球花风毛菊
学名：*Saussurea pulchella* (Fisch.) Fisch.

形态特征：多年生草本，高 30~90cm。根状茎纺锤状，黑褐色。茎直立，有纵沟棱，红褐色，被短硬毛和腺体或近无毛，上部分枝。基生叶具长柄，矩圆形或椭圆形，长 12~15cm，宽 4~6cm，羽状深裂或全裂，裂片条形或披针状条形，先端长渐尖，全缘或具条状披针形小裂片及小齿，两面有短糙毛和腺体；茎下部叶及中部叶与基生叶相似；上部叶披针形或条形。头状花序在茎顶或枝端排列成密集的伞房状，具长或短梗，总苞球形或球状钟形，直径 10~15mm；总苞片 6~7 层，疏被短柔毛，外层者卵形或披针形，内层者条形或条状披针形，两者顶端有膜质粉红色圆形而具齿的附片；花冠淡紫色，长 12~13mm，狭管部长 7~8mm，檐部长 4~5mm。瘦果圆柱形，长约 3mm。冠毛 2 层，淡褐色，内层者长约 8mm。花果期 8~9 月。2n=26。

生境：中生植物。山地森林草原地带及森林地带林缘、灌丛及沟谷草甸常见伴生种。见于大兴安岭西北部、呼锡高原、辽河平原等地。

产地：产呼伦贝尔市（牙克石市、鄂温克族自治旗、新巴尔虎左旗），通辽市（科尔沁左翼后旗），锡林郭勒盟（东乌珠穆沁旗）。分布于我国东北、华北；蒙古、朝鲜、日本、俄罗斯也有。

用途：可作为野生绿化资源。

栽培管理要点：尚无人工引种驯化栽培。

320.【草地风毛菊】

分类地位：菊科 风毛菊属

蒙名：塔拉音 — 哈拉特日干那
别名：驴耳风毛菊、羊耳朵
学名：*Saussurea amara* (L.) DC.

形态特征：多年生草本，高 20~50cm。粗壮，茎直立，具纵沟棱，被短柔毛或近无毛，分枝或不分枝。基生叶与下部叶椭圆形、宽椭圆形或矩圆状椭圆形，长 10~15cm，宽 1.5~8cm，先端渐尖或锐尖，基部楔形，具长柄，全缘或有波状齿至浅裂，上面绿色，下面淡绿色，两面疏被柔毛或近无毛，密布腺点，边缘反卷；上部叶渐变小，披针形或条状披针形，全缘。头状花序多数，在茎顶和枝端排列成伞房状，总苞钟形或狭钟形，长 12~15mm，直径 8~12mm；总苞片 4 层，疏被蛛丝状毛和短柔毛，外层者披针形或卵状，先端尖，中层和内层者矩圆形或条形，顶端有近圆形膜质，粉红色而有齿的附片；花冠粉红色，长约 15mm；狭管部长约 10mm，檐部长约 5mm，有腺点。瘦果矩圆形，长约 3mm；冠毛 2 层，外层者白色，内层者长约 10mm，淡褐色。花期 8~9 月。2n=26。

生境：中生植物。村旁、路边常见杂草。见于全区各地。

产地：产全区各地。分布于我国东北、华北和西北，蒙古、俄罗斯及欧洲也有。

用途：可作为野生绿化资源。

栽培管理要点：尚无人工引种驯化栽培。

321.【风毛菊】

分类地位：菊科 风毛菊属

蒙名：哈拉特日干那
别名：日本风毛菊
学名：*Saussurea japorica* (Thunb.) DC.

形态特征：二年生草本，高50~150cm。根纺锤状，黑褐色。茎直立，有纵沟棱，疏被短柔毛和腺体，上部多分枝。基生叶与下部叶具长柄，矩圆形或椭圆形，羽状半裂或深裂，顶裂片披针形，侧裂片7~8对，矩圆形、矩圆状披针形或条状披针形以至条形，先端钝或锐尖，全缘，两面疏被短毛和腺体；茎中部叶向上渐小；上部叶条形、披针形或长椭圆形羽状分裂或全缘，无柄。头状花序多数，在茎顶和枝端排列成密集的伞房状；总苞筒状钟形，疏被蛛丝状毛，总苞片6层，外层者短小，卵形，先端钝尖，中层至内层者条形或条状披针形，先端有膜质、圆形而具小齿的附片，带紫红色；花冠紫色。瘦果暗褐色，圆柱形，冠毛2层，淡褐色，外层者短，内层者长约8mm。花果期8~9月。2n=26，28。

生境：中生植物。广泛分布于草原地带山地、草甸草原、河岸草甸、路旁及撂荒地。见于大兴安岭、辽河平原、科尔沁、赤峰丘陵、燕山北部、呼锡高原、阴山、阴南丘陵等地。

产地：产呼伦贝尔市（根河市、额尔古纳市），通辽市（科尔沁左翼后旗），赤峰市（阿鲁科尔沁旗、红山区、宁城县），锡林郭勒盟（东乌珠穆沁旗、锡林浩特市、正蓝旗、太仆寺旗、多伦县、苏尼特右旗），乌兰察布市（兴和县、凉城县），呼和浩特市（武川县、大青山），巴彦淖尔市（乌拉山）。分布于我国东北、华北、西北、华南、华东，朝鲜及日本也有。

用途：可作为野生绿化资源。

栽培管理要点：尚无人工引种驯化栽培。

322.【牛蒡】

分类地位：菊科 牛蒡属

蒙名：得格个乐吉
别名：恶实、鼠粘草
学名：*Arctium lappa* L.

形态特征：植株高达 1m。根肉质，呈纺锤状，直径可达 8cm，深达 60cm 以上。茎直立，粗壮，具纵沟棱，带紫色，被微毛，上部多分枝。基生叶大形，丛生，宽卵形或心形，先端钝，具小尖头，基部心形，全缘，波状或有小牙齿，上面绿色，疏被短毛，下面密被灰白色绵毛，叶柄长，粗壮，具纵沟，被疏绵毛；茎生叶互生，宽卵形，具短柄；上部叶渐变小。头状花序单生于枝端，或多数排列成伞房状，直径 2~4cm；总苞球形；总苞片无毛或被微毛，边缘有短刺状缘毛，先端钩刺状，外层者条状披针形，内层者披针形；管状花冠红紫色。瘦果椭圆形或倒卵形，灰褐色；冠毛白色。花果期 6~8 月。2n=32，36。

生境：大型中生杂草，嗜氮植物，常见于村落路旁、山沟、杂草地，也有栽培。见于大兴安岭北部及南部、辽河平原、科尔沁、燕山北部、赤峰丘陵、阴山、鄂尔多斯、贺兰山、龙首山等地。

产地：产呼伦贝尔市（大兴安岭），通辽市（大青沟），赤峰市（巴林右旗、红山区、喀喇沁旗）。

用途：可作为绿化观赏资源。肥大肉质根供食用的蔬菜，叶柄和嫩叶也可食用。牛蒡子和牛蒡根可入药，能疏散风热、宣肺透疹、消肿解毒，主治风热咳嗽、咽喉肿痛、斑疹不透、风疹作痒、痈肿疮毒。

栽培管理要点：栽培地选择土层深厚、肥沃疏松、有机质含量高、排灌方便的沙壤土地。每亩施充分腐熟的过筛土杂粪 3000kg，及复混肥 50kg 或碳铵 50kg、过磷酸钙 50kg。播种时期为 8 月下旬至 9 月底，种子进行催芽处理，每亩需种子 1.5kg。当长到 5~7cm 时，及时间苗，中耕除草。当牛蒡长至 15cm 左右时，每亩施尿素 15kg，促进花芽的形成。及时培土，防止倒伏减产，注意病虫害防治。

323.【蝟菊】

分类地位：菊科 蝟菊属

蒙名：扎日阿嘎拉吉

学名：*Olgaea lomonosowii* (Trautv.) Iljin

形态特征: 多年生草本，高 15~30cm。根粗壮，木质，暗褐色。茎直立，具纵沟棱，密被灰白色绵毛，不分枝或由基部与下部分枝。枝细，毛较稀疏，叶近革质，基生叶矩圆状倒披针形，先端钝尖，基部渐狭成柄，羽状浅裂或深裂，裂片三角形、卵形或卵状矩圆形，边缘具不等长小刺齿，上面浓绿色，有光泽，无毛，叶脉凹陷，下面密被灰白色毡毛，脉隆起；茎生叶矩圆形或矩圆状倒披针形，向上渐小，羽状分裂或具齿缺，有小刺尖，基部沿茎下延成窄翅；最上部叶条状披针形，全缘或具小刺齿。头状花序较大，单生于茎顶或枝端；总苞碗形或宽钟形，总苞片多层，条状披针形，先端具硬长刺尖，暗紫色，具中脉 1 条，背部被蛛丝状毛与微毛，边缘有短刺状缘毛，外层者短，质硬而外弯，内层者较长，直立或开展。管状花两性，紫红色，花冠裂片 5，顶端钩状内弯；花药尾部结合成鞘状，包围花丝。瘦果矩圆形，稍扁，基部着生面稍歪斜；冠毛污黄色，不等长，长达 22mm，基部结合。花果期 8~9 月。

生境: 中旱生植物。典型草原地带较为常见的伴生种，喜生于沙壤质、砾质栗钙土，也常出现于西部山地阳坡草原石质土上。见于大兴安岭西南部、科尔沁、呼锡高原、赤峰丘陵、阴山、贺兰山等地。

产地: 产呼伦贝尔市 (陈巴尔虎旗、新巴尔虎左旗与右旗)，通辽市 (扎鲁特旗)，赤峰市 (阿鲁科尔沁旗、巴林右旗、克什克腾旗、翁牛特旗、红山区)，锡林郭勒盟 (东与西乌珠穆沁旗、锡林浩特市、正蓝旗、多伦县、镶黄旗、太仆寺旗)，呼和浩特市 (大青山)，巴彦淖尔市 (乌拉山)，阿拉善盟 (贺兰山)。分布于我国吉林、河北、山西、甘肃、宁夏，蒙古也有。

用途: 可作为绿化观赏资源。

栽培管理要点: 尚无人工引种驯化栽培。

324.【鳍蓟】

分类地位：菊科 蝟菊属

蒙名：洪古日朱拉
别名：白山蓟、白背、火媒草
学名：*Olgaea leucophylla* (Turcz.) Iljin

形态特征：植株高 15~70cm。根粗壮，暗褐色。茎粗壮，坚硬，具纵沟棱，密被白色绵毛，基部被褐色枯叶柄纤维，不分枝或少分枝。叶长椭圆形或椭圆状披针形，先端锐尖或渐尖，具长针刺，基部沿茎下延成或宽或窄的翅，边缘具不规则的疏牙齿，或为羽状浅裂，裂片和齿端以及叶缘均具不等长的针刺，上面绿色，无毛或疏被蛛丝状毛。叶脉明显，下面密被灰白色毡毛，基生叶具长柄，向上逐渐变短，以至无柄。头状花序较大，直径 3~5cm，单生于枝端，有时在枝端具侧生的头状花序 1~2，较小，总苞钟状或卵状钟形，总苞片多层，条状披针形，先端具长刺尖，背部无毛或被微毛或疏被蛛丝状毛，边缘有短刺状缘毛，外层者较短，绿色，质硬而外弯，内层者较长，紫红色，开展或直立；管状花粉红色。瘦果矩圆形，苍白色，稍扁，具隆起的纵纹与褐斑；冠毛黄褐色，长达 25mm。花果期 6~9 月。

生境：沙生旱生植物。喜生于沙质、沙壤质栗钙土、棕钙土及固定沙地，为草原带沙地及草原化荒漠地带沙漠中常见的伴生种。本种由半干旱区到干旱区，植株体态、高矮变异很大。为亚洲中部特有种。见于呼锡高原、大兴安岭西南部、辽河平原、科尔沁、赤峰丘陵、乌兰察布、阴山、阴南丘陵、鄂尔多斯、阿拉善等地。

产地：产呼伦贝尔市(新巴尔虎左旗与右旗)，通辽市(科尔沁左翼后旗)，赤峰市(巴林右旗、克什克腾旗、阿鲁科尔沁旗、敖汉旗)，锡林郭勒盟，乌兰察布市，呼和浩特市，包头市，鄂尔多斯市，巴彦淖尔市(乌拉特后旗与前旗、磴口县)，乌海市，阿拉善盟(阿拉善左旗与右旗)。分布于我国东北及山西、宁夏、陕西、甘肃，蒙古也有。

用途：可作为绿化观赏资源。

栽培管理要点：尚无人工引种驯化栽培。

325.【莲座蓟】

分类地位：菊科 蓟属

蒙名：呼呼斯根讷
别名：食用蓟
学名：*Cirsium esculentum* (Sievers) C.A.Mey.

形态特征：多年生无茎或近无茎草本。根状茎短，粗壮，具多数褐色须根。基生叶簇生，矩圆状倒披针形，先端钝或尖，有刺，基部渐狭成具翅的柄，羽状深裂，裂片卵状三角形，钝头，全部边缘有钝齿与或长或短的针刺，刺长 3~5mm，两面被皱曲多细胞长柔毛，下面沿叶脉较密。头状花序数个密集于莲座状的叶丛中，无梗或有短梗，长椭圆形；总苞无毛，基部有 1~3 个披针形或条形苞叶；总苞片 6 层，外层者条状披针形，刺尖头，稍有睫毛；中层者矩圆状披针形，先端具长尖头；内层者长条形，长渐尖。花冠红紫色，瘦果矩圆形，褐色，有毛；冠毛白色面下部带淡褐色，与花冠近等长。花果期 7~9 月。2n= 34。

生境：本种为典型草原地带、森林草原地带、河漫滩阶地、滨湖阶地以及山间谷地杂类草甸、杂类草、苔草草甸中较常见的恒有伴生植物，喜生于潮湿而通气良好的典型草甸土，中性耐寒，为标准的莲座型草甸杂草。扩展铺地垒长的莲座型叶片，直径有时可达 50cm 以上，往往占据很大的空间，对其他植物的生长和种子更新表现明显的抑制性。见于大兴安岭、呼锡高原、科尔沁等地。

产地: 产呼伦贝尔市 (额尔古纳市、牙克石市、陈巴尔虎旗、鄂温克族自治旗、新巴尔虎左旗)，赤峰市 (阿鲁科尔沁旗、巴林右旗、克什克腾旗)，锡林郭勒盟 (东和西乌珠穆沁旗、锡林浩特市、阿巴嘎旗、正蓝旗、镶黄旗)，乌兰察布市 (察哈尔右翼中旗)。分布于我国东北及新疆，蒙古、俄罗斯也有。

用途：其植株形态独特，可做绿化点缀植物。根入蒙药 (蒙药名：塔卜长图—阿吉日嘎纳)，能排脓止血、止咳消痰，主治肺脓肿、支气管炎、疮痈肿毒、皮肤病。

栽培管理要点：尚无人工引种驯化栽培。

326.【麻花头】

分类地位：菊科 麻花头属

蒙名：洪古日—扎拉
别名：花儿柴
学名：*Serratula centauroides* L.

形态特征： 植株高 30~60cm。根状茎短，黑褐色，具多数褐色须状根。茎直立，具纵沟棱，被皱曲柔毛，下部较密，基部常带紫红色，有褐色枯叶柄纤维，不分枝或上部有分枝。基生叶与茎下部叶椭圆形，羽状深裂或羽状全裂，稀羽状浅裂，裂片矩圆形至条形，先端钝或尖，具小尖头，全缘或有疏齿，两面无毛或仅下面脉上及边缘被疏皱曲柔毛，具长柄或短柄；中部叶及上部叶渐变小，无柄，裂片狭窄。头状花序数个单生于枝端，具长梗；总苞卵形或长卵形，上部稍收缩，基部宽楔形或圆形；总苞片 10~12 层，黄绿色，无毛或被微毛，顶部暗绿色，具刺尖头，刺长0.5mm，有 5 条脉纹，并被蛛丝状毛，外层者较短，卵形，中层者卵状披针形，内层

者披针状条形，顶端渐变成直立而呈皱曲干膜质的附片；管状花淡紫色或白色。瘦果矩圆形，褐色；冠毛淡黄色，长 5~8mm。花果期 6~8 月。

生境： 中旱生植物。为典型草原地带、山地森林草原地带以及夏绿阔叶林地区较为常见的伴生植物，有时在沙壤质土壤上可成为亚优势种，在老年期撂荒地上局部可形成临时性优势杂草。见于大兴安岭、呼锡高原、辽河平原、科尔沁、燕山北部、赤峰丘陵、阴山、阴南丘陵、乌兰察布、鄂尔多斯等地。

产地： 产呼伦贝尔市（额尔古纳市、根河市、鄂伦春自治旗、牙克石市、陈巴尔虎旗、新巴尔虎左旗与右旗、海拉尔区、满洲里市），通辽市（科尔沁左翼后旗），赤峰市（巴林右旗、克什克腾旗、敖汉旗、喀喇沁旗），锡林郭勒盟（东与西乌珠穆沁旗、锡林浩特市、正蓝旗、镶黄旗、太仆寺旗、多伦县），乌兰察布市（四子王旗、察哈尔右翼中旗、卓资县、兴和县），呼和浩特市（武川县、大青山），包头市（达尔罕茂明安联合旗、九峰山），鄂尔多斯市（伊金霍洛旗），巴彦淖尔市（乌拉特中旗与前旗）。分布于我国东北及河北、山西、陕西，蒙古及西伯利亚也有。

用途： 可做干旱区绿化点缀植物。

栽培管理要点： 尚无人工引种驯化栽培。

327.【漏芦】

分类地位：菊科 漏芦属

蒙名：洪古乐朱日
别名：祁州漏芦、和尚头、大口袋花、牛馒头
学名：*Stemmacantha uniflora* (L.) Dittrich

形态特征：植株高 20~60cm。主根粗大，圆柱形。直径 l~2cm，黑褐色。茎直立，单一，具纵沟棱，被白色绵毛或短柔毛，基部密被褐色残留的枯叶柄。基生叶与下部叶叶片长椭圆形，羽状深裂至全裂，裂片矩圆形、卵状披针形或条状披针形，先端尖或钝，边缘具不规则牙齿，或再分出少数深裂或浅裂片，裂片及齿端具短尖头，两面被或疏或密的蛛丝状毛与粗糙的短毛，叶柄较长，密被绵毛；中部叶及上部叶较小，有短柄或无柄。头状花序直径 3~6cm；总苞宽钟状，基部凹入；总苞片上部干膜质，外层与中层者卵形或宽卵形，成掌状撕裂，内层者披针形或条形；管状花花冠淡紫红色，狭管部与具裂片的檐部近等长。瘦果棕褐色；冠毛淡褐色，不等长，具羽状短毛，长达 2cm。花果期 6~8 月。2n=24。

生境：中旱生植物。山地草原、山地森林草原地带石质干草原、草甸草原较为常见的伴生种。见于大兴安岭、科尔沁、辽河平原、燕山北部、赤峰丘陵、呼锡高原、阴山、阴南丘陵、鄂尔多斯、贺兰山等地。

产地：产呼伦贝尔市（额尔古纳市、牙克石市、陈巴尔虎旗、鄂温克族自治旗、新巴尔虎左旗、海拉尔区），通辽市（科尔沁左翼后旗），赤峰市（巴林右旗、克什克腾旗、红山区、敖汉旗、喀喇沁旗、宁城县），锡林郭勒盟（东与西乌珠穆沁旗），乌兰察布市（凉城县、卓资县），呼和浩特市（武川县），包头市（大青山），巴彦淖尔市（乌拉山），鄂尔多斯市（鄂托克旗），阿拉善盟（贺兰山）。分布于我国东北、华北、西北、俄罗斯、朝鲜、日本、蒙古也有。

用途：可做干旱区绿化点缀植物。根入药（药材名：漏芦），能清热解毒、消痈肿、通乳，主治乳痈疮肿、乳汁不下、乳房胀痛。花入蒙药（蒙药名：洪古尔珠尔），能清热、解毒、止痛，主治感冒、心热、痢疾、血热及传染性热症。

栽培管理要点：栽培地选向阳坡地，或者沙质土壤土地。深翻 25~30cm，每亩施入腐熟的农家肥 1500kg~2000kg。6 月下旬将种子均匀地撒播于床面，每 4cm² 播 1 粒种子，覆土 1~1.5cm，搭遮阴棚或盖遮阴物。10~20 天长两片真叶，进行移栽，结合除草、松土，选择傍晚或阴天进行穴栽，每穴 1 株，株距 12~15cm，行距 15cm。移栽定苗之后，进行除草、松土、浇水，第 2 年清明过后开始返青出苗，在床面上撒一些过筛农家肥。在开花前再撒一些磷酸二氢钾，每亩 3~5kg，提高开花结实率。第 3 年是关键的一年，除重复上一年的管理工作外，选择粗壮植株留种，其余一律打去花顶，促进根系发达。8 月上旬再追磷、钾肥 1 次，提高其产量和药材质量。栽培季节注重防治根腐病和蛴螬、蝼蛄等病虫害防治。

328.【毛连菜】

分类地位：菊科 毛连菜属

蒙名：查希巴 — 其其格

别名：枪刀菜

学名：*Picris davurica* Fisch.

形态特征： 二年生草本，高 30~80cm。茎直立，具纵沟棱，有钩状分叉的硬毛，基部稍带紫红色，上部有分枝。基生叶花期凋萎；下部叶矩圆状披针形或矩圆状倒披针形，先端钝尖，基部渐狭成具窄翅的叶柄，边缘有微牙齿，两面被具钩状分叉的硬毛；中部叶披针形，无叶柄，稍抱茎；上部叶小，条状披针形。头状花序多数在茎顶排列成伞房圆锥状，梗较细长，有条形苞叶；总苞筒状钟形，总苞片3层，黑绿色，先端渐尖，背面被硬毛和短柔毛，外层者短，条形，内层者较长，条状披针形；舌状花淡黄色，舌片基部疏生柔毛。瘦果稍弯曲，红褐色；冠毛污白色，长达 7mm。花果期 7~8 月。2n=10。

生境： 中生植物。生于山野路旁、林缘、林下或沟谷中。见于大兴安岭、呼锡高原、辽河平原、科尔沁、赤峰丘陵、燕山北部、阴山、阴南丘陵等地。

产地： 产呼伦贝尔市 (额尔古纳市、牙克石市、陈巴尔虎旗、鄂温克族自治旗、新巴尔虎左旗、海拉尔区)，通辽市 (科尔沁左翼后旗)，赤峰市 (阿鲁科尔沁旗、巴林左旗和右旗、克什克腾旗、红山区、敖汉旗、喀喇沁旗、宁城县)，锡林郭勒盟 (东乌珠穆沁旗)，乌兰察布市 (卓资县、兴和县、凉城县)，呼和浩特市 (武川县、和林格尔县、大青山)，鄂尔多斯市 (伊金霍洛旗、乌审旗)，巴彦淖尔市 (乌拉山)。分布于我国华北、华东、华中、西北和西南各省区，日本、俄罗斯也有。

用途： 可做绿化点缀植物。全草入蒙药 (蒙药名：希拉—明站)，能清热、消肿、止痛，主治流感、乳痈等。

栽培管理要点： 尚无人工引种驯化栽培。

329.【蒲公英】

分类地位：菊科 蒲公英属

蒙名：巴格巴盖 — 其其格

别名：蒙古蒲公英、婆婆丁、姑姑英

学名：*Taraxacum mongolicum* Hand. –Mazz.

形态特征: 多年生草本, 根圆柱状, 黑褐色, 粗壮。叶倒卵形、倒披针形、条状披针形以至条形, 羽状分裂、倒向羽状分裂、大头羽状分裂。有时近全缘, 侧裂片三角形、长三角形或三角状披针形, 全缘或有齿。花葶单生或数个, 通常红紫色, 上端常被蛛丝状毛; 总苞钟状, 外层总苞片直立, 宽卵形、卵状披针形或披针形, 边缘夹膜质, 内层总苞片条形或条状披针形, 两者先端具角状突起; 舌状花冠黄色或白色。瘦果淡褐色或褐色, 上部具刺状突起, 中部以下具小瘤状突起; 冠毛白色。2n=24, 32。

生境: 中生杂草。广泛生于山坡草地、路边、阳坡、河岸沙质地。几遍及全区各地。

产地: 几产全区。分布于我国东北、华北、华东、华中、西北、西南, 朝鲜、蒙古及西伯利亚也有。

用途: 具一定的绿化观赏功能, 嫩叶可食。全草入药, 能清热解毒、利尿散结。主治急性乳腺炎、淋巴腺炎、瘰疬、疔毒疮肿、急性结膜炎、感冒发热、急性扁桃体炎、急性支气管炎、胃炎、肝炎、胆囊炎、尿路感染。全草入蒙药(蒙药名: 巴格巴盖—其其格), 能清热解毒, 主治乳痈、淋巴腺炎、胃热等。

栽培管理要点: 栽培地选择土壤肥沃、湿润的向阳夹沙壤土地块, 播前浇透水, 施足底肥, 一般 10000m² 施腐熟农家肥 45000~75000kg, 过磷酸钙 300kg。播种采用撒播、条播, 夏季播种, 秋季定植, 播种量每平方米 3g 左右, 覆土约 0.3~0.5cm。出苗后, 幼苗 3~5 片叶时开始分苗。定植后, 新叶生长前一般情况下不浇水。如土壤干旱时可用喷壶浇水。新叶长出后可视土壤墒情浇水, 畦面土表风干见湿为宜。同时开始松土打垄, 发现缺苗要及时补苗, 栽后 2~3 周内不宜浇水, 以防烂根。在施足基肥的基础上, 蒲公英生长过程中一般不施用化肥, 以保证蒲公英品质。

330.【苣荬菜】

分类地位：菊科 苦苣菜属

蒙名：嘎希棍—诺高
别名：取麻菜、甜苣、苦菜
学名：*Sonchus arvensis* L.

形态特征：多年生草本，高 20~80cm。茎直立，具纵沟棱，无毛，下部常带紫红色，通常不分枝。叶灰绿色，基生叶与茎下部叶宽披针形、矩圆状披针形或长椭圆形，先端钝或锐尖，具小尖头，基部渐狭成柄状，柄基稍扩大，半抱茎，具稀疏的波状牙齿或羽状浅裂，裂片三角形，边缘有小刺尖齿，两面无毛；中部叶与基生叶相似，但无柄，基部多少呈耳状，抱茎；最上部叶小，披针形或条状披针形。头状花序多数或少数在茎顶排列成伞房状，有时单生，直径 2~4cm。总苞钟状；总苞片 3 层，先端钝，背部被短柔毛或微毛，外层者较短，长卵形，内层者较长，披针形；舌状花黄色。瘦果矩圆形，褐色，稍扁，两面各有 3~5 条纵肋，微粗糙；冠毛白色，长达 12mm。花果期 6~9 月。2n=18，36，54，60，64。

生境：为田间杂草。生于田间、村舍附近及路边。中生性农田杂草。见于全区各地。

产地：产全区。我国北部分布甚普遍，朝鲜、日本、蒙古也有。

用途：其嫩茎叶可供食用，春季挖采制作凉拌菜。全草入药 (药材名：败酱)，能清热解毒、消肿排脓、祛瘀止痛，主治肠痈、疮疖肿毒、肠炎、痢疾、带下、产后瘀血腹痛、痔疮。

栽培管理要点：栽培地选择地势高，阳光比较充足，土壤腐殖质含量丰富，质地较为松软的壤土或沙壤土地块，深翻细耕，结合整地，1m² 施有机肥 5kg，然后耙平，做成宽 1~1.2m 的平畦。条播，春季一般在 4 月中旬播种，秋季可在 7 月下旬至 8 月上旬播种，播种量为 2~3g/m²。出苗后经常喷水保持土壤湿润，并及时松土除杂草，进入 9 月下旬，需结合灌水追施 1 次有机肥，施肥量为 1.5kg/m²。到收获前灌 2~3 次水。为了获得高产，需在 2~3 叶期进行 1 次叶面追肥，喷施 0.5%~1% 的尿素溶液。苣荬菜栽培过程中，很少发生病害，虫害以蚜虫危害较重。

331.【苦苣菜】

分类地位：菊科 苦苣菜属

蒙名：嘎希棍 一 诺高
别名：苦菜、滇苦菜
学名：*Sonchus oleraceus* L.

形态特征：一或二年生草本，高 30~80cm。根圆锥形或纺锤形。茎直立，中空，具纵沟棱，无毛或上部有稀疏腺毛，不分枝或上部有分枝。叶柔软，无毛，长椭圆状披针形，羽状深裂、大头羽状全裂或羽状半裂，顶裂片大，宽三角形，侧裂片矩圆形或三角形，有时侧裂片与顶裂片等大，少有叶不分裂的，边缘有不规则刺状尖齿；下部叶有矩翅短柄，柄基扩大抱茎，中部叶及上部叶无柄，基部宽大成戟状耳形而抱茎。头状花序数个，在茎顶排列成伞房状，直径约 2cm，梗或总苞下部疏生腺毛；总苞钟状，暗绿色；总苞片 3 层，先端尖，背部疏生腺毛并有微毛，外层者卵状披针形，内层者披针形或条状披针形。舌状花黄色。瘦果长椭圆状倒卵形，压扁，褐色或红褐色，边缘具微齿，两面各有 3 条隆起的纵肋，肋间有细皱纹；冠毛白色，长 6~7mm。花果期 6~9 月。2n=16，32。

生境：中生性农田杂草。生于田野、路旁、村舍附近。见于阴山、阴南丘陵、阿拉善等地。

产地：产乌兰察布市（兴和县、凉城县），呼和浩特市，包头市，阿拉善盟（阿拉善左旗与右旗）。广布于全国各地，在全世界分布较普遍。

用途：嫩茎叶可供食用，制作凉拌菜。全草入药，能清热、凉血、解毒，主治痢疾、黄疸、血淋、痔瘘、疔肿、蛇咬。

栽培管理要点：栽培地选择有机质含量丰富，保水保肥力强的土壤，多施腐熟有机肥，少施或不施化肥，保证品质。种子繁殖春、夏、秋均可进行，一般以春播为主，夏秋播为辅。在苦苣菜生长期间要注意浇水、追肥和中耕除草。生长前期浇水 2~3 次，并结合浇水进行中耕松土。雨季要及时排除渍水，以防烂根。苦苣菜以食叶为主，需氮较多。结合浇水施速效性氮肥，或进行叶面追肥，喷施 0.5% 的尿素溶液，以促进叶片生长，提高产量和质量。每采收 1 次茎叶后，及时浇水施肥。

332.【乳苣】

分类地位：菊科 乳苣属

蒙名：嘎鲁棍 — 伊达日阿
别名：紫花山莴苣、苦菜、蒙山莴苣
学名：*Mulgedium tataricum* (L.) DC.

形态特征： 多年生草本，高 (10) 30~70cm，具垂直或稍弯曲的长根状茎。茎直立，具纵沟棱，无毛，不分枝或有分枝。茎下部叶稍肉质，灰绿色，长椭圆形、矩圆形或披针形，先端锐尖或渐尖，有小尖头，基部渐狭成具狭翅的短柄，柄基扩大而半抱茎，羽状或倒向羽状深裂或浅裂，侧裂片三角形或披针形，边缘具浅刺状小齿，上面绿色，下面灰绿色，无毛；中部叶与下部叶同形，少分裂或全缘，先端渐尖，基部具短柄或无柄而抱茎，边缘具刺状小齿；上部叶小，披针形或条状披针形；有时叶全部全缘而不分裂。头状花序多数，在茎顶排列成开展的圆锥状，梗不等长，纤细；总苞片4层，紫红色，先端稍钝，背部有微毛，外层者卵形，内层者条状披针形，边缘膜质；舌状花蓝紫色或淡紫色，瘦果矩圆形或长椭圆形，稍压扁，灰色至黑色，无边缘或具不明显的狭窄边缘，有 5~7 条纵肋，果喙长约 lmm，灰白色；冠毛白色，长 8~12mm。花果期 6~9 月。2n=18。

生境：中生杂类草。常见于河滩、湖边、盐化草甸、田边、固定沙丘等处。见于全区各地。

产地：产全区。广布于我国东北、华北及西北各地；欧洲，印度、伊朗、蒙古、俄罗斯也有。

用途：花蓝紫色或淡紫色，可做干旱区绿化点缀植物。

栽培管理要点：尚无人工引种驯化栽培。

333.【还阳参】
分类地位：菊科 还阳参属

蒙名：宝黑 — 额布斯
别名：屠还阳参、驴打滚儿、还羊参
学名：*Crepis crocea* (Lam.) Babc.

形态特征： 多年生草本，高 5~30cm，全体灰绿色。根直伸或倾斜，木质化，深褐色，颈部覆多数褐色枯叶柄。茎直立，具不明显沟棱，疏被腺毛，混生短柔毛，不分枝或分枝。基生叶丛生，倒披针形，先端锐尖或尾状渐尖，基部渐狭成具窄翅的长柄或短柄，边缘具波状齿，或倒向锯齿至羽状半裂，裂片条形或三角形，全缘或有小尖齿，两面疏被皱曲柔毛或近无毛，有时边缘疏被硬毛；茎上部叶披针形或条形，全缘或羽状分裂，无柄；最上部叶小，苞叶状。头状花序单生于枝端，或 2~4 在茎顶排列成疏伞房状；总苞钟状，混生蛛丝状毛、长硬毛以及腺毛，外层总苞片 6~8，不等长，条状披针形，先端尖，内层者 13，较长，矩圆状披针形，边缘膜质，先端钝或尖，舌状花黄色。瘦果纺锤形，暗紫色或黑色，直或稍弯，具 10~12 条纵肋，上部有小刺；冠毛白色，长 7~8mm。花果期 6~7 月。2n=16。

生境： 中旱生植物。常见于典型草原和荒漠草原带的丘陵沙砾质坡地以及田边、路旁。见于呼锡高原、大兴安岭、乌兰察布、阴山、阴南丘陵、阿拉善等地。

产地： 产呼伦贝尔市（鄂温克族自治旗、新巴尔虎右旗），赤峰市（克什克腾旗），锡林郭勒盟（阿巴嘎旗、苏尼特左旗），乌兰察布市（商都县、集宁区、卓资县、凉城县），包头市（达尔罕茂明安联合旗），呼和浩特市，巴彦淖尔市（乌拉山、乌拉特中旗和后旗），阿拉善盟（阿拉善右旗）。分布于我国东北、华北及西藏，蒙古、俄罗斯也有。

用途： 可做绿化点缀植物。全草入药，能益气、止咳平喘、清热降火，主治支气管炎、肺结核。

栽培管理要点： 尚无人工引种驯化栽培。

334.【山苦荬】

分类地位：菊科 苦荬菜属

蒙名：陶来音 — 伊达日阿
别名：苦菜、燕儿尾
学名：*Ixeris chinensis* (Thunb.) Nakai

形态特征：多年生草本，高 10~30cm，全体无毛。茎少数或多数簇生，直立或斜生，有时斜倚。基生叶莲座状，条状披针形、倒披针形或条形，先端尖或钝，基部渐狭成柄，柄基扩大，全缘或具疏小牙齿或呈不规则羽状浅裂与深裂，两面灰绿色；茎生叶 1~3，与基生叶相似，但无柄，基部稍抱茎。头状花序多数，排列成稀疏的伞房状，梗细；总苞圆筒状或长卵形；总苞片无毛，先端尖；外层者 6~8，短小，三角形或宽卵形，内层者 7~8，较长，条状披针形，花冠黄色、白色或淡紫色。瘦果狭披针形，稍扁，红棕色，喙长约 2mm；冠毛白色，长 4~5mm。花果期 6~7 月。2n=16，32。

生境：中旱生杂草。生于山野、田间、撂荒地、路旁。几见于全区各地。

产地：几产全区，很普遍。分布于我国北部、东部及南部，朝鲜、日本、俄罗斯也有。为田间杂草，枝叶可作养猪与养兔饲料。

用途：可食用。全草入药，能清热解毒、凉血、活血排脓，主治阑尾炎、肠炎、痢疾、疮疖痈肿、吐血、衄血。

栽培管理要点：山苦荬播种前要催芽，先将种子用清水浸泡 4~6 小时，然后捞起沥干，催芽。河沙催芽法即在阴凉处铺上湿润的河沙 20~30cm 厚，然后将浸泡过的种子撒在河沙表面，再铺 1~2cm 湿河沙，并用新鲜菜叶盖上。保温瓶冰块催芽法是将浸泡好的种子，吊在瓶内，在瓶内加上清水、冰块，每隔 1 天冲洗 1 遍并坚持换水和加冰块。冰箱低温催芽法是把浸泡好的种子用纱布包好，放入 15~20℃的冰箱内，并坚持每天冲洗 1 遍。上述催芽约经 2~4 天，有

60%~70% 出芽即可播种。适宜季节可直播育苗，冬春可在拱棚内保温育苗，夏秋季节育苗和生产最好采用遮阳网遮光降温。合理密植：季节不同，苗龄差异较大，夏秋需 20~30 天，冬春需 50~70 天，一般 4~6 片真叶即可定植。株行距要求 15cm×20cm。山苦荬一般采取平畦栽培，山苦荬有 5~6 片真叶时即可定植，行株距 20cm 左右。定植前深翻，施足基肥，一般每亩施腐熟厩肥 3000kg，碳酸氢铵 80~100kg，2m 连沟，深沟高畦。定植后浇足定根水，如遇干旱，以肥水促进。定植后根据各种条件不同，约 30~50 天即可收获。

335.【苦荬菜】

分类地位：菊科 苦荬菜属

蒙名：宝古尼 — 陶来音 — 伊达日阿

别名：苦菜

学名：*Ixeris denticulata* (Houtt.) Stebb.

形态特征： 一年生或二年生草本，高 30~80cm，无毛。茎直立，多分枝，常带紫红色。基生叶花期凋萎；下部叶与中部叶质薄，倒长卵形、宽椭圆形、矩圆形或披针形，先端锐尖或钝，基部渐狭成短柄，或无柄而抱茎，边缘疏具波状浅齿，稀全缘，上面绿色，下面灰绿色，有白粉；最上部叶变小，基部宽具圆耳而抱茎。头状花序多数，在枝端排列成伞房状，具细梗；总苞圆筒形，总苞片无毛，先端尖或钝，外层者 3~6，短小，卵形，内层者 7~9，较长，条状披针形；舌状花黄色，10~17。瘦果纺锤形，黑褐色，喙长 0.2~0.4mm，通常与果身同色；冠毛白色，长 3~4mm。花果期 8~9 月。2n=10, 18。

生境： 中生杂类草。生于山地林缘、草甸、河谷，也常见于路旁及田野。见于辽河平原。

产地： 产通辽市（大青沟）。分布于我国南北各省区；朝鲜、日本、蒙古、越南也有。

用途： 嫩茎叶可食用。全草入药，能清热、解毒、消肿，主治肺痈、乳痈、血淋、疖肿、跌打损伤。

栽培管理要点： 栽培地选择向阳、地势较高的菜园地、缓坡地、台地，以土质疏松、肥沃、排水良好的沙壤土为宜，每亩地施有机肥、土杂肥 1000~1200kg。热带地区一年四季播种栽培，温带地区只春夏季生产。播种时需要进行休眠处理，做好的畦按 15cm 行距，深 2cm 开沟。每亩用种 0.3~0.4kg，覆土 0.5~1cm，浇足水分。苗长到 2~3 片真叶时间苗，多施有机肥，不施化学肥料，不喷或少喷农药。生长期要经常保持土壤湿润，如遇到干旱时要及时浇水。雨后要及时中耕和排除积水，防止涝害烂根死亡。病虫害主要防治蚜虫和白粉虱的危害。

336.【抱茎苦荬菜】

分类地位：菊科 苦荬菜属

蒙名：陶日格 — 陶来音 — 伊达日阿

别名：苦荬菜、苦碟子

学名：*Ixeris sonchifolia* (Bunge) Hance

形态特征：多年生草本，高 30~50cm，无毛。根圆锥形，伸长，褐色。茎直立，具纵条纹，上部多分枝。基生叶多数，铺散，矩圆形，先端锐尖或钝圆，基部渐狭或具窄翅的柄，边缘有锯齿或缺刻状牙齿，或为不规则的羽状深裂，上面有微毛；茎生叶较狭小，卵状矩圆形或矩圆形，先端锐尖或渐尖，基部扩大成耳形或戟形而抱茎，羽状浅裂或深裂，或具不规则缺刻。头状花序多数，排列成密集或疏散的伞房状，具细梗；总苞圆筒形；总苞片无毛，先端尖，外层者 5，短小，卵形，内层者 8~9，较长，条状披针形，背部各具中肋 1 条；舌状花黄色。瘦果纺锤形，黑褐色，喙短，约为果身的 1/4，通常为黄白色；冠毛白色，长 3~4mm。花果期 6~7 月。

生境：中生杂类草。夏季开花的植物。常见于草甸、山野、路旁、撂荒地。见于大兴安岭、呼锡高原、辽河平原、科尔沁、赤峰丘陵、阴山、阴南丘陵、贺兰山等地。

产地：产呼伦贝尔市（额尔古纳市、牙克石市、鄂温克族自治旗、新巴尔虎左旗），兴安盟（科尔沁右翼前旗），通辽市（科尔沁左翼后旗），赤峰市（阿鲁科尔沁旗、巴林右旗、克什克腾旗、红山区、敖汉旗），锡林郭勒盟（锡林浩特市、正蓝旗、太仆寺旗），呼和浩特市（和林格尔县、大青山），包头市（土默特右旗），乌兰察布市（卓资县、凉城县、兴和县、察哈尔右翼中旗），鄂尔多斯市（准格尔旗），阿拉善盟（贺兰山），呼和浩特市（清水河县）。分布于我国东北、华北，朝鲜也有。

用途：同苦荬菜。

栽培管理要点：在播种前，将种子浸泡在初始温度为 40~45℃的温水中，经过 2 小时后捞出种子再沥干水。生产用地的准备：选择在平坦无积水沙壤土地或山坡地，先施入发酵好的农家肥 3000kg/ 亩，深翻地 25cm，做宽 1.2m 的平畦。播种时间为 7 月下旬至 8 月中旬。一种是条播或采用撒播。苗期管理：浇水、间苗、定苗、虫害的防治、追肥。采收时间为 7 月中下旬，采收后扎捆支在一起晾晒，当含水量降至 13%~15% 时，即可贮藏。

七十一、香蒲科

337.【水 烛】

分类地位：香蒲科 香蒲属

蒙名：毛日音 — 哲格斯
别名：狭叶香蒲、蒲草
学名：*Typha angustifolia* L.

形态特征： 多年生草本，高 1.5~2m。根茎短粗，须根多数，褐色，圆柱形。茎直立，具白色的髓部。叶狭条形，下部具圆筒形叶鞘，边缘膜质，白色。穗状花序长 30~60cm，雌雄花序不连接；雄花序狭圆柱形，雄花具 2~3 雄蕊，基部具毛，较雄蕊长，花粉单粒；雌花序雌花具匙形小苞片，先端淡褐色，比柱头短，子房长椭圆形，具细长的柄，基部具多数乳白色分枝的毛，柱头条形，褐色。小坚果褐色。花果期 6~8 月。2n=30、60。

生境： 水生植物。生河边、池塘、湖泊边浅水中。见于大兴安岭北部及南部、赤峰丘陵、呼锡高原、阴南丘陵、阿拉善、龙首山等地。

产地： 产呼伦贝尔市 (牙克石市、额尔古纳市)，兴安盟 (科尔沁右翼前旗、扎赉特旗)，赤峰市 (敖汉旗、翁牛特旗、巴林右旗)，锡林郭勒盟 (苏尼特右旗)，乌兰察布市 (丰镇市)，鄂尔多斯市 (准格尔旗)，巴彦淖尔市 (乌拉特前旗)，阿拉善盟 (阿拉善右旗龙首山、额济纳旗)。分布于全国 (除新疆、广东、广西) 各地，欧洲、北美洲、大洋洲、亚洲北部也有。

用途：可在园林绿化中点缀水面；叶供编织用，蒲绒可做枕芯。花粉及全草或根状茎入药，花粉（药材名：蒲黄），能止血、祛瘀、利尿，主治衄血、咯血、吐血、尿血、崩漏、痛经、产后血瘀、脘腹刺痛、跌打损伤等；全草、根状茎能利尿、消肿，主治小便不利、痈肿等。

栽培管理要点：栽培地选择有浅水、底部最深厚沃土的湖泊或池沼。长江流域一般是从清明到小暑，要求当天挖苗，当天栽植，可以适当密植，株行距50~60cm 见方。栽后，必须有部分叶片露出水面，以进行光合作用和呼吸作用。栽后半个月，在小暑前后用手拔净杂草。每年春季植株萌芽前的一个月，湖、池内要保持 17cm 以上的浅水层，以适应地下根系活动的需要。随着植株萌芽生长加快，水层要逐渐加深，植株长大以后，水层可加深到 60~100cm。水烛栽植5~6 年以后，产量下降，要及时更新。

七十二、禾本科

338.【芦苇】

分类地位：禾本科 芦苇属

蒙名：呼勒斯、好鲁苏
别名：芦草、苇子
学名：*Phragmites australis* (Cav.)Trin.ex Steudel Nomiencl.

形态特征：多年水生或湿生的高大禾草，秆直立，坚硬，高 0.5~2.5m，直径 2~10mm，节下通常被白粉。叶鞘无毛或被细毛；叶舌短，类似横的线痕，密生短毛；叶片扁平，光滑或边缘粗糙。圆锥花序稠密，开展，微下垂，分枝及小枝粗糙；小穗长 12~16mm，通常含 3~5 朵小花；两颖均具 3 脉，第一颖长 4~6mm，第二颖长 6~9mm；外稃具 3 脉，第一小花常为雄花，其外稃狭长披针形，长 10~14.5mm，内稃长 3~4mm；第二外稃长 10~15mm，先端长渐尖，基盘细长，有长 6~12mm 的柔毛，内稃长约 3.5mm，脊上粗糙。花果期 7~9 月。2n=36，48，54，84，96。

生境：湿生植物。在池塘、河边、湖泊水中，常以大片形成所谓芦苇荡，在沼泽化草甸放牧场，也往往形成单纯的繁茂地。同样在盐碱地，干旱的沙丘和多石的坡地上也能生长。见于全区各地。

产地：产全区各盟市。全国均有分布，广布全世界。

用途：可在园林绿化中点缀水面，亦是我国当前主要造纸原料之一，茎秆纤维不仅可造纸，还可作人造棉和人造丝的原料，茎秆也可供编织和盖房用。根茎、茎秆、叶及花序均可入药。根茎（药材名：芦根），能清热生津、止呕、利尿，主治热病频渴、胃热呕逆、肺热咳嗽、肺痈、小便不利、热淋等；茎秆（药材名：苇茎），能清热排脓，主治肺痈吐脓血；叶能清肺止呕、止血、解毒；花序能止血、解毒。根状茎富含淀粉和蛋白质，可供熬糖和酿酒用。因根状茎粗壮，蔓延力强，又是优良固堤和使沼泽变干的植物。是一种优等饲用禾草，叶量大，营养价值较高，在抽穗期以前，由于含糖分较高，有甜味，各种家畜均喜食。抽穗以后，草质逐渐粗糙，适口性下降，但调制成干草，仍为各种家畜所喜食。它再生性特别强，平均每天能长高 1cm，有很强的繁殖能力。

栽培管理要点：栽培地选择地势平坦、灌水和排水方便、交通方便、土壤含盐量低、无杂

草、无病菌的地块，施有机肥 15t/hm²，与土壤充分混合耙平。5月上中旬，当气温达到 10℃ 以上时，开始播种，播种量为 75kg/hm²。播种前，育苗田灌水泡田，2 天后排干，使土壤处于湿润状态后进行均匀播种，并将种子拍入土中。出苗后，加强灌水管理，当幼苗高度达到 5cm 时及时间苗和除草，并加强灌水和施肥，在 7~8 月芦苇出现分蘖后即可进行大田移栽。移栽时，按株行距 1m×1m 进行栽植，每穴 3~5 株，当苗高达到 30cm 后，加强灌水，水层保持 5cm，随生长加深水层，最深不超过 50cm，当年高度可达到 1.5~2m。

339.【草地早熟禾】

分类地位：禾本科 早熟禾属

蒙名：塔拉音 — 伯页力格 — 额布苏
学名：*Poa pratensis* L.

形态特征： 多年生草本，具根茎。秆单生或疏丛生，直立，高 30~75cm。叶鞘疏松裹茎，具纵条纹，光滑；叶舌膜质，先端截平；叶片条形，扁平或有时内卷，上面微粗糙，下面光滑，长 6~15cm，蘖生者长可超过 40cm，宽 2~5mm。圆锥花序卵圆形或金字塔形，开展，长 10~20cm，宽 2~5mm，每节具 3~5 分枝；小穗卵圆形，绿色或稍带紫色，成熟后成草黄色，长 4~6mm，含 2~5 朵小花；颖卵状披针形，先端渐尖，脊上稍粗糙，第一颖长 2.5~3mm，第二颖长 3~3.5mm；外稃披针形，先端尖且略膜质，脊下部 2/3 或 1/2 与边脉基部 1/2 或 1/3 具长柔毛，基盘具稠密而长的白色绵毛，第一外稃长 3~4mm，内稃稍短于或最上者等长于外稃，脊具微纤毛；花药长 1.5~2mm。花期 6~7 月，果期 7~8 月。2n=28，58。

生境： 中生禾草。生于草甸、草甸化草原、山地林缘及林下。见于大兴安岭、科尔沁、呼锡高原、阴山等地。

产地： 产呼伦贝尔市（鄂伦春自治旗、额尔古纳市），兴安盟，赤峰市，锡林郭勒盟（东乌珠穆沁旗），呼和浩特市（大青山）。分布于我国黑龙江、吉林、辽宁、河北、山西、甘肃、山东、四川、江西，广布于北半球温带。

用途： 用作人工草坪的建植。同时也是优等饲用禾草，各种家畜均喜食，牛尤其喜食；它的秆、叶、穗比例是 37.5 : 25 : 37.5，叶量占全株重的 1/4；在开花期其粗蛋白质的含量占干物质的 11.99%，粗脂肪占 3.1%；栽培前景好。

栽培管理要点： 草地早熟禾生长年限较长，适于种在长期草地上。因种子细小，苗期生长缓慢，所以应良好整地，并施足基肥。播种期以秋播为好，但寒冷地区应夏播或春播，以利越冬。条播行距 30cm，播种量每亩 0.25~0.5kg，播深 1~2cm，分蘖期应中耕除草。栽培多年后长势衰退，可利用圆盘耙切破草皮，并结合施氮磷钾等肥料，以利恢复生长。

340.【芨芨草】

分类地位：禾本科 芨芨草属

蒙名：德日苏
别名：积机草
学名：*Achnatherum splendens* (Trfn.) Nevski

形态特征：高大多年生密丛禾草，秆密丛生直立或斜生，坚硬，高 80~200cm，通常光滑无毛。叶鞘无毛或微粗糙，边缘膜质；叶舌披针形，长 5~15mm，先端渐尖；叶片坚韧，长 30~60cm，宽 3~7mm，纵向内卷或有时扁平，上面脉纹凸起，微粗糙，下面光滑无毛。圆锥花序开展，长 30~60cm，开花时呈金字塔形，主轴平滑或具纵棱而微粗糙，分枝数枚簇生，细弱，长达 19cm，基部裸露；小穗披针形，长 4.5~6.5mm，具短柄，灰绿色、紫褐色或草黄色；颖披针形或矩圆状披针形，膜质，顶端尖或锐尖，具 1~3 脉，第一颖显著短于第二颖，具微毛，基部常呈紫褐色；外稃长 4~5mm，具 5 脉，密被柔毛，顶端具 2 微齿；基盘钝圆，长约 0.5mm，有柔毛；芒长 5~10mm，自外稃齿间伸出，直立或微曲，但不膝曲扭转，微粗糙，易断落；内稃脉间有柔毛，成熟后背部多少露出外稃之外；花药条形，长 2.5~3mm，顶端具毫毛。花果期 6~9 月。2n=42，48。

生境：高大的密丛型旱中生耐盐草本植物，是广泛分布在欧亚大陆干旱及半干旱区盐化草甸的建群种。不论在草原区或荒漠区，它多是占据隐域性的低湿地生境。其生长往往有地下水的补给，或接受地表径流的补充。例如：盐化低地、湖盆边缘、丘间谷地、干河床、阶地、侵蚀洼地等都是芨芨草盐化草甸的适宜生境。芨芨草在不同的草原和荒漠亚带往往和完全不同的伴生植物组成不同的群落类型。在典型草原亚带常分别与寸草苔、羊草、野黑麦等组成盐湿草甸群落。在荒漠草原带常与赖草组成盐生草甸或与白刺组成盐生群落。在荒漠区则常常出现各种荒漠化的芨芨草盐化草甸。见于全区各地。

产地：产全区各盟市。分布于我国华北北部、西北地区及黄土高原、青藏高原；伊朗、蒙古、日本、俄罗斯及中亚、欧洲也有。

用途：在下湿地环境可以作为野生绿化资源。优良饲用禾草。在春末和夏初，骆驼和牛乐食，羊和马采食较少；在冬季，植株残存良好，各种家畜均采食，在西部地区对家畜度过寒冬季节有一定的价值。

栽培管理要点：栽培地选择土壤 pH 值在 8.36，总盐含量 6.86% 范围内的土地。采用直播，播种量 0.8kg/ 亩，行距 60cm；移栽，行距 60cm、株距 40cm。浇水 2~3 次/ 年，施肥 20kg/ 亩，分两次施。施肥时间 5 月底、6 月底各 1 次。

341.【沙鞭】

分类地位：禾本科 沙鞭属

蒙名：苏乐
别名：沙竹
学名：*Psammochloa villosa* (Trin.) Box

形态特征：多年生草本。水平根茎长达 2~3m，横生于沙中。秆直立，光滑无毛，高 1~1.5m，径 3~8mm，诸节多密集于秆基部。叶鞘光滑无毛或微粗糙，疏松抱茎，具狭窄的膜质边缘；叶舌膜质，透明，顶端渐尖而通常呈撕裂状，长 4~8mm；叶片质地较坚韧，扁平或边缘内卷，长 30~50cm，宽达 1cm，上面具较密生的细小短毛，下面光滑无毛。圆锥花序较紧缩，直立，长 20~50cm，宽 3~6cm，分枝斜向上升，穗轴及分枝均被细短毛；小穗披针形，含 1 朵小花，白色、灰白色或草黄色，长 10~16mm，小穗柄短于小穗，被较密的细短毛；颖革质，近相等或第一颖较短，先端渐尖至稍钝，具 3~5 脉，疏生白色微毛；外稃纸质，长 10~12mm，具 5~7 脉，背部密生长柔毛，顶端具 2 微裂齿；基盘较钝圆，无毛或疏生细柔毛；芒自外稃顶端裂齿间伸出，直立，长 7~12mm，被较密的细小短毛，易脱落。内稃与外稃等长或近等长，背部圆形，无脊，密生柔毛，具 5 脉，中脉不甚明显，边缘内卷，不为外稃紧密所包裹；花药矩圆形或矩圆状条形，长约 7mm，顶端具毫毛。颖果圆柱形，长 5~8mm，紫黑色。花果期 5~9 月。

生境：多年生长根茎型草本植物，为典型的沙生旱生植物，对流动沙地有很强的适应性，为沙地先锋植物群聚的优势种，在蒙古高原区的典型草原带、荒漠草原带及荒漠带的流动、半流动沙地上均有分布。见于呼锡高原、乌兰察布、阴南丘陵、鄂尔多斯、阿拉善等地。

产地：产锡林郭勒盟（浑善达克沙地、正蓝旗、锡林浩特市），乌兰察布市（察哈尔右翼后旗），鄂尔多斯市（准格尔旗、乌审旗、鄂托克旗），巴彦淖尔市（临河区、磴口县），阿拉善盟（阿拉善左旗与右旗），包头市（达尔罕茂明安联合旗），呼和浩特市（托克托县、和林格尔县）。分布于我国陕西、宁夏、甘肃、青海、新疆，蒙古也有。

用途：颖果可作面粉食用。优良饲用禾草。适口性良好，牛和骆驼喜食，羊乐食，马采食较少。为固沙植物。茎叶纤维可作造纸原料。

栽培管理要点：尚无人工引种驯化栽培。

342.【薏苡】

分类地位：禾本科 薏苡属

蒙名：图布特 — 陶布其
别名：菩提子
学名：*Coix lacruyma-jobi* L.

形态特征：秆直立，较粗壮，高可达 1m 以上。叶鞘光滑，疏松略膨大；叶舌质硬，长约 1mm，先端尖，规则细齿裂，截平；叶片披针形至条状披针形，长 4~20(30)cm，宽 1~2.5cm，两面无毛，上面有点状微突起，中脉在下面凸起，边缘具微刺毛状粗糙。总状花序腋生成束，长 5~7cm，直立，具总梗；雌小穗位于花序之下部，骨质总苞卵球形或较狭长，长 7~12mm，第一颖环包整个小穗，下部膜质，上端较厚，先端钝，具 10 余脉，第二颖包于第一颖中，先端渐尖，背部龙骨状拱曲呈舟形，第一小花仅具外稃，卵状披针形，短于颖，先端渐尖而质较厚，第二小花外稃形相似而较短，先端稍钝，内稃形亦相似而长仅及外稃的 3/4 左右；退化雄蕊 3 枚；雌蕊具长花柱，不育雌小穗 2 朵并列生于一侧，棒状而呈弓形拱曲；无柄雄穗长 6~8.5mm，第一颖背部扁平，两侧内折成脊，具不等宽之翼，先端钝，具多数脉，第二颖稍长，背部具脊，略呈舟形，先端尖；第一小花与小穗等长，第二小花较短，外稃与内稃均膜质透明；雄蕊 3；有柄，雄小穗与无柄相似，但较小甚至有退化者。2n=20。

生境：在内蒙古地区为栽培植物。

产地：呼和浩特市有栽培。我国有野生和栽培者。

用途：本种颖果含丰富的淀粉和脂肪，可供做面食或酿酒，亦可做饲料。颖果及根入药，颖果（药材名：薏苡仁），能健脾利湿、清热利湿、除痹，主治小便不利、水肿、脚气、脾虚泄泻、肺痈、肠痈、肌肉酸重、关节疼痛；根能清热、利尿、杀虫，主治黄疸、水肿、淋病、虫积腹痛。

栽培管理要点：栽培地选择向阳、肥沃的壤土或黏壤土地块种植。每公顷施有机肥 45000~75000kg、过磷酸钙 450~750 kg。用种子繁殖，4月下旬至5月上旬播种，种子进行催芽处理，播种量每亩 30~40kg。株高约 6 cm 或长出 3~4 片叶时，进行第 1 次间苗；长出 5~6 片叶时，按 10cm 左右株距定苗。除草同时进行中耕培土，恰当浇水。分蘖期结束时，每公顷应追施硫酸铵 150kg；孕穗期每公顷可追施硫酸铵 150kg、过磷酸钙 250kg；薏苡穗基本抽齐后，可用 2% 的过磷酸钙水溶液喷施植株上半部。做好黑穗病、叶枯病、玉米螟、黏虫等病虫害防治。

七十三、莎草科

343.【东方藨草】

分类地位：莎草科 藨草属

蒙名：道日那音 — 塔巴牙
别名：朔北林生鹿草
学名：*Scirpus orientalis* Ohwi

形态特征： 多年生草本，具短的根状茎。秆粗壮，高 30~90cm，钝三棱形，平滑。叶鞘疏松，脉间具小横隔；叶片条形，苞片 2~3，叶状，下面 1~2 枚常长于花序 1 至数倍；长侧枝聚伞花序多次复出，紧密或稍疏展，具多数辐射枝，数回分枝，辐射枝及小穗柄均粗糙，每一小穗柄着生 1~3 小穗；小穗狭卵形或披针形，长 4~6mm，宽 1.5~2mm，铅灰色；鳞片宽卵形，具 3 脉，铅灰色；下位刚毛 6 条，与小坚果近等长，直伸，具倒刺；雄蕊 3。小坚果倒卵形，三棱形，浅黄色；柱头 3。花果期 7~9 月。2n=60。

生境： 湿生植物。生于浅水沼泽和沼泽草甸上。见于大兴安岭北部及南部、辽河平原、赤峰丘陵、燕山北部、呼锡高原等地。

产地： 产呼伦贝尔市 (海拉尔区、鄂温克族自治旗)，兴安盟 (科尔沁右翼前旗)，赤峰市 (红山区、克什克腾旗)，锡林郭勒盟 (锡林浩特市)。分布于我国东北及河北、山东、山西、陕西、甘肃，朝鲜、日本、蒙古、俄罗斯也有。

用途： 茎叶可作编织及造纸原料，亦可作牧草。具一定的绿化功能。

栽培管理要点： 尚无人工引种驯化栽培。

344.【寸草苔】

分类地位：莎草科 苔草属

蒙名：朱乐格 — 额布苏（西日黑）
别名：寸草、卵穗苔草
学名：*Carex duriuscula* C. A. Mey.

形态特征：多年生草本；根状茎细长，匍匐，黑褐色。秆疏丛生，纤细，高 5~20cm，近钝三棱形，具纵棱槽，平滑。基部叶鞘无叶片，灰褐色，具光泽，细裂成纤维状；叶片内卷成针状，刚硬，灰绿色，短于秆，两面平滑，边缘稍粗糙。穗状花序通常卵形或宽卵形，长 7~12mm，宽 5~10mm；苞片鳞片状，短于小穗；小穗 3~6 个，雄雌顺序，密生，卵形，长约 5mm，具少数花；雌花鳞片宽卵形或宽椭圆形，锈褐色，先端锐尖，具白色膜质狭边缘，稍短于果囊；果囊革质，宽卵形或近圆形，平凸状，褐色或暗褐色，成熟后微有光泽，两面无脉或具 1~5 条不明显脉，边缘无翅，基部近圆形，具海绵状组织及短柄，顶端急收缩为短喙；喙缘稍粗糙，喙口斜形，白色，膜质，浅 2 齿裂。小坚果疏松包于果囊中，宽卵形或宽椭圆形；花柱短，基部稍膨大，柱头 2。花果期 4~7 月。2n=60。

生境：中旱生植物。生于轻度盐渍低地及沙质地。在盐化草甸和草原的过牧地段可出现寸草苔占优势的群落片段。见于大兴安岭、燕山北部、科尔沁、呼锡高原、乌兰察布、赤峰丘陵、阴山、阴南丘陵、鄂尔多斯、东阿拉善、贺兰山等地。

产地：产呼伦贝尔市（额尔古纳市、根河市、鄂温克族自治旗、扎兰屯市、海拉尔区、满洲里市、新巴尔虎右旗），兴安盟（科尔沁右翼前旗与中旗），通辽市（科尔沁区、霍林河市、大青沟），赤峰市（克什克腾旗、喀喇沁旗），锡林郭勒盟（锡林浩特市、二连浩特市、东乌珠穆沁旗、西乌珠穆沁旗、苏尼特右旗、正蓝旗、多伦县、镶黄旗），乌兰察布市（卓资县、集宁区、察哈尔右翼前旗、四子王旗），巴彦淖尔市（乌拉特前旗、乌拉特中旗、乌拉特后旗），鄂尔多斯市（乌审旗、鄂托克旗、杭锦旗），阿拉善盟（阿拉善左旗、贺兰山），呼和浩特市（和林格尔县、土默特左旗、大青山），包头市（达尔罕茂明安联合旗）。分布于我国东北，朝鲜、蒙古、俄罗斯也有。

用途：为一种很有价值的放牧型植物，牛、马、羊喜食。具一定的绿化功能。

栽培管理要点：尚无人工引种驯化栽培。

345.【乌拉草】

分类地位：莎草科 苔草属

蒙名：乌拉 — 额布苏
别名：靰鞡草
学名：*Carex meyeriana* Kunth

形态特征： 多年生草本；根状茎短，形成踏头。秆密丛生，纤细，坚硬，高 25~50cm，锐三棱形，平滑，上部微粗糙。基部叶鞘长，无叶片，棕褐色带红紫色，具光泽，边缘稍细裂成网状；叶片质硬，灰绿色，细条形，有时稍对折成刚毛状，短于秆或近等长，边缘粗糙。苞片鳞片状，紫黑色或锈色，最下 1 片常具刚毛状短叶片，无苞鞘。小穗 2~3 个，接近生或基部小穗稍远离生；顶生者为雄小穗，条状披针形，长 1.5~2(2.5)cm，雄花鳞片倒卵状矩圆形，先端钝圆，紫黑色或锈色，具 3 条脉，具不明显膜质边缘；侧生 1~2 个为雌小穗，卵形或卵状球形，长 0.5~1.1cm，宽约 5mm，密生花，无柄；雌花鳞片卵状椭圆形，紫黑色或棕色，有 3 条脉，脉间色淡，先端钝，具极狭白色膜质边缘，短于果囊或近等长；果囊薄革质，椭圆形，扁三棱状，长 2.5~3mm，宽 1.7~2.3mm，灰绿色，密生细小乳头状突起，并散生褐色小斑点，具 5~6 条细脉，基部圆形，具短柄，顶端骤缩为短喙；喙口全缘，棕褐色。小坚果稍紧包于果囊中，宽倒卵形，具小尖及短柄；花柱长，基部不膨大，柱头 3。果期 6~7 月。2n=46，48。

生境： 湿生植物。生于森林地区、沼泽。见于大兴安岭北部及南部等地。

产地： 产呼伦贝尔市（根河市、额尔古纳市、牙克石市），兴安盟（科尔沁右翼前旗）。分布于我国东北，俄罗斯、蒙古、朝鲜、日本也有。

用途： 冬季可用作填充物，有保温作用；全草可供编织和造纸用。

栽培管理要点： 尚无人工引种驯化栽培。

七十七、雨久花科

350.【雨久花】
分类地位：雨久花科 雨久花属

蒙名：宝拉根 — 其其格
学名：*Monochoria korsakowii* Regel et Maack

形态特征： 一年生水生草本，高25~45cm。主茎短，须根柔软。叶宽卵状心形或心形，长5~8cm，宽3.5~5cm，先端锐尖或渐尖，基部心形，基生叶具长柄，茎生叶柄短，下部呈宽鞘，抱茎；常呈紫色。圆锥花序顶生，长6~10cm，长出于叶；花蓝紫色，直径约2cm，花被裂片椭圆形，长约1.5cm，宽约8mm，先端圆钝；花药矩圆形，其中一个较大，浅蓝色，其他5枚较小，黄色；子房卵形，花柱向一侧弯曲，与子房约等长，柱头3~6裂，被腺毛。蒴果卵状椭圆形，下部包被在宿存花被内；种子白色，矩圆形，具纵条棱。花果期8~9月。2n=52。

生境： 水生植物。生于池塘浅水、湖边或水田中。见于大兴安岭北部及南部、辽河平原、赤峰丘陵等地。

产地： 产呼伦贝尔市，兴安盟（扎赉特旗、科尔沁右翼前旗），通辽市（大青沟），赤峰市（敖汉旗）。分布于我国东北、华北、华东，日本、朝鲜也有。

用途： 可作为水面绿化资源。全草入药，能清热解毒、止咳平喘，主治高热咳喘、小儿丹毒、痈肿疔毒等。又可做家畜及家禽的饲料。

栽培管理要点： 栽培地选择池塘边缘的浅水处，水深最好保持在10~20cm，水体的pH在6.5~7.8之间，在栽培过程中不可使之遭受干旱。人工播种常在9月中下旬以后进行盆播。播种后，遇到寒潮低温时，可用塑料薄膜把花盆包起来，以利保温保湿。出苗后，需要适当地间苗，露地栽培，在春季4~5月进行，沿着水体的边缘按其园林水景规划的要求可进行带形或方形栽植，株行距25cm左右，当年即可生长成片。生长发育期最好保持浅水栽培，及时清除杂草，以免与幼苗争夺养分，花期追施钾肥，用防腐性纸袋装好后塞入泥中（泥面下5~10cm），一般在生长发育期追施2~3次肥。

七十八、百合科

351.【小黄花菜】

分类地位：百合科 萱草属

蒙名：哲日利格 — 西日 — 其其格
别名：黄花菜
学名：*Hemerocallis minor* Mill.

形态特征：多年生草本，须根粗壮、绳索状，粗 1.5~2mm，表面具横皱纹。叶基生，长 20~50cm，宽 5~15mm。花葶长于叶或近等长，花序不分枝或稀为假二歧状的分枝，常具 1~2 花，稀具 3~4 花。花梗长短极不一致；苞片卵状披针形至披针形；花被淡黄色，花被管通常长 1~2.5(3)cm；花被裂片长 4~6cm，内三片宽 1~2cm。蒴果椭圆形或矩圆形。花期 6~7 月，果期 7~8 月。2n=22。

生境：中生植物。草甸种，在草甸化草原和杂类草草甸中可成为优势种之一。生于山地草原、林缘、灌丛中。见于大兴安岭、科尔沁、燕山北部、呼锡高原、赤峰丘陵、阴山、阴南丘陵等地。

产地：产呼伦贝尔市（额尔古纳市、鄂伦春自治旗、鄂温克族自治旗、牙克石市），兴安盟（科尔沁右翼前旗），通辽市（科尔沁左翼后旗），赤峰市（克什克腾旗、喀喇沁旗、巴林左旗），锡林郭勒盟（锡林浩特市、东乌珠穆沁旗、多伦县），乌兰察布市（凉城县、兴和县），呼和浩特市（武川县、大青山）。分布于我国黑龙江、吉林、辽宁、山东、河北、山西、陕西、甘肃，蒙古、朝鲜、俄罗斯也有。

用途：花可供食用。根入药，能清热利尿、凉血止血，主治水肿、小便不利、淋浊、尿血、衄血、便血、黄疸等；外用治乳痈。

栽培管理要点：尚无人工引种驯化栽培。

352.【有斑百合（变种）】

分类地位：百合科 百合属

蒙名：朝哈日—萨日那
学名：*Lilium concolor* Salisb. var. *pulchellum* (Fisch.) Regel

形态特征： 多年生草本，鳞茎卵状球形，高1.5~3cm，直径1.5~2cm，白色，鳞茎上方茎上生不定根。茎直立，高28~60cm，有纵棱，有时近基部带紫色。叶散生，条形或条状披针形，长2~7cm，宽2~6mm，脉3~7条，边缘有小乳头状突起，两面无毛。花1至数朵，生于茎顶端；花直立，呈星状开展，深红色，有褐色斑点；花被片矩圆状披针形，长3~4cm，宽5~8mm，蜜腺两边具乳头状突起；花丝无毛，花药长矩圆形；子房圆柱形；花柱稍短于子房，柱头稍膨大。蒴果矩圆形。花期6~7月，果期8~9月。$2n=4$。

生境： 中生植物。生于山地草甸、林缘及草甸草原。见于大兴安岭北部及南部、科尔沁、燕山北部、呼锡高原、阴南丘陵、阴山等地。

产地： 产呼伦贝尔市（鄂伦春自治旗、牙克石市），兴安盟（科尔沁右翼前旗、扎赉特旗），赤峰市（巴林左旗、喀喇沁旗、宁城县、克什克腾旗），锡林郭勒盟（锡林浩特市），乌兰察布市（兴和县），呼和浩特市。分布于我国东北、华北，朝鲜也有。

用途： 花及鳞茎入蒙药（蒙药名：乌和日—萨仁纳），功能主治同山丹。可作为野生观赏植物。

栽培管理要点： 尚无人工引种驯化栽培。

353.【毛百合】

分类地位：百合科　百合属

蒙名：乌和日 — 萨日那
学名：*Lilium daurieum* Ker.–GawL

形态特征: 鳞茎卵状球形，高约3cm，直径约2.5cm；鳞片卵形，长1~1.4m，宽5~10mm，肉质，白色。茎直立，高60~77cm，有纵棱。叶散生，茎顶端有4~5片叶轮生，叶条形或条状披针形，长7~12cm，宽4~10mm，边缘具白色绵毛，先端渐尖，基部有1簇白绵毛，边缘有小乳头状突起，有的还有稀疏的白色绵毛。苞片叶状；花1~2(3)朵顶生，橙红色，有紫红色斑点；外轮花被片倒披针形，长6~7.5cm，宽1.6~2cm，背面有疏绵毛；内轮花被片较窄，蜜腺两边有紫色乳头状突起；花丝无毛，花药长矩圆形；子房圆柱形；花柱比子房长2倍以上，柱头膨大，3裂。蒴果矩圆形，花期6~7月，果期8~9月。2n=24。

生境: 中生植物。生于山地灌丛间、疏林下及沟谷草甸。见于大兴安岭北部及南部等地。

产地: 产呼伦贝尔市（额尔古纳市、根河市、鄂伦春自治旗），兴安盟（扎赉特旗、科尔沁右翼前旗）。分布于我国黑龙江、吉林、辽宁、河北，俄罗斯也有。

用途: 可作为野生观赏植物。

栽培管理要点: 尚无人工引种驯化栽培。

354.【山丹】

分类地位：百合科 百合属

蒙名：萨日阿楞
别名：细叶百合、山丹丹花
学名：*Lilium pumilum* DC.

形态特征：草本植物，鳞茎卵形或圆锥形，高 3~5cm，直径 2~3cm；鳞片矩圆形或长卵形，长 3~4cm，宽 1~1.5cm，白色。茎直立，高 25~66cm，密被小乳头状突起。叶散生于茎中部，条形，长 3~9.5cm，宽 1.5~3mm，边缘密被小乳头状突起。花 1 至数朵，生于茎顶部，鲜红色，无斑点，下垂；花被片反卷，长 3~5cm，宽 6~10mm，蜜腺两边有乳头状突起；花丝无毛，花药长矩圆形，黄色，具红色花粉粒；子房圆柱形；花柱柱头膨大，3 裂。蒴果矩圆形。花期 7~8 月，果期 9~10 月。2n=24。

生境：中生植物。生于草甸草原、山地草甸及山地林缘。见于大兴安岭、呼锡高原、科尔沁、阴山、阴南丘陵、鄂尔多斯、西阿拉善等地。

产地：产呼伦贝尔市（额尔古纳市、鄂伦春自治旗、牙克石市、陈巴尔虎旗、海拉尔区），兴安盟（科尔沁右翼前旗），赤峰市（巴林左旗、克什克腾旗），锡林郭勒盟（东乌珠穆沁旗、锡林浩特市、镶黄旗），乌兰察布市（卓资县、兴和县、凉城县、

大青山），鄂尔多斯市（鄂托克旗），巴彦淖尔市（乌拉特前旗），阿拉善盟（阿拉善右旗），包头市，呼和浩特市。分布于我国东北、华北、西北，俄罗斯、朝鲜、蒙古也有。

用途：鳞茎入药，能养阴润肺、清心安神，主治阴虚、久咳、痰中带血、虚烦惊悸、神志恍惚。花及鳞茎也入蒙药（蒙药名：萨日良），能接骨、治伤、去黄水、清热解毒、止咳止血，主治骨折、创伤出血、虚热、铅中毒、毒热、痰中带血、月经过多等。可作为野生观赏植物。

栽培管理要点：栽培地选择土层深厚、土质疏松、地势较高、排水良好的腐殖质壤土。每亩施入腐熟厩肥或堆肥 2500kg、过磷酸钙 25kg、复合肥 10kg 及 50% 地亚农 0.6kg，翻入土壤消毒。整细耙平，做宽 1.2m 的高畦。春季 4~5 月份进行播种，每米播种 30 粒左右。生长季节及时清除杂草，锄草次数不宜过多，且应浅锄，以免损伤鳞茎。栽后第二年，结合锄草，培土施肥。第一次追肥在 6 月上旬，每亩施复合肥 10kg，过磷酸钙 25kg，腐熟饼肥 200kg，同 1000kg 堆肥混拌均匀施用。第二次在 7 月中旬，每亩施入复合肥 10kg，过磷酸钙 20kg，人畜粪水 2000kg。栽培季节及时排灌水，做好枯叶病、蚜虫、根蛆的防治。

355.【球果山丹 (变种)】

分类地位：百合科 百合属

蒙名：布木布日根 — 萨日阿冷
别名：乳毛百合
学名：*Lilium pumilum* DC.var.
potaninii(Vrishcz)Y.Z.Zhao

形态特征：本变种与正种的区别在于：果实近球形，茎密被乳头状毛。

生境：同正种。

产地：产贺兰山哈拉乌北沟。

用途：可作为野生观赏植物。

栽培管理要点：尚无人工引种驯化栽培。

356.【野韭】

分类地位：百合科 葱属

蒙名：哲日勒格 — 高戈得

学名：*Allium ramosum* L.

形态特征：根状茎粗壮，横生，略倾斜。鳞茎近圆柱状，簇生，外皮暗黄色至黄褐色，破裂成纤维状，呈网状或近网状。叶三棱状条形，背面纵棱隆起呈龙骨状，叶缘及沿纵棱常具细糙齿或光滑，中空，宽 1~4mm，短于花葶。花葶圆柱状，具纵棱或有时不明显，高 20~55cm，下部被叶鞘；总苞单侧开裂或 2 裂，白色、膜质，宿存；伞形花序半球状或近球状，具多而较疏的花；小花梗近等长，基部除具膜质小苞片外，常在数枚小花梗的基部又为 1 枚共同的苞片所包围；花白色，稀粉红色；花被片常具红色中脉；外轮花被片矩圆状卵形至矩圆状披针形，先端具短尖头，通常与内轮花被片等长，但较狭窄；内轮花被片矩圆状倒卵形或矩圆形，先端亦具短尖头；花丝等长，长为花被片的 1/2~3/4，基部合生并与花被片贴生，分离部分呈狭三角形，内轮者稍宽；子房倒圆锥状球形，具 3 圆棱，外壁具疣状突起；花柱不伸出花被外。花果期 7~9 月。2n=l6，32。

生境：中旱生植物。生于草原砾石质坡地、草甸草原、草原化草甸等群落中。见于大兴安岭、燕山北部、呼锡高原、阴山、阴南丘陵、贺兰山等地。

产地：产呼伦贝尔市（鄂伦春自治旗、海拉尔区、陈巴尔虎旗、额尔古纳市），赤峰市（克什克腾旗、喀喇沁旗、宁城县、巴林右旗），锡林郭勒盟（东乌珠穆沁旗、锡林浩特市、多伦县），呼和浩特市（大青山），乌兰察布市（兴和县、凉城县），阿拉善盟（贺兰山）。分布于我国黑龙江、吉林、辽宁、河北、山东、山西、陕西、宁夏、甘肃、青海、新疆，俄罗斯、蒙古也有。

用途：叶可作蔬菜食用，花和花葶可腌渍做"韭菜花"调味佐食。羊和牛喜食，马乐食，为优等饲用植物。可作为野生观赏植物。

栽培管理要点：尚无人工引种驯化栽培。

357.【碱韭】

分类地位：百合科 葱属

蒙名：塔干那
别名：多根葱、碱葱
学名：*Allium polyrhizum* Turcz.ex Regel

形态特征：鳞茎多枚紧密簇生，圆柱状；鳞茎外皮黄褐色，破裂成纤维状。叶半圆柱状，边缘具密的微糙齿，粗0.3~1mm，短于花葶。花葶圆柱状，高10~20cm，近基部被叶鞘；总苞2裂，膜质，宿存；伞形花序半球状，具多而密集的花；小花梗近等长，基部具膜质小苞片，稀无小苞片；花紫红色至淡紫色，稀粉白色；外轮花被片狭卵形，内轮花被片矩圆形；花丝等长，稍长于花被片，基部合生并与花被片贴生，外轮者锥形，内轮的基部扩大，扩大部分每侧各具1锐齿，极少无齿；子房卵形，不具凹陷的蜜穴；花柱稍伸出花被外。花果期7~8月。

生境：强旱生植物。生于荒漠草原带、干草原带、半荒漠及荒漠地带的壤质、沙壤质棕钙土、淡栗钙土或石质残丘坡地上，是小针茅草原群落中常见的成分，甚至可成为优势种。见于呼锡高原、乌兰察布、阿拉善等地。

产地：产呼伦贝尔市（鄂温克族自治旗、陈巴尔虎旗、新巴尔虎左及右旗），锡林郭勒盟（苏尼特右及左旗、镶黄旗、浑善达克沙地），包头市（达尔罕茂明安联合旗），鄂尔多斯市（鄂托克旗），阿拉善盟（阿拉善右及左旗、额济纳旗）。分布于我国河北、山西、宁夏、甘肃、青海、新疆，俄罗斯、蒙古也有。

用途：各种牲畜喜食，是一种优等饲用植物。可作为野生观赏植物。

栽培管理要点：尚无人工引种驯化栽培。

358.【蒙古韭】

分类地位：百合科　葱属

蒙名：呼木乐
别名：蒙古葱、沙葱
学名：*Allium mongolicum* Regel

形态特征：鳞茎数枚紧密丛生，圆柱状，鳞茎外皮灰褐色，破裂成松散的纤维状。叶半圆柱状至圆柱状，粗 0.5~1.5mm，短于花葶。花葶圆柱状，高 10~35cm，近基部被叶鞘；总苞单侧开裂，膜质，宿存；伞形花序半球状至球状，通常具多而密集的花；小花梗近等长，基部无小苞片；花较大，淡红色至紫红色；花被片卵状矩圆形，先端钝圆，外轮的长 6mm，宽 3mm，内轮的长 8mm，宽 4mm；花丝近等长，长约为花被片的 2/3，基部合生并与花被片贴生，外轮者锥形，内轮的基部约 1/2 扩大成狭卵形；子房卵状球形；花柱长于子房，但不伸出花被外。花果期 7~9 月。2n=16。

生境：旱生植物。生于荒漠草原及荒漠地带的沙地和干旱山坡。见于呼锡高原、乌兰察布、鄂尔多斯、阿拉善等地。

产地：产呼伦贝尔市西部，锡林郭勒盟（苏尼特左和右旗、阿巴嘎旗、镶黄旗），乌兰察布市北部，巴彦淖尔市（乌拉特前旗和中旗），乌海市，鄂尔多斯市（伊金霍洛旗、鄂托克旗），阿拉善盟（巴丹吉林沙漠），包头市。分布于我国辽宁（西部）、陕西（北部）、宁夏、甘肃、青海、新疆，俄罗斯、蒙古也有。

用途：叶及花可食用。地上部分入蒙药，能开胃、消食、杀虫，主治消化不良、不思饮食、秃疮、青腿病等。各种牲畜均喜食，为优等饲用植物。可作为野生观赏植物。

栽培管理要点：尚无人工引种驯化栽培。

359.【砂韭】

分类地位：百合科 葱属

蒙名：阿古拉音 — 塔干那

别名：双齿葱

学名：*Allium bidentatum* Fisch. ex Prokh.

形态特征：鳞茎数枚紧密聚生，圆柱状，粗 3~5mm；鳞茎外皮褐色至灰褐色，薄革质，条状破裂，有时顶端破裂呈纤维状。叶半圆柱状，宽 1~1.5mm，边缘具疏微齿，短于花葶。花葶圆柱状，高 10~35cm，近基部被叶鞘；总苞 2 裂，膜质，宿存；伞形花序半球状，具多而密集的花；小花梗近等长，基部无小苞片；花淡紫红色至淡紫色；外轮花被片矩圆状卵形；内轮花被片椭圆状矩圆形，先端截平，常具不规则小齿；花丝等长，稍短于或近等长于花被片，基部合生并与花被片贴生，外轮者锥形，内轮的基部 1/3~ 4/5 扩大成卵状矩圆形，扩大部分每侧各具 1 钝齿，稀无齿或仅一侧具齿；子房卵状球形，基部无凹陷的蜜穴；花柱略长于子房，但不伸出花被外。花果期 7~8 月。$2n=32$。

生境：旱生植物。生于草原地带和山地向阳坡上，为典型草原的伴生种。见于大兴安岭、呼锡高原、阴南丘陵、阴山等地。

产地：产呼伦贝尔市（额尔古纳市、海拉尔区、陈巴尔虎旗、新巴尔虎左旗），锡林郭勒盟（锡林浩特市），赤峰市（克什克腾旗、巴林右旗），乌兰察布市（察哈尔右翼中旗、凉城县），呼和浩特市（大青山），巴彦淖尔市（乌拉特前旗乌拉山）。分布于我国黑龙江、吉林、辽宁、河北、山西、新疆、宁夏，俄罗斯、蒙古也有。

用途：羊、马、骆驼喜食，牛乐食，为优等饲用植物。可作为野生观赏植物。

栽培管理要点：尚无人工引种驯化栽培。

360.【细叶韭】

分类地位：百合科 葱属

蒙名：扎芒
别名：细叶葱、细丝韭、札麻
学名：*Allium tenuissimum* L.

形态特征：鳞茎近圆柱状，数枚聚生，多斜生；鳞茎外皮紫褐色至黑褐色，膜质，不规则破裂。叶半圆柱状至近圆柱状，光滑，粗 0.3~1mm，长于或近等长于花葶。花葶圆柱状，具纵棱，光滑，高 10~40cm，中下部被叶鞘；总苞单侧开裂，膜质，具长约 5mm 之短喙，宿存；伞形花序半球状或近帚状，松散；小花梗近等长，长 5~15mm，基部无小苞片；花白色或淡红色，稀紫红色；外轮花被片卵状矩圆形，先端钝圆；内轮花被片倒卵状矩圆形，先端钝圆状平截，花丝长为花被片的 1/2~2/3，基部合生并与花被片贴生，外轮的稍短而呈锥形，有时基部稍扩大，内轮的下部扩大成卵圆形，扩大部分约为其花丝的 2/3；子房卵球状，花柱不伸出花被外。花果期 5~8 月。2n=16，32。

生境：旱生植物。生于草原、山地草原的山坡、沙地上，为草原及荒漠草原的伴生种。见于大兴安岭西南部、科尔沁、燕山北部、呼锡高原、乌兰察布、阴南丘陵、阴山、鄂尔多斯、贺兰山、东阿拉善等地。

产地：产呼伦贝尔市（额尔古纳市、海拉尔区、陈巴尔虎旗、新巴尔虎左旗和右旗），兴安盟（扎赉特旗），通辽市（扎鲁特旗），赤峰市（克什克腾旗、宁城县、喀喇沁旗），锡林郭勒盟（锡林浩特市、东和西乌珠穆沁旗、苏尼特右旗），包头市（达尔罕茂明安联合旗），乌兰察布市（集宁区、丰镇市、凉城县、卓资县），呼和浩特市（大青山），鄂尔多斯市（准格尔旗、伊金霍洛旗、乌审旗、鄂托克旗），巴彦淖尔市（乌拉特前和中旗），阿拉善盟（贺兰山）。分布于我国黑龙江、吉林、辽宁、河北、山西、宁夏、甘肃、山东、河南、四川、江苏、浙江，俄罗斯、蒙古也有。

用途：花序与种子可作调味品。各种牲畜均喜食，为优等饲用植物。可作为野生观赏植物。

栽培管理要点：栽培地选择土质疏松、通透性好、肥力适中、有灌水条件的地块，以排水良好、pH 为中性的沙壤或中壤土为宜。施有机肥 45000~50000kg/hm²，硝酸磷复合肥 750~800kg/hm²。采用鳞茎分蘖繁殖，移栽行距为 30~35cm，穴距为 20~25cm，每穴 20~30 株。移栽在第 2 年春季进行，当株高长到 15~20cm 时即可移栽。定植当年管理主要是防止土壤板结和杂草危害，可用 2，4—D 丁酯进行除草，适宜用量：750~1050ml/hm²。当幼苗长至 10cm 时随浇水追施尿素 150~200kg/hm²，并结合中耕松土施颗粒状过磷酸钙 225~230kg/hm²。叶片生长后期或开花早期再次浇水追尿素 225~230kg/hm²。雨季注意排水防涝，防止田间积水。冬前浇水，防寒越冬。

361.【矮 韭】

分类地位：百合科 葱属

蒙名：那林 — 冒盖音 — 好日

别名：矮葱

学名：*Allium anisopodium* Ledeb.

形态特征：根状茎横生，外皮黑褐色。鳞茎近圆柱状，数枚聚生；鳞茎外皮黑褐色，膜质，不规则破裂。叶半圆柱状条形，有时因背面中央的纵棱隆起而成三棱状狭条形，光滑，或有时叶缘和纵棱具细糙齿，宽 1~2mm，短于或近等长于花葶；花葶圆柱状，具细纵棱，光滑，高 20~50cm，粗 1~2mm，下部被叶鞘；总苞单侧开裂，宿存；伞形花序近帚状，松散；小花梗不等长，长 1~3cm，具纵棱，光滑，稀沿纵棱略具细糙齿，基部无小苞片；花淡紫色至紫红色；外轮花被片卵状矩圆形，先端钝圆；内轮花被片倒卵状矩圆形，先端平截；花丝长约为花被片的 2/3，基部合生并与花被片贴生，外轮的锥形，有时基部略扩大，比内轮的稍短，内轮下部扩大成卵圆形，扩大部分约为其花丝长度的 2/3；子房卵球状，基部无凹陷的蜜穴；花柱短于或近等长于子房，不伸出花被外。花果期 7~9 月。2n=16。

生境：中生植物。生于森林草原和草原地带的山坡、草地和固定沙地上，为草原伴生种。见于大兴安岭、科尔沁、燕山北部、呼锡高原、阴南丘陵、阴山、鄂尔多斯、贺兰山等地。

产地：产呼伦贝尔市（全境），兴安盟（科尔沁右翼前旗、扎赉特旗），通辽市（扎鲁特旗），赤峰市（克什克腾旗、喀喇沁旗），锡林郭勒盟（东乌珠穆沁旗、锡林浩特市），乌兰察布市（卓资县、兴和县），呼和浩特市（大青山），鄂尔多斯市（乌审旗），阿拉善盟（贺兰山）。分布于我国黑龙江、吉林、辽宁、山东、河北、新疆，俄罗斯、蒙古、朝鲜也有。

用途：羊、马和骆驼喜食，为优等饲用植物。可作为野生观赏植物。

栽培管理要点：尚无人工引种驯化栽培。

362.【山韭】

分类地位：百合科 葱属

蒙名：昂给日
别名：山葱、岩葱
学名：*Allium Senescens* L.

形态特征：根状茎粗壮，横生，外皮黑褐色至黑色。鳞茎单生或数枚聚生，近狭卵状圆柱形或近圆锥状，粗 0.5~1.5cm，外皮灰褐色至黑色，膜质，不破裂。叶条形，肥厚，基部近半圆柱状，上部扁平，长 5~25cm，宽 2~10mm，先端钝圆，叶缘和纵脉有时具极微小的糙齿。花葶近圆柱状，常具 2 纵棱，高 20~50cm，粗 2~5mm，近基部被叶鞘；总苞 2 裂，膜质，宿存；伞形花序半球状至近球状，具多而密集的花；小花梗近等长，长 10~20mm，基部通常具小苞片；花紫红色至淡紫色；花被片长 4~6mm，宽 2~3mm，先端具微齿；外轮者舟状，稍短而狭，内轮者矩圆状卵形，稍长而宽；花丝等长，比花被片长可达 1.5 倍，基部合生并与花被片贴生，外轮者锥形，内轮者披针状狭三角形；子房近球状，基部无凹陷的蜜穴；花柱伸出花被外。花果期 7~8 月。2n=16。

生境：中旱生植物。生于草原、草甸草原或砾石质山坡上，为草甸草原及草原伴生种。见于大兴安岭、科尔沁、赤峰丘陵、燕山北部、呼锡高原、阴南丘陵、阴山等地。

产地：产呼伦贝尔市（全境），兴安盟（科尔沁右翼前旗），兴安盟（扎鲁特旗、大青沟），赤峰市（阿鲁科尔沁旗、克什克腾旗、喀喇沁旗），锡林郭勒盟（东乌珠穆沁旗、镶黄旗、锡林浩特市、多伦县），乌兰察布市（凉城县、兴和县、卓资县），呼和浩特市（大青山），巴彦淖尔市（乌拉山），包头市。分布于我国黑龙江、吉林、辽宁、河北、河南、山西、甘肃、新疆，俄罗斯、蒙古也有。

用途：嫩叶可作蔬菜食用。羊和牛喜食，是催肥的优等饲用植物。可作为野生观赏植物。

栽培管理要点：尚无人工引种驯化栽培。

363.【长梗韭】

分类地位：百合科 葱属

蒙名：陶格套来
别名：花美韭
学名：*Allium neriniflorum* (Herb.) Baker

形态特征：植物体无葱蒜气味。鳞茎单生，球状，粗1.5~2cm，外皮灰黑色，膜质。叶近圆柱状，具纵棱，沿棱具微齿，中空，长5~25cm，宽1~2mm。花葶圆柱状，高15~35cm，近下部被叶鞘；总苞单侧开裂，膜质，宿存；伞形花序疏散，具数朵至十数朵花；小花梗不等长，长3~9cm，基部具膜质、苞片；花红色至紫红色，花被片长7~9mm，宽2~3mm，自基部2~2.5mm处相互靠合成管状，靠合部分尚可见外轮花被片的分离边缘，分离部分星状开展，卵状矩圆形、狭卵形或倒卵状矩圆形，先端具微尖或钝，内轮的稍长而宽；花丝长约为花被片的一半，自基部2~2.5mm处合生并与靠合的花被管贴生，分离部分锥形；子房圆锥状球形。花果期7~9月。

生境：旱中生植物。生丁丘陵山地的砾石坡地、沙质地。见于大兴安岭南部、辽河平原、燕山北部、呼锡高原、阴山、阴南丘陵等地。

产地：产兴安盟（科尔沁右翼前旗、扎赉特旗），通辽市（大青沟），赤峰市（克什克腾旗、喀喇沁旗），锡林郭勒盟（锡林浩特市、西和东乌珠穆沁旗、多伦县），呼和浩特市（武川县、大青山），乌兰察布市（卓资县、凉城县），包头市（五当召）。分布于我国黑龙江、吉林、辽宁、河北，西伯利亚及蒙古也有。

用途：鳞茎可食用。可作为野生观赏植物。

栽培管理要点：尚无人工引种驯化栽培。

364.【玉 竹】

分类地位：百合科 黄精属

蒙名：冒呼日—查干
别名：萎蕤
学名：*Polygonatum odoratum* (Mill.) Druce

形态特征：多年生草本，根状茎粗壮，圆柱形，有节，黄白色，生有须根，直径 4~9mm，茎有纵棱，高 25~60cm，具 7~10 叶。叶互生，椭圆形至卵状矩圆形，长 6~15cm，宽 3~5cm，两面无毛，下面带灰白色或粉白色。花序具 1~3 花，腋生，总花梗长 0.6~1cm，花梗长（包括单花的梗长）0.3~1.6cm，具条状披针形苞片或无；花被白色带黄绿，长 14~20mm，花被筒较直，裂片长约 3.5mm；花丝扁平，近平滑至具乳头状突起，着生于花筒近中部，花药黄色；花柱丝状，内藏。浆果球形，熟时蓝黑色，有种子 3~4 颗。花期 6 月，果期 7~8 月。2n=20。

生境：中生植物。生于林下、灌丛、山地草甸。见于大兴安岭、呼锡高原、科尔沁、辽河平原、阴南丘陵、阴山、鄂尔多斯、贺兰山等地。

产地：产呼伦贝尔市（额尔古纳市、牙克石市、海拉尔区、鄂伦春自治旗），兴安盟（科尔沁右翼前旗与中旗、突泉县），锡林郭勒盟（锡林浩特市、正蓝旗、多伦县），通辽市（奈曼旗、科尔沁左翼后旗），赤峰市（克什克腾旗），乌兰察布市（蛮汉山），呼和浩特市郊（大青山哈拉沁沟），巴彦淖尔市（乌拉特前旗），阿拉善盟（贺兰山）。分布于我国东北、华北、西北、华东、华中，欧亚大陆温带地区也有。

用途：可作为野生观赏植物。根茎入药（药材名：玉竹），能养阴润燥、生津止渴，主治热病伤阴、口燥咽干、干咳少痰、心烦心悸、消渴等。根茎也入蒙药（蒙药名：冒呼日——查干），能强壮、补肾、去黄水、温胃、降气，主治久病体弱、肾寒、腰腿酸痛、滑精、阳痿、寒性黄水病、胃寒、嗳气、胃胀、积食、食泻等。

栽培管理要点：栽培地选择土层深厚、肥沃疏松、排水良好的黄沙壤土或红壤土，每亩施腐熟有机肥 2500kg 左右。播种繁殖，在 10~11 月上旬播种，播种量每亩 25~50kg，采取穴状或带状播种，播种后盖上草和树叶保湿。当年不用再追肥，第 2 年出苗前追施人畜粪水；出苗后每亩追尿素 12.5kg；在 7 月上旬追施磷钾肥，15kg/亩。出苗后要及时除草，小苗时以人工除草为主。花谢以后可以喷施除草剂，用 15kg 水兑草甘膦 150g，其他杀草药均不能使用。玉竹虫害较少，病害主要防治灰斑病、褐斑病、叶面斑、灰霉病和锈病。

365.【黄精】

分类地位：百合科 黄精属

蒙名：西伯日 — 冒呼日 — 查干
别名：鸡头黄精
学名：*Polygonatum sibiricum* Delar. ex Redoute

形态特征：多年生草本，根状茎肥厚，横生，圆柱形，一头粗，一头细，直径 0.5~1cm，有少数须根，黄白色。茎高 30~90cm。叶无柄，4~6 轮生，平滑无毛，条状披针形，长 5~10cm，宽 4~14mm。先端渐尖或弯曲呈钩形。花腋生，常有 2~4 朵花，呈伞形状，总花梗长 5~25mm，下垂；花梗基部有苞片，膜质，白色，条状披针形，花被白色至淡黄色，稍带绿色，全长 9~13mm，顶端裂片长约 3mm，花被筒中部稍缢缩；花丝很短，贴生于花被筒上部。浆果成熟时黑色，有种子 2~4 粒。花期 5~6 月，果期 7~8 月。2n=20，21，26，28，36。

生境：中生植物。生于林下、灌丛或山地草甸。见于大兴安岭、呼锡高原、乌兰察布、辽河平原、科尔沁、赤峰丘陵、燕山北部、阴南丘陵、阴山、龙首山、贺兰山等地。

产地：产呼伦贝尔市（额尔古纳市、海拉尔区、牙克石市），兴安盟（阿尔山），锡林郭勒盟（苏尼特左旗、锡林浩特市、多伦县），通辽市（科尔沁左翼后旗大青沟、奈曼旗），赤峰市（宁城县、克什克腾旗），乌兰察布市（蛮汉山、卓资县、兴和县），巴彦淖尔市（乌拉特前旗），呼和浩特市（大青山），阿拉善盟（龙首山、贺兰山）。分布于我国黑龙江、吉林、辽宁、河北、山西、陕西、宁夏、甘肃、山东、安徽、浙江；朝鲜、蒙古，西伯利亚也有。

用途：可作为野生观叶植物。根茎入药（药材名：黄精），能补脾润肺、益气养阴，主治体虚乏力、腰膝软弱、心悸气短、肺燥咳嗽、干咳少痰、消渴等。根茎也入蒙药（蒙药名：查干—胡日），能滋肾、强壮、温胃、排脓、去黄水，主治肾寒、腰腿酸痛、滑精、阳痿、体虚乏力、寒性黄水病、头晕目眩、食积食泻等。

栽培管理要点：栽培地选择比较湿润肥沃的林间地或山地，林缘地最为合适，要求无积水、无盐碱影响，以土质肥沃、疏松、富含腐殖质的沙质土壤最好，施入优质腐熟农家肥 4000kg/ 亩。采用根茎繁殖，早春采挖直接截取 5~7cm 长小段，每段按 2~3 节截取，春栽在 4 月上旬，秋栽于 9~10 月上旬进行，按行距 25cm 开横沟，沟深 6~8cm，将种根芽眼向上，顺垄沟摆放，每隔 10~12cm 平放一段。上面覆盖细土 5~6cm 厚，踩压紧实。生长期间要经常进行中耕锄草，每次宜浅锄，以免伤根，促使壮株。每年结合中耕进行追肥，每次施入人畜优质肥 1000~1500kg/ 亩。每年冬前再次亩施优质农家肥 1200~1500kg，并混入过磷酸钙 50kg、饼肥 50kg。喜湿怕旱，田间要经常保持湿润。最常见的病害是叶斑病，主要虫害是地老虎、蛴螬，栽培季节做好防治。

七十九、薯蓣科

366.【穿龙薯蓣】

分类地位：薯蓣科 薯蓣属

蒙名：乌和日 — 敖日洋古
别名：穿山龙
学名：*Dioscorea nipponica* Makino

形态特征: 缠绕草质藤本，根状茎横走，常分枝，坚硬，直径1~2cm，外皮黄褐色，薄片状剥离，内部白色。茎缠绕，左旋，圆柱形，具沟纹，坚韧，直径2~4mm。单叶互生；叶片轮廓宽卵形至卵形，长5~15cm，宽5~12cm，茎下部叶轮廓近圆形，茎上部叶卵状三角形，茎下部及中部叶5~7浅裂至半裂，茎上部叶3半裂，中裂片明显长于侧裂片，裂片全缘，先端渐尖，叶基心形，绿色，下面颜色较浅，两面具短硬毛，下面毛较密，掌状叶脉8~15条，支脉网状；叶柄较长，上面中央具深沟。雌雄异株，雄花序穗状，生于叶腋，具多数花，雄花钟状，长2~3mm；花被6裂，雄蕊6，着生于花被片的中央，花药内藏，无退化雌蕊；雌花序穗状，生于叶腋，常下垂，具多数花，雌花管状，长4~7mm，花被6裂，裂片披针形，雌蕊柱头3裂，裂片再2裂，无退化雄蕊。蒴果宽倒卵形，具3宽翅，顶端具宿存花被片；种子周围有不等宽的薄膜状翅，上方为长方形。花期6~7月，果期7~8月。$2n=20$。

生境: 多年生中生草本。生于山地林下及灌丛。见于燕山北部、辽河平原、大兴安岭西部、阴山、呼锡高原等地。

产地: 产通辽市 (大青沟)，赤峰市 (巴林左旗、敖汉旗、喀喇沁旗、宁城县)，锡林郭勒盟 (西乌珠穆沁旗、正镶白旗)，乌兰察布市 (大青山、蛮汉山)，呼和浩特市，包头市。分布于我国东北、华北、西北、华东、华中，朝鲜、日本也有。

用途: 具一定的绿篱功能。根茎入药 (药材名: 穿山龙)，能舒筋活血、祛风止痛、化痰止咳，主治风寒湿痹、腰腿疼痛、筋骨麻木、大骨节病、扭挫伤、支气管炎。

栽培管理要点: 栽培地选择土质疏松肥沃的沙质壤土，其次是壤土和黏壤土。每亩施基肥3000~4000kg，以充分腐熟的农家肥 (堆肥、鸡粪、羊粪等) 为宜。春季播种在地表温度达10℃，土壤表层解冻10cm以上时进行，种子播种前进行低温处理，采用条播方式，覆土1.5cm，经常保持土壤湿润。待苗高10cm，有3~4枚叶片时，间去过密的小苗。第二年春季移栽，行距45~60cm，株距20~30cm。每年5月上旬、6月中旬和7月上中旬共锄草松土3~4次。播种繁殖在第三四年，需要分次追肥，以保证苗木生长发育。每年于6月上旬和8月上旬各追肥1次，以复合肥为宜，施肥量为每亩15kg。当年搭架，以供其缠绕生长。穿龙薯蓣病虫害发生较少，苗期主要是立枯病，喷施立枯宁、世高进行防治。常见地下害虫有象甲虫、金针虫、蝼蛄等，喷施敌百虫、辛硫磷等防治。果期常有螟类害虫危害种子，可在花期喷施适量的杀虫剂防治。

八十、鸢尾科

367.【射干鸢尾】

分类地位：鸢尾科 鸢尾属

蒙名：海其 — 欧布苏
别名：歧花鸢尾、白射干、芭蕉扇
学名：*Iris dichotoma* Pall.

形态特征：多年生草本，植株高40~100cm。根状茎粗壮，具多数黄褐色须根。茎直立，多分枝，分枝处具1枚苞片；苞片披针形，长3~10cm，绿色，边缘膜质；茎圆柱形，直径2~5mm，光滑。叶基生，6~8枚，排列于一个平面上，呈扇状；叶片剑形，长20~30cm，宽1.5~3cm，绿色，基部套折状，边缘白色膜质，两面光滑，具多数纵脉；总苞片膜质，宽卵形。聚伞花序，有花3~15朵；花梗较长，长约4cm；花白色或淡紫红色，具紫褐色斑纹；外轮花被片矩圆形，薄片状，具紫褐色斑点，爪部边缘具黄褐色纵条纹，内轮花被片明显短于外轮，瓣片矩圆形或椭圆形，具紫色网纹，爪部具沟槽；雄蕊3，贴生于外轮花被片基部，花药基底着生；花柱分枝3，花瓣状，卵形，基部连合，柱头具2齿。蒴果圆柱形，具棱；种子暗褐色，椭圆形，两端翅状。花期7月，果期8~9月。2n=32。

生境：多年生中旱生草本。生于草原及山地林缘或灌丛。为草原、草甸草原及山地草原常见杂草。见于大兴安岭、燕山北部、辽河平原、科尔沁、呼锡高原、赤峰丘陵、阴山、鄂尔多斯、贺兰山等地。

产地：产呼伦贝尔市（海拉尔区、牙克石市、新巴尔虎右旗），兴安盟，通辽市，赤峰市（克什克腾旗、巴林左旗、巴林右旗、阿鲁科尔沁旗、翁牛特旗、喀喇沁旗、敖汉旗），锡林郭勒盟（东乌珠穆沁旗、锡林浩特市），乌兰察布市（卓资县、兴和县、大青山），鄂尔多斯市（准格尔旗），阿拉善盟（贺兰山），呼和浩特市，包头市。分布于我国东北、华北、西北，俄罗斯（东西伯利亚）、蒙古也有。

用途：中等饲用植物。在秋季霜后，牛、羊采食。可作为野生观赏资源。

栽培管理要点：尚无人工引种驯化栽培。

368.【细叶鸢尾】

分类地位：鸢尾科 鸢尾属

蒙名：敖汗 — 萨哈拉

学名：*Iris tenuifolia* Pall.

形态特征： 多年生草本，植株高 20~40cm，形成稠密草丛。根状茎匍匐；须根细绳状，黑褐色。植株基部被稠密的宿存叶鞘，丝状或薄片状，棕褐色，坚韧。基生叶丝状条形，纵卷，长达 40cm，宽 1~1.5mm，极坚韧，光滑，具 5~7 条纵脉。花葶长约 10cm；苞叶 3~4，披针形，鞘状膨大呈纺锤形，白色膜质，果期宿存，内有花 1~2 朵；花淡蓝色或蓝紫色，花被管细长，可达 8cm，花被裂片长 4~6cm，外轮花被片倒卵状披针形，基部狭，中上部较宽，上面有时被须毛，无沟纹，内轮花被片倒披针形，比外轮略短；花柱狭条形，顶端 2 裂。蒴果卵球形，具三棱，花期 5 月，果期 6~7 月。2n=20，28。

生境： 多年生草本。生于草原、沙地及石质坡地，见于大兴安岭西部、呼锡高原、乌兰察布、赤峰丘陵、阴南丘陵、鄂尔多斯、阴山、贺兰山等地。

产地： 产呼伦贝尔市（新巴尔虎右旗），兴安盟，通辽市，赤峰市（克什克腾旗、巴林左旗、阿鲁科尔沁旗），锡林郭勒盟（锡林浩特市），乌兰察布市（卓资县、大青山），鄂尔多斯市（乌审旗、鄂托克旗）。分布于我国东北、华北、西北，俄罗斯、蒙古也有。

用途： 根及种子入药，能安胎养血，主治胎动不安、血崩。花及种子也入蒙药（蒙药名：纳仁—查黑勒德格），功能主治同马蔺。中等饲用植物。春季羊采食其花。可作为野生观赏资源。

栽培管理要点： 尚无人工引种驯化栽培。

369.【马蔺（变种）】

分类地位：鸢尾科 鸢尾属

蒙名：查黑乐得格

学名：*Iris lactea* Pall.var.*chinensis* (Fisch.) Koidz.

形态特征：本变种与正种的区别在于外花被片倒披针形，稍宽于内花被片，内花被片披针形，先端锐尖，花蓝色。2n=44。

生境：多年生中生草本。生于河滩、盐碱滩地，为盐化草甸建群种。见于燕山北部、大兴安岭、呼锡高原、乌兰察布、赤峰丘陵、阴山、阴南丘陵、鄂尔多斯、阿拉善、贺兰山等地。

产地：产我区各盟市，分布于我国东北、华北、西北及安徽、江苏、浙江、湖北、湖南、四川、西藏，俄罗斯、蒙古也有。

用途：花、种子及根入药，能清热解毒、止血、利

尿，主治咽喉肿痛、吐血、衄血、月经过多、小便不利、淋病、白带异常、肝炎、疮疖痈肿等。花及种子也入蒙药（蒙药名：查黑乐得格），能解痉、杀虫、止痛、解毒、利疸退黄、消食、治伤、生肌、排脓、燥黄水，主治霍乱、蛲虫病、虫牙、皮肤痒、虫积腹痛、热毒疮疡、烫伤、脓疮、黄疸性肝炎、胁痛、口苦等。中等饲用植物。枯黄后为各种家畜所乐食。可作为野生观赏资源。

栽培管理要点：尚无人工引种驯化栽培。

370.【石生鸢尾】

分类地位：鸢尾科 鸢尾属

蒙名：哈丹乃 — 查黑乐得格
学名：*Iris potaninii* Maxim.

形态特征：植株高 6~15cm。根状茎粗短；须根多数，土黄色，较粗，直径 2~3mm，植株基部着生黄褐色纤维状叶鞘。基生叶条形，长 6~15cm，宽 1.5~3mm，淡绿色，先端渐尖，粗糙，具多条纵脉，其中 1~2 条较突出。花葶较短，花期与基生叶等长或稍短，基部为 2~3 枚鞘状叶片所包裹；总苞 2~3，披针形，顶端尖锐，白色膜质花单生，花被管细长，顶端较宽，长约 2cm；外轮花被片椭圆形，顶端圆形，基部渐狭，黄色，具深褐色脉纹，中部淡蓝色；内轮花被片与外轮几等长，顶端尖锐，黄色；花柱矩圆形，顶端 2 齿。蒴果椭圆形。花期 5 月，果期 6~7 月。2n=22。

生境：多年生旱生草本。生于草原带及荒漠草原亚带的干旱山坡。见于呼锡高原。

产地：产锡林郭勒盟（阿巴嘎旗、镶黄旗）。分布于西伯利亚及蒙古。

用途：可作为野生观赏资源。

栽培管理要点：尚无人工引种驯化栽培。

八十一、兰 科

371.【角盘兰】

分类地位：兰科 角盘兰属

蒙名：扎嘎日图 — 查合日麻
别名：人头七
学名：*Herminium monorchis* (L.) R. Br.

形态特征：陆生兰，植株高 9~40cm。块茎球形，直径 5~8mm，颈部生数条细长根，茎直立，无毛。基部具棕色叶鞘，下部常具叶 2~4，上部具 1~2 苞片状小叶。叶披针形、矩圆形、椭圆形至条形，长 2.5~11cm，宽 (3)5~20mm，先端急尖或渐尖，基部渐狭成鞘，抱茎，无毛。总状花序圆柱状，长 2~14cm，直径 6~10mm，具多花；花苞片条状管形或条形，先端锐尖。尾状短于或近等长于子房；花小，黄绿色，垂头，钩手状；中萼片卵形或雾状披针形，先端钝，具 1 脉；侧萼片披针形，与中萼片近等长，但较窄，先端钝，具 1 脉；花瓣条状披针形，向上部渐狭成条形，先端钝，上部肉质增厚。长 3~5mm，最宽处 1~1.5mm；唇瓣肉质增厚，与花瓣近等长，基部凹陷，呈浅囊状，近中部 3 裂，中裂片条形，先端钝，侧裂片三角状，较中裂片短；无距；退化雄蕊 2，显著；花粉块近圆球形，具短的花粉块柄和角状的粘盘；柱头 2，隆起；子房无毛；扭转。蒴果矩圆形。花期 6~7 月。2n=24，26，40。

生境：中生植物。生于山地海拔 500~2500m 的林缘草甸和林下。见于大兴安岭、呼锡高原、阴山、燕山北部、鄂尔多斯等地。

产地：产呼伦贝尔市（鄂伦春自治旗），兴安盟（科尔沁右翼前旗、扎赉特旗），赤峰市（克什克腾旗、敖汉旗、巴林右旗、喀喇沁旗、宁城县），锡林郭勒盟（锡林浩特市、正蓝旗、西乌珠穆沁旗），乌兰察布市（兴和县、卓资县、凉城县、蛮汉山），巴彦淖尔市（乌拉特前旗、乌拉山），鄂尔多斯市（伊金霍洛旗），呼和浩特市（大青山）。分布于我国黑龙江、吉林、山东、河北、河南、陕西、宁夏、甘肃、青海、四川、云南、西藏，日本、朝鲜、蒙古、俄罗斯及欧洲也有。

用途：可引种作观赏植物资源。

栽培管理要点：尚无人工引种驯化栽培。

372.【手掌参】

分类地位：兰科 手参属

蒙名：阿拉干 一 查合日麻
别名：手参
学名：*Gymnadenia conopsea* (L.) R.Br.

形态特征： 多年生草本，植株高 20~75cm。块茎 1~2，肉质肥厚，两侧压扁，长 1~2cm，掌状分裂，裂片细长，颈部生几条细长根。茎直立，基部具 2~3 枚叶鞘；茎中部以下具 3~7 片叶，叶互生，舌状披针形或狭椭圆形，长 7~20cm，宽 1~3cm，先端急尖、渐尖或钝，基部渐狭成鞘，抱茎，茎上部具披针形苞片状小叶。总状花序密集，具多数花，圆柱状，长 6~15cm；花苞片披针形；花多为紫色或粉红色，少为白色；中萼片矩圆状椭圆形或卵状披针形，长 3.5~6mm，宽 2~3mm，先端钝，略呈兜状；侧萼片斜卵形或矩圆状椭圆形，反折，边缘外卷，通常长于、稀等长于中萼片，先端钝；花瓣较萼片宽，宽 2.5~4mm，斜卵状三角形，与中萼片近等长，先端钝，边缘具细锯齿萼片，花瓣均具 3~5 脉；唇瓣倒宽卵形或菱形，长 5~6mm，宽约 5mm，前部 3 裂，中裂片较大，长 1.5~2mm，宽约 1.5mm，先端钝；距细而长，圆筒状，下垂，前弯，长 13~17mm，为子房的 1.5~2 倍，先端略尖；花药椭圆形，先端微凹；花粉块柄长约 0.6mm；粘盘近于条形，退化雄蕊矩圆形；蕊喙小；柱头 2 个，隆起，近棒形；子房纺锤形。花期 7~8 月。2n=20，40，80。

生境： 中生植物。生于沼泽化灌丛草甸、湿草甸、林缘草甸及海拔 1300m 的山坡灌丛中和林下。见于大兴安岭、呼锡高原、燕山北部、阴山等地。

产地： 产呼伦贝尔市（鄂伦春自治旗、鄂温克族自治旗、牙克石市、扎兰屯市），兴安盟（科尔沁右翼前旗、扎赉特旗），赤峰市（克什克腾旗、喀喇沁旗），锡林郭勒盟（东乌珠穆沁旗、西乌珠穆沁旗、宝格达山），乌兰察布市（蛮汉山、大青山）。分布于东北及河北、山西、河南、陕西、甘肃、四川、云南、朝鲜、日本、蒙古、俄罗斯及欧洲也有。

用途： 可引种作观赏植物资源。块茎入药，能补养气血、生津止渴，主治久病体虚、失眠心悸、肺虚咳嗽、慢性肝炎、久泻、失血、带下、乳少、阳痿等。块茎也入蒙药，（蒙药名：额日和藤奴一嘎日），能强壮、生津、固精益气，主治久病体虚、腰腿酸痛、痛风、游痛症等。

栽培管理要点： 栽培地选择以 pH 值 4.5~5.8、富含腐殖质、排灌方便的沙壤土或壤土为好，忌重茬。于封冻前翻耕 1~2 次，深 20cm。翌春化冻结合耕翻，每亩施入农家肥 4000kg。用种子繁殖，7~8 月育苗播种，第二年春可出苗。播种前种子进行催芽处理，覆盖细沙 5~6cm，其上覆盖一层杂草，以利保持湿润，雨天盖严，防止雨水流入烂种。每隔半月检查翻动 1 次，若水分不足，适当喷水；若湿度过大，晾晒沙子。2~3 年后移栽，在 10 月底至 11 月中上旬进行。移栽时，以畦横向成行，行距 25~30cm、株距 8~13cm。参苗出土以后要及时搭棚遮阴，除草松土，适时灌溉，当年一般不用追肥，第二年春苗出土前，将覆盖畦面的秸秆去除，撒一层腐熟的农家肥，配施少量过磷酸钙，通过松土，与土拌匀，土壤干旱时随即浇水。在生长期可于 6~8 月间用 2% 的过磷酸钙溶液或 1% 磷酸二氢钾溶液进行根外追肥。10 月下旬至 11 月上旬，生长 1 年以上的手掌参茎叶枯萎时，应将枯叶及时清除地面，深埋或烧毁。封冻前视畦面情况，浇好越冬水，并加盖畦面秸秆。综合防治病虫害。

参考文献

1. 中国植物志编辑委员会.中国植物志（已出版的各卷）〔M〕.北京：科学出版社

2. 内蒙古植物志编辑委员会.内蒙古植物志（第二版），第一卷至第五卷〔M〕.呼和浩特：内蒙古人民出版社，1989—1994

3. 中国植被编辑委员会.中国植被〔M〕.北京：科学出版社，1995

4. 中国科学院内蒙古宁夏综合考察队.内蒙古植被〔M〕.北京：科学出版社，1985

5. 内蒙古自然资源保护丛书编辑委员会.内蒙古珍稀濒危植物图谱〔M〕.北京：中国农业科技出版社，1992

6. 狄维忠，田连恕，李智军，等.贺兰山维管植物〔M〕.西安：西北大学出版社，1986

7. 赵一之.鄂尔多斯高原维管植物〔M〕.呼和浩特：内蒙古大学出版社，2006

8. 赛罕乌拉自然保护区志编纂委员会.赛罕乌拉自然保护区志〔M〕.赤峰：内蒙古科学技术出版社，2005

9. 克什克腾旗环境保护局.克什克腾旗植物名录〔M〕.赤峰：内蒙古科学技术出版社，2008

10. 斯荣道尔吉.正蓝旗种子植物资源〔M〕.呼和浩特：内蒙古大学出版社，1993

11. 哈斯巴根.内蒙古种子植物名称手册〔M〕.呼和浩特：内蒙古教育出版社，2010

12. 中国饲用植物志编辑委员会.中国饲用植物志（第一卷）〔M〕.北京：农业出版社，1986

13. 阎贵兴，云锦凤，张素贞，等.中国草地饲用植物染色体研究〔M〕.呼和浩特：内蒙古人民出版社，2001

14. 燕玲，蓝登明，李红，等.阿拉善荒漠区种子植物〔M〕.北京：现代教育出版社，2011

15. 谷安琳，王国庆，高娃，等.西藏草地植物彩色图谱（第一卷）〔M〕.北京：中国农业科学技术出版社，2013

16. 宛涛，卫智军，杨静，等.内蒙古草地现代植物花粉形态〔M〕.北京：中国农业出版社，1999

17. 金波.中国多年生蔬菜〔M〕.北京：中国农业出版社，1998

18. 张国宝.野菜栽培与利用〔M〕.北京：金盾出版社，2002

19. 郭文场.野菜栽培与食用〔M〕.北京：金盾出版社，1999

20. 常维春，郭耀忠.山野栽培加工与利用〔M〕.长春：吉林科技出版社，1995

21. 于锡宏.观赏蔬菜〔M〕.哈尔滨：黑龙江科技出版社，2004

22. 赵金光，韦旭斌，郭文场.中国野菜〔M〕.长春：吉林科技出版社，2004

23. 赵培洁，肖建中.中国野菜资源学〔M〕.北京：中国环境科学出版社，2006

24. 金波.花卉资源原色图谱〔M〕.北京：中国农业出版社，1999

中文名索引

中文名索引

中文名索引

中文名索引

中文名索引

拉丁名索引

拉丁名索引

拉丁名索引

拉丁名索引

内蒙古野生园艺植物图鉴

NEIMENGGU YESHENG YUANYI ZHIWU TUJIAN

拉丁名索引

T

Tamarix chinensis Lour./229

Taraxacum mongolicum Hand. –Mazz./405

Tetraena mongolica Maxim./205

Thalictrum petaloideum L./66

Thalictrum squarrosum Steph. ex Willd./67

Thermopsis lanceolata R.Br./153

Thymus serpyllum L.var. *asiaticus* Kitag./311

Thymus serpyllum L.var.*mongolicus* Ronn./312

Trifolium lupinaster L./160

Trollius chinensis Bunge/62

Typha angustifolia L./414

U

Ulmus glaucescens Franch./33

Ulmus pumila L./31

Ulrnrrs macrocarpa Hance/29

Urtica cannabina L./34

V

Vaccaria segetalis (Neck.) Garcke/60

Vaccinium vitis –idaea L./268

Veronica dahurica Stev./336

Veronica incana L./335

Veronica linariifolia Pall.ex Link./334

Veronicastrum sibiricum(L.) Pennell./332

Viburnum mongolicum Rehd./360

Vicia eraoca L./193

Vicia sativa L./194

Viola tricolor L./232

Viola verecunda A. Gray/233

Viola yedoensis Makino/234

Vitis amurensis Rupr./224

W

Weigela florida (Bunge)A.DC./359

X

Xanthoceras sorbifolia bunge/218

Z

Zizyphus jujuba Mill.var.*spinosa* (Bunge) Hu ex H.F.chow./221

Zygophyllum rosovii Bunge/204

Zygophyllum xanthoxylon (Bunge) Maxim./203